高职高专“十二五”艺术设计类实践创新系列规划教材

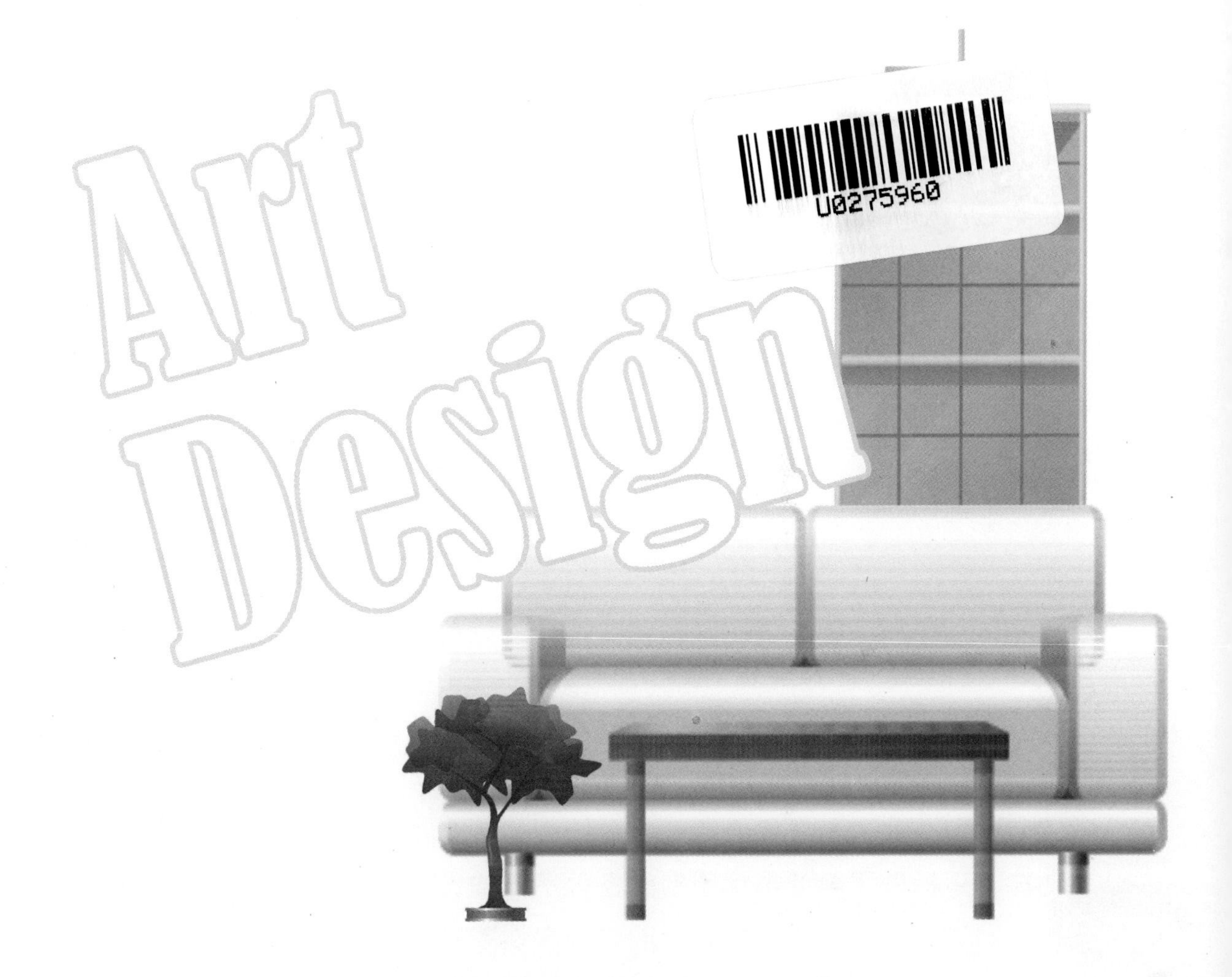

AutoCAD 2012 中文版 室内设计

主　编　凡　鸿　吕　芳
副主编　孙　斌　程晓薇

西安交通大学出版社
XI'AN JIAOTONG UNIVERSITY PRESS

内容提要

本书介绍了绘制室内设计图的各种方法和技巧。全书共分为两篇12章，第一篇为基础篇，共7章，第二篇为实战篇，共5章。本书从AutoCAD室内设计基础讲起，由浅入深地介绍了AutoCAD 2012中文版绘制室内设计图的各个功能，还提供了编者多年积累的各种不同的设计图例，旨在帮助读者用较短的时间快速掌握使用AutoCAD 2012中文版绘制室内设计图形的各种技巧，并提高室内设计制图质量。

本书可作为大中专院校艺术类、计算机类、建筑类等相关专业的教材，也可作为初、中级用户，室内设计等专业技术人员的学习参考用书。

前言

Foreword

AutoCAD 是由美国 Autodesk 公司开发的通用计算机辅助绘图与设计软件包，具有易于掌握、使用方便、体系结构开放等特点，深受广大工程技术人员的欢迎。AutoCAD 自 1982 年问世以来，已经进行了近 30 次的升级，从而使其功能逐渐强大，且日趋完善。如今，AutoCAD 已广泛应用于机械、建筑、电子、航天、造船、石油化工、土木工程、冶金、农业、气象、纺织、轻工业等领域。在中国，AutoCAD 已成为工程设计领域中应用最为广泛的计算机辅助设计软件之一。

Autodesk 推出的 AutoCAD 2012 软件，于 2009 年 3 月份出版了正式版本，该软件帮助各行业的设计人员更充分地实现了他们的想法。欧特克在 2008 年世界媒体日上提出了更为壮观、令人向往的战略前景，并展示了几乎覆盖现代社会各行业的 Autodesk 系列数字设计软件产品，这些产品除了满足企业实现创新设计的需求之外，还能够支持各行各业实现可持续发展。

本书介绍了绘制室内设计图的各种方法和技巧。全书共分为两篇 12 章，第一篇为基础篇，共 7 章，其中第 1 章介绍 AutoCAD 2012 的基本知识；第 2 章对室内设计基本图形的绘制和编辑二维图形对象进行了介绍；第 3 章主要介绍了怎样使用修改命令编辑对象；第 4 章是针对 AutoCAD 图层和控制图形显示的设置；第 5 章介绍了面域、块与图案填充的编辑方法；第 6 章讲解的是 AutoCAD 中文本的标注与表格的应用；第 7 章讲解的是 AutoCAD 中丰富的尺寸标注；第二篇为实战篇，共 5 章，其中第 8 章讲解制图的基本知识与基本技能；第 9 章以图例绘制介绍室内设计中基本配景的绘制；第 10 章穿插介绍建筑制图的基本程序及方法，包括平面图、立面图、剖面图以及详图；第 11、12 章则主要介绍室内设计经常涉及的别墅、酒店及娱乐场所的室内设计图的绘制。

本书从 AutoCAD 室内设计基础讲起，由浅入深地介绍了 AutoCAD 2012 中文版绘制室内设计图的各个功能，还提供了编者多年积累的各种不同的设计图例。为了方便广大读者更加形象、直观地学习此书，随书还赠送电子课件。

本书的主要读者对象是初、中级用户，大中专院校相关专业学生以及室内设计人员，旨在帮助读者用较短的时间快速掌握使用 AutoCAD 2012 中文版绘制室内设计图形的各种技巧，并提高室内设计制图质量。

本书主要由凡鸿编写，孙斌、吕芳、程晓薇等参与了部分章节的编写，其中凡鸿编写了第 1—8 章和第 10 章，吕芳编写了第 9 章，孙斌编写了第 11 章，程晓薇编写了第 12 章。书中主要内容来自于编者几年来使用 AutoCAD 的经验总结，也有部分内容取自于网络案例。考虑到室内设计绘图的复杂性，所以对书中的理论讲解和实例示范都作了一些适当的简化处理，尽量做到循序渐进，深入浅出，通俗易懂。

在本书的编写过程中，大量地参考了有关资料，同时也多次向同行请教，在此，向所有提供帮助和关心的人们表示感谢。虽然在编写过程中，几经易稿，但由于编者水平有限，书中仍有不足，给读者带来不便，敬请原谅。同时也希望广大读者批评指正，作者将不胜感激。

编者

目录

Contents

第一篇　基础篇

第二篇 实战篇

第一篇　基础篇

基础篇主要介绍AutoCAD 2012中文版的基础知识及相关操作的基本方法和程序，同时展开介绍不同工具、命令的基本用途。基础篇旨在让读者在进入实践性的室内设计图形设计和绘制之前，对AutoCAD软件，特别是最新版本的AutoCAD 2012有个全面的了解，从而为后面的实践学习做好充分的准备。

第1章　AutoCAD 2012 入门基础

本章的内容主要是讲解 AutoCAD 2012 中文版的基本知识，使读者了解 AutoCAD 2012 的基本功能、界面组成及图形文件管理和系统设置等。

1.1　AutoCAD 2012 的基本功能

AutoCAD 的每一次升级，在功能上都得到了逐步增强，且日趋完善。二维绘图与编辑、创建表格、文字标注、尺寸标注、参数化绘图、三维绘图与编辑、视图显示控制、各种绘图实用工具、数据库管理、Internet 功能、图形的输入与输出、图纸管理、开放的体系结构等，都体现了 AutoCAD 2012 的强大功能。AutoCAD 2012 除了在图形处理等方面的功能有所增强外，一个最显著的特征是增加了参数化绘图功能。用户可以对图形对象建立几何约束，以保证图形对象之间有准确的位置关系，如平行、垂直、相切、同心、对称等关系；可以建立尺寸约束，通过该约束，既可以锁定对象，使其大小保持固定，也可以通过修改尺寸值来改变所约束对象的大小。

也正是因为这些强大的辅助绘图功能，AutoCAD 才成为工程设计领域中应用最为广泛的计算机辅助绘图与设计软件之一。

1.2　AutoCAD 2012 的安装、启动

AutoCAD 的安装与启动是设计者进入实际设计操作的前提，因为，无论设计者的设计理念和设计方案再完美，也无法客观地呈现在读者面前，只有通过相应的工具把它绘制出来，才能形象地表达设计者的意图。因此安装和启动设计软件，是任何设计者在设计前必须完成的课题。

1.2.1　安装 AutoCAD 2012

AutoCAD 2012 软件以光盘形式提供，光盘中有名为 SETUP. EXE 的安装文件。选择 SETUP. EXE 文件，根据弹出的窗口选择、操作即可。

1.2.2　启动 AutoCAD 2012

安装 AutoCAD 2012 后，系统会自动在 Windows 桌面上生成对应的快捷方式。双击该快捷方式，即可启动 AutoCAD 2012。与启动其他应用程序一样，也可以通过 Windows 资源管理器、Windows 任务栏按钮等启动 AutoCAD 2012。

1.3　AutoCAD 2012 的经典界面组成

中文版 AutoCAD 2012 为用户提供了“AutoCAD 经典”、“三维建模”、“三维基础”和“草

图与注释”四种工作空间模式。对于习惯 AutoCAD 2012 传统界面的用户来说，可以采用“AutoCAD 经典”工作空间。它主要由菜单栏、工具栏、绘图窗口、文本窗口与命令行、状态行等元素组成，如图 1-1 所示。

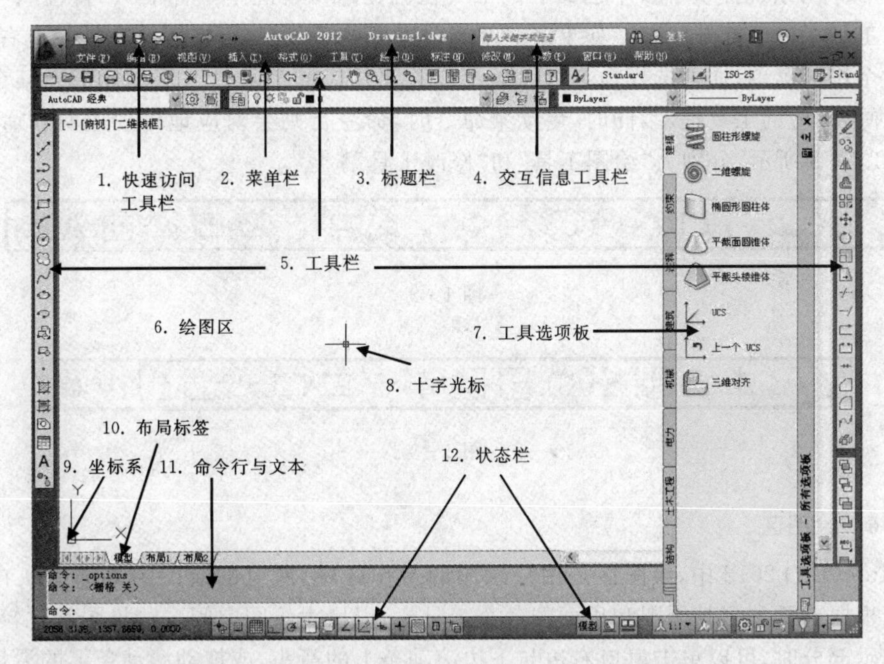

图 1-1

1.3.1 快速访问工具栏

该工具栏包括“新建”、“打开”、“保存”、“另存为”、“打印”、“放弃”、“重做”等常用工具及“工作空间”卷展栏，用户可以打开卷展栏选择相应的工作空间，同时也可以单击相关工具后面的下拉按钮设置需要的常用工具。

1.3.2 菜单栏和快捷菜单栏

中文版 AutoCAD 2012 的菜单栏由“文件”、“编辑”、“视图”、“插入”、“格式”、“工具”等菜单组成，几乎包括了 AutoCAD 2012 中全部的功能和命令。

快捷菜单又称为上下文相关菜单。在绘图区域、工具栏、状态行、模型与布局选项卡以及一些对话框上右击时，将弹出一个快捷菜单，该菜单中的命令与 AutoCAD 2012 当前状态相关。使用它们可以在不启动菜单栏的情况下快速、高效地完成某些操作。

1.3.3 标题栏

标题栏位于应用程序窗口的最上面，用于显示当前正在运行的程序名称、文件名称等信息，如果是 AutoCAD 2012 默认的图形文件，运行时其名称显示为 AutoCAD 2012Drawing1.dwg。

1.3.4 交互信息工具栏

交互信息工具栏包括“搜索”、“在线服务”、“帮助”等常用的交互工具。

1.3.5 工具栏

工具栏是应用程序调用命令的另一种方式，它包含许多由图标表示的命令按钮。在 AutoCAD 2012 中，系统提供了多个已命名的工具栏。在默认情况下，“标准”、“特性”、“绘图”和“修改”等工具栏处于打开状态。如果要显示当前隐藏的工具栏，可在任意工具栏上右击，此时将弹出一个快捷菜单，通过选择命令可以显示或关闭相应的工具栏。当光标指向某个工具图标，就会弹出相应的工具提示，同时，启动某命令时，命令行则会对应地出现说明和命令名称。如图 1-2、1-3 所示，分别为“绘图工具”和“修改工具”。

图 1-2

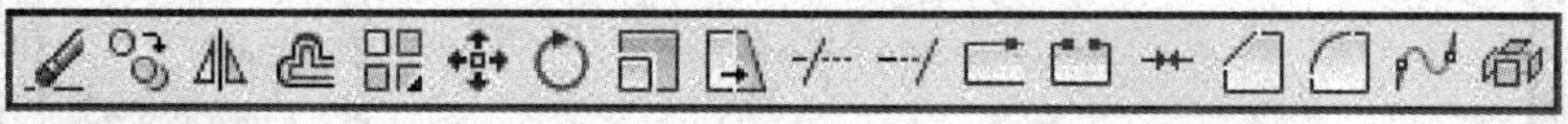

图 1-3

1.3.6 绘图区

在 AutoCAD 2012 中，绘图区是用户绘图的工作区域，所有的绘图结果都反映在这个区域。可以根据需要关闭其周围和里面的各个工具栏，以增大绘图空间。如果图纸比较大，需要查看未显示部分时，可以单击窗口右边与下边滚动条上的箭头，或拖动滚动条上的滑块来移动图纸。

在绘图区中除了显示当前的绘图结果外，还显示了当前使用的坐标系类型以及坐标原点、X 轴、Y 轴、Z 轴的方向等。在默认情况下，坐标系为世界坐标系(WCS)。绘图区的下方有“模型”和“布局”选项卡，单击其标签可以在模型空间或图纸空间之间来回切换。

1.3.7 工具选项栏

工具选项栏是各种工具承载的选项面板，包括“建模”、“建筑”、“土木工程”、“绘图”等工具面板，如图 1-4 所示。

在面板上，直接单击工具图标，就可以实现工具的应用。同时，单击选项栏右侧的工具命令名称，可以相互切换显示。右键单击面板，弹出下拉菜单，可以对选项栏内容进行编辑，如图 1-5 所示。在选项栏叠加处单击左键或右键，可以打开工具选项菜单，实现在选项栏上添加或消除某项工具栏的显示与隐藏，如图 1-6 所示。

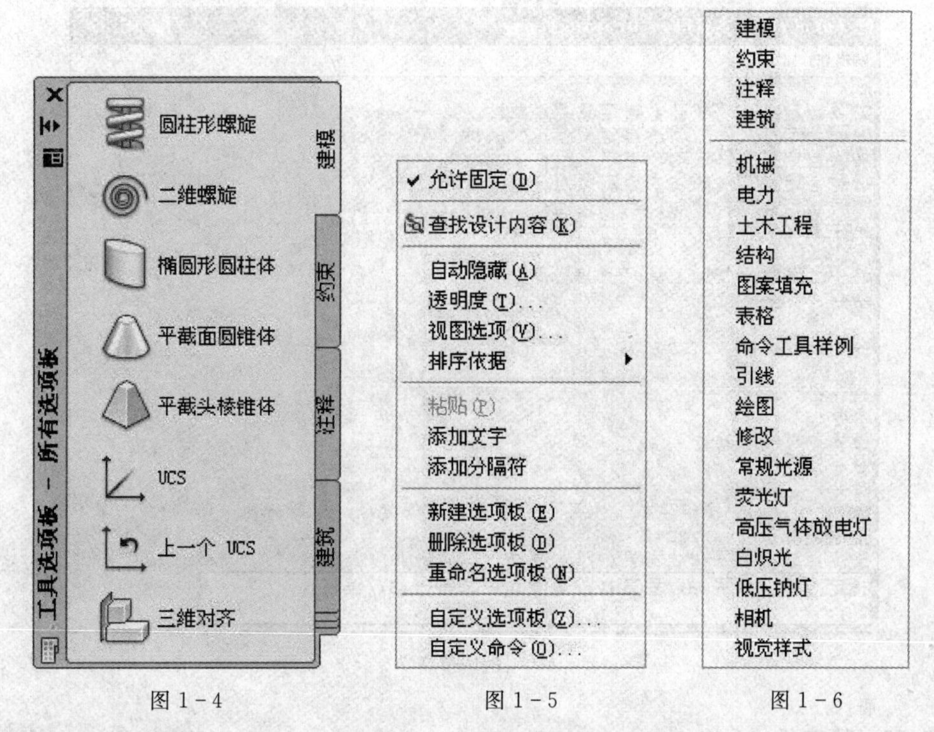

图 1-4　　图 1-5　　图 1-6

1.3.8 十字光标

十字光标是鼠标指示的图形表示，只在绘图区内显示，其交点反映了光标在当前坐标系中的位置。十字光标水平线和垂直线分别与坐标的 X 轴和 Y 轴平行，并且是绘制图形的初始位置。十字光标的大小可以通过“工具>选项”面板中“显示”项的“十字光标大小”选项进行设置，也可以通过设置系统变量 CURSORSSIZE 的值进行改变。

1.3.9 坐标系

坐标系的作用是为图形绘制过程中每一笔的起始和结束确定一个参照系。在默认情况下，直角点的位置就是原点，即坐标为(0,0)。用户可以根据需要选择“视图>显示>UCS 图标>开”命令，设置坐标系图标的显示与隐藏。

1.3.10 布局标签

AutoCAD 2012 系统一般默认设定一个“模型”空间布局标签和“布局 1”、“布局 2”两个图样空间布局标签。布局是一种绘图环境，包括图样大小、尺寸单位、角度设定和数字精确度等。模型空间是绘图环境，而图样空间中，不同浮动视口，以不同的视图显示所绘图形。

1.3.11 命令行与文本窗口

“命令行”窗口位于绘图窗口的底部，用于接收用户输入的命令，并显示 AutoCAD 2012 提示信息。在 AutoCAD 2012 中，“命令行”窗口可以拖放为浮动窗口。

“AutoCAD 2012 文本窗口”是记录 AutoCAD 2012 命令的窗口，是放大的“命令行”窗口，它记录了已选择的命令，也可以用来输入新命令。在 AutoCAD 2012 中，可以选择“视图>显示>文本窗口”命令、选择 TEXTSCR 命令或按 F2 键来打开 AutoCAD 2012 文本窗口，它记录了对文档进行的所有操作，如图 1-7 所示。

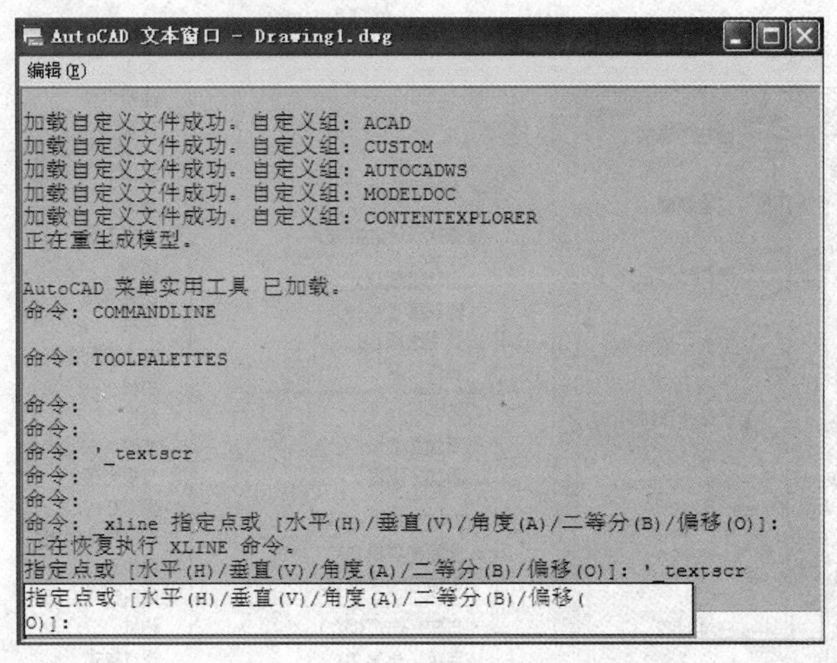

图 1-7

1.3.12 状态栏

状态栏用来显示或设置 AutoCAD 2012 当前的绘图状态，如当前光标的坐标、命令和按钮的说明等。状态栏上位于左侧的一组数字反映当前光标的坐标，其余按钮从左到右分别表示当前是否启用了捕捉模式、栅格显示、正交模式、极轴追踪、对象捕捉、对象捕捉追踪、动态UCS(用鼠标左键双击，可打开或关闭。)、动态输入等功能以及是否显示线宽、当前的绘图空间等信息。在绘图窗口中移动光标时，状态行的“坐标”区将动态地显示当前坐标值。坐标显示取决于所选择的模式和程序中运行的命令，共有“相对”、“绝对”和“无”三种模式，如图 1-1 所示。

1.4 AutoCAD 2012 的三维建模界面组成

在 AutoCAD 2012 中，选择“工具＞工作空间＞三维建模”命令，或在“工作空间”工具栏的下拉列表框中选择“三维建模”选项，都可以快速切换到“三维建模”工作空间界面，如图 1-8 所示。

“三维建模”工作界面对于用户在三维空间中绘制图形来说更加方便。在默认情况下，“栅格”以网格的形式显示，增加了绘图的三维空间感。另外，“面板”选项板集成了“三维制作控制台”、“三维导航控制台”、“光源控制台”、“视觉样式控制台”和“材质控制台”等选项组，从而为用户绘制三维图形、观察图形、创建动画、设置光源、为三维对象附加材质等操作提供了非常便利的环境。

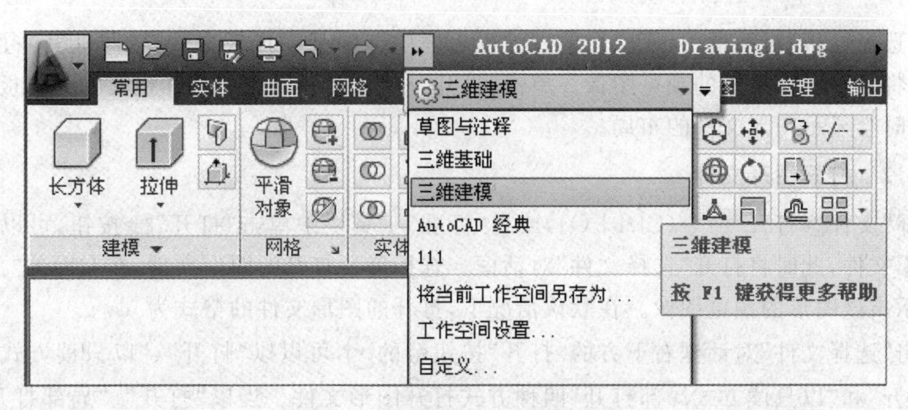

图 1-8

1.5 三维基础和草图与注释界面

在 AutoCAD 2012 中，选择“工具＞工作空间＞三维基础（草图与注释）”命令，或在“工作空间”工具栏的下拉列表框中选择“三维基础（草图与注释）”选项，都可以快速切换到“三维基础（草图与注释）”工作空间界面，如图 1-8 所示。

1.6 图形文件管理

在 AutoCAD 2012 中，图形文件管理包括创建新的图形文件、打开已有的图形文件、关闭图形文件以及保存图形文件等操作。

1.6.1 创建新图形文件

选择“文件＞新建”命令（Ctrl＋N），或在“标准”工具栏中单击“新建”按钮，可以创建新图形文件，此时将打开“选择样板”对话框，如图 1-9 所示。

图 1-9

在“选择样板”对话框中，可以在“名称”列表框中选中某一样板文件，这时在其右面的“预览”框中将显示出该样板的预览图像。单击“打开”按钮，可以以选中的样板文件为样板创建新图形，此时会显示图形文件的布局。

1.6.2 打开图形文件

选择“文件>打开”命令(Ctrl+O)，或在“标准”工具栏中单击“打开”按钮，可以打开已有的图形文件，此时将打开“选择文件”对话框。选择需要打开的图形文件，在右面的“预览”框中将显示出该图形的预览图像。在默认情况下，打开的图形文件的格式为.dwg。

单击“选择文件”对话框右下方的“打开”按钮旁的，可以以“打开”、“以只读方式打开”、“局部打开”和“以只读方式局部打开”四种方式打开图形文件。当以“打开”、“局部打开”方式打开图形时，可以对打开的图形进行编辑，如果以“以只读方式打开”、“以只读方式局部打开”方式打开图形时，则无法对打开的图形进行编辑。

如果选择以“局部打开”、“以只读方式局部打开”打开图形，这时将打开“局部打开”对话框。可以在“要加载几何图形的视图”选项组中选择要打开的视图，在“要加载几何图形的图层”选项组中选择要打开的图层，然后单击“打开”按钮，即可在视图中打开选中图层上的对象，如图1-10所示。

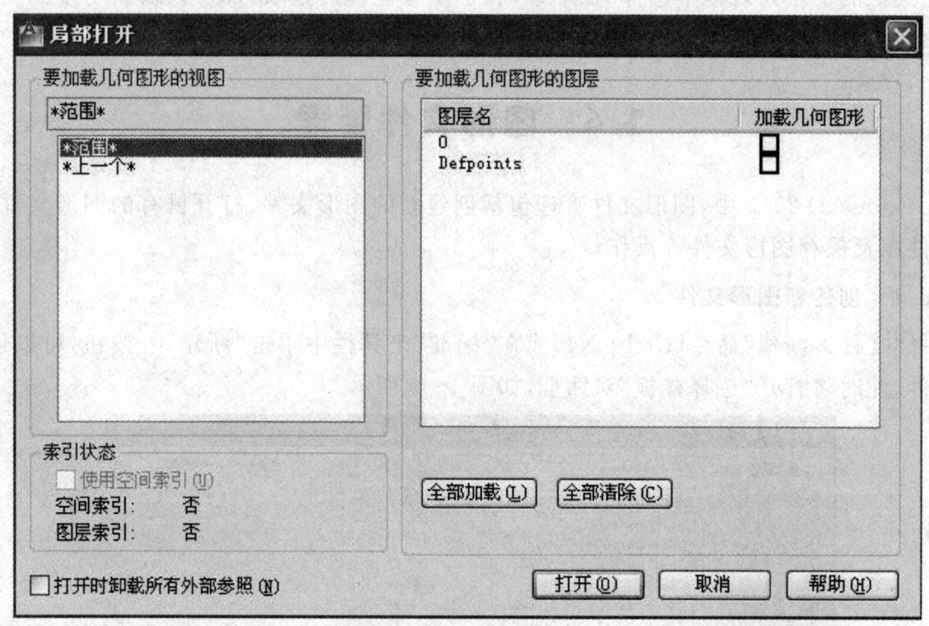

图1-10

1.6.3 保存图形文件

在AutoCAD 2012中，可以使用多种方式将所绘图形以文件形式存入磁盘。例如，可以选择“文件>保存”命令(Ctrl+S)，或在“标准”工具栏中单击“保存”按钮，以当前使用的文件名保存图形；也可以选择“文件>另存为”命令(Ctrl+Shift+S)，将当前图形以新的名称保存。

在第一次保存创建的图形时，系统将打开“图形另存为”对话框，如图1-11所示。在默认情况下，文件以“AutoCAD 2010图形(*.dwg)”格式保存，也可以在“文件类型”下拉列表框中选择其他格式，如AutoCAD 2007/LT2007图形(*.dwg)、AutoCAD图形标准(*.dws)等格式，如图 1－12 所示。

图 1－11

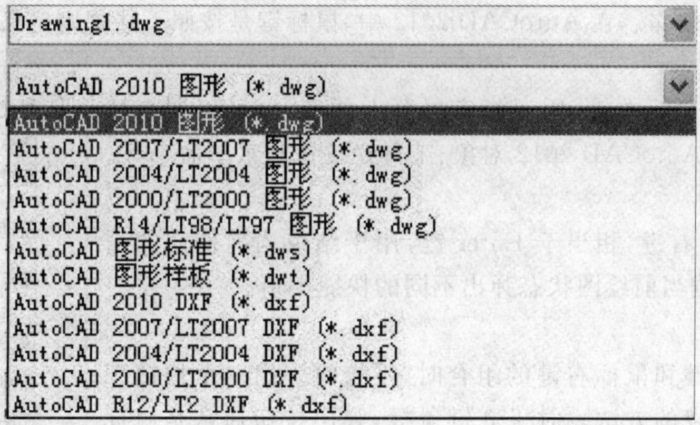

Drawing1.dwg
AutoCAD 2010 图形 (*.dwg)
AutoCAD 2010 图形 (*.dwg)
AutoCAD 2007/LT2007 图形 (*.dwg)
AutoCAD 2004/LT2004 图形 (*.dwg)
AutoCAD 2000/LT2000 图形 (*.dwg)
AutoCAD R14/LT98/LT97 图形 (*.dwg)
AutoCAD 图形标准 (*.dws)
AutoCAD 图形样板 (*.dwt)
AutoCAD 2010 DXF (*.dxf)
AutoCAD 2007/LT2007 DXF (*.dxf)
AutoCAD 2004/LT2004 DXF (*.dxf)
AutoCAD 2000/LT2000 DXF (*.dxf)
AutoCAD R12/LT2 DXF (*.dxf)

图 1－12

1.6.4 关闭图形文件

选择“文件>关闭”命令，或在绘图窗口中单击“关闭”按钮，可以关闭当前图形文件。如果当前图形没有存盘，系统将弹出 AutoCAD 2012 警告对话框，询问是否保存文件。此时，单击“是(Y)”按钮或直接按 Enter 键，可以保存当前图形文件并将其关闭；单击“否(N)”按钮，可以关闭当前图形文件但不存盘；单击“取消”按钮，取消关闭当前图形文件操作，既不保存也不关闭，如图 1－13 所示。

如果当前所编辑的图形文件没有命名，那么单击“是(Y)”按钮后，AutoCAD 2012 会打开“图形另存为”对话框，要求用户确定图形文件存放的位置和名称。

图 1-13

1.7 使用命令与系统变量

在 AutoCAD 2012 中，菜单命令、工具按钮、命令和系统变量大都是相互对应的。可以选择某一菜单命令，或单击某个工具按钮，或在命令行中输入命令和系统变量来选择相应命令。可以说，命令是 AutoCAD 2012 绘制与编辑图形的核心。

1.7.1 使用鼠标操作选择命令

在绘图窗口，光标通常显示为"十"字线形式。当光标移至菜单选项、工具或对话框内时，它会变成一个箭头。无论光标是"十"字线形式还是箭头形式，当单击或者按动鼠标键时，都会选择相应的命令或动作。在 AutoCAD 2012 中，鼠标键是按照下述规则定义的。

1. 拾取键

拾取键通常指鼠标左键，用于指定屏幕上的点，也可以用来选择 Windows 对象、AutoCAD 2012 对象、工具栏按钮和菜单命令等。

2. 回车键

回车键指鼠标右键，相当于 Enter 键，用于结束当前使用的命令，此时系统将根据当前绘图状态弹出不同的快捷菜单。

3. 弹出菜单

当使用 Shift 键和鼠标右键的组合时，系统将弹出一个快捷菜单，用于设置捕捉点的方法。对于 3 键鼠标，弹出按钮通常是鼠标的中间按钮，如图 1-14 所示。

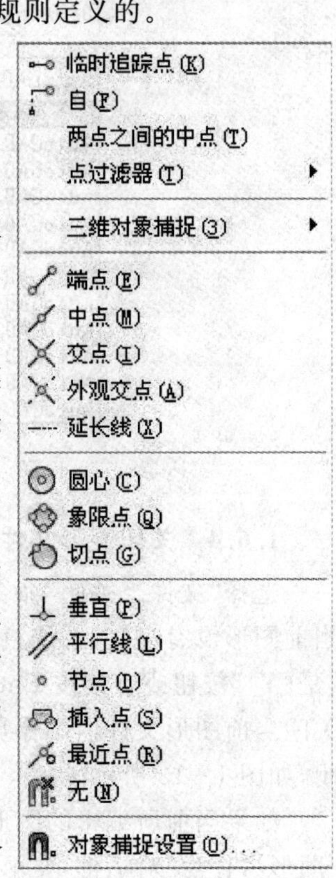

图 1-14

1.7.2 使用命令行

在 AutoCAD 2012 中，默认情况下"命令行"是一个可固定的窗口，可以在当前命令行提示下输入命令、对象参数等内容。对大多数命令，"命令行"中可以显示选择完的两条命令提示(也叫命令历史)，而对于一些输出命令，例如 TIME、LIST 命令，需要在放大的"命令行"或"AutoCAD 2012 文本窗口"中才能完全显示。

在"命令行"窗口中右击，AutoCAD 2012 将显示一个快捷菜单。通过它可以选择最近使用过的 6 个命令、复制选定的文字或全部命令历史记录、粘贴文字以及打开"选项"对话框，如图 1-15 所示。

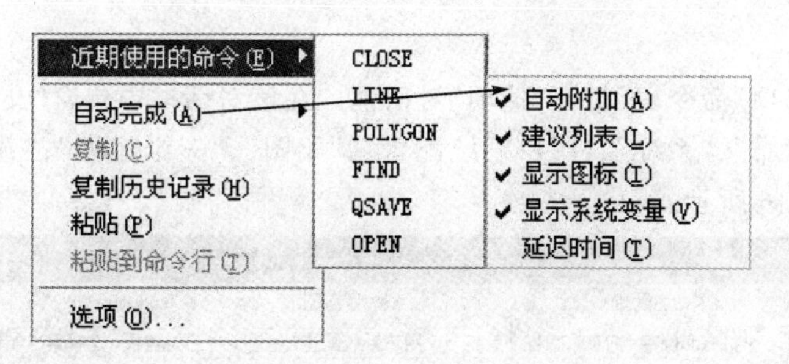

图 1-15

在命令行中，还可以使用 BackSpace 或 Delete 键删除命令行中的文字；也可以选中命令历史，并选择“粘贴到命令行”命令，将其粘贴到命令行中。

1.7.3 使用系统变量

在 AutoCAD 2012 中，系统变量用于控制某些功能和设计环境、命令的工作方式，它可以打开或关闭捕捉、栅格或正交等绘图模式，设置默认的填充图案，或存储当前图形和 AutoCAD 2012 配置的有关信息。

系统变量通常是 6～10 个字符长的缩写名称。许多系统变量有简单的开关设置。例如 GRIDMODE 系统变量用来显示或关闭栅格，当在命令行的“输入 GRIDMODE 的新值 ＜1＞：”提示下输入 0 时，可以关闭栅格显示；输入 1 时，可以打开栅格显示。有些系统变量则用来存储数值或文字，例如 DATE 系统变量用来存储当前日期。

可以在对话框中修改系统变量，也可以直接在命令行中修改系统变量。例如要使用 ISOLINES 系统变量修改曲面的线框密度，可在命令行提示下输入该系统变量名称并按 Enter 键，然后输入新的系统变量值并按 Enter 键即可，详细操作如下：

命令：ISOLINES （输入系统变量名称）

输入 ISOLINES 的新值 ＜4＞：32 （输入系统变量的新值）

1.8 透明命令

透明命令是指在选择 AutoCAD 的命令过程中可以选择的某些命令。当在绘图过程中需要透明选择某一命令时，可直接选择对应的菜单命令或单击工具栏上的对应按钮，然后根据提示选择对应的操作。透明命令选择完毕后，AutoCAD 会返回到选择透明命令之前的提示，即继续选择对应的操作。

通过键盘选择透明命令的方法为：在当前提示信息后输入“'”符号，再输入对应的透明命令后按 Enter 键或 Space 键，就可以根据提示选择该命令的对应操作，选择后 AutoCAD 会返回到透明选择此命令之前的提示。

1.9 设置参数选项

在通常情况下，安装好 AutoCAD 2012 后就可以在其默认状态下绘制图形，但有时为了使用特殊的定点设备、打印机，或提高绘图效率，用户需要在绘制图形前先对系统参数进行必要的设置。

选择“工具＞选项”命令，可打开“选项”对话框。在该对话框中包含“文件”、“显示”、“打开和保存”、“打印和发布”、“系统”、“用户系统配置”、“绘图”、“三维建模”、“选择集”和“配置”10个选项卡，如图 1-16 所示。

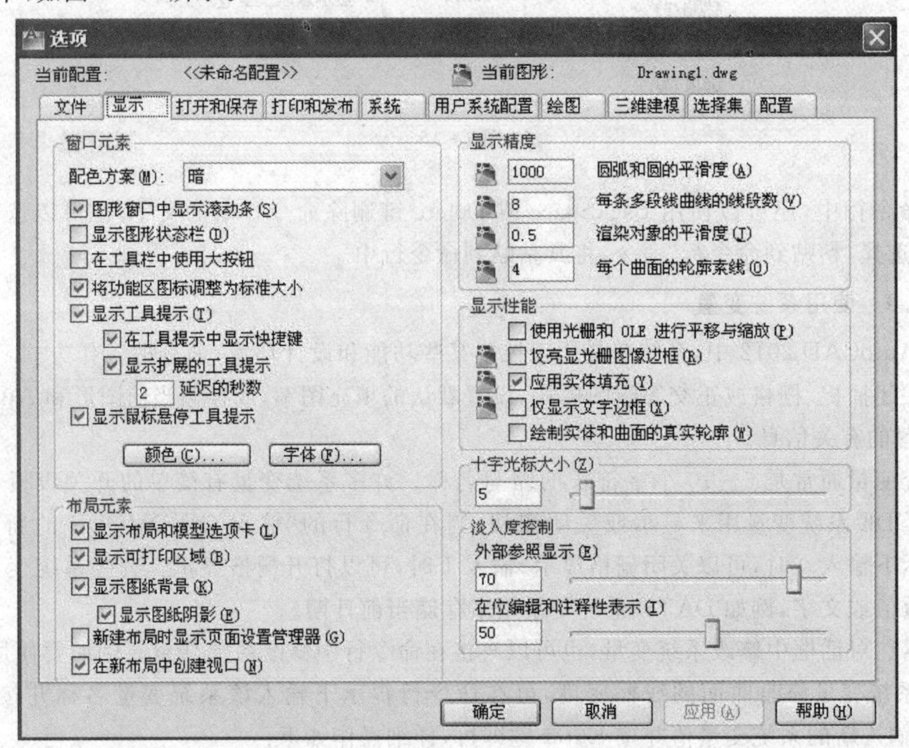

图 1-16

1.10 设置图形单位

在 AutoCAD 2012 中，用户可以采用 1∶1 的比例因子绘图，因此，所有的直线、圆和其他对象都可以以真实大小来绘制。例如，如果一室内设计图客厅长宽为 4500mm×5000mm，那么它也可以按其真实大小来绘制，在需要打印出图时，再将图形按图纸大小进行缩放。

在中文版 AutoCAD 2012 中，用户可以选择“格式＞单位”命令，在打开的“图形单位”对话框中设置绘图时使用的长度、角度，以及单位的显示格式和精度等参数。同时，单击“方向(D)”按钮，可以打开“方向控制”对话框，设置方向控制的基准角度，如图 1-17 所示。

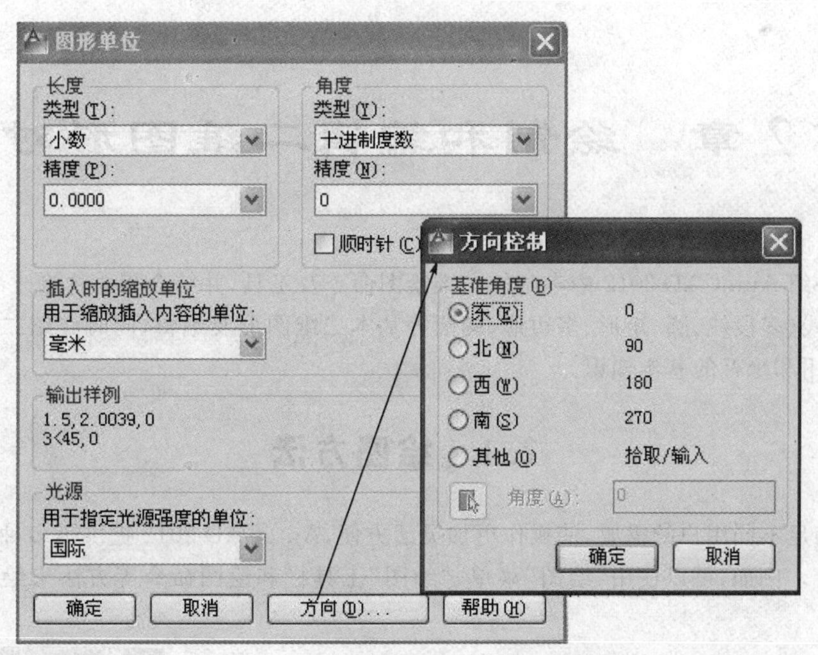

图 1－17

1.11　设置绘图图限

在中文版 AutoCAD 2012 中，用户不仅可以通过设置参数选项和图形单位来设置绘图环境，还可以设置绘图图限。使用 LIMITS 命令可以在模型空间中设置一个想象的矩形绘图区域，也称为图限。它确定的区域是可见栅格指示的区域，也是选择“视图>缩放>全部”命令时决定显示多大图形的一个参数。

第2章 绘制和编辑二维图形对象

本章介绍 AutoCAD 2012 中丰富的二维绘图命令及工具，并结合相关的修改命令，绘制如直线、构造线、多段线、圆、矩形、多边形、椭圆等基本二维图形及编辑，同时介绍二维图形选择的方法、应用和坐标的基本知识。

2.1 绘图方法

为了满足不同用户的需要，使操作更加灵活方便，AutoCAD 2012 提供了多种方法来实现相同的功能。例如，可以使用“绘图”菜单、“绘图”工具栏和绘图命令等方法来绘制基本图形对象。

2.1.1 绘图菜单与工具栏

“绘图”菜单是绘制图形最基本、最常用的方法，其中包含了 AutoCAD 2012 的大部分绘图命令。选择该菜单中的命令或子命令，可绘制出相应的二维图形。“绘图”工具栏中的每个工具按钮都与“绘图”菜单中的绘图命令相对应，是图形化的绘图命令，如图 2-1 所示。

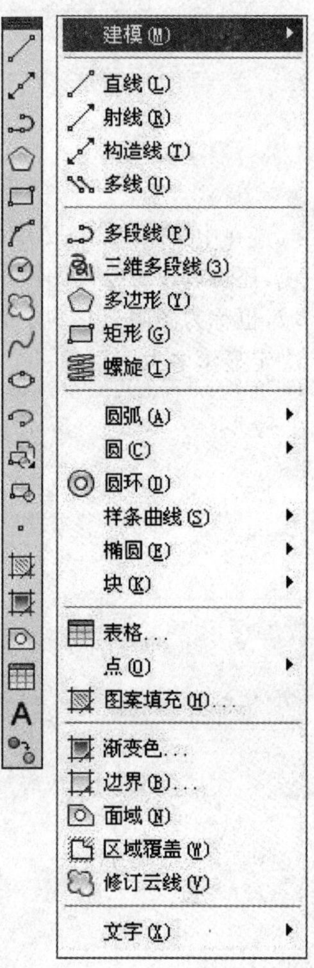

图 2-1

2.1.2 绘图命令

使用绘图命令也可以绘制图形，在命令提示行中输入绘图命令，按 Enter 键，并根据命令行的提示信息进行绘图操作。这种方法快捷、准确性高，但要求掌握绘图命令及其选择项的具体用法。

在实际绘图时，AutoCAD 2012 采用命令行工作机制，以命令的方式实现用户与系统的信息交互，而前面介绍的绘图方法是为了方便操作而设置的，是不同的调用绘图命令的方式。

2.2 绘制简单二维图形

二维图形是室内设计绘制图形中的基本单元，无论是平面图、立面图、剖面图还是详图，都是由二维图形组合而成。绘制二维图形的基本单位和几何中的概念是一致的，即点、线、面(块)等。

2.2.1 绘制点对象

在 AutoCAD 2012 中，点对象有单点、多点、定数等分和定距等分四种，如图 2-2 所示。

1. 绘制点

选择 POINT 命令，命令行提示：

命令：POINT

当前点模式：PDMODE＝0，PDSIZE＝0.0000

指定点：(鼠标点击确定点的位置，或者输入相应的坐标参数确定点的位置)

2. 设置点的样式与大小

选择“格式>点样式”命令，即选择 DDPTYPE 命令，AutoCAD 会弹出如图 2-3 所示的“点样式”对话框，用户可通过该对话框选择自己需要的点样式。此外，还可以利用对话框中的“点大小”编辑框确定点的大小。

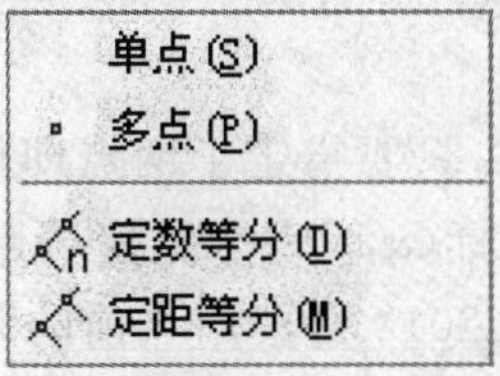

单点(S)
多点(P)
定数等分(D)
定距等分(M)

图 2-2

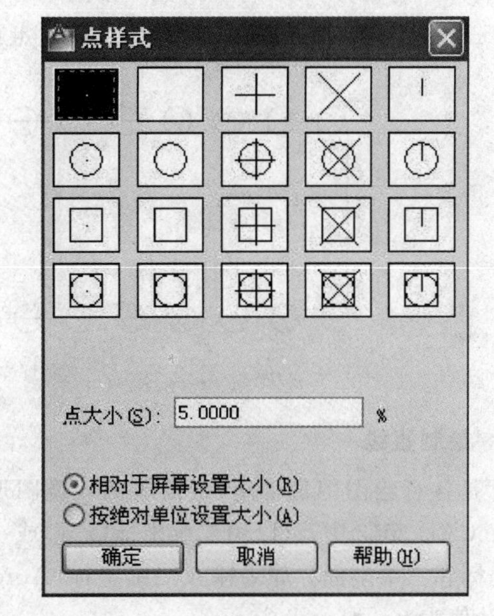

图 2-3

3. 绘制定数等分点

绘制定数等分点是指将点对象沿对象的长度或周长等间隔排列。选择“绘图>点>定数等分”命令，即选择 DIVIDE 命令，命令行提示：

命令：DIVIDE

选择要定数等分的对象：(鼠标选择已经绘制好的二维图形)

输入线段数目或[块(B)]：10

在此提示下直接输入等分数，即响应默认项，AutoCAD 在指定的对象上绘制出等分点。另外，利用“块(B)”选项可以在等分点处插入块。

图 2-4 所示点的样式为圆、点的大小为 10，定数等分对象为直线，且线段数目为 10 的效果。

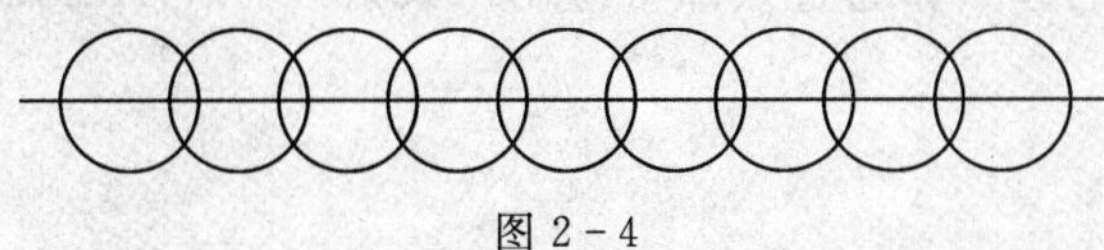

图 2-4

4. 绘制定距等分点

绘制定距等分点是指将点对象在指定的对象上按指定的间隔放置。选择"绘图>点>定距等分"命令，即选择 MEASURE 命令，命令行提示：

命令：_measure

选择要定距等分的对象：(鼠标选择绘制的矩形对象)

指定线段长度或[块(B)]：50(回车确定)

在此提示下直接输入长度值，即选择默认项，AutoCAD 在对象上的对应位置绘制出点。同样，可以利用"点样式"对话框设置所绘制点的样式。如果在"指定线段长度或[块(B)]："提示下选择"块(B)"选项，则表示将在对象上按指定的长度插入块。

图 2-5 所示为点的样式为圆，点的大小为 5，定距等分对象为矩形，且指定线段长度为 50 的效果。

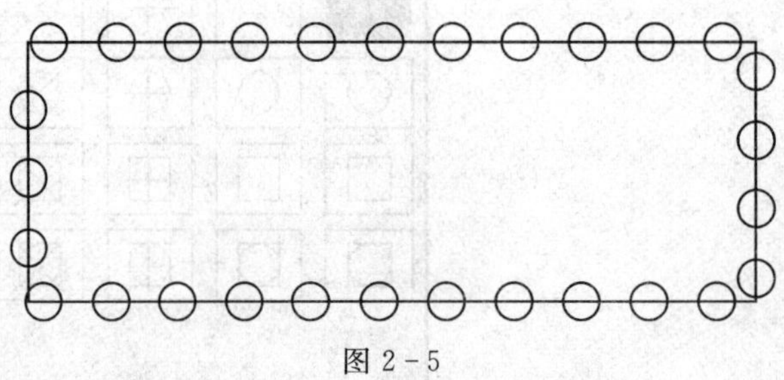

图 2-5

2.2.2 绘制直线

"直线"是各种绘图中最常用、最简单的一类图形对象，只要指定了两点即可绘制一条直线。在 AutoCAD 2012 中，可以用二维坐标(x,y)或三维坐标(x,y,z)来指定端点，也可以混合使用二维坐标和三维坐标。如果输入二维坐标，AutoCAD 2012 将会用当前的高度作为 Z 轴坐标值，默认值为 0。

选择"绘图>直线"命令，或在"绘图"工具栏中单击"直线"命令按钮，或在命令行输入"LINE"命令，命令行提示：

命令：LINE

指定第一点：10,10

指定下一点或[放弃(U)]：500,500(或者输入@500,500 相对应第一点的坐标)

指定下一点或[放弃(U)]：(回车结束)

这样就可绘制坐标(10,10)点和坐标(500,500)点之间的直线，或坐标(10,10)点和坐标(510,510)点之间的直线，如图 2-5、2-6 所示。

2.2.3 绘制射线

射线为一端固定，另一端无限延伸的直线。选择"绘图>射线"命令，或在命令行输入"RAY"命令，指定射线的起点和通过点即可绘制一条射线。在 AutoCAD 2012 中，射线主要用于绘制辅助线。

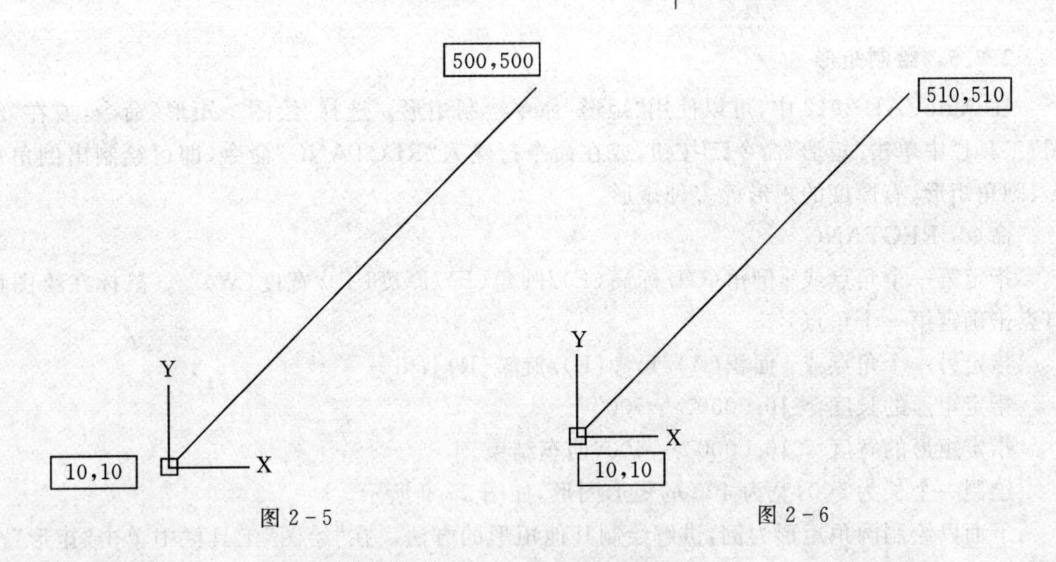

图 2-5　　　　图 2-6

指定射线的起点后，可在“指定通过点：”提示下指定多个通过点，绘制以起点为端点的多条射线，直到按 Esc 键或 Enter 键退出为止。

命令：RAY

指定起点：0,0

指定通过点：500,500

指定通过点：500,1000

指定通过点：(回车结束)

绘制起点坐标为(0,0)点，分别通过坐标为(500,500)、(500,1000)点的射线，如图 2-7 所示。

2.2.4 绘制构造线

构造线为两端可以无限延伸的直线，没有起点和终点，可以放置在三维空间的任何地方，主要用于绘制辅助线。选择“绘图>构造线”命令，或在“绘图”工具栏中单击“构造线” 命令按钮，或在命令行输入“XLINE”命令，命令行提示：

命令：XLINE

指定点或［水平(H)/垂直(V)/角度(A)/二等分(B)/偏移(O)］：h

指定通过点：100,100

指定通过点：200,200(回车结束)

绘制水平且通过坐标分别为(100,100)和(200,200)点的构造线，如图 2-8 所示。

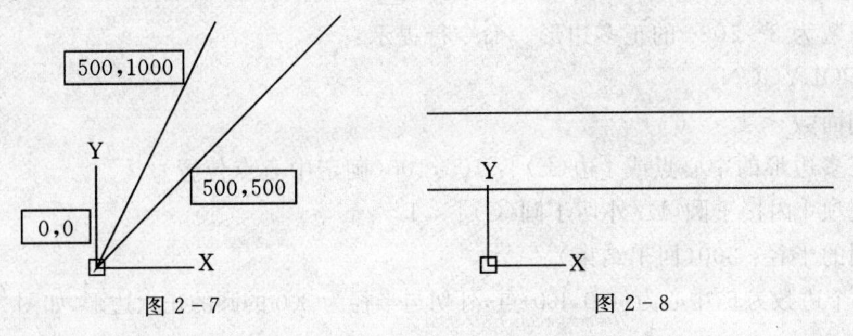

图 2-7　　　　图 2-8

2.2.5 绘制矩形

在 AutoCAD 2012 中，可以使用“矩形”命令绘制矩形。选择“绘图＞矩形”命令，或在“绘图”工具栏中单击“矩形”命令按钮，或在命令行输入“RECTANG”命令，即可绘制出倒角矩形、圆角矩形、有厚度的矩形等多种矩形。

命令：RECTANG

指定第一个角点或［倒角(C)/标高(E)/圆角(F)/厚度(T)/宽度(W)］：(鼠标在绘图窗口点击确定第一个角点)

指定另一个角点或［面积(A)/尺寸(D)/旋转(R)］：d

指定矩形的长度 ＜10.0000＞：500

指定矩形的宽度 ＜10.0000＞：400(回车结束)

绘制一个长为 500，宽为 400 的矩形图形，如图 2-9 所示。

下面以绘制圆角矩形为例，讲解绘制其他矩形的方法。在“绘图”工具栏中单击“矩形”命令按钮，命令行提示：

命令：_rectang

指定第一个角点或［倒角(C)/标高(E)/圆角(F)/厚度(T)/宽度(W)］：f(选择圆角命令)

指定矩形的圆角半径 ＜0.0000＞：50

指定第一个角点或［倒角(C)/标高(E)/圆角(F)/厚度(T)/宽度(W)］：(鼠标在绘图区点击确定第一点)

指定另一个角点或［面积(A)/尺寸(D)/旋转(R)］：@500，－300(相对于第一点的第二点坐标，回车确定)

绘制的圆角矩形如图 2-10 所示。

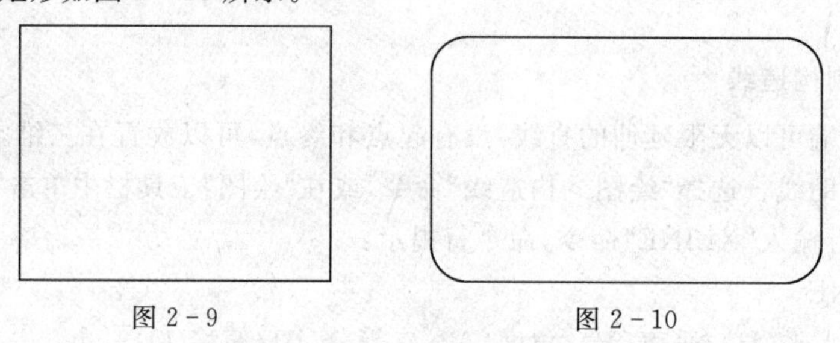

图 2-9　　　　图 2-10

2.2.6 绘制正多边形

在 AutoCAD 2012 中，可以使用“正多边形”命令绘制正多边形。选择“绘图＞正多边形”命令，或在“绘图”工具栏中单击“正多边形”命令按钮，或在命令行输入“POLYGON”命令，可以绘制边数为 3～1024 的正多边形。命令行提示：

命令：POLYGON

输入侧面数 ＜4＞：6

指定正多边形的中心点或［边(E)］：100，100(确定中心点位置)

输入选项［内接于圆(I)/外切于圆(C)］＜I＞：c

指定圆的半径：300(回车结束)

绘制一个边数为 6，中心为(100，100)点，外切与半径为 300 的圆的正六边形，如图 2-11 所示。

2.2.7 绘制圆

选择“绘图＞圆”命令中的子命令，或单击“绘图”工具栏中的“圆”命令按钮，或在命令行输入“CIRCLE”命令，都可绘制圆。在 AutoCAD 2012 中，可以使用六种方法绘制圆，如图 2－12 所示。

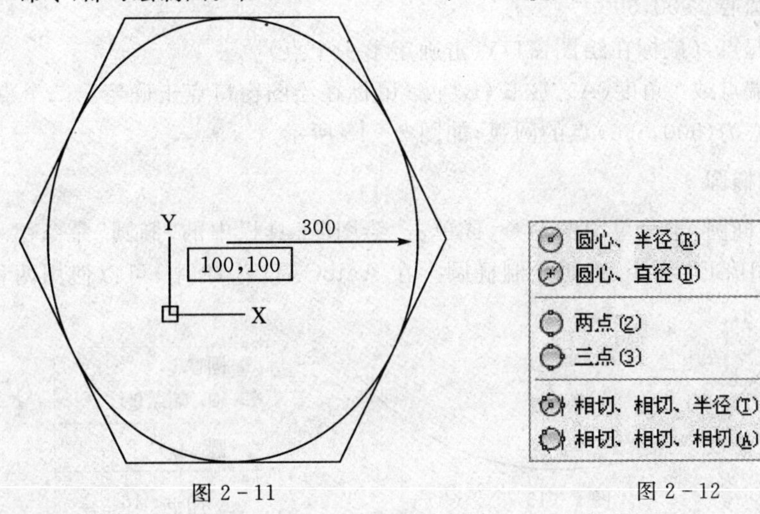

图 2－11　　　　图 2－12

在命令行输入“CIRCLE”命令，命令行提示：

命令:CIRCLE

指定圆的圆心或［三点(3P)/两点(2P)/切点、切点、半径(T)］: 3p

指定圆上的第一个点:(鼠标在绘图窗口点击确定第一个点)

指定圆上的第二个点:(鼠标在绘图窗口点击确定第二个点)

指定圆上的第三个点:(鼠标在绘图窗口点击确定第三个点)

绘制一个 3 点确定一个圆的圆形，如图 2－13 所示。

2.2.8 绘制圆弧

选择“绘图＞圆弧”命令中的子命令，或单击“绘图”工具栏中的“圆弧”命令按钮，或在命令行输入“ARC”命令，都可绘制圆弧。在 AutoCAD 2012 中，可以使用十一种方法绘制圆弧，如图 2－14 所示。

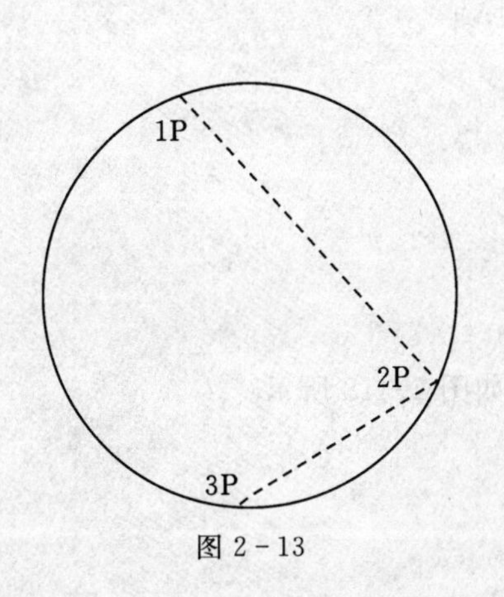

图 2－13

图 2－14

在命令行输入“ARC”命令，命令行提示：

命令：ARC

指定圆弧的起点或［圆心(C)］：c

指定圆弧的圆心：500,500

指定圆弧的起点：(鼠标在绘图窗口点击确定第一个点)

指定圆弧的端点或［角度(A)/弦长(L)］：(鼠标在绘图窗口点击确定第二个点)

绘制一个圆心为(500,500)点的圆弧，如图 2-15 所示。

2.2.9 绘制椭圆

选择“绘图>椭圆”子菜单中的命令，或单击“绘图”工具栏中的“椭圆”命令按钮，或在命令行输入“ELLIPSE” 命令，都可绘制椭圆。在 AutoCAD 2012 中，可以使用两种方法绘椭圆，如图 2-16 所示。

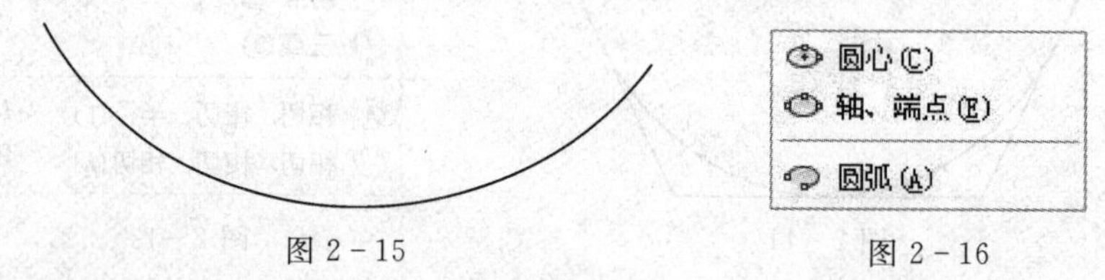

图 2-15　　图 2-16

在命令行输入“ELLIPSE” 命令，命令行提示：

命令：ELLIPSE

指定椭圆的轴端点或［圆弧(A)/中心点(C)］：c

指定椭圆的中心点：100,100

指定轴的端点：(鼠标在绘图窗口点击确定轴的端点)

指定另一条半轴长度或［旋转(R)］：(鼠标在绘图窗口拉伸确定半轴长度)

绘制一个中心点坐标(100,100)点的椭圆，如图 2-17 所示。

2.2.10 绘制椭圆弧

在 AutoCAD 2012 中，椭圆弧的绘图命令和椭圆的绘图命令都是“ELLIPSE”，但命令行的提示不同。选择“绘图>椭圆>圆弧”命令，或在“绘图”工具栏中单击“椭圆弧”命令按钮，都可以绘制椭圆弧。

命令：ELLIPSE

指定椭圆的轴端点或［圆弧(A)/中心点(C)］：a

指定椭圆弧的轴端点或［中心点(C)］：c

指定椭圆弧的中心点：100,100

指定轴的端点：200,200

指定另一条半轴长度或［旋转(R)］：300

指定起点角度或［参数(P)］：0

指定端点角度或［参数(P)/包含角度(I)］：60

绘制一个中心点坐标(100,100)点的椭圆弧，如图 2-18 所示。

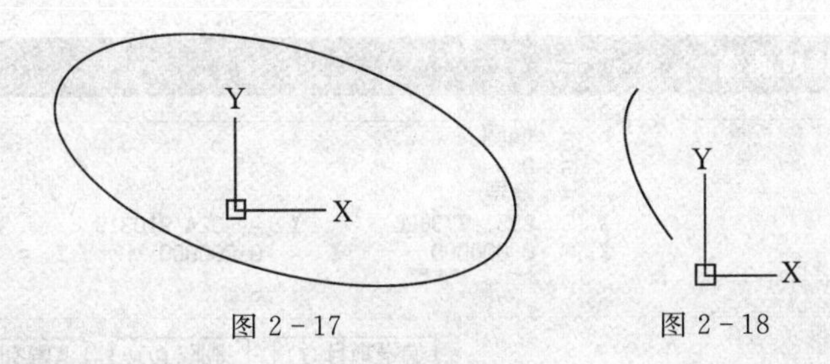

图 2-17　　　　图 2-18

2.2.11　绘制圆环

在 AutoCAD 中,绘制圆环,有“两点(2P)”、“三点(3P)”、“半径－相切－相切(RTT)”三种绘制方法。选择“绘图＞圆环”命令,或者在命令行直接输入“DONUT”命令,命令行提示:

命令:DONUT

[两点(2P)/三点(3P)/半径－相切－相切(RTT)]＜圆环体内径＞＜44.0886＞:2p

圆环体宽度 ＜43.0449＞:50

直径上第一点:100,100

直径上第二点:300,300

图 2-19

绘制的圆环如图 2-19 所示。

2.3　选择二维图形

选择二维图形,就是使操作对象处于激活状态。选择二维对象不但可以直观地通过鼠标直接选择,也可以通过相关的命令及编辑图集的方法选择对象。

2.3.1　选择对象的方法

在对图形进行编辑操作之前,首先需要选择要编辑的对象。在 AutoCAD 2012 中,选择对象的方法很多。例如,可以通过单击对象逐个拾取,也可以利用矩形窗口或交叉窗口选择;可以选择最近创建的对象、前面的选择集或图形中的所有对象,也可以向选择集中添加对象或从中删除对象。AutoCAD 2012 用虚线亮显所选的对象。

2.3.2　过滤选择

在 AutoCAD 2012 中,可以将对象的类型(如直线、圆及圆弧等)、图层、颜色、线型或线宽等特性作为条件,过滤选择符合设定条件的对象。在命令行中输入“FILTER”命令,打开“对象选择过滤器”对话框。需要注意此时必须考虑图形中对象的这些特性是否设置为随层,如图 2-20 所示。

2.3.3　快速选择

在 AutoCAD 2012 中,当需要选择具有某些共同特性的对象时,可利用“快速选择”对话框,根据对象的图层、线型、颜色、图案填充等特性和类型,创建选择集。选择“工具＞快速选择”命令,可打开“快速选择”对话框,如图 2-21 所示。

2.3.4　使用编组

在 AutoCAD 2012 中,可以将图形对象进行编组以创建一种选择集,使编辑对象变得更为

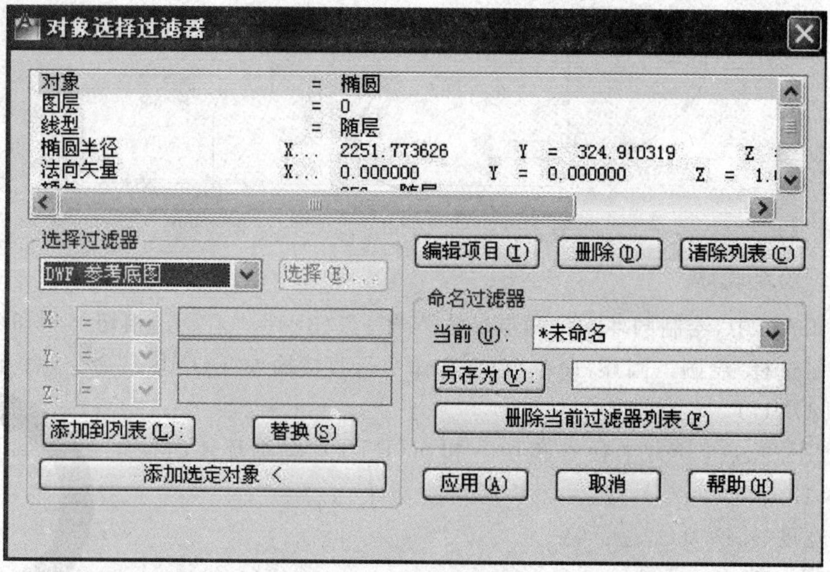

图 2－20

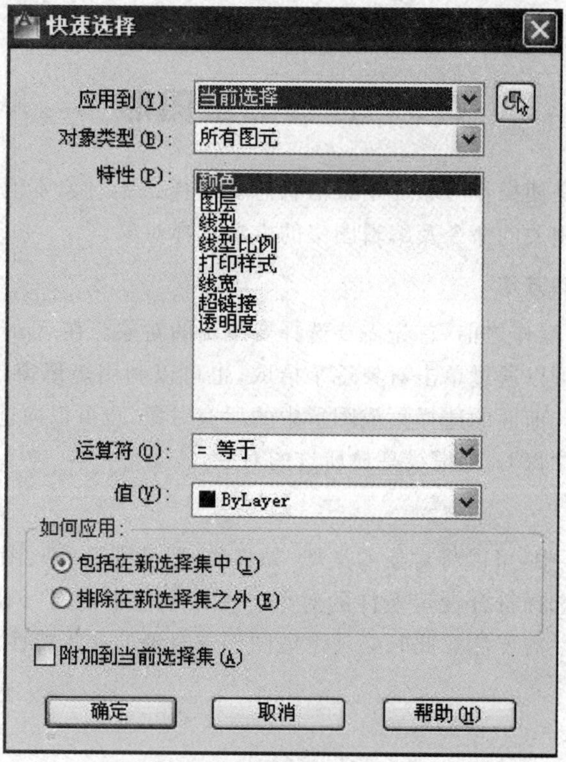

图 2－21

灵活。

1. 创建对象编组

编组是已命名的对象选择集，随图形一起保存。一个对象可以作为多个编组的成员。在命令行提示下输入“GROUP”，并按 Enter 键，可打开“组”对话框，如图 2－22 所示。

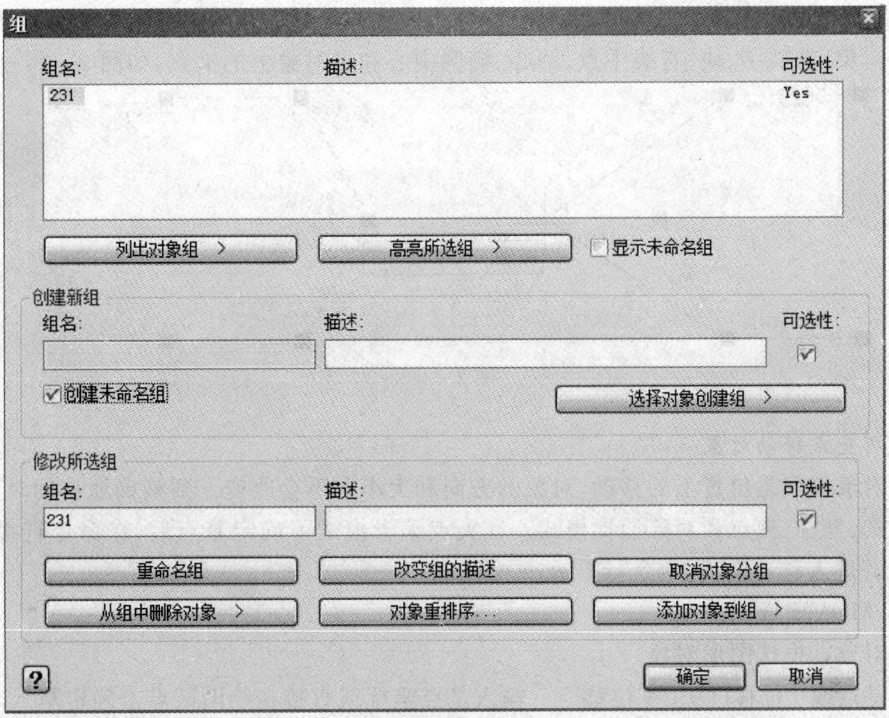

组

组名:　描述:　可选性:

231　Yes

列出对象组 >　高亮所选组 >　显示未命名组

创建新组

组名:　描述:　可选性:

创建未命名组　选择对象创建组 >

修改所选组

组名:　描述:　可选性:

231

重命名组　改变组的描述　取消对象分组

从组中删除对象 >　对象重排序...　添加对象到组 >

确定　取消

图 2-22

2. 修改编组

在"组"对话框中，使用"组"选项组中的选项可以修改对象编组中的单个成员或者对象编组本身。只有在"组名"列表框中选择了一个对象编组后，该选项组中的按钮才可用。

2.4　编辑简单二维图形

在 AutoCAD 2012 中，用户可以使用夹点对图形进行简单的编辑，或综合使用"修改"菜单和"修改"工具栏中的多种编辑命令对图形进行较为复杂的编辑。

2.4.1　夹点编辑

选择对象时，在对象上将显示出若干个小方框，这些小方框用来标记被选中对象的夹点，夹点就是对象上的控制点，如图 2-23 所示。

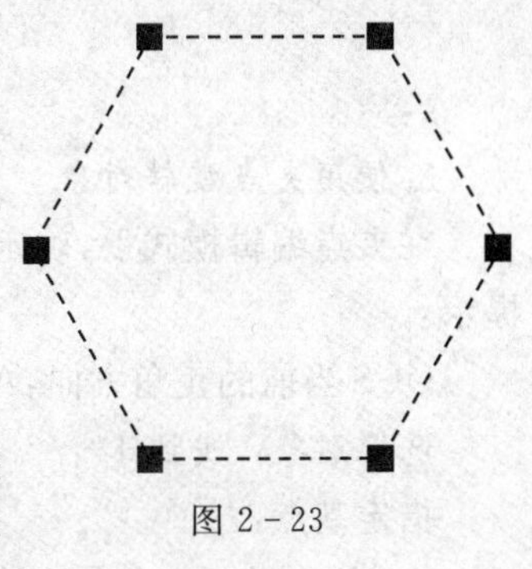

图 2-23

1. 夹点拉伸对象

在 AutoCAD 2012 中，夹点是一种集成的编辑模式，也提供了一种方便快捷的编辑操作途径。在不选择任何命令的情况下选择对象，显示其夹点，然后单击其中一个夹点作为拉伸的基点，命令行提示：

* * 拉伸 * *

指定拉伸点或 [基点(B)/复制(C)/放弃(U)/退出(X)]:

在默认情况下，指定拉伸点(可以通过输入点的坐标或者直接用鼠标指针拾取点)后，AutoCAD 2012 将把对象拉伸或移动到新的位置。因为对于某些夹点，移动时只能移动对象而不能拉伸对象，如文字、块、直线中点、圆心、椭圆中心和点对象上的夹点，如图 2－24 所示。

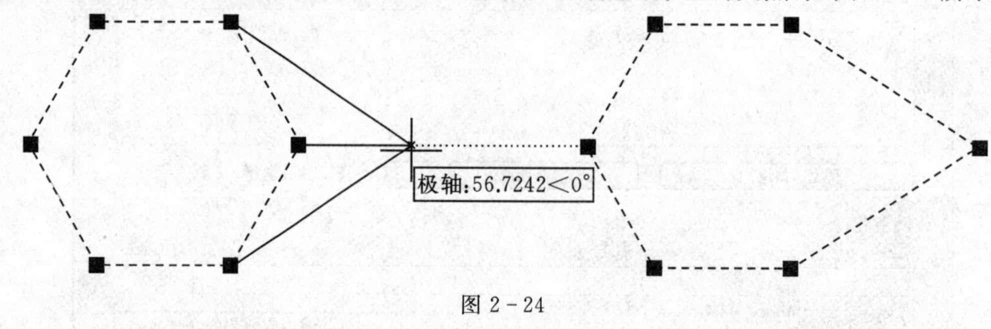

图 2－24

2. **使用夹点移动对象**

移动对象仅仅是位置上的移动，对象的方向和大小并不会改变。要精确地移动对象，可使用捕捉模式、坐标、夹点和对象捕捉模式。在夹点编辑模式下确定基点后，在命令行提示下输入“MOVE”进入移动模式，命令行提示：

命令：MOVE

选择对象：(框选图形对象)

指定基点或［位移(D)］<位移>：(输入基点坐标或直接在绘图区点击确定基点)

通过输入点的坐标或拾取点的方式来确定移动对象的目的点后，即可以基点为移动的起点，以目的点为终点将所选对象移动到新位置，如图 2－25 所示。

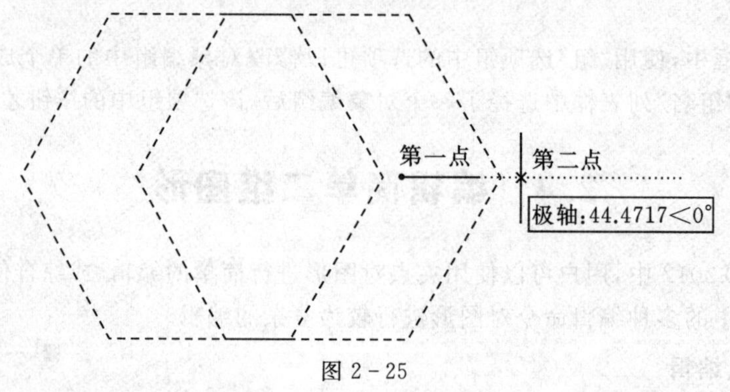

图 2－25

3. **使用夹点旋转对象**

在夹点编辑模式下，确定基点后，在命令行提示下输入“ROTATE”进入旋转模式，命令行提示：

UCS 当前的正角方向：ANGDIR＝逆时针，ANGBASE＝0

选择对象：找到 1 个

指定基点：

指定旋转角度，或［复制(C)/参照(R)］<142>：

在默认情况下，选择要旋转对象，回车后指定基点(坐标或拾取点)，输入旋转的角度值后或通过拖动方式确定旋转角度，即可将对象绕基点旋转指定的角度。也可以选择“参照”选项，以参照方式旋转对象，这与“旋转”命令中的“对照”选项功能相同。

4. **使用夹点缩放对象**

在夹点编辑模式下确定基点后，在命令行提示下输入“SCALE”进入缩放模式，命令行提示：

选择对象：

指定基点：

指定比例因子或[复制(C)/参照(R)]：

在默认情况下，当选择了对象，确定了基点和缩放比例因子后，AutoCAD 2012 将相对于基点进行缩放对象操作。当比例因子大于 1 时放大对象；当比例因子大于 0 而小于 1 时缩小对象。

5. **使用夹点镜像对象**

与“镜像”命令的功能类似，镜像操作后将删除原对象。在夹点编辑模式下确定基点后，在命令行提示下输入“MIRROR”进入镜像模式，命令行提示：

选择对象：

指定镜像线的第一点：

指定镜像线的第二点：

要删除源对象吗？[是(Y)/否(N)] <N>：

指定镜像线上的第 2 个点后，AutoCAD 2012 将以基点作为镜像线上的第 1 点，以两点连线为对称轴，选择是否删除源对象后，选择相应的镜像操作。

2.4.2 “修改”菜单和“修改”工具栏

“修改”菜单用于编辑图形，创建复杂的图形对象。“修改”菜单中包含了 AutoCAD 2012 的大部分编辑命令，通过选择该菜单中的命令或子命令，可以完成对图形的所有编辑操作。“修改”工具栏的每个工具按钮都与“修改”菜单中相应的绘图命令相对应，单击即可选择相应的修改操作，如图 2-26 所示。此操作命令在随后第三章将有详细讲解。

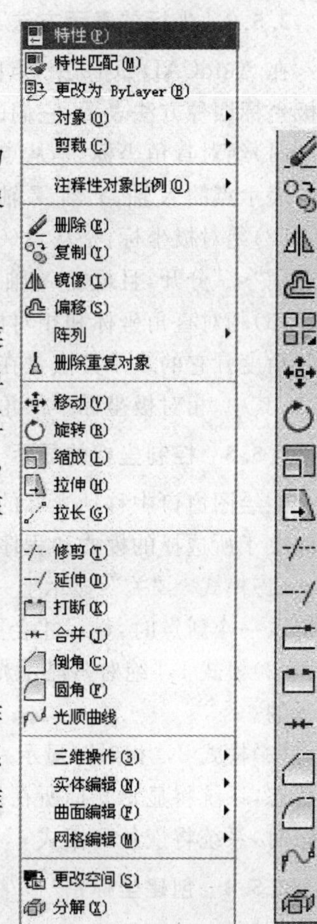

图 2-26

2.5 坐标系

在绘图过程中要精确定位某个对象时，必须以某个坐标系作为参照，以便精确拾取点的位置。通过 AutoCAD 2012 的坐标系可以提供精确绘制图形的方法，可以按照非常高的精度标准，准确地设计并绘制图形。

2.5.1 世界坐标系与用户坐标系

坐标(x,y)是表示点的最基本方法。在 AutoCAD 2012 中，坐标系分为世界坐标系(WCS)和用户坐标系(UCS)。在两种坐标系下都可以通过坐标(x,y)来精确定位点。

在默认情况下，当开始绘制新图形时，当前坐标系为世界坐标系，即 WCS，它包括 X 轴和

Y 轴(如果在三维空间工作,还有一个 Z 轴)。WCS 坐标轴的交汇处显示“口”形标记,但坐标原点并不在坐标系的交汇点,而是位于图形窗口的左下角,所有的位移都是相对于原点计算的,并且规定沿 X 轴正向及 Y 轴正向的位移为正方向。

在 AutoCAD 2012 中,为了能够更好地辅助绘图,经常需要修改坐标系的原点和方向,这时世界坐标系将变为用户坐标系,即 UCS。UCS 的原点以及 X 轴、Y 轴、Z 轴方向都可以移动及旋转,甚至可以依赖于图形中某个特定的对象。尽管用户坐标系中三个轴之间仍然相互垂直,但是在方向及位置上却都更灵活。另外,UCS 没有“□”形标记,如图 2-27 所示。

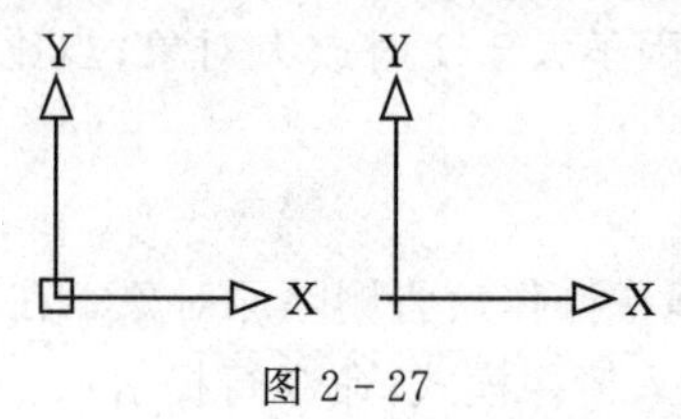

图 2-27

2.5.2 坐标的表示方法

在 AutoCAD 2012 中,点的坐标可以使用绝对直角坐标、绝对极坐标、相对直角坐标和相对极坐标四种方法表示,它们的特点如下。

(1)绝对直角坐标:是从点(0,0)或(0,0,0)出发的位移,可以使用分数、小数或科学记数等形式表示点的 X 轴、Y 轴、Z 轴坐标值,坐标值间用逗号隔开,例如点(10,10)和(10,10,10)等。

(2)绝对极坐标:是从点(0,0)或(0,0,0)出发的位移,但给定的是距离和角度,其中距离和角度用“<”分开,且规定 X 轴正向为 0°,Y 轴正向为 90°,例如点(20<60)、(100<30)等。

(3)相对直角坐标和相对极坐标:相对坐标是指相对于某一点的 X 轴和 Y 轴的位移,或距离和角度。它的表示方法是在绝对坐标表达方式前加上“@”号,如(@-50,100)和(@50<60)。其中,相对极坐标中的角度是新点和上一点连线与 X 轴的夹角。

2.5.3 控制坐标的显示

在绘图窗口中移动光标的十字指针时,状态栏上将动态地显示当前指针的坐标。坐标显示取决于所选择的模式和程序中运行的命令,共有三种方式。

(1)模式 0,“关”:显示上一个拾取点的绝对坐标。此时,指针坐标将不能动态更新,只有在拾取一个新点时,显示才会更新。但是,从键盘输入一个新点坐标时,不会改变该显示方式。

(2)模式 1,“绝对”:显示光标的绝对坐标,该值是动态更新的,在默认情况下,显示方式是打开的。

(3)模式 2,“相对”:显示一个相对极坐标。选择该方式时,如果当前处在拾取点状态,系统将显示光标所在位置相对于上一个点的距离和角度。当离开拾取点状态时,系统将恢复到模式 1,如图 2-28 所示。

关(F)
相对(R)
绝对(A)

图 2-28

2.5.4 创建坐标系

在 AutoCAD 2012 中,选择“工具>新建 UCS”命令,利用它的子命令可以方便地创建 UCS,包括世界和对象等,如图 2-29 所示。

2.5.5 命名用户坐标系

选择“工具>命名 UCS”命令,打开 UCS 对话框,单击“命名 UCS”标签打开其选项卡,并

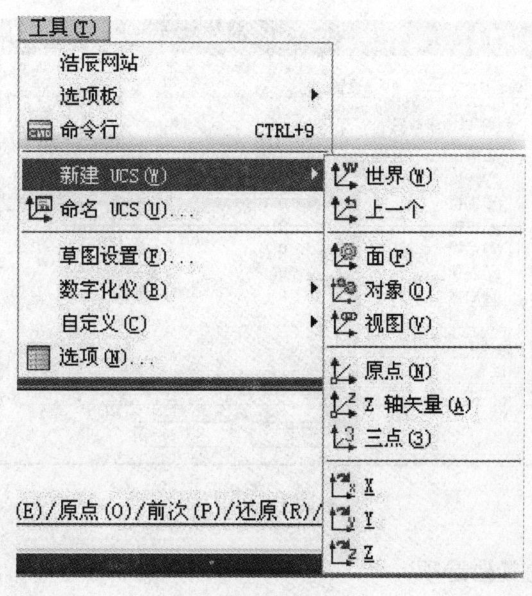

图 2-29

在“当前 UCS”列表中选中“世界”、“上一个”或某个 UCS，然后单击“置为当前”按钮，可将其置为当前坐标系。也可以单击“详细信息”按钮，在“UCS 详细信息”对话框中查看坐标系的详细信息，如图 2-30、2-31 所示。

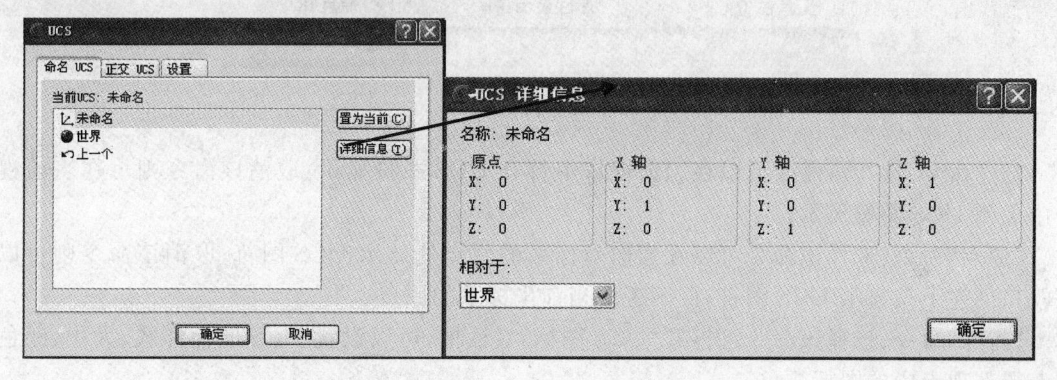

图 2-30　　　　图 2-31

2.5.6 使用正交用户坐标系

选择“工具>命名 UCS”命令，打开 UCS 对话框，在“正交 UCS”选项卡中的“当前 UCS”列表中选择需要使用的正交坐标系，如俯视、仰视、主视、后视、左视和右视等，如图 2-32 所示。

2.5.7 设置当前视口中的 UCS

在绘制三维图形或一幅较大图形时，为了能够从多个角度观察图形的不同侧面或不同部分，可以将当前绘图窗口切分为几个小窗口(即视口)。在这些视口中，为了便于对象编辑，还可以为它们分别定义不同的 UCS。当视口被设置为当前视口时，可以使用该视口上一次处于当前状态时所设置的 UCS 进行绘图。

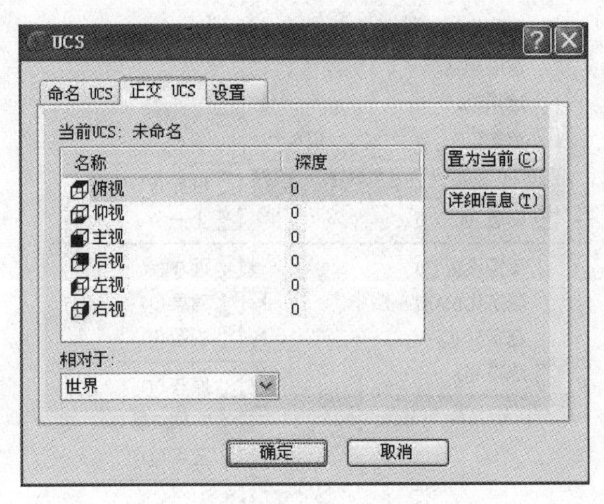

图 2-32

2.5.8 设置 UCS 的其他选项

在 AutoCAD 2012 中，可以通过选择“视图＞显示＞UCS 图标”子菜单中的命令，控制坐标系图标的可见性及显示方式，如图 2-33 所示。

图 2-33

“开”命令：选择该命令可以在当前视口中打开 UCS 图符显示；取消该命令则可在当前视口中关闭 UCS 图符显示。

“原点”命令：选择该命令可以在当前坐标系的原点处显示 UCS 图符；取消该命令则可以在视口的左下角显示 UCS 图符，而不考虑当前坐标系的原点。

“特性”命令：选择该命令可打开“UCS 图标”对话框，可以设置 UCS 图标样式、大小、颜色及布局选项卡中的图标颜色。

此外，在 AutoCAD 2012 中，还可以使用 UCS 对话框中的“设置”选项卡，对 UCS 图标或 UCS 进行设置，如图 2-34 所示。

2.6 设置捕捉和栅格

在绘制图形时，尽管可以通过移动光标来指定点的位置，但却很难精确指定点的某一位置。在 AutoCAD 2012 中，使用“捕捉”和“栅格”功能，可以精确定位点，提高绘图效率。

2.6.1 打开或关闭捕捉和栅格

“捕捉”用于设定鼠标光标移动的间距。“栅格”是一些标定位置的小点，起坐标纸的作用，可以提供直观的距离和位置参照。要打开或关闭“捕捉”和“栅格”功能，可以选择以下几种方法。

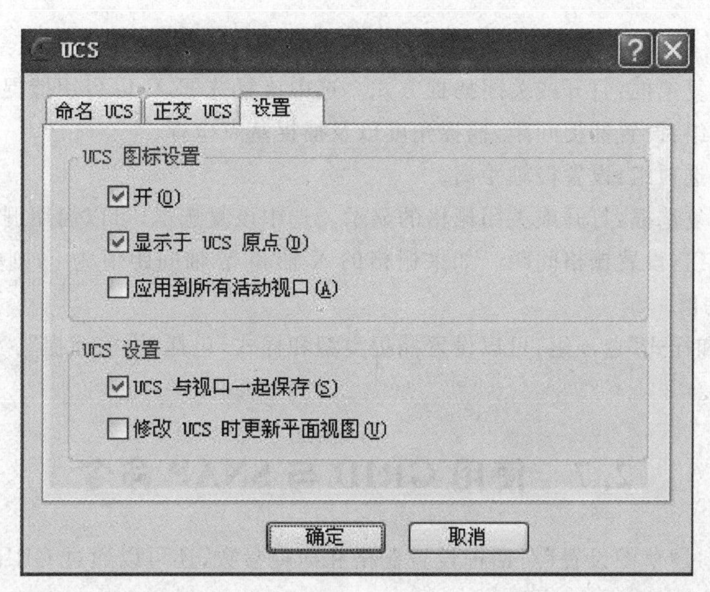

图 2－34

(1)在 AutoCAD 2012 程序窗口的状态栏中,单击“捕捉”和“栅格”按钮。

(2)按 F7 键打开或关闭栅格,按 F9 键打开或关闭捕捉。

(3)选择“工具＞草图设置”命令,打开“草图设置”对话框,在“捕捉和栅格”选项卡中选中或取消“启用捕捉”和“启用栅格”复选框,如图 2－35 所示。

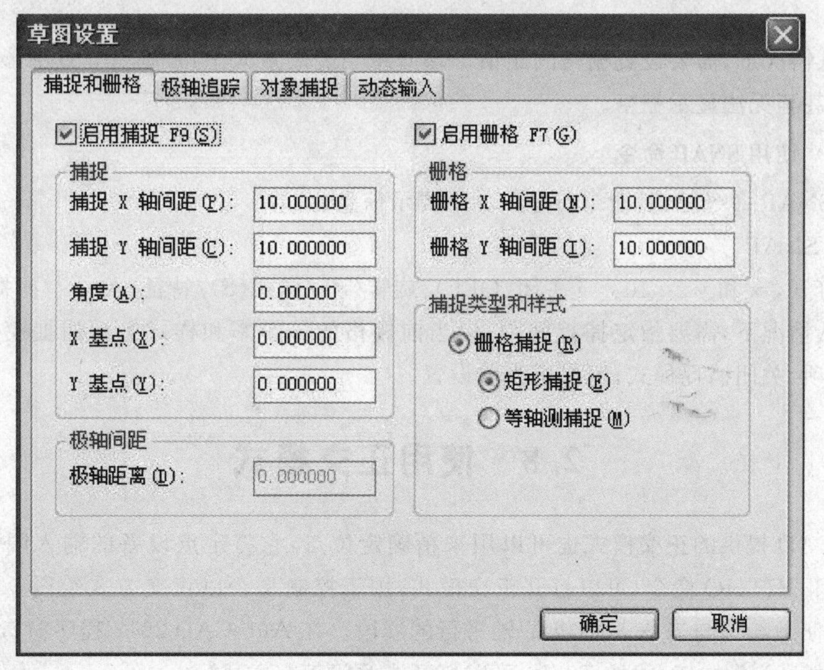

图 2－35

2.6.2 设置捕捉和栅格参数

利用“草图设置”对话框中的“捕捉和栅格”选项卡,可以设置捕捉和栅格的相关参数,各选项的功能如下。

“启用捕捉”复选框：打开或关闭捕捉方式。选中该复选框，可以启用捕捉。

“捕捉”选项组：设置捕捉间距、捕捉角度以及捕捉基点坐标。

“极轴间距”选项组：设置极轴距离。

“启用栅格”复选框：打开或关闭栅格的显示。选中该复选框，可以启用栅格。

“栅格”选项组：设置栅格间距。如果栅格的 X 轴和 Y 轴间距值为 0，则栅格采用捕捉 X 轴和 Y 轴间距的值。

“捕捉类型和样式”选项组：可以设置捕捉类型和样式，包括“栅格捕捉”、“矩形捕捉”和“等轴测捕捉”三种。

2.7 使用 GRID 与 SNAP 命令

不仅可以通过“草图设置”对话框设置栅格和捕捉参数，还可以通过 GRID 与 SNAP 命令来进行设置。

2.7.1 使用 GRID 命令

选择 GRID 命令时，其命令行显示如下提示信息。

命令：GRID

栅格打开：［打开(ON)/关闭(OFF)/捕捉(S)/特征(A)］＜栅格间距(x 和 y = 10)＞：20

在默认情况下，需要设置栅格间距值。该间距不能设置太小，否则将导致图形模糊及屏幕重画太慢，甚至无法显示栅格。

2.7.2 使用 SNAP 命令

选择 SNAP 命令时，其命令行显示如下提示信息。

命令：SNAP

捕捉打开，x 和 y = 10：［关闭(OFF)/旋转(R)/样式(S)/特征(A)］＜捕捉间距＞：20

在默认情况下，需要指定捕捉间距，以当前栅格的分辨率和样式激活捕捉模式；使用“关(OFF)”选项，关闭捕捉模式，但保留当前设置。

2.8 使用正交模式

AutoCAD 提供的正交模式也可以用来精确定位点，它将定点设备的输入限制为水平或垂直。使用 ORTHO 命令，可以打开正交模式，用于控制是否以正交方式绘图。在正交模式下，可以方便地绘出与当前 X 轴或 Y 轴平行的线段。在 AutoCAD 2012 程序窗口的状态栏中单击“正交模式”按钮，或按 F8 键，可以打开或关闭正交方式。

打开正交功能后，输入的第 1 点是任意的，但当移动光标准备指定第 2 点时，引出的橡皮筋线已不再是这两点之间的连线，而是起点到光标十字线的垂直线中较长的那段线，此时单击，橡皮筋线就变成所绘直线，如图 2-36 所示。

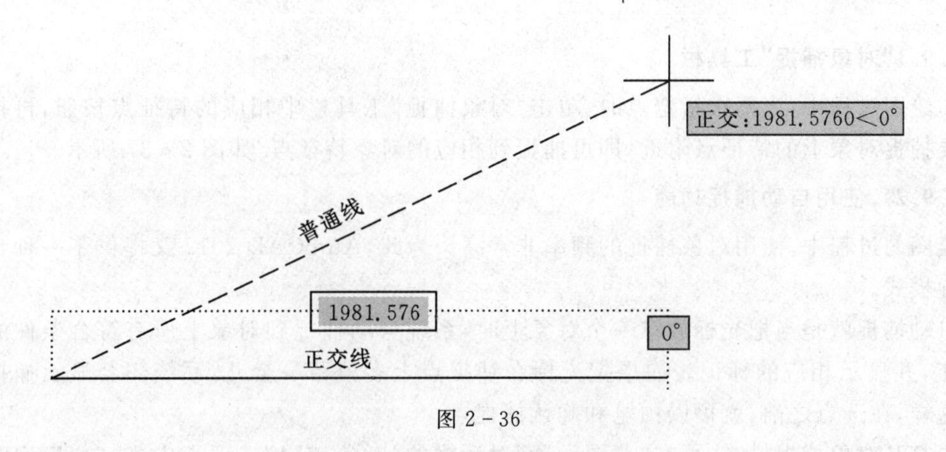

图 2-36

2.9 对象捕捉功能

在绘图的过程中,经常要指定一些对象上已有的点,例如端点、圆心和两个对象的交点等。如果只凭观察来拾取,不可能非常准确地找到这些点。在 AutoCAD 2012 中,可以通过"对象捕捉"工具栏和"草图设置"对话框等方式调用对象捕捉功能,迅速、准确地捕捉到某些特殊点,从而精确地绘制图形,如图 2-37 所示。

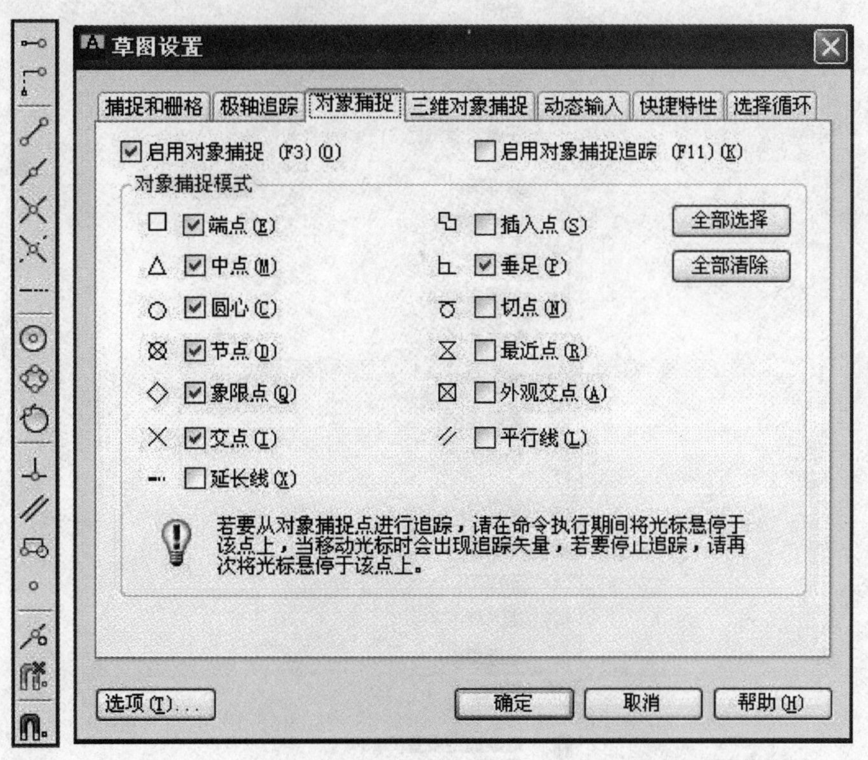

图 2-37

2.9.1“对象捕捉”工具栏

在绘图过程中，当要求指定点时，单击“对象捕捉”工具栏中相应的特征点按钮，再把光标移到要捕捉对象上的特征点附近，即可捕捉到相应的对象特征点，如图 2-37 所示。

2.9.2 使用自动捕捉功能

绘图的过程中，使用对象捕捉的频率非常高。为此，AutoCAD 2012 又提供了一种自动对象捕捉模式。

自动捕捉就是当把光标放在一个对象上时，系统自动捕捉到对象上所有符合条件的几何特征点，并显示相应的标记。如果把光标在捕捉点上多停留一会儿，系统还会显示捕捉的提示。这样，在选点之前，就可以预览和确认捕捉点。

要打开对象捕捉模式，可在“草图设置”对话框的“对象捕捉”选项卡中，选中“启用对象捕捉”复选框，然后在“对象捕捉模式”选项组中选中相应复选，如图 2-37 所示。

2.9.3 对象捕捉快捷菜单

当要求指定点时，可以按下 Shift 键或者 Ctrl 键，右击打开对象捕捉快捷菜单，选择需要的子命令，再把光标移到要捕捉对象的特征点附近，即可捕捉到相应的对象特征点，如图2-38所示。

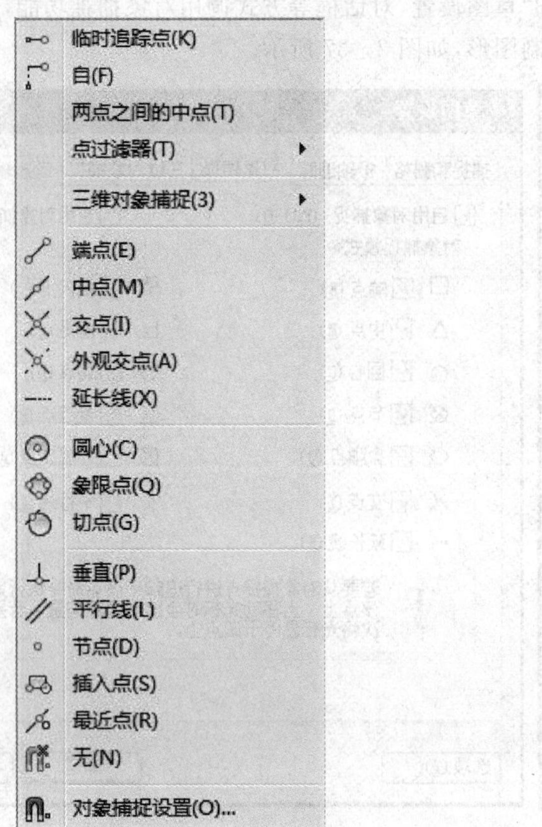

图 2-38

2.9.4　运行和覆盖捕捉模式

在 AutoCAD 2012 中，对象捕捉模式又可以分为运行捕捉模式和覆盖捕捉模式。

在“草图设置”对话框的“对象捕捉”选项卡中，设置的对象捕捉模式始终处于运行状态，直到关闭为止，称为运行捕捉模式。

如果在点的命令行提示下输入关键字(如 MID、CEN、QUA 等)，单击“对象捕捉”工具栏中的工具或在对象捕捉快捷菜单中选择相应命令，只临时打开捕捉模式，称为覆盖捕捉模式，它仅对本次捕捉点有效，在命令行中显示一个“于”标记。

要打开或关闭运行捕捉模式，可单击状态栏上的“对象捕捉”按钮。设置覆盖捕捉模式后，系统将暂时覆盖运行捕捉模式。

2.10　自动追踪

在 AutoCAD 2012 中，自动追踪可按指定角度绘制对象，或者绘制与其他对象有特定关系的对象。自动追踪功能分为极轴追踪和对象捕捉追踪两种，是非常有用的辅助绘图工具。

2.10.1　极轴追踪与对象捕捉追踪

极轴追踪是按事先给定的角度增量来追踪特征点；而对象捕捉追踪则按与对象的某种特定关系来追踪，这种特定的关系确定了一个未知角度。也就是说，如果事先知道要追踪的方向(角度)，则使用极轴追踪；如果事先不知道具体的追踪方向(角度)，但知道与其他对象的某种关系(如相交)，则用对象捕捉追踪。极轴追踪和对象捕捉追踪可以同时使用，如图 2-39 所示。

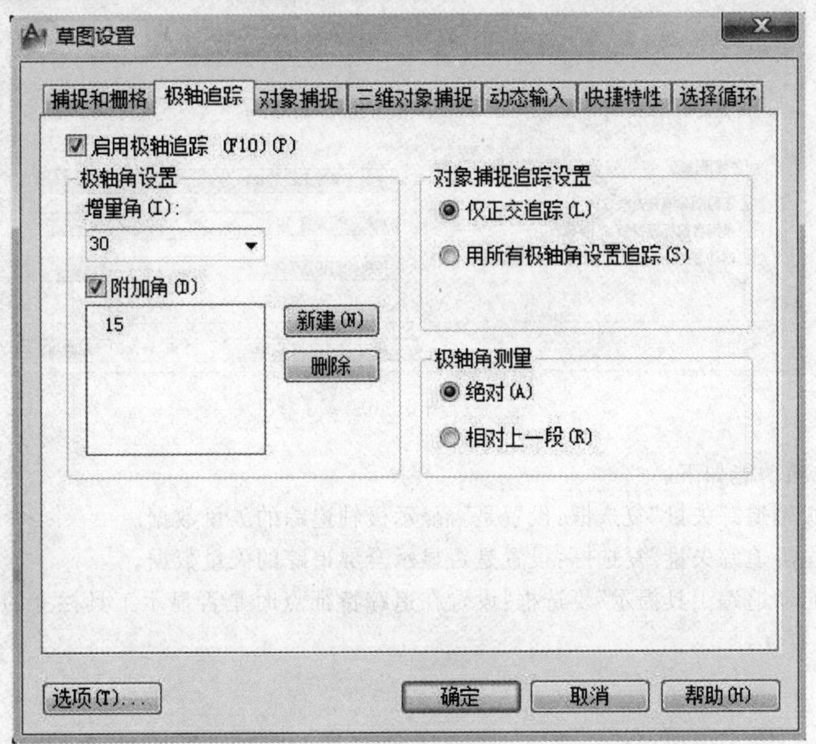

图 2-39

2.10.2 使用临时追踪点和捕捉自功能

在“对象捕捉”工具栏中，还有两个非常有用的对象捕捉工具，即“临时追踪点”和“捕捉自”工具。

“临时追踪点”工具：可在一次操作中创建多条追踪线，并根据这些追踪线确定所要定位的点。

“捕捉自”工具：在使用相对坐标指定下一个应用点时，“捕捉自”工具可以提示输入基点，并将该点作为临时参照点，这与通过输入前缀@使用最后一个点作为参照点类似。它不是对象捕捉模式，但经常与对象捕捉一起使用。

2.10.3 使用自动追踪功能绘图

使用自动追踪功能可以快速而且精确地定位点，在很大程度上提高了绘图效率。在AutoCAD 2012 中，要设置自动追踪功能选项，可打开“选项”对话框，在“绘图”选项卡的“AutoTrack 设置”选项组中进行设置，如图 2-40 所示。

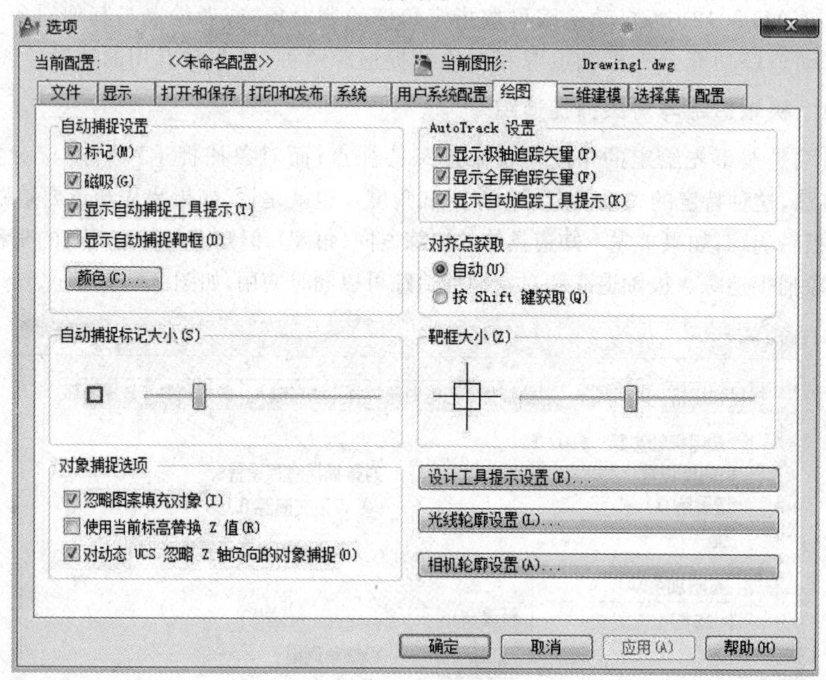

图 2-40

其各选项功能如下：

“显示极轴追踪矢量”复选框：设置是否显示极轴追踪的矢量数据。

“显示全屏追踪矢量”复选框：设置是否显示全屏追踪的矢量数据。

“显示自动追踪工具提示”复选框：设置在追踪特征点时是否显示工具栏上的相应按钮的提示文字。

2.11 使用动态输入

在 AutoCAD 2012 中,使用动态输入功能可以在指针位置处显示标注输入和命令提示等信息,从而极大地方便了绘图。图 2-41 为"动态输入"选项卡。

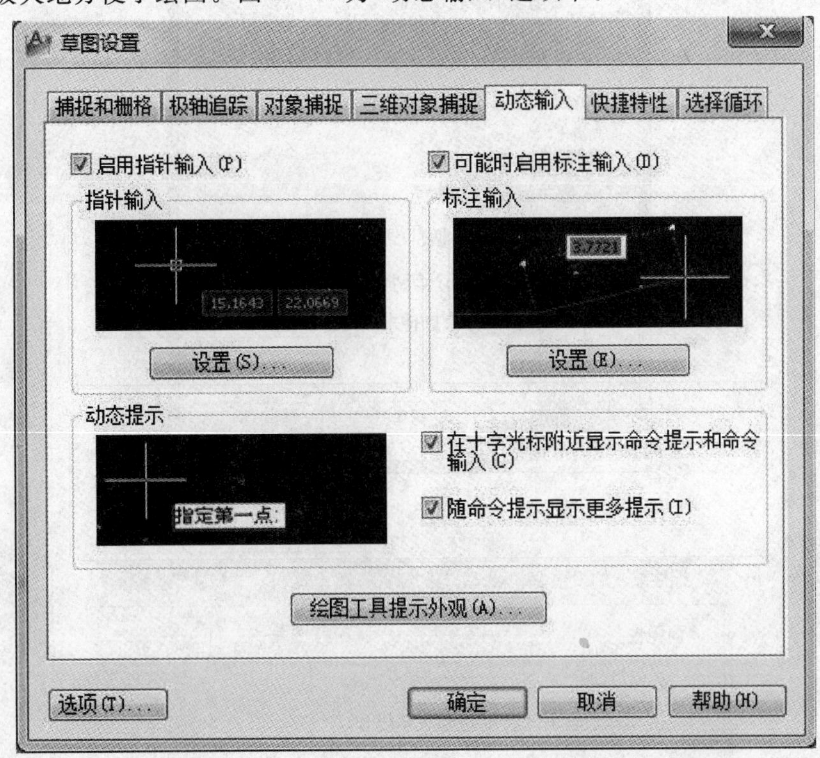

图 2-41

2.11.1 启用指针输入

在"草图设置"对话框的"动态输入"选项卡中,选中"启用指针输入"复选框可以启用指针输入功能。可以在"指针输入"选项组中单击"设置"按钮,使用打开的"指针输入设置"对话框,设置指针的格式和可见性,如图 2-42 所示。

2.11.2 启用标注输入

在"草图设置"对话框的"动态输入"选项卡中,选中"可能时启用标注输入"复选框可以启用标注输入功能。在"标注输入"选项组中单击"设置"按钮,使用打开的"标注输入的设置"对话框可以设置标注的可见性,如图 2-43 所示。

2.11.3 显示动态提示

在"草图设置"对话框的"动态输入"选项卡中,选中"动态提示"选项组中的"在十字光标附近显示命令提示和命令输入"复选框,可以在光标附近显示命令提示。

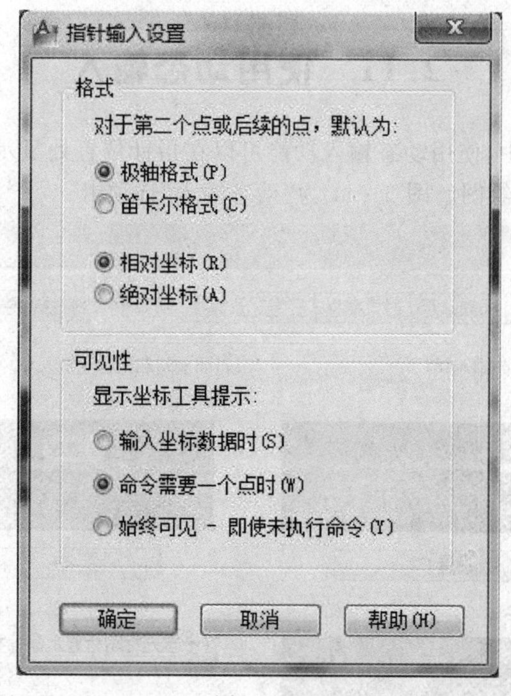

图 2-42

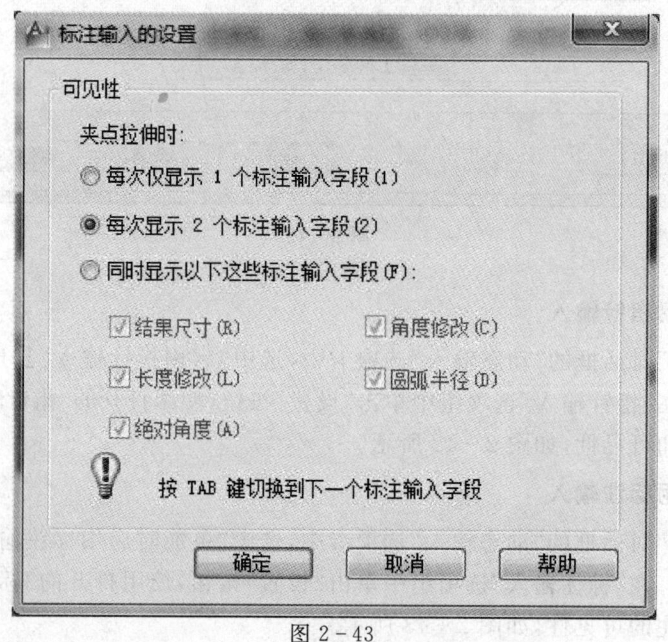

图 2-43

2.12　绘制与编辑多线

多线是一种由多条平行线组成的组合对象，平行线之间的间距和数目是可以调整的，多线常用于绘制建筑图中的墙体、电子线路图等平行线对象。

2.12.1 绘制多线

选择“绘图>多线”命令，或者在命令行直接输入“MLINE”命令，都可以绘制多线。

命令:MLINE

当前设置：对正 = 上，比例 = 20.000000，样式 = Standard

指定起点或[对正(J)/比例(S)/样式(ST)]：(鼠标在绘图窗口单击确定起点)

指定下一点：(鼠标在绘图窗口单击确定点)

指定下一点或[放弃(U)]：(鼠标在绘图窗口单击确定点)

指定下一点或[闭合(C)/放弃(U)]：(鼠标在绘图窗口单击确定点)

指定下一点或[闭合(C)/放弃(U)]：(鼠标在绘图窗口单击确定点)

绘制多线如图 2-44 所示。

图 2-44

2.12.2 使用多线样式对话框

选择“格式>多线样式”命令，或者在命令行输入 MLSTYLE 命令，然后回车，都可打开“多线样式”对话框，可以根据需要创建多线样式，设置其线条数目和线的拐角方式，如图2-45所示。

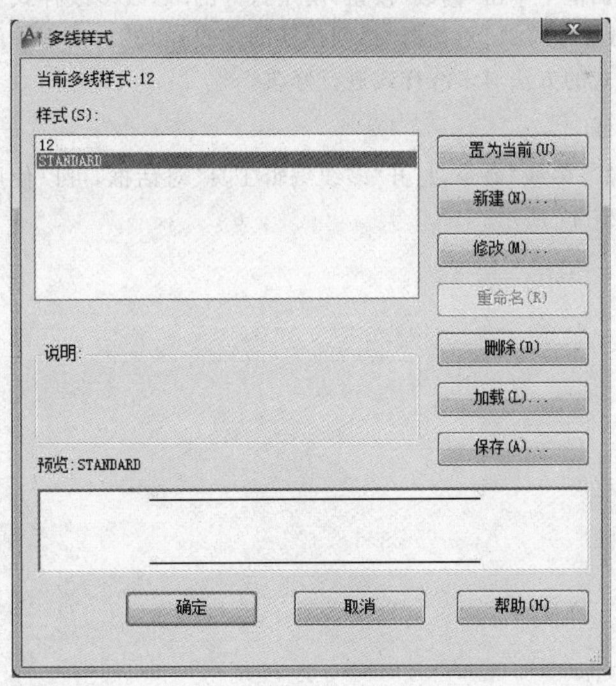

图 2-45

多线样式对话框中各选项的功能如下：

1. 创建新的多线样式

在“多线样式”对话框中单击“新建”按钮，打开“创建新的多线样式”对话框，并输入新的名称，单击“继续”按钮，将打开具有新名称的“新建多线样式”对话框，可以创建新多线样式的封口、填充、图元等内容，如图 2－46 所示。

图 2－46

2. 修改多线样式

在“多线样式”对话框中单击“修改”按钮，使用打开的“修改多线样式”对话框可以修改创建的多线样式。“修改多线样式”对话框与“创建新的多线样式”对话框中的内容完全相同，用户可参照创建多线样式的方法对多线样式进行修改。

2.12.3 编辑多线

选择“修改＞对象＞多线”命令，打开“多线编辑工具”对话框，可以使用其中的 12 种编辑工具编辑多线，如图 2－47 所示。

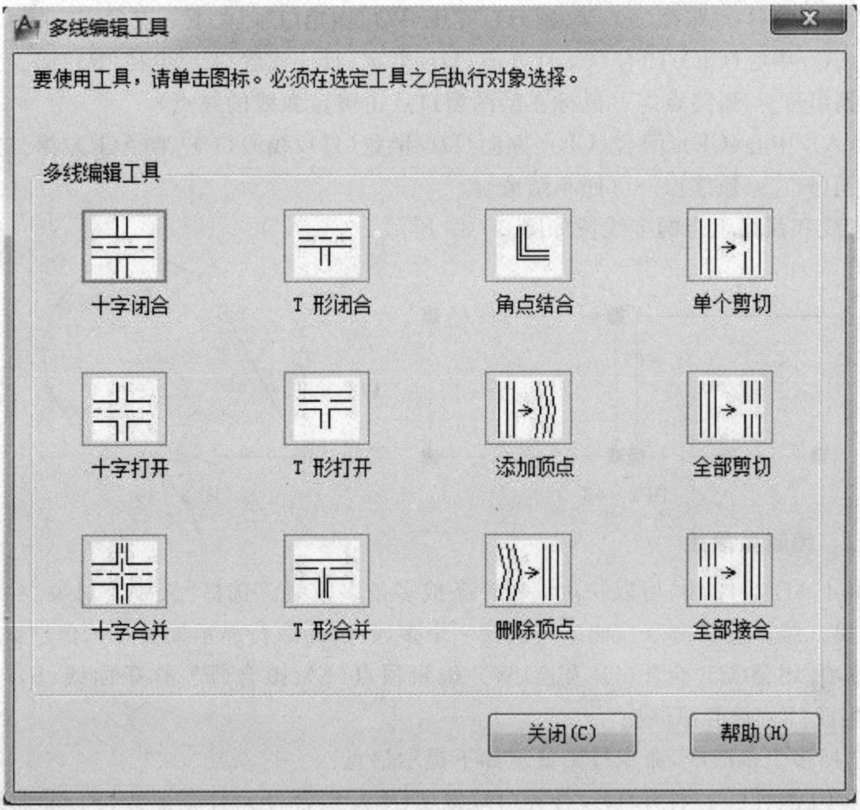

图 2-47

2.13 绘制与编辑多段线

在 AutoCAD 2012 中,“多段线”是一种非常有用的线段对象,它是由多段直线段或圆弧段组成的一个组合体,既可以一起编辑,也可以分别编辑,还可以具有不同的宽度。用一个多段线命令所画出的图形对象无论分成多少段都是一个图形对象,这与直线命令显著不同。例如用多段线画出一个矩形与矩形命令所画的矩形是完全一样的,而用直线绘制的矩形是四个图形对象,如图 2-48 所示。

2.13.1 绘制多段线

选择“绘图＞多线段”命令,或单击“绘图”工具栏中的“多线段”命令 按钮,或在命令行输入“PLINE”命令,都可绘制多线段。在默认情况下,当指定了多段线另一端点的位置后,将从起点到该点绘出一段多段线。

命令：PLINE

回车使用最后点或[跟踪(F)] ＜多段线起点＞:0,0

[弧(A)/距离(D)/跟踪(F)/半宽(H)/宽度(W)]＜下一点(N)＞:d

分段距离:100

分段角度:60

[弧(A)/距离(D)/跟踪(F)/半宽(H)/宽度(W)/撤销(U)]＜下一点(N)＞:a

[角度(A)/中心(CE)/闭合(CL)/方向(D)/半宽(H)/线段(L)/半径(R)/第二点(S)/宽度(W)/撤销(U)]＜弧终点＞:(鼠标在绘图窗口点击确定弧线的终点)

[角度(A)/中心(CE)/闭合(CL)/方向(D)/半宽(H)/线段(L)/半径(R)/第二点(S)/宽度(W)/撤销(U)]＜弧终点＞:(回车结束)

绘制直线和弧线组合的多线段如图 2-49 所示。

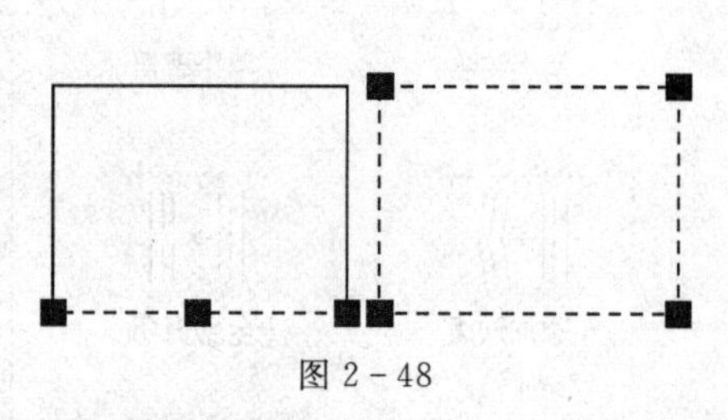

图 2-48

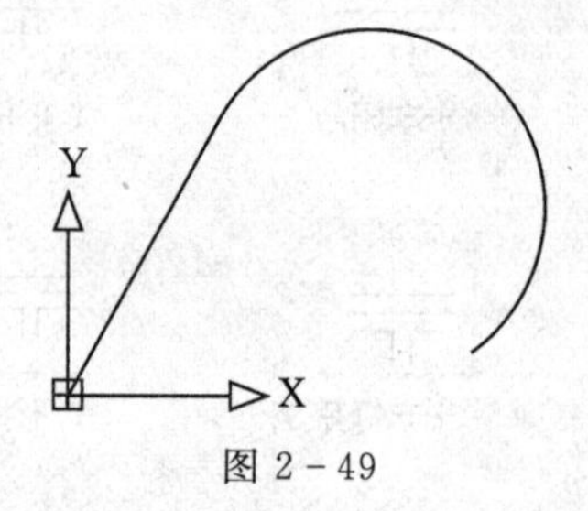

图 2-49

2.13.2 编辑多段线

在 AutoCAD 2012 中,可以一次编辑一条或多条多段线。选择“修改＞对象＞多段线”命令,调用编辑二维多段线命令。如果只选择一个多段线,命令行显示如下提示信息:

输入选项[闭合(C)/合并(J)/宽度(W)/编辑顶点(E)/拟合(F)/样条曲线(S)/非曲线化(D)/线型生成(L)/放弃(U)]:

如果选择多个多段线,命令行则显示如下提示信息:

输入选项[闭合(C)/打开(O)/合并(J)/宽度(W)/拟合(F)/样条曲线(S)/非曲线化(D)/线型生成(L)/放弃(U)]:

2.14 绘制与编辑样条曲线

“样条曲线”是通过或接近一系列给定点的光滑曲线,绘图中用的最多的地方就是随意画一条曲线,比如局部剖视的界线、折断线等。

2.14.1 绘制样条曲线

选择“绘图＞样条曲线”命令,或者在工具栏选择“样条曲线” 工具按钮,或者在命令行直接输入 SPLINE 命令,都可以绘制样条曲线。

命令:SPLINE

当前设置:方式=拟合,节点=弦

指定第一个点或[方式(M)/节点(K)/对象(O)]:

输入下一个点或[起点切向(T)/公差(L)]:

输入下一个点或[端点相切(T)/公差(L)/放弃(U)]:

输入下一个点或[端点相切(T)/公差(L)/放弃(U)/闭合(C)]:

绘制样条曲线如图 2-50 所示。

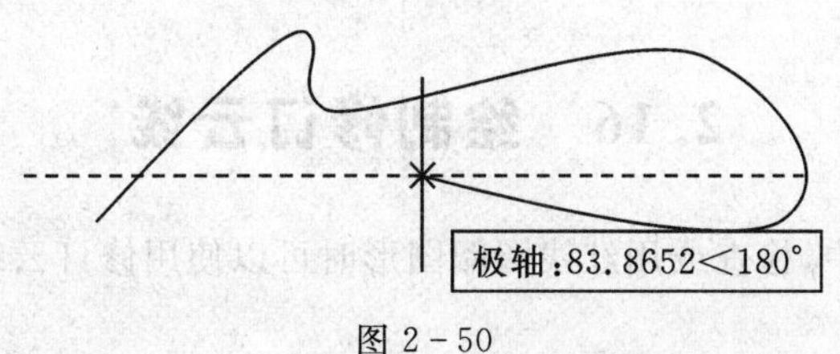

图 2-50

注:公差值的大小决定点切线控制曲线的曲滑程度。

2.14.2 编辑样条曲线

选择"修改>对象>样条曲线"命令,或在"修改 II"工具栏中单击"编辑样条曲线"命令按钮,或者在命令行直接输入 SPLINEDIT 命令,命令行提示:

命令:_splinedit

选择样条曲线:

输入选项[闭合(C)/合并(J)/拟合数据(F)/编辑顶点(E)/转换为多段线(P)/反转(R)/放弃(U)/退出(X)]<退出>:(输入相应的选项,即可编辑选中的样条曲线)

样条曲线编辑命令是一个单对象编辑命令,一次只能编辑一个样条曲线对象。选择该命令并选择需要编辑的样条曲线后,在曲线周围将显示控制点,如图 2-51 所示。

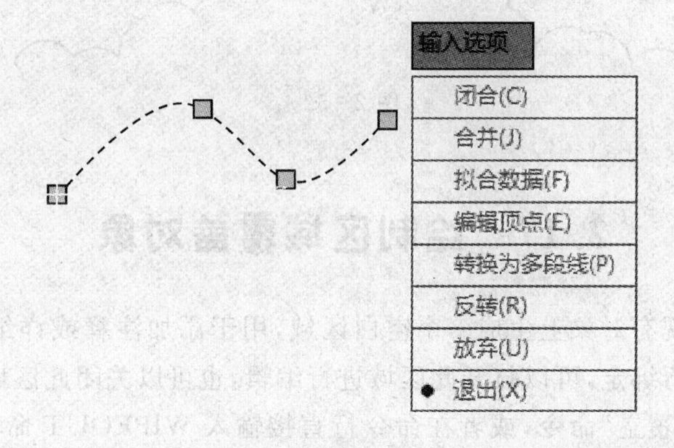

图 2-51

2.15 使用 SKETCH 命令徒手绘图

在 AutoCAD 2012 中,可以使用 SKETCH(徒手画)命令徒手绘制图形、轮廓线及签名等。SKETCH 命令没有对应的菜单或工具按钮,因此要使用该命令,必须在命令行中输入 SKETCH,这时系统要求指定增量距离,然后显示如下提示信息:

徒手画:画笔(P)/ 退出(X)/结束(Q)/记录(R)/删除(E)/连接(C)。

当处于 SKETCH(徒手画)命令状态时,可以使用以上选项中的任何一个。可以输入一个单字符或按下鼠标/麦克笔(puck pen)相应的按钮来访问相应的选项。

2.16 绘制修订云线

在 AutoCAD 2012 中，检查或用红线圈阅图形时可以使用修订云线功能标记，以提高工作效率。

选择“绘图>修订云线”命令，或在“绘图”工具栏中单击“修订云线”命令按钮，或者在命令行直接输入 REVCLOUD 命令，可以绘制一个云彩形状的图形，它是由连续圆弧组成的多段线。

命令：REVCLOUD

最小弧长：10.000000，最大弧长：20.000000

指定起点或［弧长(A)/对象(O)］<对象>：(在绘图窗口确定修订云线起点；A 设置最小和最大弧长，O 选择已有对象修改为云线)

沿云线路径引导十字光标……

修订云线完成。

图 2-52 所示为绘制最小弧长 10，最大弧长 20 的修订云线。

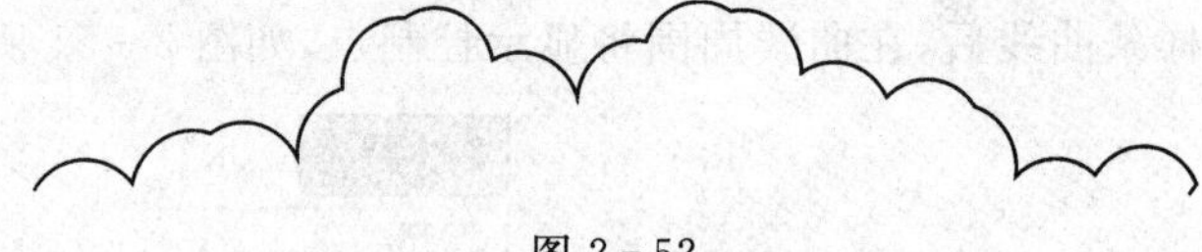

图 2-52

2.17 绘制区域覆盖对象

区域覆盖可以在现有对象上生成一个空白区域，用于添加注释或详细的屏蔽信息。该区域与区域覆盖边框进行绑定，可以打开此区域进行编辑，也可以关闭此区域进行打印。

选择“绘图>区域覆盖”命令，或者在命令行直接输入 WIPEOUT 命令，可以创建一个多边形区域，并使用当前的背景色来遮挡它下面的对象。

命令：WIPEOUT

指定第一点或［边框(F)/多段线(P)］<多段线>：

指定下一点：

指定下一点或［放弃(U)］：

指定下一点或［闭合(C)/放弃(U)］c

绘制结果如图 2-53 所示。

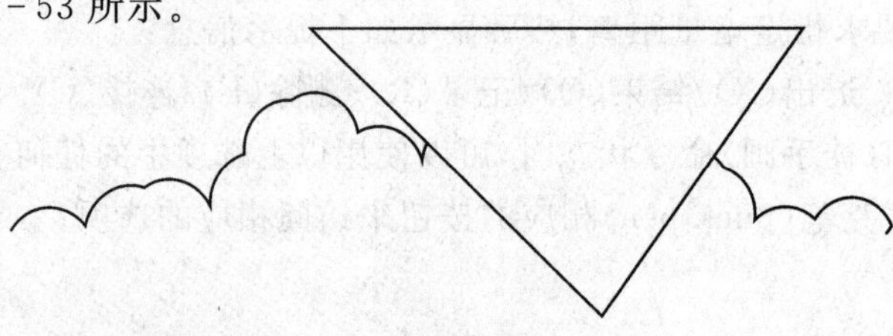

图 2-53

第 3 章　使用修改命令编辑对象

本章详细介绍 AutoCAD 2012 中文版中的删除、复制、移动、旋转、偏移、镜像、倒角、圆角和打断对象等修改命令的使用方法和应用技巧。

3.1　删除对象

在 AutoCAD 2012 中，可以用“删除”命令，删除选中的对象。选择“修改>删除”命令，或在“修改”工具栏中单击“删除”按钮，或者在命令行直接输入 ERASE 命令，选择删除对象后回车，都可以删除图形中选中的对象。

如果在“选项”对话框的“选择”选项卡中，选中“选择模式”选项组中的“先选择后选择”复选框，就可以先选择对象，然后单击“删除”按钮删除。

单击“删除”按钮，命令行提示：

命令：_erase

选择对象：指定对角点：找到 1 个

选择对象：(回车确定选择，同时并删除对象)

3.2　复制对象

在 AutoCAD 2012 中，可以使用“复制”命令，创建与原有对象相同的图形。选择“修改>复制”命令，或单击“修改”工具栏中的“复制”按钮，或者在命令行直接输入 COPY 命令，命令行提示：

命令：COPY

选择对象：指定对角点：找到 1 个

选择对象：(回车确定选择)

指定基点或 [位移(D)/模式(O)] <位移>：(绘图区单击鼠标确定基点，或者输入指定基点的坐标)

指定第二个点或 [阵列(A)] <使用第一个点作为位移>：(绘图区单击鼠标确定第二点，或者输入第二点的坐标，确定复制副本的位置)

指定第二个点或 [阵列(A)/退出(E)/放弃(U)] <退出>：(回车确定)

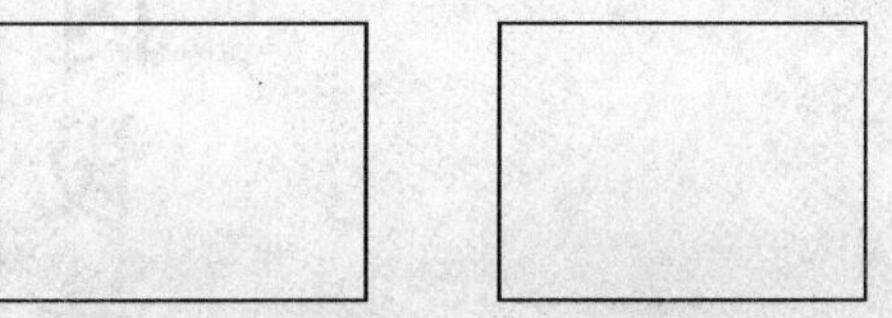

图 3-1

图 3-1 所示为复制的矩形图形。

3.3 镜像对象

在 AutoCAD 2012 中，可以使用“镜像”命令，将对象以镜像线对称复制。选择“修改＞镜像”命令，或在“修改”工具栏中单击“镜像”按钮，或者在命令行直接输入 MIRROR 命令，即可镜像复制对象反向副本。

命令：MIRROR

选择对象：

选择集当中的对象：1

选择对象：(回车确定选择)

指定镜面线的第一点：(确定镜像线第一点)

指定镜面线的第二点：(确定镜像线第二点)

要删除源对象吗？[是(Y)/否(N)]＜N＞：(回车，则镜像复制对象，并保留原来的对象；如果输入 Y，则在镜像复制对象的同时删除原对象)

图 3－2 所示为镜像复制对象，并保留原来的对象。

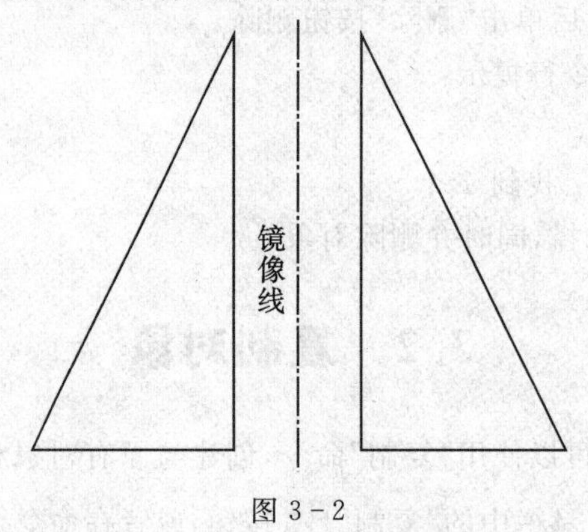

图 3－2

在 AutoCAD 2012 中，使用系统变量 MIRRTEXT 可以控制文字对象的镜像方向。如果 MIRRTEXT 的值为 1，则文字对象完全镜像，镜像出来的文字变得不可读；如果 MIRRTEXT 的值为 0，则文字对象方向不镜像。如图 3－3 所示，左侧值为 0，右侧值为 1。

图 3－3

3.4 偏移对象

在 AutoCAD 2012 中，可以使用“偏移”命令，对指定的直线、圆弧、圆等对象作同心偏移复制。在实际应用中，常利用“偏移”命令的特性创建平行线或等距离分布图形。

选择“修改>偏移”命令，或在“修改”工具栏中单击“偏移”命令按钮，也可直接在命令行输入 OFFSET 命令，命令行提示：

命令：OFFSET

指定偏移距离或［通过(T)/删除(E)/图层(L)］<0.0000>：10

选择要偏移的对象，或［退出(E)/放弃(U)］<退出>：(鼠标单击选择偏移的对象)

指定要偏移的那一侧上的点，或［退出(E)/多个(M)/放弃(U)］<退出>：(鼠标单击偏移的方向，确定偏移方向)

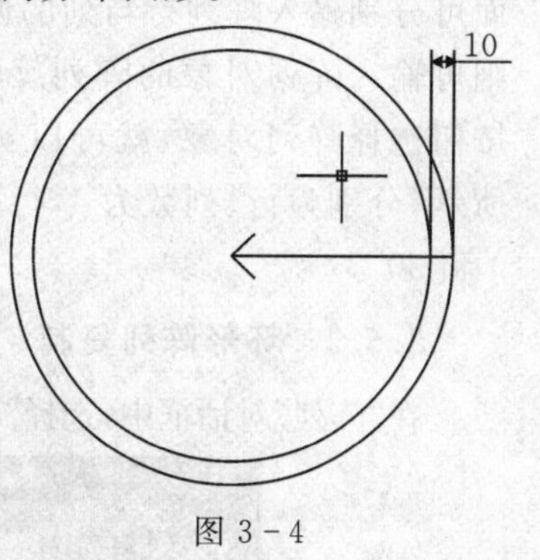

图 3-4

图 3-4 所示为偏移距离为 10，向圆内侧偏移的圆形效果。

3.5 阵列对象

在 AutoCAD 2012 中，可以通过“阵列”命令多重复制对象。选择“修改>阵列”命令，或在“修改”工具栏中单击“阵列”命令按钮，或者在命令行直接输入 ARRAY 命令，都可以打开“阵列”对话框，可以在该对话框中设置以矩形阵列或者环形阵列方式多重复制对象，如图 3-5 所示。

阵列
矩形阵列(R)
环形阵列(P)
选择对象(S)
行： 4
列： 4
已选择 0 个对象
偏离距离和方向
行偏离： 1
列偏离： 1
阵列角度： 0
默认情况下，如果行偏离为负值，则行添加在下面．如果列偏离为负值，则列添加在左边．
提示
确定
取消
预览(V) <

图 3-5

3.5.1 矩形阵列复制

在“阵列”对话框中，选择“矩形阵列”选项，可以以矩形阵列方式复制对象。在“矩形阵列”选框中，“行”和“列”后面可以输入行数与列数；“行偏离”和“列偏离”后面可分别输入阵列行与列的偏移距离；“阵列角度”后面则可输入阵列对象的阵列旋转角度。单击“选择对象”按钮选择阵列对象，就可以实现阵列复制。如图 3-6 所示，分别为行、列数为 4，行列偏离数为 2，阵列角度为 0 和 30°。

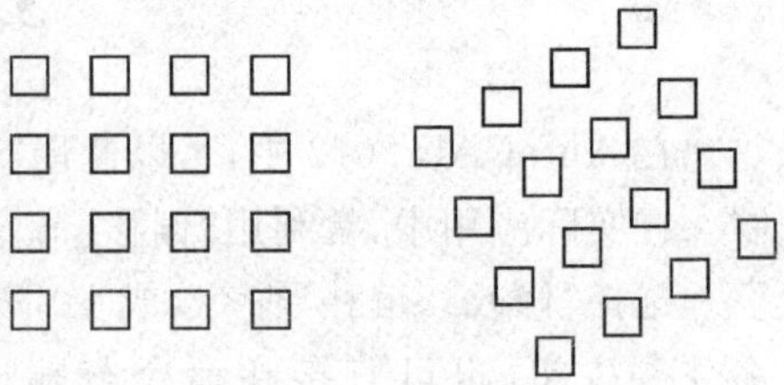

图 3-6

3.5.2 环形阵列复制

在“阵列”对话框中，选择“环形阵列”选项，可以以环形阵列方式复制图形，如图 3-7 所示。

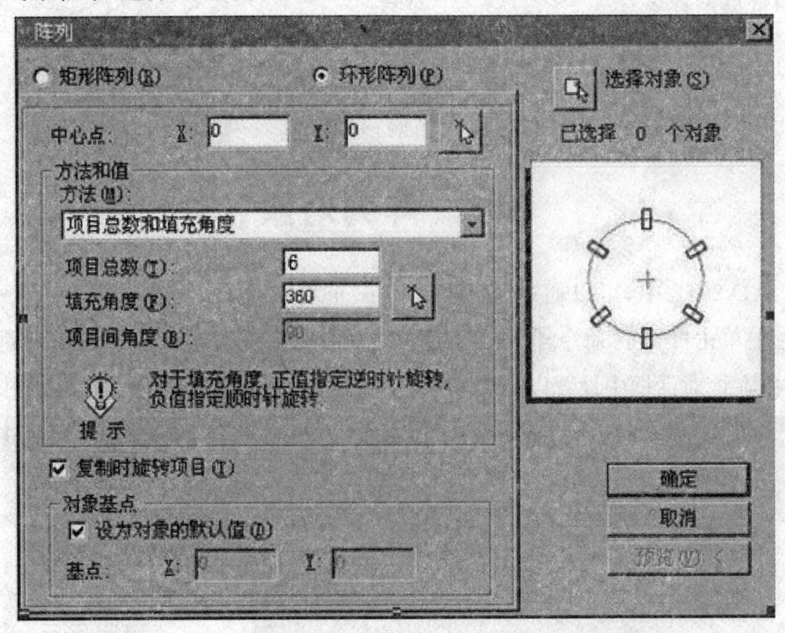

图 3-7

“环形阵列”选项中：“中心点”是用来设置阵列中心的坐标的；“方法和值”用来设置“项目总数和填充角度”、“项目总数和项目间的角度”、“填充角度和项目间的角度”三种方法及相应的参数；是否勾选“复制时旋转项目”选项，决定设置阵列时对象个体是否旋转；“对象基点”设置阵列时基点的坐标。单击“选择对象”按钮选择阵列对象，就可以实现阵列复制。图 3-8 所示为图 3-7 设置的以圆桌中心为复制基点的环形阵列椅子的效果。

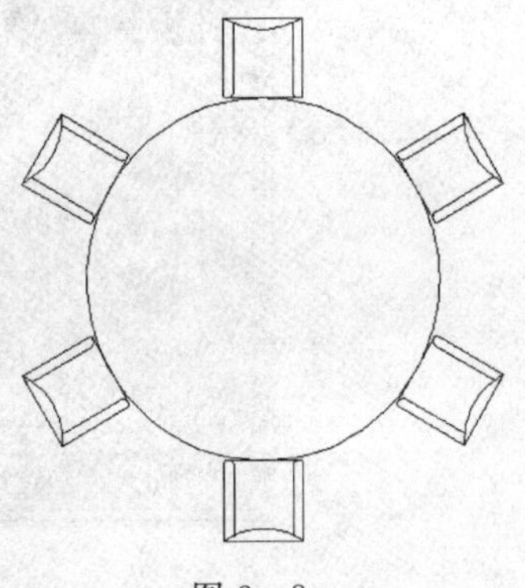

图 3-8

3.6　移动对象

选择“修改＞移动”命令，或在“修改”工具栏中单击“移动”命令按钮，或者在命令行直接输入MOVE命令，可以将对象按照一定的方向和位移移动。单击“移动”命令按钮，命令行提示：

命令：_move

选择对象：找到1个，总计1个

选择对象：(回车确定选择)

指定基点或［位移(D)］＜位移＞：(输入基点坐标或在绘图区点击确定基点进行移动)

指定第二个点或＜使用第一个点作为位移＞：(位移大小以第二个基点结束)

3.7　旋转对象

选择“修改＞旋转”命令，或在“修改”工具栏中单击“修改”按钮，或者在命令行直接输入ROTATE命令，命令行提示：

命令：ROTATE

选择旋转对象：找到1个，总计1个

选择旋转对象：(回车确定选择)

指定基点：(输入基点坐标或在绘图区点击确定基点)

指定旋转角度，或［复制(C)/参照(R)］＜0＞：(如果直接输入角度值，则可以将对象绕基点转动该角度，角度为正时逆时针旋转，角度为负时顺时针旋转；如果选择“R”选项，将以参照方式旋转对象，需要依次指定参照方向的角度值和相对于参照方向的角度值)

图3-9所示为以箭头右端中点为基点，旋转角度为90°后的效果。

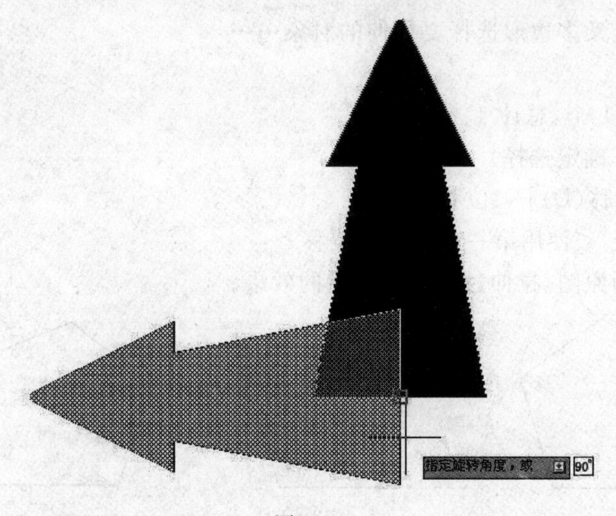

图3-9

3.8 缩放对象

在 AutoCAD 2012 中，可以使用“缩放”命令按比例增大或缩小对象。选择“修改＞缩放”命令，或在“修改”工具栏中单击“缩放”工具按钮，或者在命令行直接输入 SCALE 命令，可以将对象按指定的比例因子相对于基点进行尺寸缩放。输入命令命令行提示：

命令：SCALE

选择比例对象：找到 1 个，总计 1 个

选择比例对象：(回车确定选择)

指定基点：(输入基点坐标或在绘图区点击确定基点)

指定比例因子或［复制(C)/参照(R)］＜2.0000＞：(如果直接指定缩放的比例因子，对象将根据该比例因子相对于基点缩放，当比例因子大于 0 而小于 1 时缩小对象，当比例因子大于 1 时放大对象；如果选择“R”选项，对象将按参照的方式缩放，需要依次输入参照长度的值和新的长度值)

AutoCAD 2012 根据参照长度与新长度的值自动计算比例因子(比例因子＝新长度值/参照长度值)，然后进行缩放。

3.9 拉伸对象

选择“修改＞拉伸”命令，或在“修改”工具栏中单击“拉伸”工具按钮，或者在命令行直接输入 STRETCH 命令，就可以移动或拉伸对象，操作方式根据图形对象在选择框中的位置决定。

输入命令命令行提示：

命令：STRETCH

以交叉窗口或交叉多边形选择要拉伸的对象……

选择对象：

另一角点：找到 1 个，总计 1 个

选择对象：(回车确定选择)

指定基点或［位移(D)］＜位移＞：

指定第二个点或 ＜使用第一个点作为位移＞：

图 3-10 所示为原图、拉伸过程及拉伸后的效果。

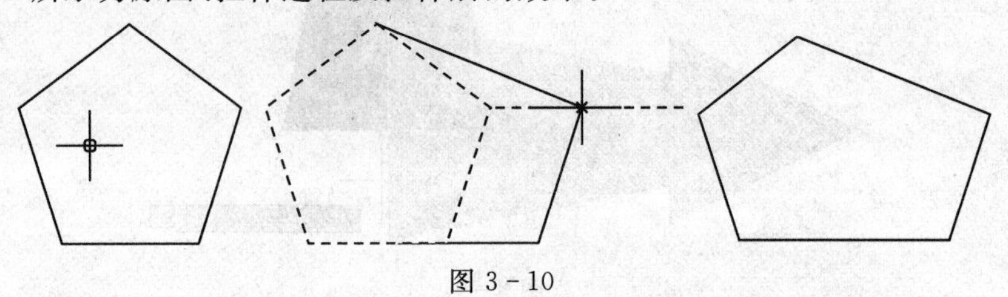

图 3-10

3.10 修剪对象

在 AutoCAD 2012 中,可以使用“修剪”命令缩短对象。选择“修改>修剪”命令,或在“修改”工具栏中单击“修剪”命令按钮,或者在命令行直接输入 TRIM 命令,可以以某一对象为剪切边修剪其他对象。

在 AutoCAD 2012 中,可以作为剪切边的对象有直线、圆弧、圆、椭圆或椭圆弧、多段线、样条曲线、构造线、射线以及文字等。剪切边也可以同时作为被剪边。在默认情况下,选择要修剪的对象(即选择被剪边),系统将以剪切边为界,将被剪切对象上位于拾取点一侧的部分剪切掉。如果按下 Shift 键,同时选择与修剪边不相交的对象,修剪边将变为延伸边界,将选择的对象延伸至与修剪边界相交。

单击“修剪”命令按钮,命令行提示:

命令:_trim

选取切割对象作修剪:找到 1 个,总计 1 个

选取切割对象作修剪:(回车确定选择)

选择要修剪的对象,或按住 Shift 键选择要延伸的对象,或[边缘模式(E)/围栏(F)/窗交(C)/投影(P)]:

选择要修剪的对象,或按住 Shift 键选择要延伸的对象,或[边缘模式(E)/围栏(F)/窗交(C)/投影(P)/撤销(U)]:(回车确定修剪)

如图 3-11 所示,分别是以直线和圆为修剪对象修剪的效果。

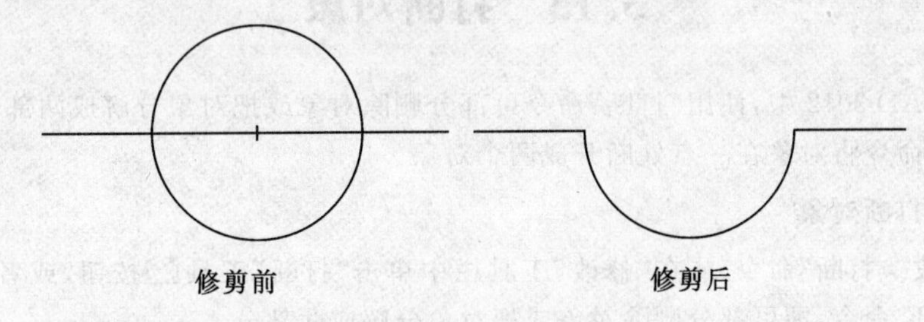

图 3-11

3.11 延伸对象

在 AutoCAD 2012 中,可以使用“延伸”命令拉长对象。选择“修改>延伸”命令,或在“修改”工具栏中单击“延伸”工具 按钮,或者在命令行直接输入 EXTEND 命令,可以延长指定的对象与另一对象相交或外观相交。

延伸命令的使用方法和修剪命令的使用方法相似,不同之处在于:使用延伸命令时,如果在按下 Shift 键的同时选择对象,则选择修剪命令;使用修剪命令时,如果在按下 Shift 键的同时选择对象,则选择延伸命令。

输入命令命令行提示:

命令:EXTEND

选取边界对象作延伸:找到 1 个,总计 1 个

选取边界对象作延伸:(回车确定选择)

选择要延伸的对象,或按住 Shift 键选择要修剪的对象,或[边缘模式(E)/围栏(F)/窗交(C)/投影(P)]:

选择要延伸的对象,或按住 Shift 键选择要修剪的对象,或[边缘模式(E)/围栏(F)/窗交(C)/投影(P)/撤销(U)]:(回车确定延伸)

图 3－12 所示为延伸效果。

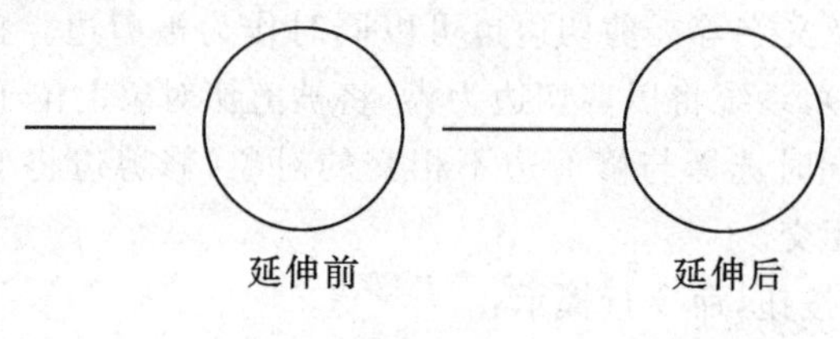

图 3－12

3.12 拉长对象

选择“修改＞拉长”命令,或者在命令行直接输入 LENGTHEN 命令,即可修改线段或者圆弧的长度。

3.13 打断对象

在 AutoCAD 2012 中,使用“打断”命令可部分删除对象或把对象分解成两部分,还可以使用“打断于点”命令将对象在一点处断开成两个对象。

3.13.1 打断对象

选择“修改＞打断”命令,或在“修改”工具栏中单击“打断”工具按钮,或者在命令行直接输入 BREAK 命令,即可部分删除对象或把对象分解成两部分。

输入命令命令行提示:

命令:BREAK

选取切断对象:(可以直接选取第一切断点)

第二切断点 或[第一切断点(F)]:

图 3－13 所示为弧形打断的前后效果。

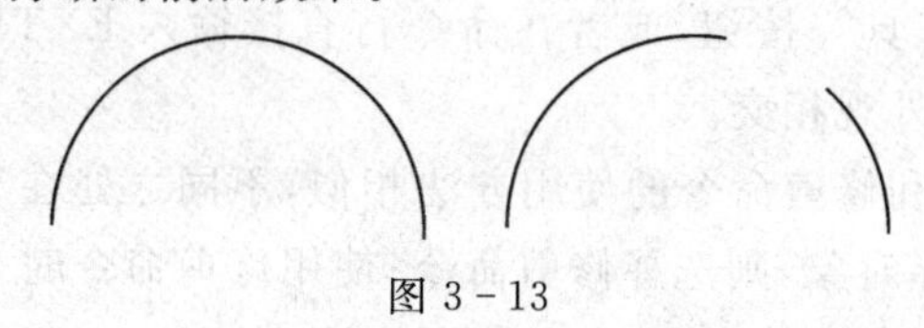

图 3－13

3.13.2 打断于点

在“修改”工具栏中单击“打断于点”工具按钮,可以将对象在一点处断开成两个对象,

它是从“打断”命令中派生出来的。选择该命令时，需要选择要被打断的对象，然后指定打断点，即可从该点打断对象。

3.14 合并对象

如果需要连接某一连续图形上的两个部分，或者将某段圆弧闭合为整圆，可以选择“修改>合并”命令，或者单击“修改”工具栏上的“合并”按钮，或在命令行输入JOIN命令，就可以实现对象的合并。

输入命令命令行提示：

命令:JOIN

选择原对象:(选择连接对象)

选择要连接的线:找到1个，总计1个

选择要连接的线:(选择被连接的对象)

1个对象已连接.(回车结束连接)

图3-14所示为连接前后的效果。

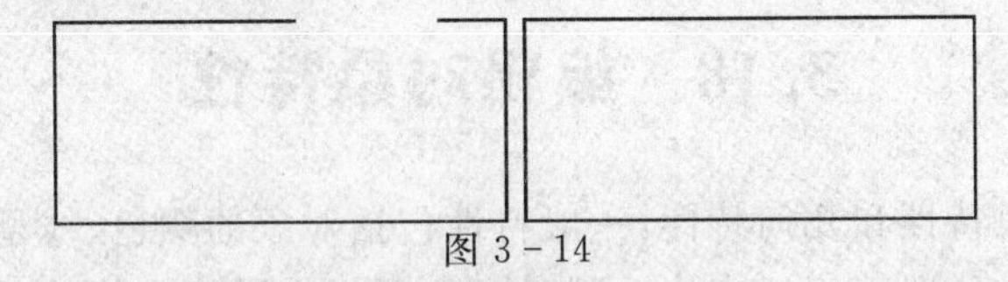

图3-14

3.15 倒角对象

在AutoCAD 2012中，可以使用“倒角”命令修改对象使其以平角相接。选择“修改>倒角”命令，或在“修改”工具栏中单击“倒角”工具按钮，或者在命令行直接输入CHAMFER命令，即可为对象绘制倒角。

输入命令命令行提示：

命令:CHAMFER

倒角距离1=2，距离2=2：［距离(D)/角度(A)/修剪(T)/方式(E)/多段线(P)/多个(M)］<选取第一个对象>:d

第一个对象的倒角距离<2>:200

第二个对象的倒角距离<200>:200

倒角距离1=200，距离2=200：［距离(D)/角度(A)/修剪(T)/方式(E)/多段线(P)/多个(M)］<选取第一个对象>:(选择倒角的一边)

选取第二个对象:(选择倒角的另一边)

图3-15所示为倒角两边为200的效果。

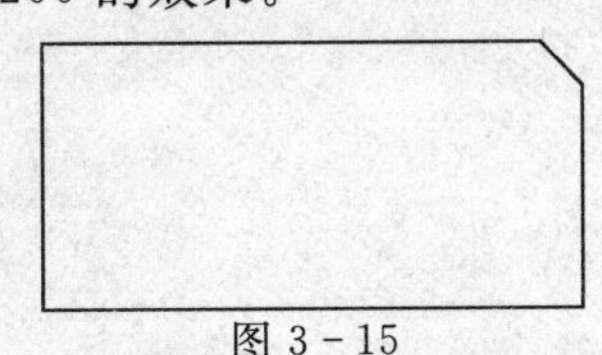

图3-15

3.16 圆角对象

在 AutoCAD 2012 中，可以使用“圆角”命令修改对象使其以圆角相接。选择“修改>圆角”命令，或在“修改”工具栏中单击“圆角”工具按钮，或者在命令行直接输入 FILLET 命令，即可对对象用圆弧修圆角。

修圆角的方法与修倒角的方法相似，在命令行提示中，选择“半径(R)”选项，即可设置圆角的半径大小。

3.17 分解对象

对于矩形、块等由多个对象编组成的组合对象，如果需要对单个成员进行编辑，就需要先将它分解开。选择“修改>分解”命令，或在“修改”工具栏中单击“分解”工具按钮，或在命令行输入 EXPLODE 命令，选择需要分解的对象后按 Enter 键，即可分解图形并结束该命令。

3.18 编辑对象特性

对象特性包含一般特性和几何特性，一般特性包括对象的颜色、线型、图层及线宽等，几何特性包括对象的尺寸和位置。可以直接在“特性”选项板中设置和修改对象的特性。

3.18.1 打开“特性”选项板

选择“修改>特性”命令，或选择“工具>特性”命令，也可以在“标准”工具栏中单击“特性”按钮，打开“特性”选项板。如图 3-16 所示。

“特性”选项板默认处于浮动状态。在“特性”选项板的标题栏上右击，将弹出一个快捷菜单。可通过该快捷菜单确定是否隐藏选项板、是否在选项板内显示特性的说明部分以及是否将选项板锁定在主窗口中。

3.18.2 “特性”选项板的功能

“特性”选项板中显示了当前选择集中对象的所有特性和特性值，当选中多个对象时，将显示它们的共有特性。可以通过它浏览、修改对象的特性，也可以通过它浏览、修改满足应用程序接口标准的第三方应用程序对象。

属性

无选择

特性	值
基本	
图层	0
线型	ByLayer
线型比例	1
厚度	0
颜色	ByLayer
线宽	ByLayer
视图	
中心点 X	269.5628
中心点 Y	175.2386
中心点 Z	0
高度	350.1985
宽度	554.3757
其它	
打开UCS图标	是
UCS名称	
打开捕捉	否
打开栅格	否

图 3-16

第4章　图层和控制图形显示

本章介绍 AutoCAD 图层的基本特点及其作用。读者可以通过不同的图层、不同的颜色、不同的线型和线宽绘制不同的对象和元素，还可以通过特性重新编辑图层内容。同时读者可以使用多种方法来观察绘图窗口中图形效果。

4.1　图层特性管理器

图层是 AutoCAD 2012 提供的一个管理图形对象的工具，用户可以根据图层对图形几何对象、文字、标注等进行归类处理，使用图层来管理它们，不仅能使图形的各种信息清晰、有序、便于观察，而且也会给图形的编辑、修改和输出带来很大的方便。

4.1.1　“图层特性管理器”对话框

AutoCAD 2012 提供了图层特性管理器，利用该工具用户可以很方便地创建图层以及设置其基本属性。选择“格式>图层”命令，即可打开“图层特性管理器”对话框，如图 4-1 所示。

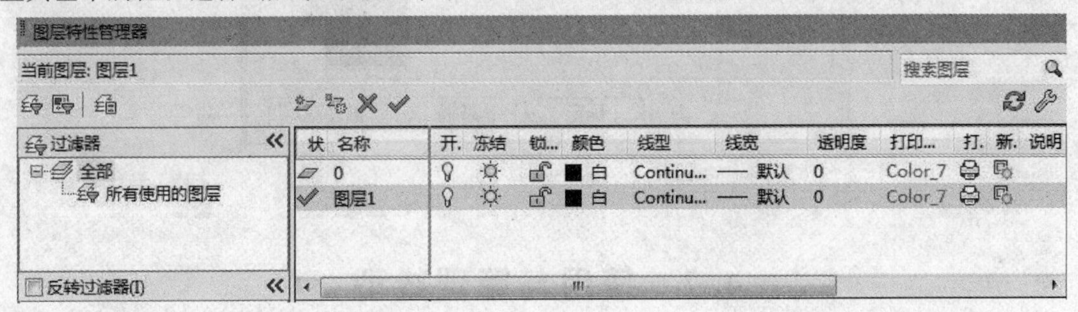

图 4-1

4.1.2　创建新图层

开始绘制新图形时，AutoCAD 2012 将自动创建一个名为 0 的特殊图层。在默认情况下，图层 0 将被指定使用 7 号颜色（白色或黑色，由背景色决定，本书中将背景色设置为白色，因此，图层颜色就是黑色）、Continuous 线型、“默认”线宽及 normal 打印样式，用户不能删除或重命名该图层 0。在绘图过程中，如果用户要使用更多的图层来组织图形，就需要先创建新图层。

在“图层特性管理器”对话框中单击“新建”按钮，可以创建一个名称为“图层 1”的新图层。在默认情况下，新建图层与当前图层的状态、颜色、线性、线宽等设置相同。

当创建了图层后，图层的名称将显示在图层列表框中，如果要更改图层名称，可单击该图层名，然后输入一个新的图层名并按 Enter 键即可。

4.1.3 设置图层颜色

颜色在图形中具有非常重要的作用,可用来表示不同的组件、功能和区域。图层的颜色实际上是图层中图形对象的颜色。每个图层都拥有自己的颜色,对不同的图层可以设置相同的颜色,也可以设置不同的颜色,绘制复杂图形时就可以很容易区分图形的各部分。

新建图层后,要改变图层的颜色,可在“图层特性管理器”对话框中单击图层的“颜色”列对应的图标,打开“选择颜色”对话框,设置“索引颜色”、“真彩色”、“配色系统”,也可以直接在图层后面的工具栏或图层对象特性里修改颜色,如图 4-2 所示。

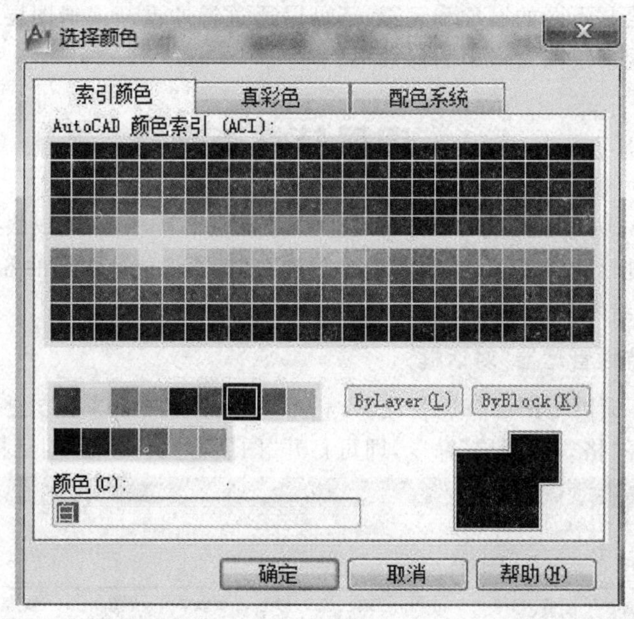

图 4-2

4.2 使用与管理线型

线型是指图形基本元素中线条的组成和显示方式,如虚线和实线等。在 AutoCAD 2012 中既有简单线型,也有由一些特殊符号组成的复杂线型,以满足不同国家或行业标准的要求。

4.2.1 设置图层线型

在绘制图形时要使用线型来区分图形元素,这就需要对线型进行设置。在默认情况下,图层的线型为 Continuous。要改变线型,可在图层列表中单击“线型”列的 Continuous,打开“选择线型”对话框,在“已加载的线型”列表框中选择一种线型,然后单击“确定”按钮,如图 4-3 所示。

4.2.2 加载线型

在默认情况下,在“选择线型”对话框的“已加载的线型”列表框中只有 Continuous 一种线型,如果要使用其他线型,必须将其添加到“已加载的线型”列表框中。可单击“加载”按钮打开“加载或重载线型”对话框,从当前线型库中选择需要加载的线型,然后单击“确定”按钮,如图 4-4 所示。

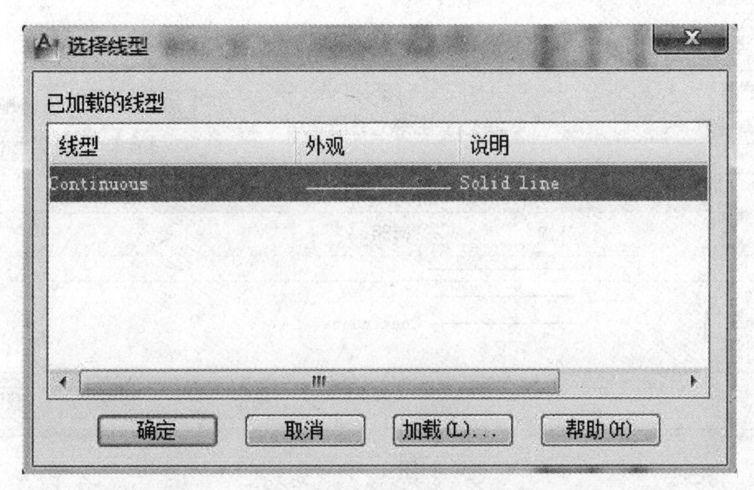

图 4-3

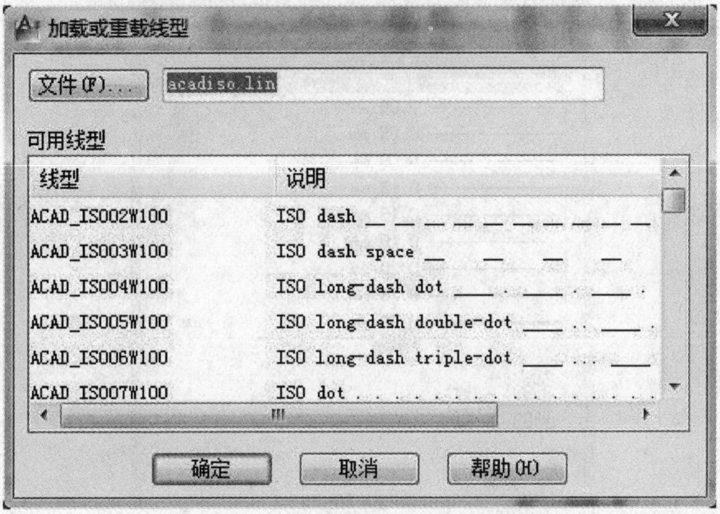

图 4-4

4.2.3 设置线型比例

选择“格式＞线型”命令，打开“线性管理器”对话框，可设置图形中的线型比例，从而改变非连续线型的外观，如图 4-5 所示。

4.3 设置图层线宽

线宽设置就是改变线条的宽度。在 AutoCAD 2012 中，使用不同宽度的线条表现对象的大小或类型，可以提高图形的表达能力和可读性。

要设置图层的线宽，可以在“图层特性管理器”对话框的“线宽”列中单击该图层对应的线宽“默认”，打开“线宽”对话框，有 20 多种线宽可供选择。也可以选择“格式＞线宽”命令，打开“—线宽”对话框，通过调整线宽比例，使图形中的线宽显示得更宽或更窄，如图 4-6 所示。

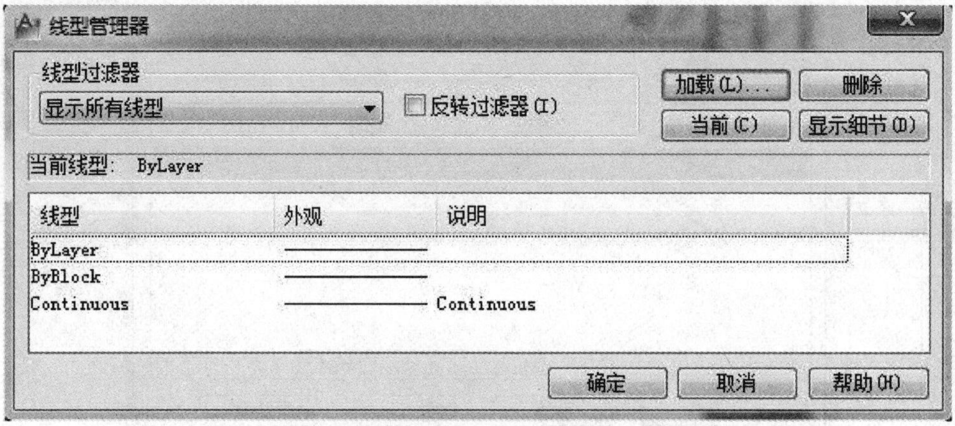

图 4－5

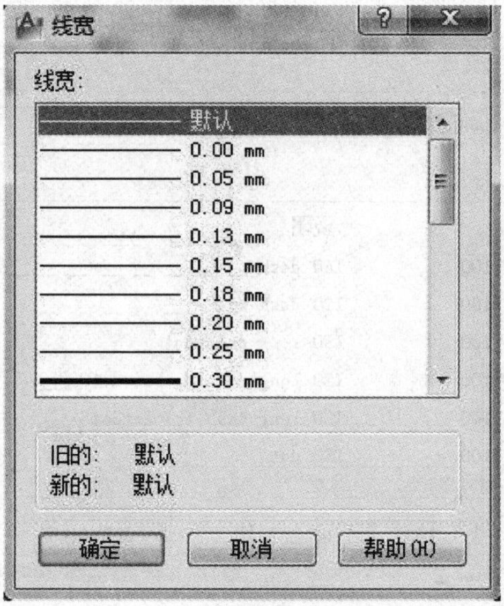

图 4－6

4.4 管理图层

在 AutoCAD 2012 中，使用“图层特性管理器”对话框不仅可以创建图层，设置图层的颜色、线型和线宽，还可以对图层进行更多的设置与管理，如图层的切换、重命名、删除及显示控制等。

4.4.1 设置图层特性

使用图层绘制图形时，新对象的各种特性将默认为随层，由当前图层的默认设置决定。也可以单独设置对象的特性，新设置的特性将覆盖原来随层的特性。在“图层特性管理器”对话框中，每个图层都包含状态、名称、打开/关闭、冻结/解冻、锁定/解锁、线型、颜色、线宽和打印样式等特性，如图 4－1 所示。

4.4.2 切换当前层

在“图层特性管理器”对话框的图层列表中，选择某一图层后，单击“置为当前”按钮，即可将该层设置为当前层。

在实际绘图时，为了便于操作，主要通过“图层”工具栏和“对象特性”工具栏来实现图层切换，这时只需选择要将其设置为当前层的图层名称即可。此外，“图层”工具栏和“对象特性”工具栏中的主要选项与“图层特性管理器”对话框中的内容相对应，因此也可以用来设置与管理图层特性。

4.4.3 使用“图层过滤器特性”对话框过滤图层

在 AutoCAD 2012 中，图层过滤功能大大简化了在图层方面的操作。图形中包含大量图层时，在“图层特性管理器”对话框中单击“新建特性过滤器”按钮，可以使用打开的“图层过滤器特性”对话框来命名图层过滤器。

4.4.4 使用“新建组过滤器”过滤图层

在 AutoCAD 2012 中，还可以通过“新建组过滤器”过滤图层。可在“图层特性管理器”对话框中单击“新建组过滤器”按钮，并在对话框左侧过滤器树列表中添加一个“组过滤器 1”（也可以根据需要命名组过滤器）。在过滤器树中单击“所有使用的图层”节点或其他过滤器，显示对应的图层信息，然后将需要分组过滤的图层拖动到创建的“组过滤器 1”上即可 。

4.4.5 保存与恢复图层状态

图层设置包括图层状态和图层特性。图层状态包括图层是否打开、冻结、锁定、打印和在新视口中自动冻结。图层特性包括颜色、线型、线宽和打印样式。可以选择要保存的图层状态和图层特性，例如，可以选择只保存图形中图层的“冻结/解冻”设置，忽略所有其他设置。恢复图层状态时，除了每个图层的冻结或解冻设置以外，其他设置仍保持当前设置。在 AutoCAD 2012 中，可以使用“图层状态管理器”对话框来管理所有图层的状态。

4.4.6 转换图层

使用“图层转换器”可以转换图层，实现图形的标准化和规范化。“图层转换器”能够转换当前图形中的图层，使之与其他图形的图层结构或 CAD 标准文件相匹配。例如，如果打开一个与本公司图层结构不一致的图形时，可以使用“图层转换器”转换图层名称和属性，以符合本公司的图形标准。

4.4.7 改变对象所在图层

在实际绘图中，如果绘制完某一图形元素后，发现该元素并没有绘制在预先设置的图层上，可选中该图形元素，并在“对象特性”工具栏的图层控制下拉列表框中选择预设层名，然后按下 Esc 键来改变对象所在图层。

4.4.8 使用图层工具管理图层

在 AutoCAD 2012 中新增了图层管理工具，利用该功能用户可以更加方便地管理图层，选择“格式＞图层工具”命令中的子命令，就可以通过图层工具来管理图层，如图 4-7 所示。

图 4－7

4.5 重画与重生成图形

在绘图和编辑过程中，屏幕上常常留下对象的拾取标记，这些临时标记并不是图形中的对象，有时会使当前图形画面显得混乱，这时就可以使用 AutoCAD 2012 的重画与重生成图形功能清除这些临时标记。

4.5.1 重画图形

在 AutoCAD 2012 中，选择“视图＞重画”命令，系统将在显示内存中更新屏幕，消除临时标记。使用重画命令(REDRAW)，可以更新用户使用的当前视区。

4.5.2 重生成图形

重生成与重画在本质上是不同的，利用“重生成”命令可以重生成屏幕，此时系统从磁盘中调用当前图形的数据，比“重画”命令选择速度慢，更新屏幕花费时间较长。在 AutoCAD 2012 中，某些操作只有在使用“重生成”命令后才生效，如改变点的格式。如果一直使用某个命令修改编辑图形，但该图形似乎看不出发生什么变化，此时可使用“重生成”命令更新屏幕显示。

“重生成”命令有以下两种形式：选择“视图＞重生成”命令(REGEN)可以更新当前视区；选择“视图＞全部重生成”命令(REGENALL)，可以同时更新多重视口。

4.6 缩放视图

按一定比例、观察位置和角度显示的图形称为视图。在 AutoCAD 2012 中，可以通过缩放视图来观察图形对象。缩放视图可以增加或减少图形对象的屏幕显示尺寸，但对象的真实尺寸保持不变。通过改变显示区域和图形对象的大小可以更准确、更详细地绘图。

4.6.1 “缩放”菜单和“缩放”工具栏

在 AutoCAD 2012 中，选择“视图>缩放”命令(ZOOM)中的子命令或使用“缩放”工具栏，可以缩放视图，如图 4-8 所示。

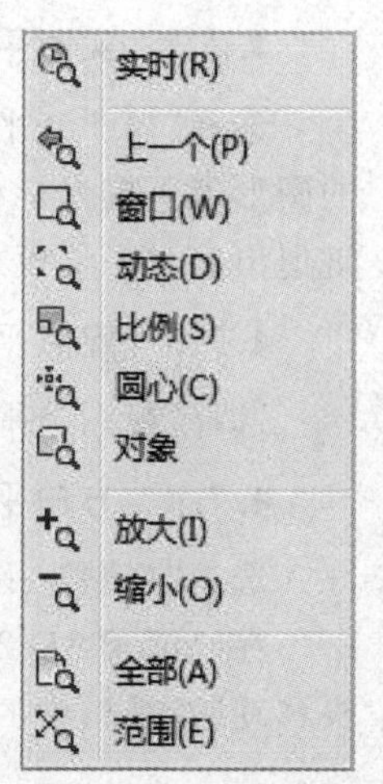

图 4-8

通常，在绘制图形的局部细节时，需要使用缩放工具放大该绘图区域，当绘制完成后，再使用缩放工具缩小图形来观察图形的整体效果。常用的缩放命令或工具有“实时”、“窗口”、“放大”和“范围”等。

4.6.2 实时缩放视图

选择“视图>缩放>实时”命令，或在“标准”工具栏中单击“实时缩放”按钮，进入实时缩放模式，此时鼠标指针呈形状。此时向上拖动光标可放大整个图形；向下拖动光标可缩小整个图形；释放鼠标后停止缩放。

4.6.3 窗口缩放视图

选择“视图>缩放>窗口”命令，或者在“缩放”工具栏选择“窗口缩放”按钮，可以在屏幕上拾取两个对角点以确定一个矩形窗口，之后系统将矩形范围内的图形放大至整个屏幕。

在使用窗口缩放时，如果系统变量 REGENAUTO 设置为关闭状态，则与当前显示设置的界线相比，拾取区域显得过小。系统提示将重新生成图形，并询问是否继续下去，此时应回答 No，并重新选择较大的窗口区域。

4.6.4 动态缩放视图

选择“视图>缩放>动态”命令，或者在“缩放”工具栏选择“动态缩放”按钮，可以动态缩放视图。当进入动态缩放模式时，在屏幕中将显示一个带“×”的矩形方框。单击鼠标左键，此时选择窗口中心的“×”消失，显示一个位于右边框的方向箭头，拖动鼠标可改变选择窗口的大小，以确定选择区域大小，最后按下 Enter 键，即可缩放图形。

4.6.5 设置视图中心点

选择“视图>缩放>中心”命令，或者在“缩放”工具栏选择“中心缩放”按钮，在图形中指定一点，然后指定一个缩放比例因子或者指定高度值来显示一个新视图，而选择的点将作为该新视图的中心点。如果输入的数值比默认值小，则会增大图像。如果输入的数值比默认值大，则会缩小图像。

要指定相对的显示比例，可输入带 x 的比例因子数值。例如，输入 2x 将显示比当前视图大两倍的视图。如果正在使用浮动视口，则可以输入 xp 来相对于图纸空间进行比例缩放。

4.7 平移视图

使用平移视图命令，可以重新定位图形，以便看清图形的其他部分。此时不会改变图形中对象的位置或比例，只改变视图。

4.7.1 “平移”菜单

选择“视图>平移”命令中的子命令，单击“标准”工具栏中的“实时平移”按钮，或在命令行直接输入 PAN 命令，都可以平移视图。使用平移命令平移视图时，视图的显示比例不变。除了可以上、下、左、右平移视图外，还可以使用“实时”和“定点”命令平移视图。

4.7.2 实时平移

选择“视图>平移>实时”命令，此时光标指针变成一只小手，按住鼠标左键拖动，窗口内的图形就可按光标移动的方向移动。释放鼠标，可返回到平移等待状态。按 Esc 键或 Enter 键退出实时平移模式。

4.7.3 定点平移

选择“视图>平移>点”命令，可以通过指定基点和位移值来平移视图。

4.7.4 方向平移

选择“视图>平移>左/右/上/下”等命令，可以将视图按照方向要求进行定向平移。

在 AutoCAD 2012 中，“平移”功能通常又称为摇镜，它相当于将一个镜头对准视图，当镜头移动时，视口中的图形也跟着移动。

4.8 使用命名视图

用户可以在一张工程图纸上创建多个视图。当要观看、修改图纸上的某一部分视图时，将该视图恢复出来即可。

4.8.1 命名视图

选择“视图>命名视图”命令，或在“视图”工具栏中单击“命名视图”按钮，或者在命令行输入 VIEW 命令，都可以打开“视图管理器”对话框。在该对话框中，用户可以创建、设置、重命名以及删除命名视图。其中，“当前视图”选项后显示了当前视图的名称；“查看”选项组的列表框中列出了已命名的视图和可作为当前视图的类别，如图 4－9 所示。

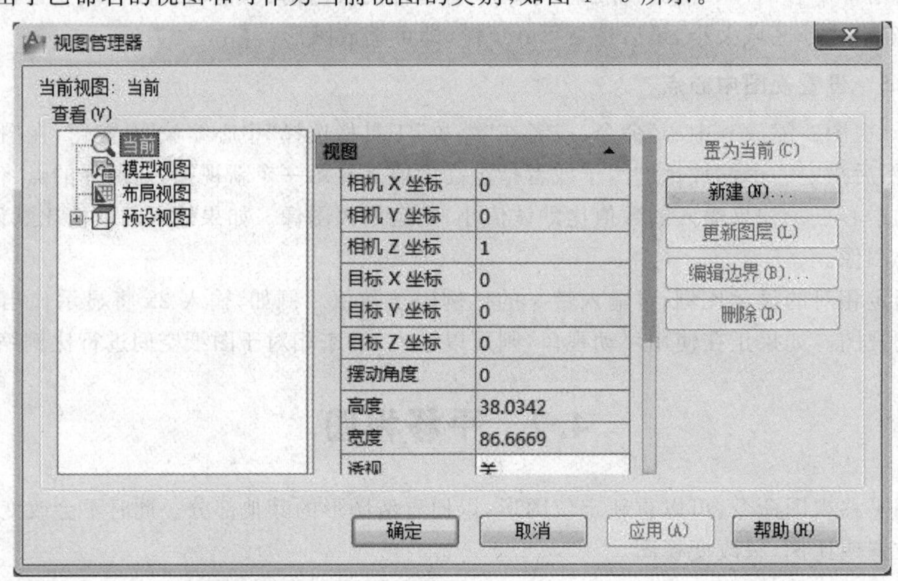

图 4－9

4.8.2 恢复命名视图

在 AutoCAD 2012 中,可以一次命名多个视图,当需要重新使用一个已命名视图时,只需将该视图恢复到当前视口即可。如果绘图窗口中包含多个视口,用户也可以将视图恢复到活动视口中,或将不同的视图恢复到不同的视口中,以同时显示模型的多个视图。

恢复视图时可以恢复视口的中点、查看方向、缩放比例因子和透视图(镜头长度)等设置,如果在命名视图时将当前的 UCS 随视图一起保存起来,当恢复视图时也可以恢复 UCS。

4.9 使用鸟瞰视图

“鸟瞰视图”属于定位工具,它提供了一种可视化平移和缩放视图的方法。可以在另外一个独立的窗口中显示整个图形视图以便快速移动到目的区域。在绘图时,如果鸟瞰视图保持打开状态,则可以直接缩放和平移,无需选择菜单选项或输入命令。

4.9.1 使用鸟瞰视图观察图形

选择“视图>鸟瞰视图”命令(DSVIEWER),打开鸟瞰视图。可以使用其中的矩形框来设置图形观察范围。例如,要放大图形,可缩小矩形框;要缩小图形,可放大矩形框,如图 4-10 所示。

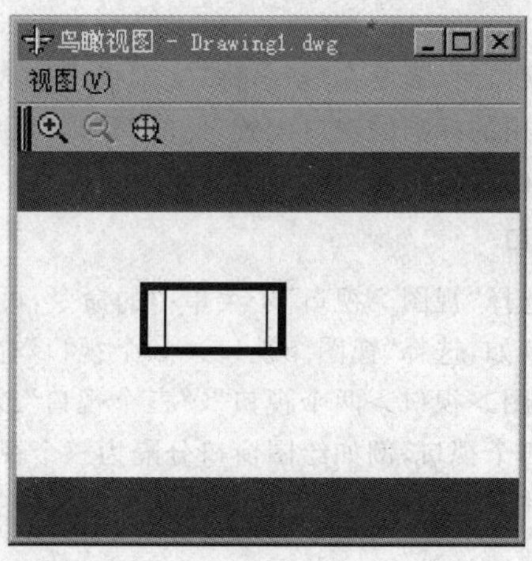

图 4-10

使用鸟瞰视图观察图形的方法与使用动态视图缩放图形的方法相似,但使用鸟瞰视图观察图形是在一个独立的窗口中进行的,其结果反映在绘图窗口的当前视口中。

4.9.2 改变鸟瞰视图中图像大小

在鸟瞰视图中,可以使用“视图”菜单中的命令或单击工具栏中的相应工具按钮,显示整个图形或递增调整图像大小来改变鸟瞰视图中图像的大小,但这些改变并不会影响到绘图区域中的视图。

4.9.3 改变鸟瞰视图的更新状态

在默认情况下,AutoCAD 2012 自动更新鸟瞰视图窗口以反映在图形中所作的修改。当绘制复杂的图形时,关闭动态更新功能可以提高程序性能。

在“鸟瞰视图”窗口中，使用“选项”菜单中的命令，可以改变鸟瞰视图的更新状态。

4.10 使用平铺视口

在绘图时，为了方便编辑，常常需要将图形的局部进行放大，以显示细节。当需要观察图形的整体效果时，仅使用单一的绘图视口已无法满足需要了。此时，可使用 AutoCAD 2012 的平铺视口功能，将绘图窗口划分为若干视口。

4.10.1 平铺视口的特点

平铺视口是指把绘图窗口分成多个矩形区域，从而创建多个不同的绘图区域，其中每一个区域都可以用来查看图形的不同部分。在 AutoCAD 2012 中，可以同时打开多达 32000 个视口，屏幕上还可保留菜单栏和命令提示窗口。

在 AutoCAD 2012 中，使用“视图＞视口”子菜单中的命令或“视口”工具栏，可以在模型空间创建并管理平铺视口。

4.10.2 创建平铺视口

选择“视图＞视口＞新建视口”命令（VPOINTS），或在“视口”工具栏中单击“显示视口对话框”按钮，打开“视口”对话框。使用“新建视口”选项卡可以显示标准视口配置列表和创建并设置新平铺视口。

例如，在创建多个平铺视口时，需要在“新名称”文本框中输入新建的平铺视口的名称，在“标准视口”列表框中选择可用的标准的视口配置，此时“预览”区中将显示所选视口配置以及已赋给每个视口的默认视图的预览图像。

4.10.3 分割与合并视口

在 AutoCAD 2012 中，选择“视图＞视口”子菜单中的命令，可以在不改变视口显示的情况下，分割或合并当前视口。例如，选择“视图＞视口＞一个视口”命令，可以将当前视口扩大到充满整个绘图窗口；选择“视图＞视口＞两个视口”、“三个视口”或“四个视口”命令，可以将当前视口分割为两个、三个或四个视口，例如绘图窗口分隔为三个视口。

选择“视图＞视口＞合并”命令，系统要求选定一个视口作为主视口，然后选择一个相邻视口，并将该视口与主视口合并。

4.11 控制可见元素的显示

在 AutoCAD 2012 中，图形的复杂程度会直接影响系统刷新屏幕或处理命令的速度。为了提高程序的性能，可以关闭文字、线宽或填充显示。

4.11.1 控制填充显示

使用 FILL 变量可以打开或关闭宽线、宽多段线和实体填充。当关闭填充时，可以提高 AutoCAD 2012 的显示处理速度。

当实体填充模式关闭时，填充不可打印。但是，改变填充模式的设置并不影响显示具有线宽的对象。当修改了实体填充模式后，使用“视图＞重生成”命令可以查看效果，而且新对象将自动反映新的设置。

4.11.2 控制线宽显示

当在模型空间或图纸空间中工作时，为了提高 AutoCAD 2012 的显示处理速度，可以关闭线宽显示。单击状态栏上的“线宽”按钮或使用“线宽设置”对话框，可以切换线宽显示的开和关。线宽以实际尺寸打印，但在模型选项卡中与像素成比例显示，任何线宽的宽度如果超过了一个像素就有可能降低 AutoCAD 2012 的显示处理速度。如果要使 AutoCAD 2012 的显示性能最优，则在图形中工作时应该把线宽显示关闭。

4.11.3 控制文字快速显示

在 AutoCAD 2012 中，可以通过设置系统变量 QTEXT 打开“快速文字”模式或关闭文字的显示。快速文字模式打开时，只显示定义文字的框架 。

与填充模式一样，关闭文字显示可以提高 AutoCAD 2012 的显示处理速度。打印快速文字时，则只打印文字框而不打印文字。无论何时修改了快速文字模式，都可以选择“视图>重生成”命令查看现有文字上的改动效果，且新的文字自动反映新的设置。

第5章 面域、块与图案填充

在 AutoCAD 中，面域、块和图案填充也属于二维图形对象。其中，面域是具有边界的平面区域，它是一个面对象，内部可以包含孔；块是图形对象的集合，通常用于绘制复杂、重复的图形。一旦将一组对象组合成块，就可以根据绘图需要将其插入到图中的任意指定位置，而且还可以按不同的比例和旋转角度插入。图案填充是一种使用指定线条图案来充满指定区域的图形对象，常常用于表达剖切面和不同类型物体对象的外观纹理。

5.1 创建面域

在 AutoCAD 2012 中，可以将由某些对象围成的封闭区域转换为面域，这些封闭区域可以是圆、椭圆、封闭的二维多段线和封闭的样条曲线等对象，也可以是由圆弧、直线、二维多段线、椭圆弧、样条曲线等对象构成的封闭区域。

选择“绘图>面域”命令，或在“绘图”工具栏中单击“面域”按钮，或者在命令行输入 REGION 命令，然后选择一个或多个用于转换为面域的封闭图形，当按下 Enter 键后即可将它们转换为面域。因为圆、多边形等封闭图形属于线框模型，而面域属于实体模型，因此它们在选中时表现的形式也不相同。

选择“绘图>边界”命令(BOUNDARY)，也可以使用打开的“边界创建”对话框来定义面域。此时，在“对象类型”下拉列表框中选择“面域”选项，单击“确定”按钮后创建的图形将是一个面域，而不是边界，如图 5-1 所示。

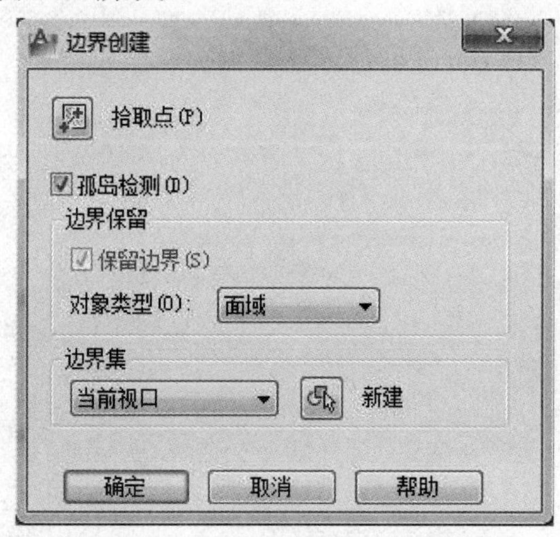

图 5-1

5.2 面域的布尔运算

布尔运算的对象只包括实体和共面的面域，对于普通的线条图形对象无法使用布尔运算。使用“修改>实体编辑”子菜单中的相关命令，可以对面域进行如下的布尔运算，如图 5-2 所示。

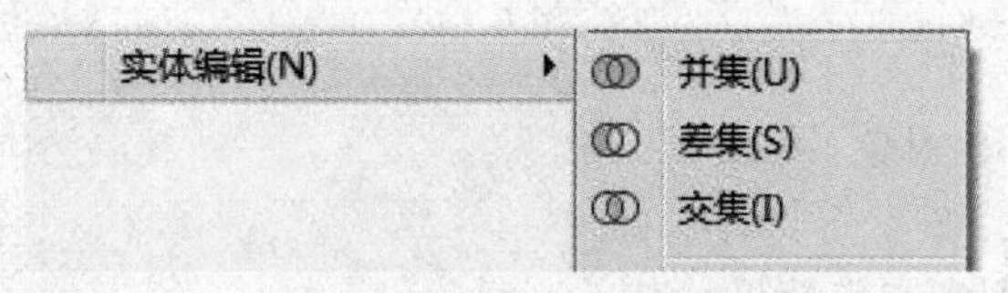

图 5-2

(1)并集：创建面域的并集，此时需要连续选择要进行并集操作的面域对象，直到按下 Enter 键，即可将选择的面域合并为一个图形并结束命令。

命令行输入“UNION”，命令行提示：

命令：UNION

选取连接的 ACIS 对象：

选择集当中的对象：1

选取连接的 ACIS 对象：

选择集当中的对象：2(回车确定合并)

图 5-3 所示为原图和并集效果。

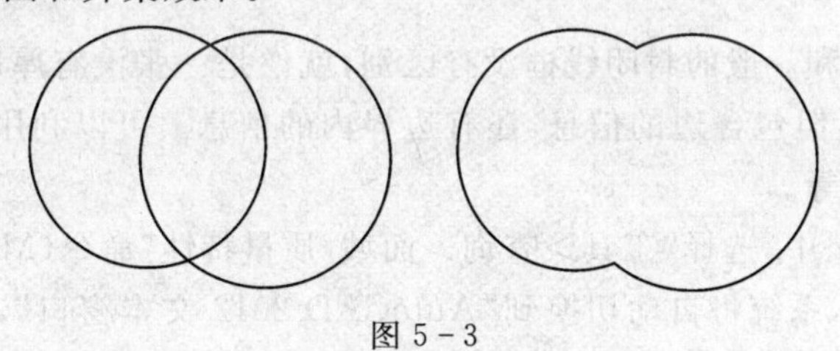

图 5-3

(2)差集：创建面域的差集，使用一个面域减去另一个面域。

命令行输入“SUBTRACT”，命令行提示：

命令：SUBTRACT

选择集当中的对象：1

选择用来减的 ACIS 对象：(回车确定相减)

图 5-4 所示为原图和差集效果。

(3)交集：创建多个面域的交集，即各个面域的公共部分，此时需要同时选择两个或两个以上面域对象，然后按下 Enter 键即可。

命令行输入“INTERSECT”，命令行提示：

命令：INTERSECT

选取被相交的 ACIS 对象：

选择集当中的对象：1

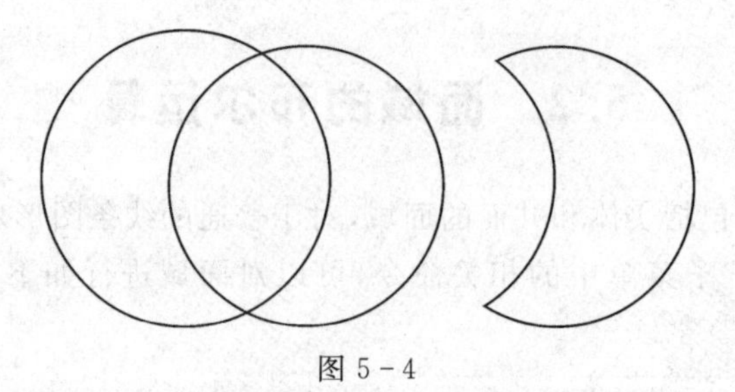

图 5 - 4

选取被相交的 ACIS 对象：

选择集当中的对象：2

图 5 - 5 所示为原图和交集效果。

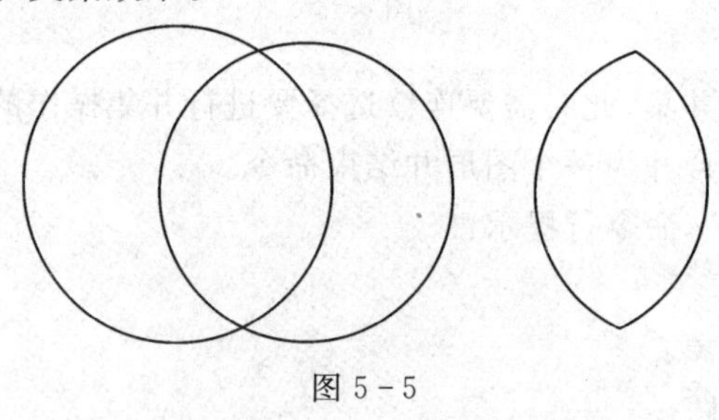

图 5 - 5

5.3 从面域中提取数据

从表面上看，面域和一般的封闭线框没有区别，就像是一张没有厚度的纸。实际上，面域是二维实体模型，它不但包含边的信息，还有边界内的信息。可以利用这些信息计算工程属性，如面积、质心、惯性等。

在 AutoCAD 2012 中，选择“工具＞查询＞面域/质量特性”命令（MASSPROP），然后选择面域对象，按 Enter 键，系统将自动切换到“AutoCAD 2012 文本窗口”，显示面域对象的数据特性。

5.4 定义块

选择“绘图＞块＞创建”命令，或者在命令行输入“BLOCK”命令，或者单击“绘图”工具栏上的“创建块”命令按钮，即选择 BLOCK 命令，AutoCAD 弹出下图所示的“块定义”对话框，在对话框中，各个选项指定了不同的设置，如图 5 - 6 所示。

5.4.1 块名称

“名称”文本框用于输入块的名称，易于在以后运用此块编辑的时候快速选择此块。

5.4.2 基点选项

“基点”选项组用于确定块的插入基点位置，其中勾选“在屏幕上指定”项，指用鼠标在绘图区或对象上指定基点；“拾取点”则指输入坐标轴参数来确定基点。

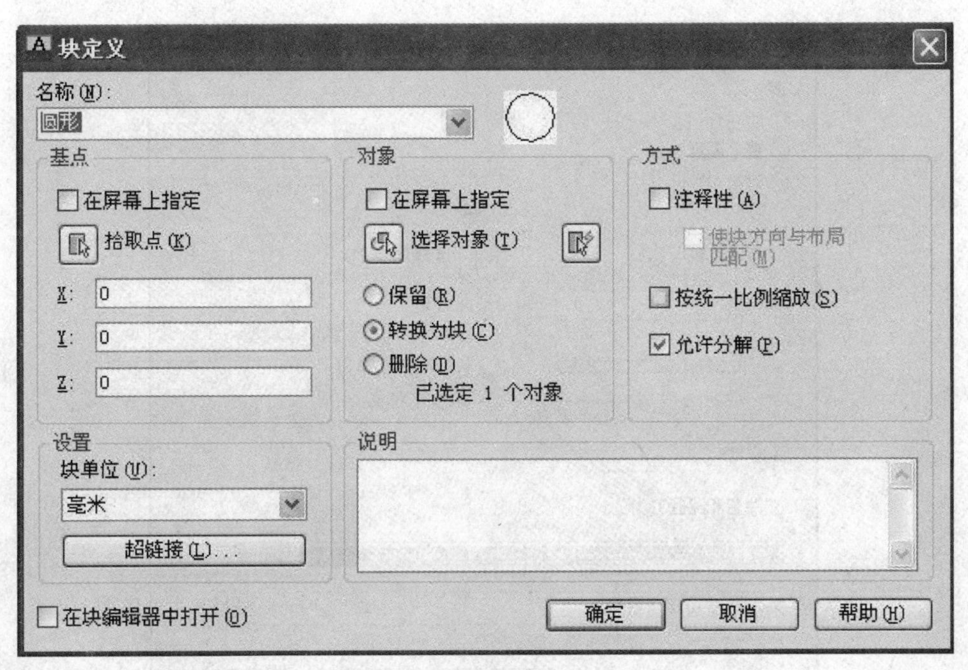

图 5-6

5.4.3 对象选项

“对象”选项组用于确定组成块的对象。勾选“在屏幕上指定”相当于选定基点，命令提示选择对象；点击应用“选择对象”，会暂时关闭“块定义”对话框，待选择对象后轻敲回车键，会再回到该对话框；“保留”或“删除”选项指确定定义块以后，是仍保留图形还是删除图形；“转换为块”指创建块以后，将选定对象转换成图形中的块实例。

5.4.4 方式选项

“方式”选项是用于对象定义块采取的是哪种形式。勾选“注释性”指定定义块为注释性；同时勾选“使块方向与布局匹配”，指定在图纸空间视口中的块参照的方向与布局的方向一致。不勾选“注释性”选项，此选项不可用。

5.4.5 设置选项

“设置”选项组用于进行相应设置。通过“块定义”对话框完成对应的设置后，单击“确定”按钮，即可完成块的创建。

5.5 定义外部块

在命令行输入“WBLOCK”命令，AutoCAD 弹出如图 5-7 所示的“写块”对话框。

在对话框中，“源”选项组用于确定组成块的对象来源。“基点”、选项组用于确定块的插入基点位置；“对象”选项组用于确定组成块的对象。只有在“源”选项组中选中“对象”单选按钮后，这两个选项组才有效。“目标”选项组确定块的保存名称、保存位置。

用 WBLOCK 命令创建块后，该块以“.DWG”格式保存，即以 AutoCAD 图形文件格式保存。

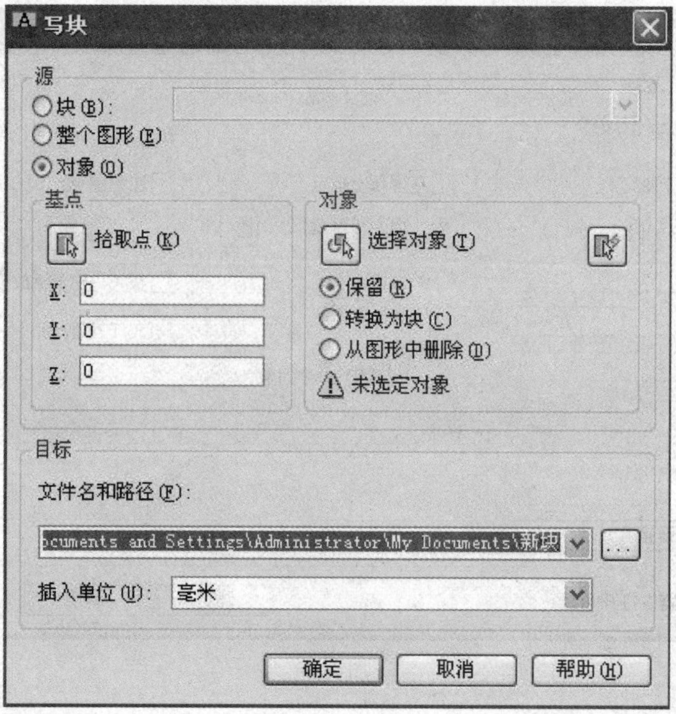

图 5－7

5.6 插入块

为当前图形插入块或图形，选择“插入＞块”命令，或在命令行输入“INSERT”，或单击“绘图”工具栏上的“插入块”命令按钮，即选择 INSERT 命令，AutoCAD 弹出如图 5－8 所示的“插入”对话框。

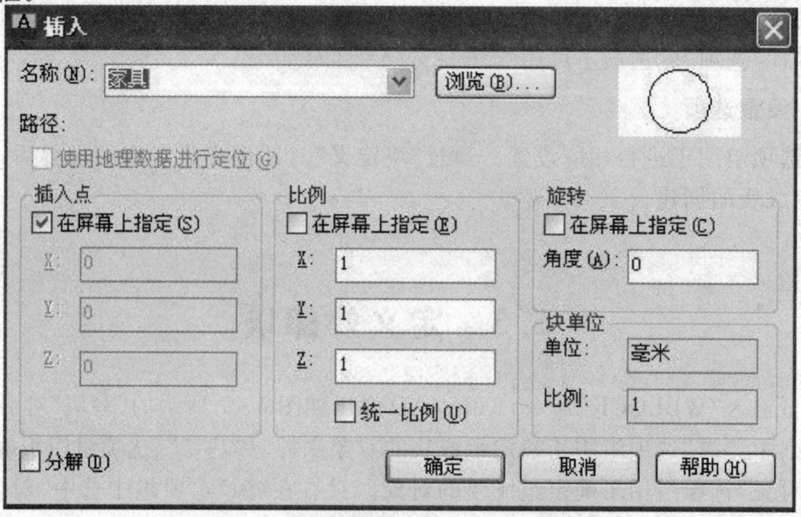

图 5－8

在对话框中，“名称”下拉列表框确定要插入块或图形的名称；“插入点”选项组确定块在图形中的插入位置；“比例”选项组确定块的插入比例；“旋转”选项组确定块插入时的旋转角度；“块单位”文本框显示有关块单位的信息。

通过“插入”对话框设置了要插入的块以及插入参数后，单击“确定”按钮，即可将块插入到当前图形（如果选择了在屏幕上指定插入点、插入比例或旋转角度，插入块时还应根据提示指定插入点、插入比例等）。

5.7 设置插入基点

前面曾介绍过，用 WBLOCK 命令创建的外部块以 AutoCAD 图形文件格式（即.DWG 格式）保存。实际上，用户可以用 INSERT 命令将任一 AutoCAD 图形文件插入到当前图形。但是，当将某一图形文件以块的形式插入时，AutoCAD 默认将图形的坐标原点作为块上的插入基点，这样往往会给绘图带来不便。为此，AutoCAD 允许用户为图形重新指定插入基点。用于设置图形插入基点的命令是“BASE”，选择“绘图＞块＞基点”命令启动该命令，命令行提示：

命令：'_base 输入基点 ＜0.0000，0.0000，0.0000＞：

在此提示下指定一点，即可为图形指定新基点。

5.8 编辑块

选择“工具＞块编辑器”命令，或单击“标准”工具栏上的“块编辑器”命令按钮，或在命令行输入“BEDIT”，即选择 BEDIT 命令，AutoCAD 弹出如图 5-9 所示的“编辑块定义”对话框。

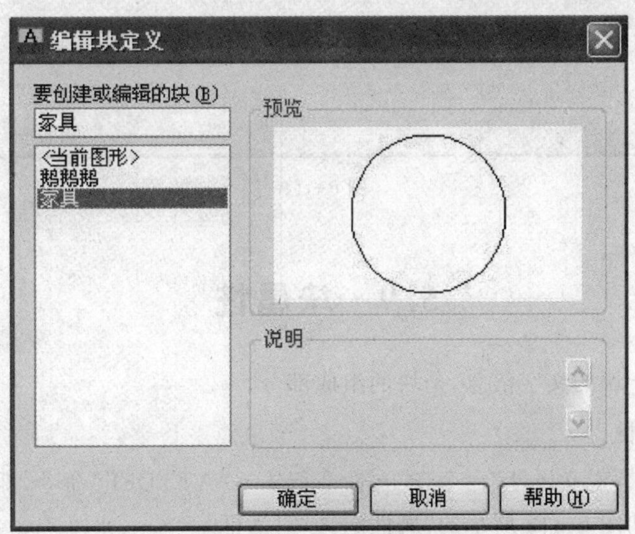

图 5-9

从对话框左侧的列表中选择要编辑的块，然后单击“确定”按钮，AutoCAD 进入块编辑模式，如图 5-10 所示。

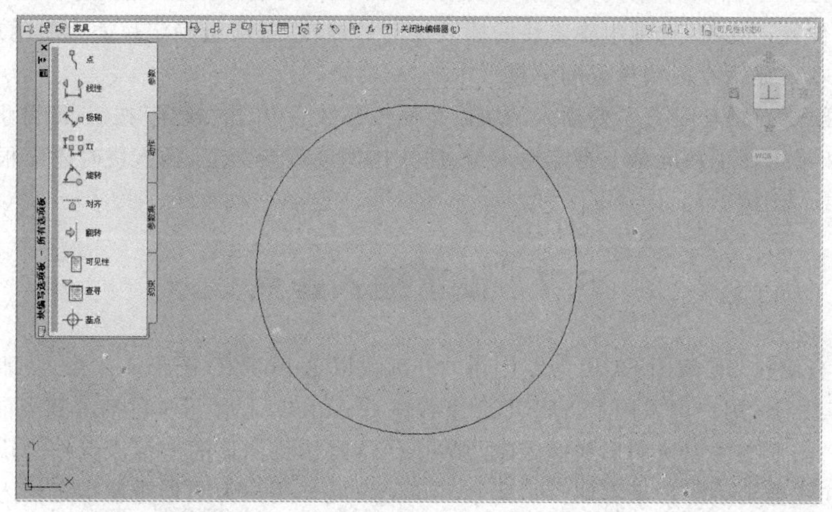

图 5-10

此时显示出要编辑的块，用户可直接对其进行编辑。编辑块后，单击对应工具栏上的“关闭块编辑器”按钮，AutoCAD 显示如图 5-11 所示的提示窗口，如果用“是”响应，则会关闭块编辑器，并确认对块定义的修改。一旦利用块编辑器修改了块，当前图形中插入的对应块均自动进行对应的修改。

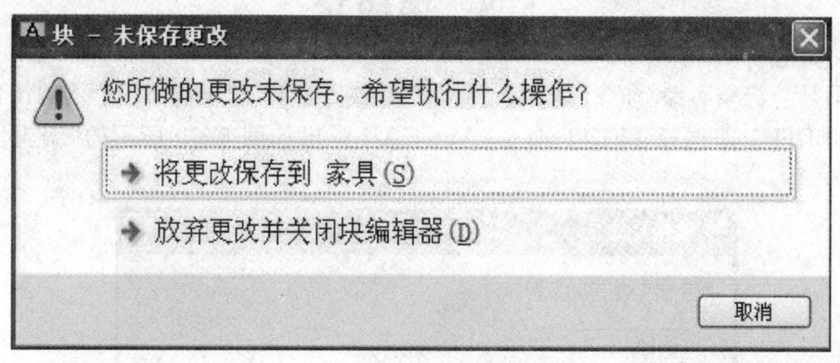

图 5-11

5.9 块属性

块属性是从属于块的文字信息，是块的组成部分。

5.9.1 定义属性

选择“绘图>块>定义属性”命令，或在命令行输入“ATTDEF”命令，即选择 ATTDEF 命令，AutoCAD 弹出如图 5-12 所示的“属性定义”对话框。

在对话框中，“模式”选项组用于设置属性的模式；“属性”选项组中，“标记”文本框用于确定属性的标记(用户必须指定标记)；“提示”文本框用于确定插入块时 AutoCAD 提示用户输入属性值的提示信息；“默认”文本框用于设置属性的默认值，用户在各对应文本框中输入具体

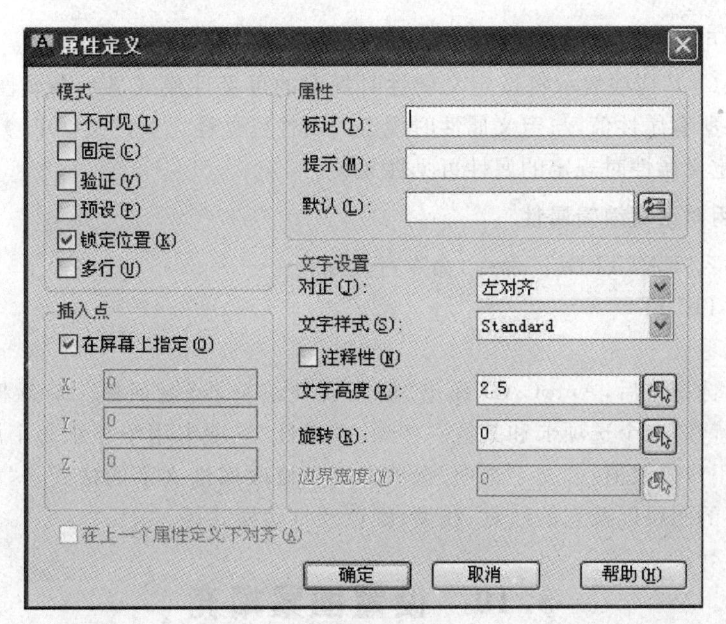

图 5－12

内容即可;“插入点”选项组确定属性值的插入点,即属性文字排列的参考点;“文字设置”选项组确定属性文字的格式。

确定了“属性定义”对话框中的各项内容后,单击对话框中的“确定”按钮,AutoCAD 完成一次属性定义,并在图形中按指定的文字样式、对齐方式显示出属性标记。用户可以用上述方法为块定义多个属性。

5.9.2 修改属性定义

在命令行输入“DDEDIT”命令,选择 DDEDIT 命令,命令行提示:

命令:DDEDIT

选择注释对象或[放弃(U)]:

在该提示下选择属性定义标记后,AutoCAD 弹出如图 5－13 所示的“编辑属性定义”对话框,可通过此对话框修改属性定义的属性标记、提示和默认值等。

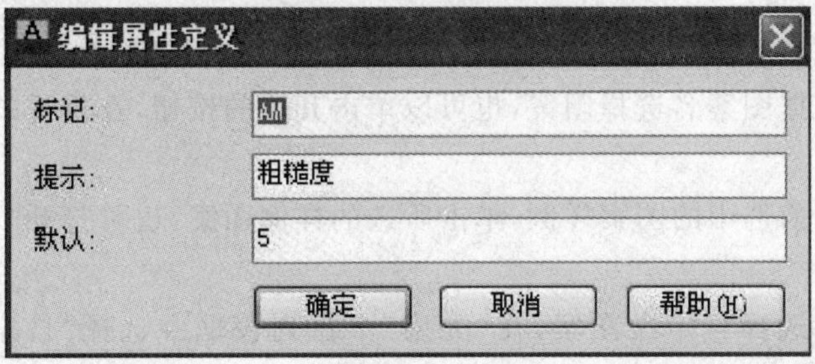

编辑属性定义
标记: AM
提示: 粗糙度
默认: 5
确定 取消 帮助(H)

图 5－13

5.9.3 属性显示控制

选择“视图>显示>属性显示”命令,或在命令行输入“ATTDISP”命令,命令行提示:

命令:ATTDISP

输入属性的可见性设置［普通(N)/开(ON)/关(OFF)］<普通>：

其中,“普通(N)”选项表示将按定义属性时规定的可见性模式显示各属性值;“开(ON)”选项将会显示出所有属性值,与定义属性时规定的属性可见性无关;“关(OFF)”选项则不显示所有属性值,与定义属性时规定的属性可见性无关。

5.9.4 利用对话框编辑属性

在命令行输入“EATTEDIT”命令,命令行提示：

命令：EATTEDIT

选择块：

在此提示下选择块后,AutoCAD 弹出“增强属性编辑器”对话框。对话框中有“属性”、“文字选项”和“特性”三个选项卡和其他一些项。“属性”选项卡用于显示每个属性的标记、提示和值,并允许用户修改值。“文字选项”选项卡用于修改属性文字的格式。“特性”选项卡用于修改属性文字的图层以及它的线宽、线型、颜色及打印样式等。

5.10 设置图案填充

要重复绘制某些图案以填充图形中的一个区域,从而表达该区域的特征,这种填充操作称为图案填充。图案填充的应用非常广泛,例如,在机械工程图中,可以用图案填充表达一个剖切的区域,也可以使用不同的图案填充来表达不同的零部件或者材料。

选择“绘图>图案填充”命令,或在“绘图”工具栏中单击“图案填充”命令按钮,或者在命令行输入 BHATCH 命令,打开“图案填充和渐变色”对话框的“图案填充”选项卡,可以设置图案填充时的类型和图案、角度和比例等特性,如图 5-14 所示。

5.10.1 类型和图案

在“类型和图案”选项组中,可以设置图案填充的类型和图案,主要选项的功能如下。

(1)类型:设置填充的图案类型,包括“预定义”、“用户定义”和“自定义”三个选项。其中,选择“预定义”选项,可以使用 AutoCAD 2012 提供的图案;选择“用户定义”选项,则需要临时定义图案,该图案由一组平行线或者相互垂直的两组平行线组成;选择“自定义”选项,可以使用事先定义好的图案。

(2)图案:设置填充的图案,当在“类型”下拉列表框中选择“预定义”时该选项可用。在该下拉列表框中可以根据图案名选择图案,也可以单击其后的按钮,在打开的“填充图案选项板”对话框中进行选择。

(3)样例:显示当前选中的图案样例,单击所选的样例图案,也可打开“填充图案选项板”对话框选择图案。

(4)自定义图案:选择自定义图案,在“类型”下拉列表框中选择“自定义”类型时该选项可用。

5.10.2 角度和比例

在“角度和比例”选项组中,可以设置用户定义类型的图案填充的角度和比例等参数,主要选项的功能如下：

(1)角度:设置填充图案的旋转角度,每种图案在定义时的旋转角度都为零。

图5-14

(2)比例:设置图案填充时的比例值,每种图案在定义时的初始比例为1,可以根据需要放大或缩小。在“类型”下拉列表框中选择“用户自定义”时该选项不可用。

(3)双向:当在“图案填充”选项卡中的“类型”下拉列表框中选择“用户定义”选项时,选中该复选框,可以使用相互垂直的两组平行线填充图形,否则为一组平行线。

(4)相对图纸空间:设置比例因子是否为相对于图纸空间的比例。

(5)间距:设置填充平行线之间的距离,当在“类型”下拉列表框中选择“用户自定义”时,该选项才可用。

(6)ISO笔宽:设置笔的宽度,当填充图案采用ISO图案时,该选项可用。

5.10.3 图案填充原点

在“图案填充原点”选项组中,可以设置图案填充原点的位置,因为许多图案填充需要对齐填充边界上的某一个点。主要选项的功能如下:

(1)使用当前原点:可以使用当前UCS的原点(0,0)作为图案填充原点。

(2)指定的原点:可以通过指定点作为图案填充原点。其中,单击“单击以设置新原点”按钮,可以从绘图窗口中选择某一点作为图案填充原点;选择“默认为边界范围”复选框,可以以填充边界的左下角、右下角、右上角、左上角或圆心作为图案填充原点;选择“存储为默认原点”复选框,可以将指定的点存储为默认的图案填充原点。

5.10.4 边界

在“边界”选项组中,包括“拾取点”、“选择对象”等按钮,其功能如下。

(1)拾取点:以拾取点的形式来指定填充区域的边界。单击该按钮切换到绘图窗口,可在需要填充的区域内任意指定一点，系统会自动计算出包围该点的封闭填充边界，同时亮显该边界。如果在拾取点后系统不能形成封闭的填充边界，则会显示错误提示信息。

(2)选择对象：单击该按钮将切换到绘图窗口，可以通过选择对象的方式来定义填充区域的边界。

(3)删除边界：单击该按钮可以取消系统自动计算或用户指定的边界。

(4)重新创建边界：重新创建图案填充边界。

(5)查看选择集：查看已定义的填充边界。单击该按钮，切换到绘图窗口，已定义的填充边界将亮显。

5.10.5 其他选项功能

在“选项”选项组中，“关联”复选框用于创建其边界时随之更新的图案和填充；“创建独立的图案填充”复选框用于创建独立的图案填充；“绘图次序”下拉列表框用于指定图案填充的绘图顺序，图案填充可以放在图案填充边界及所有其他对象之后或之前。

此外，单击“继承特性”按钮，可以将现有图案填充或填充对象的特性应用到其他图案填充或填充对象；单击“预览”按钮，可以使用当前图案填充设置显示当前定义的边界，单击图形或按 Esc 键返回对话框，单击、右击或按 Enter 键接受图案填充。

5.10.6 图案填充案例

(1)绘制矩形填充轮廓。

(2)单击工具栏中“图案填充”命令按钮，打开“图案填充和渐变色”对话框，进行如图 5 - 15 设置：

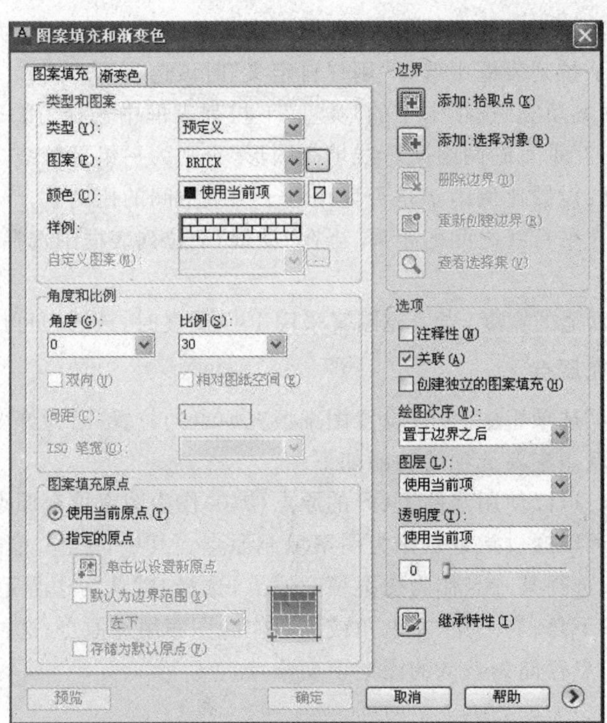

图 5 - 15

(3)单击“图案填充和渐变色”对话框右侧的“添加:拾取点”按钮,回到绘图区点击填充轮廓,回车再回到“图案填充和渐变色”对话框,单击“确定”按钮,填充完成,如图5-16所示。

图5-16

5.11 设置孤岛和边界

在进行图案填充时,通常将位于一个已定义好的填充区域内的封闭区域称为孤岛。单击“图案填充和渐变色”对话框右下角的按钮,将显示更多选项,可以对孤岛和边界进行设置,如图5-17所示。

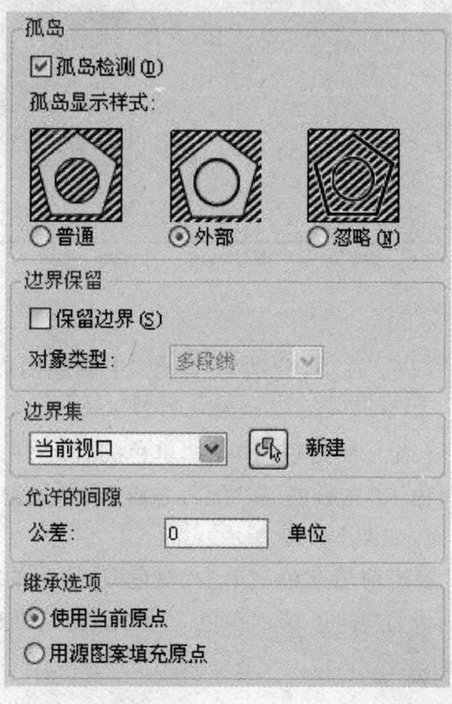

图5-17

5.12 使用渐变色填充图形

选择“绘图>图案填充”命令，或在“绘图”工具栏中单击“图案填充”命令按钮，或者在命令行输入 BHATCH 命令，打开“图案填充和渐变色”对话框的“渐变色”选项卡，可以设置渐变色填充时的颜色和方向等特性，如图 5-18 所示。

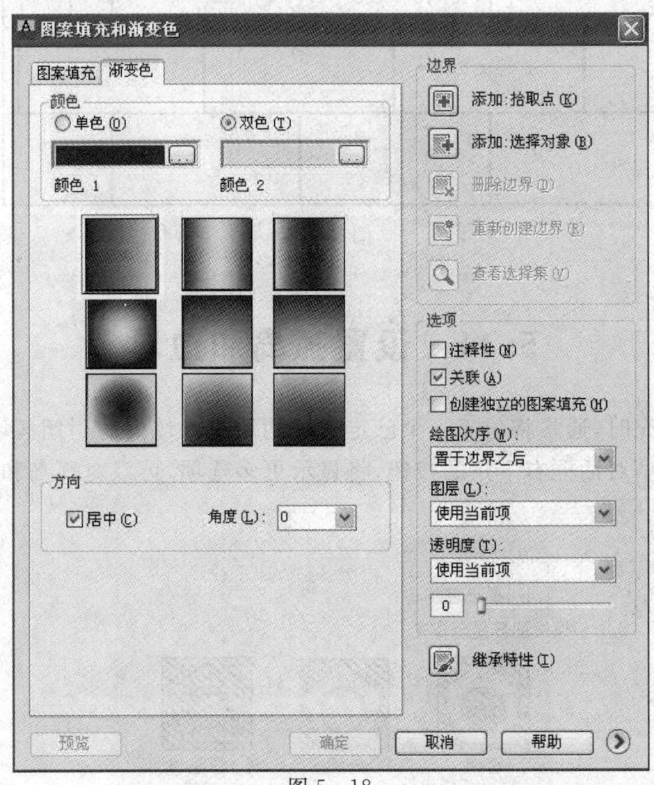

图 5-18

5.12.1 颜色选项

颜色选项分为“单色”和“双色”选项，分别为“单色”中颜色的设置和“双色”中“颜色 1”和“颜色 2”的设置。

(1)点选“单色”选项，设置当前填充色。单击“单色”选项下的颜色设置框，打开“选择颜色”对话框，可以通过“索引颜色”、“真彩色”和“配色系统”选项设置当前填充色彩，这样就形成当前色与默认白色的渐变填充，如图 5-19 所示。

(2) 点选“双色”选项，设置当前填充色。单击“双色”选项下的“颜色 1”、“颜色 2”设置框，打开“选择颜色”对话框，分别设置“颜色 1”、“颜色 2”填充色，这样就形成“颜色 1”和“颜色 2”的渐变填充。

5.12.2 方向选项

方向选项包括两项内容，一个是“居中”，表示填充颜色以填充轮廓的中点向外延伸；另一个是“角度”，表示填充颜色以设置的角度填充轮廓对象。

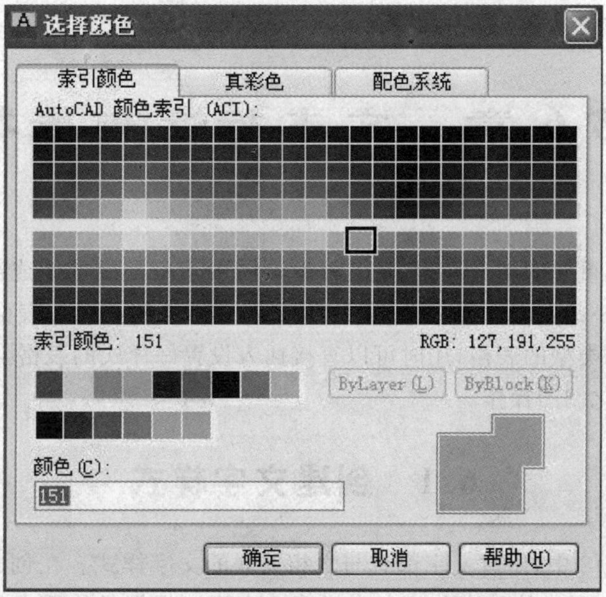

图 5－19

5.13 编辑图案填充

创建了图案填充后，如果需要修改填充图案或修改图案区域的边界，可选择“修改＞对象＞图案填充”命令，然后在绘图窗口中单击需要编辑的图案填充，这时将打开“图案填充和渐变色”对话框，可以重新对填充图案进行编辑。

5.14 分解图案

图案是一种特殊的块，称为“匿名”块，无论形状多复杂，它都是一个单独的对象。可以使用“修改＞分解”命令来分解一个已存在的关联图案。

图案被分解后，它将不再是一个单一对象，而是一组组成图案的线条。同时，分解后的图案也失去了与图形的关联性，因此，将无法使用“修改＞对象＞图案填充”命令来编辑。

第6章 文本标注与表格

文字是图形中很重要的图形元素，是各种设计图中不可缺少的组成部分。在一个完整的图样中，通常都包含一些文本注释来标注图样中的一些非图形信息。表格可以预先设计好，表格功能可以创建不同类型的表格，用时可以直接插入设置好样式的表格，当然还可以在其他软件中复制表格，以简化制图操作。

6.1 创建文字样式

在 AutoCAD 2012 中，所有文字都有与之相关联的文字样式。在创建文字注释和尺寸标注时，AutoCAD 2012 通常使用当前的文字样式。也可以根据具体要求重新设置文字样式或创建新的样式。文字样式包括文字“字体”、“字型”、“高度”、“宽度系数”、“倾斜角”、“反向”、“倒置”以及“垂直”等参数。

选择“格式>文字样式”命令，打开“文字样式”对话框。利用该对话框可以修改或创建文字样式，并设置文字的当前样式，如图 6-1 所示。

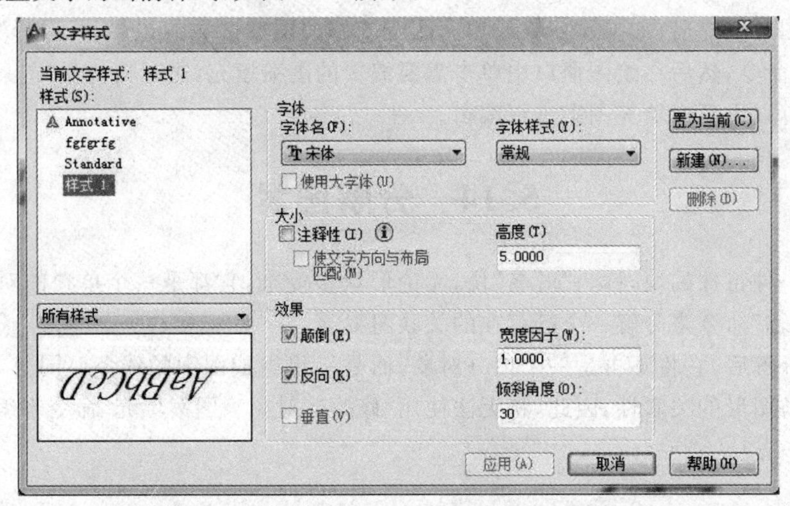

图 6-1

6.1.1 设置样式名

“文字样式”对话框的“样式”选项组中显示了文字样式的名称、创建新的文字样式、为已有的文字样式重命名或删除文字样式，各选项的含义如下：

(1)样式：列出当前可以使用的文字样式，默认文字样式为 Standard。

(2)新建：单击该按钮打开“新建文字样式”对话框。在“样式名”文本框中输入新建文字样式名称后，单击“确定”按钮可以创建新的文字样式。新建文字样式将显示在“样式名”下拉列表框中。

(3)重命名:单击新建字体样式名称,可在样式名文本框中输入新的名称,但无法重命名默认的 Standard 样式。

(4)置为当前:单击此按钮,可以将已选择的字体样式设置为当前样式。

(5)删除:单击该按钮可以删除某一已有的文字样式,但无法删除已经使用的文字样式和默认的 Standard 样式。

6.1.2 设置字体

“文字样式”对话框的“字体”、“大小”等选项组用于设置文字样式使用的字体和字高等属性。其中,“字体名”下拉列表框用于选择字体;“字体样式”下列表框用于选择字体格式,如斜体、粗体和常规字体等;“高度”文本框用于设置文字的高度。

如果将文字的高度设为 0,在使用 TEXT 命令标注文字时,命令行将显示“指定高度:”提示,要求指定文字的高度。如果在“高度”文本框中输入了文字高度,AutoCAD 2012 将按此高度标注文字,而不再提示指定高度。

AutoCAD 2012 提供了符合标注要求的字体形文件:gbenor. shx,gbeitc. shx 和 gbcbig. shx 文件。其中,gbenor. shx 和 gbeitc. shx 文件分别用于标注直体和斜体字母与数字;gbcbig. shx 则用于标注中文。

6.1.3 设置文字效果

在“文字样式”对话框中,使用“效果”选项组中的选项可以设置文字的颠倒、反向、垂直等显示效果,图 6-1 所示。在“宽度因子”文本框中可以设置文字字符的高度和宽度之比,当“宽度因子”值为 1 时,将按系统定义的高宽比书写文字;当“宽度因子”小于 1 时,字符会变窄;当“宽度因子”大于 1 时,字符则变宽。在“倾斜角度”文本框中可以设置文字的倾斜角度,角度为 0°时不倾斜;角度为正值时向右倾斜;为负值时向左倾斜。如图 6-2 所示为各种设置的效果。

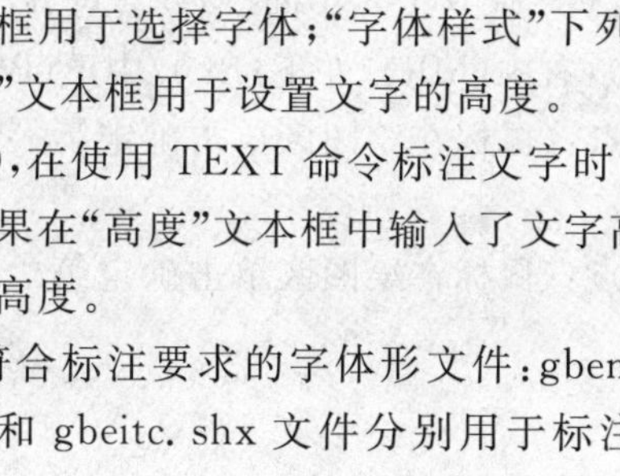

室内设计基础 宽度比 1.0

室内设计基础 宽度比 0.5

室内设计基础 反向

室内设计基础 倾斜角度 45°

室内设计基础 颠倒

图 6-2

6.1.4 预览与应用文字样式

在“文字样式”对话框的预览选项组中,可以预览所选择或所设置的文字样式效果。其中,在“所有样式”选项下,所有字体样式都可以预览;而“正在使用的样式”选项下,只能预览默认字体样式和当前使用字体样式。

设置完文字样式后,单击“应用”按钮即可应用文字样式;然后单击“关闭”按钮,关闭“文字样式”对话框。

6.2 创建单行文字

在 AutoCAD 2012 中，“文字”工具栏可以创建和编辑文字。对于单行文字来说，每一行都是一个文字对象，选择“绘图＞文字＞单行文字”命令，或在“文字”工具栏中单击“单行文字”A按钮，或者在命令行输入 DTEXT 命令，命令行提示：

命令：DTEXT

指定文字的起点或［对正(J)/样式(S)］：j

输入选项［对齐(A)/布满(F)/居中(C)/中间(M)/右对齐(R)/左上(TL)/中上(TC)/右上(TR)/左中(ML)/正中(MC)/右中(MR)/左下(BL)/中下(BC)/右下(BR)］：a

指定文字基线的第一个端点：(鼠标在绘图区单击确定第一个端点，或者捕捉已绘制图形的某个端点)

指定文字基线的第二个端点：(鼠标在绘图区单击确定第二个端点，或者捕捉已绘制图形的某个端点)

6.2.1 指定文字的起点

在默认情况下，通过指定单行文字行基线的起点位置创建文字。如果当前文字样式的高度设置为 0，系统将显示“指定高度：”提示信息，要求指定文字高度，否则不显示该提示信息，而使用“文字样式”对话框中设置的文字高度。

然后系统显示“指定文字的旋转角度 ＜0＞：”提示信息，要求指定文字的旋转角度。文字旋转角度是指文字行排列方向与水平线的夹角，默认角度为 0°。输入文字旋转角度，或按 Enter 键使用默认角度 0°，最后输入文字即可。也可以切换到 Windows 的中文输入方式下，输入中文文字。

6.2.2 设置对正方式

在“指定文字的起点或［对正(J)/样式(S)］：”提示信息后输入 J，可以设置文字的排列方式。此时命令行显示如下提示信息：

输入选项［对齐(A)/布满(F)/居中(C)/中间(M)/右对齐(R)/左上(TL)/中上(TC)/右上(TR)/左中(ML)/正中(MC)/右中(MR)/左下(BL)/中下(BC)/右下(BR)］：

在 AutoCAD 2012 中，系统为文字提供了多种对正方式。如图 6-3 所示，为几种不同的对正方式。

1. 对齐

该选项要求用户确定标注文本基线的起点与终点的位置。确定起点和终点可以用鼠标在绘图区点取，也可以在命令行输入坐标。选择该项，命令行提示：

指定文字基线的第一个端点：(鼠标点取确定第一基点)

指定文字基线的第二个端点：(鼠标点取确定第一基点)

输入文字，回车确定。

使用“对齐”选项输入的字符串，均匀地分布在基线的起点和终点之间，效果如图 6-3 所示。

2. 布满

该选项要求用户确定标注文本基线的起点与终点的位置。确定起点和终点可以用鼠标在绘图区点取，也可以在命令行输入坐标。选择该项，命令行提示：

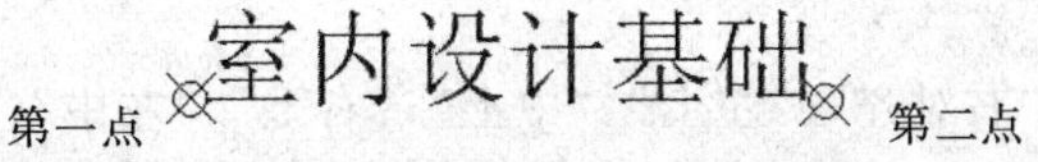

第一点 室内设计基础 第二点

图 6－3

指定文字基线的第一个端点:(鼠标点取确定第一基点)

指定文字基线的第二个端点:(鼠标点取确定第一基点)

指定高度 ＜10.0000＞:(指定文字的高度)

使用“布满”选项输入的字符串,按照文字高度和两个基点之间的限定均匀地分布,如图 6－4 所示。

室内设计基础

图 6－4

3. 居中

该选项要求用户确定标注文本中点的位置。确定中点可以用鼠标在绘图区点取,也可以在命令行输入坐标。选择该项,命令行提示:

指定文字的中心点:(鼠标点取确定中心点)

指定高度 ＜10.0000＞:(指定文字的高度)

指定文字的旋转角度 ＜0＞:(指定文字倾斜角度)

使用“居中”选项输入的字符串,按照中点的位置向中点左右延伸。效果如图 6－5 所示。

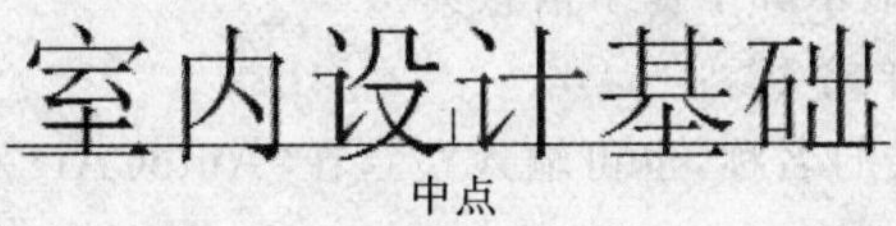

室内设计基础

中点

图 6－5

4. 中间

该选项要求用户确定标注文本中间点的位置。确定中间点可以用鼠标在绘图区点取,也可以在命令行输入坐标。选择该项,命令行提示:

指定文字的中间点:(鼠标点取确定中间点)

指定高度 ＜10.0000＞:(指定文字的高度)

指定文字的旋转角度 ＜0＞:(指定文字倾斜角度)

使用“中间”选项输入的字符串,按照中间点的位置向中间点上下左右延伸。效果如图 6－6 所示。

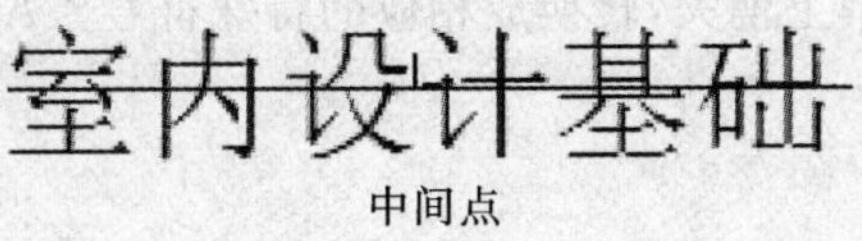

室内设计基础

中间点

图 6－6

5.其他对正方式

其他的对正方式为“右对齐”、“左上”、“中上”、“右上”、“左中”、“正中”、“右中”、“左下”、“中下”和“右下”等。每种对正方式输入以后，命令栏都有相应的提示，按照提示设置，分别可输入不同对正的文字字符串。图 6－7 所示为几种不同的对正文本。

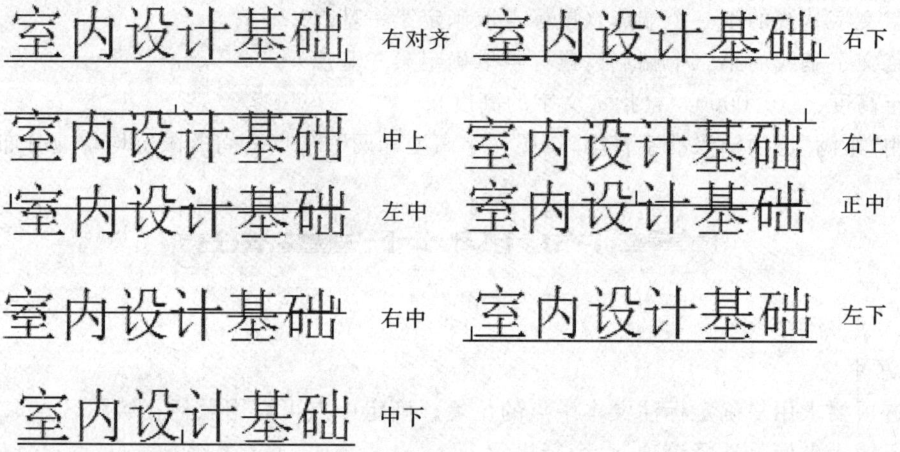

室内设计基础 右对齐　室内设计基础 右下

室内设计基础 中上　室内设计基础 右上

室内设计基础 左中　室内设计基础 正中

室内设计基础 右中　室内设计基础 左下

室内设计基础 中下

图 6－7

6.2.3 设置当前文字样式

在“指定文字的起点或［对正(J)/样式(S)］:”提示下输入 S，可以设置当前使用的文字样式。选择该选项时，命令行显示如下提示信息：

输入样式名或［?］＜样式 1＞:

可以直接输入文字样式的名称，也可输入“?”，在“AutoCAD 2012 文本窗口”中显示当前图形已有的文字样式。

6.3 使用字符控制码

在实际设计绘图中，往往需要标注一些特殊的字符。例如，在文字上方或下方添加划线、标注度(°)、±、φ 等符号。这些特殊字符不能从键盘上直接输入，因此 AutoCAD 2012 提供了相应的控制码，以实现这些标注要求。

在 AutoCAD 2012 的控制码中，%%O 和%%U 分别是上划线与下划线的开关。第 1 次出现此符号时，可打开上划线或下划线，第 2 次出现该符号时，则会关掉上划线或下划线。

在“输入文字:”提示下，输入控制码时，这些控制码也临时显示在屏幕上，当结束文本创建命令时，这些控制码将从屏幕上消失，转换成相应的特殊符号。AutoCAD 2012 常用字符控制码如表 6－1 所示。

表6-1 CAD常用字符控制码表

控制符	相对应特殊字符及功能	控制符	相对应特殊字符及功能
％％c	直径符号(ϕ)	％％130	阿尔法(α)
％％d	度符号(°)	％％131	贝塔(β)
％％p	正负符号(±)	％％40	左括号(()
％％u	下划线(_)	％％41	右括号())
％％o	加上划线(¯)	％％60	小于号(＜)
％％％	百分号(％)	％％61	等于号(＝)
％33	感叹号(!)	％％62	大于号(＞)
％％34	双引号(“)	％％63	问号(?)
％％123	左大括号({)	％％64	艾塔(@)
％％125	右大括号(})	％％134	小于等于(≤)
％％35	井字号(#)	％％135	大于等于(≥)
％％36	美元标志($)	％％136	千分号(‰)
％％38	与、和(&)	％％45	减号(-)

6.4 编辑单行文字

单行文字可进行单独编辑。编辑单行文字包括编辑文字的内容、对正方式及缩放比例，可以选择“修改＞对象＞文字”子菜单中的命令进行设置，如图6-8所示。

图6-8

(1)编辑：选择该命令，然后在绘图窗口中单击需要编辑的单行文字，进入文字编辑状态，可以重新输入文本内容。

(2)比例：选择该命令，然后在绘图窗口中单击需要编辑的单行文字，此时命令行提示：

命令：_scaletext

选择对象：找到1个

选择对象：(回车确定选择)

输入缩放的基点选项

[现有(E)/左对齐(L)/居中(C)/中间(M)/右对齐(R)/左上(TL)/中上(TC)/右上(TR)/左中(ML)/正中(MC)/右中(MR)/左下(BL)/中下(BC)/右下(BR)]＜现有＞：(回车)

指定新模型高度或[图纸高度(P)/匹配对象(M)/比例因子(S)]＜20＞：s(输入相应选项，可以进行继续编辑)

指定缩放比例或［参照(R)］＜2＞：

1 个对象已更改

(3)对正：选择该命令，然后在绘图窗口中单击需要编辑的单行文字，此时命令行提示：

命令：_justifytext

选择对象：找到 1 个

选择对象：(回车确定选择)

输入对正选项

［左对齐(L)/对齐(A)/布满(F)/居中(C)/中间(M)/右对齐(R)/左上(TL)/中上(TC)/右上(TR)/左中(ML)/正中(MC)/右中(MR)/左下(BL)/中下(BC)/右下(BR)］＜左对齐＞：mc (输入相关选项，回车选择选项)

6.5 创建多行文字

“多行文字”又称为段落文字，是一种更易于管理的文字对象，可以由两行以上的文字组成，而且各行文字都是作为一个整体处理。选择“绘图＞文字＞多行文字”命令，或在“绘图”工具栏中单击“多行文字”A按钮，或者在命令行输入 MTEXT 命令，然后在绘图窗口中指定一个用来放置多行文字的矩形区域，将打开“文字格式”工具栏和文字输入窗口。利用它们可以设置多行文字的样式、字体及大小等属性，如图 6-9 所示。

图 6-9

6.5.1 使用“文字格式”工具栏

使用“文字格式”工具栏，可以设置文字样式、文字字体、文字高度、加粗、倾斜或加下划线效果。

6.5.2 设置缩进、制表位和多行文字宽度

在文字输入窗口的标尺上右击，从弹出的标尺快捷菜单中选择“段落”命令，打开“段落”对话框，可以从中设置缩进和制表位位置。其中，在“左缩进”选项组的“第一行”文本框和“段落”文本框中设置首行和段落的缩进位置；在“制表位”列表框中可设置制表符的位置，单击“设置”按钮可设置新制表位，单击“清除”按钮可清除列表框中的所有设置，如图 6-10 所示。

在标尺快捷菜单中选择“设置多行文字宽度”子命令，可打开“设置多行文字宽度”对话框，在“宽度”文本框中可以设置多行文字的宽度。

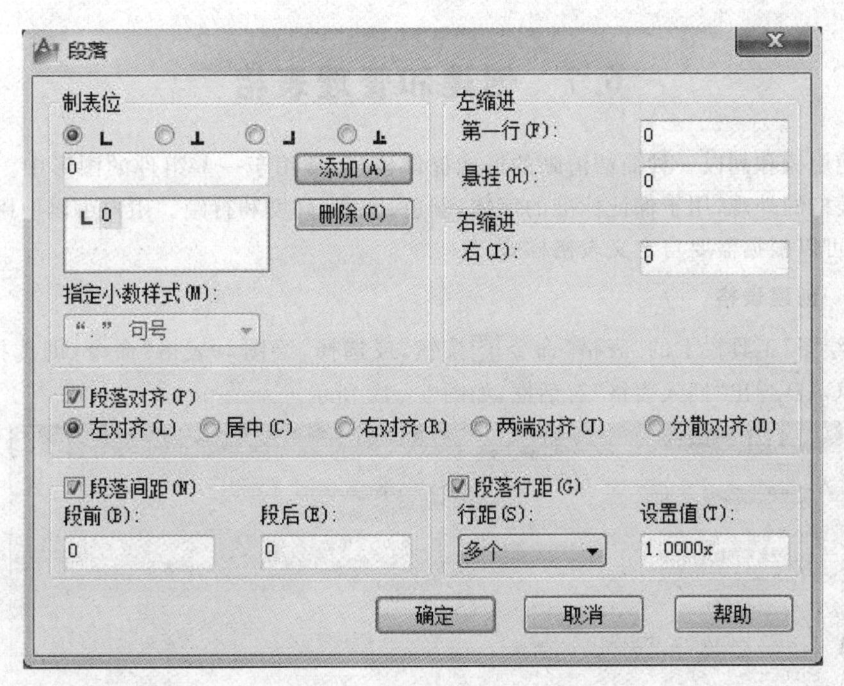

图 6-10

6.5.3 使用选项菜单

在“文字格式”工具栏中单击“选项”按钮，打开多行文字的选项菜单，可以对多行文本进行更多的设置。在文字输入窗口中右击，将弹出一个快捷菜单，该快捷菜单与选项菜单中的主要命令一一对应，如图 6-11 所示。

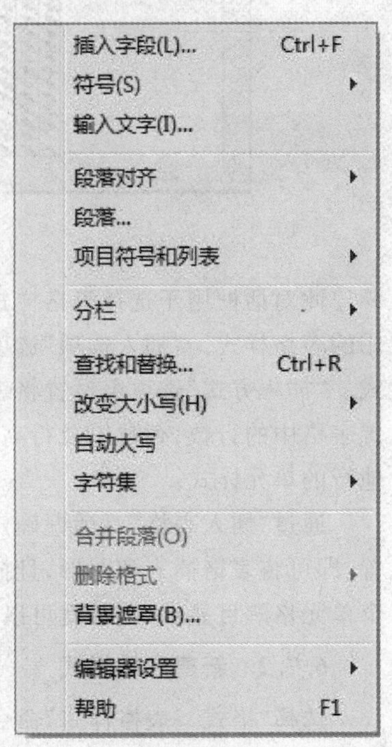

图 6-11

6.5.4 输入文字

在多行文字的文字输入窗口中，可以直接输入多行文字，也可以在文字输入窗口中右击，从弹出的快捷菜单中选择“输入文字”命令，将已经在其他文字编辑器中创建的文字内容直接导入到当前图形中。

6.6 编辑多行文字

要编辑创建的多行文字，可选择“修改＞对象＞文字＞编辑”命令(DDEDIT)，并单击创建的多行文字，打开多行文字编辑窗口，然后参照多行文字的设置方法，修改并编辑文字。

也可以在绘图窗口中双击输入的多行文字，或在输入的多行文字上右击，从弹出的快捷菜单中选择“重复编辑多行文字”命令或“编辑多行文字”命令，打开多行文字编辑窗口。

6.7 创建和管理表格

表格使用行和列以一种简洁清晰的形式提供信息，常用于一些组件的图形中。表格样式控制一个表格的外观，用于保证标准的字体、颜色、文本、高度和行距。用户可以使用默认的表格样式，也可以根据需要自定义表格样式。

6.7.1 创建表格

单击“绘图”工具栏上的“表格”命令按钮，或选择“绘图>表格”命令，即选择 TABLE 命令，AutoCAD 弹出“插入表格”对话框，如图 6-12 所示。

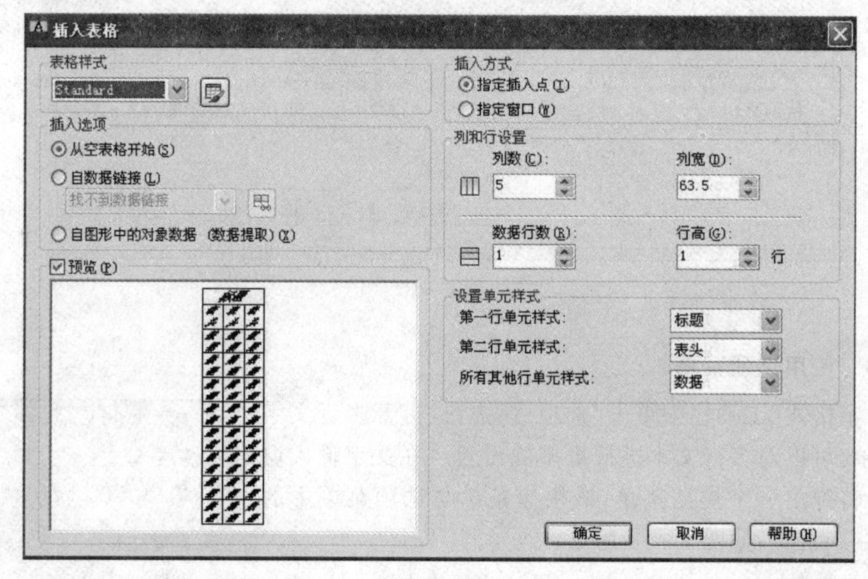

图 6-12

此对话框用于选择表格样式，设置表格的有关参数。其中，“表格样式”选项用于选择所使用的表格样式。“插入选项”选项组用于确定如何为表格填写数据。预览框用于预览表格的样式。“插入方式”选项组设置将表格插入到图形时的插入方式。“列和行设置”选项组则用于设置表格中的行数、列数以及行高和列宽。“设置单元样式”选项组分别设置第一行、第二行和其他行的单元样式。

通过“插入表格”对话框确定表格数据后，单击“确定”按钮，而后根据提示确定表格的位置，即可将表格插入到图形，且插入后 AutoCAD 弹出“文字格式”工具栏，并将表格中的第一个单元格醒目显示，此时就可以向表格输入文字，如图 6-13 所示。

6.7.2 新建表格样式

选择“格式>表格样式”命令(TABLESTYLE)，打开“表格样式”对话框。单击“新建”按钮，可以使用打开的“创建新的表格样式”对话框创建新表格样式，如图 6-14 所示。

在“新样式名”文本框中输入新的表格样式名，在“基础样式”下拉列表中选择默认的表格样式、标准的或者任何已经创建的样式，新样式将在该样式的基础上进行修改。然后单击“继续”按钮，将打开“新建表格样式”对话框，可以通过它指定表格的行格式、表格方向、边框特性

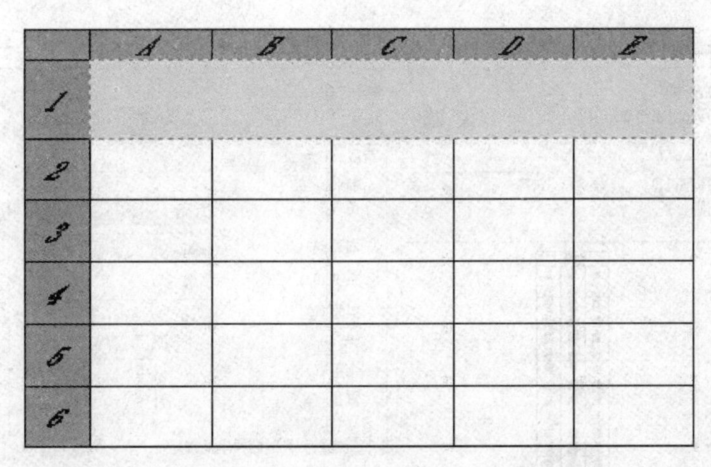

图 6－13

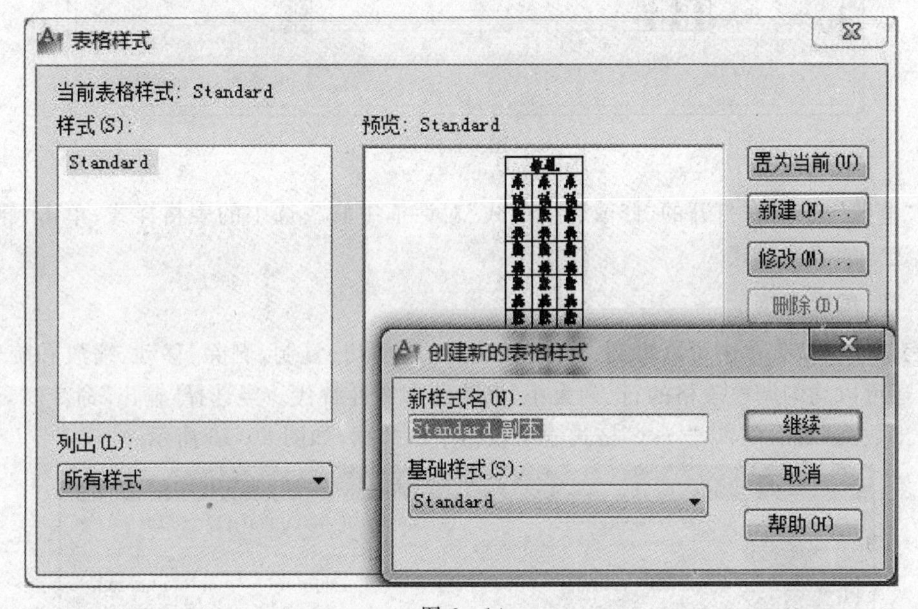

图 6－14

和文本样式等内容，如图 6－15 所示。

6.7.3　设置表格的数据、列标题和标题样式

在“新建表格样式”对话框中，可以使用“起始表格”、“常规”和“单元样式”选项卡分别设置起始表格样式、表格的方向、表格的数据和表格预览。

6.7.4　管理表格样式

在 AutoCAD 2012 中，还可以使用“表格样式”对话框来管理图形中的表格样式。在该对话框的“当前表格样式”后面，显示当前使用的表格样式(默认为 Standard)；在“样式”列表中显示了当前图形所包含的表格样式；在“预览”窗口中显示了选中表格的样式；在“列出”下拉列表中，可以选择“样式”列表是显示图形中的“所有样式”，还是“正在使用的样式”。

此外，在“表格样式”对话框中，还可以单击“置为当前”按钮，将选中的表格样式设置为当

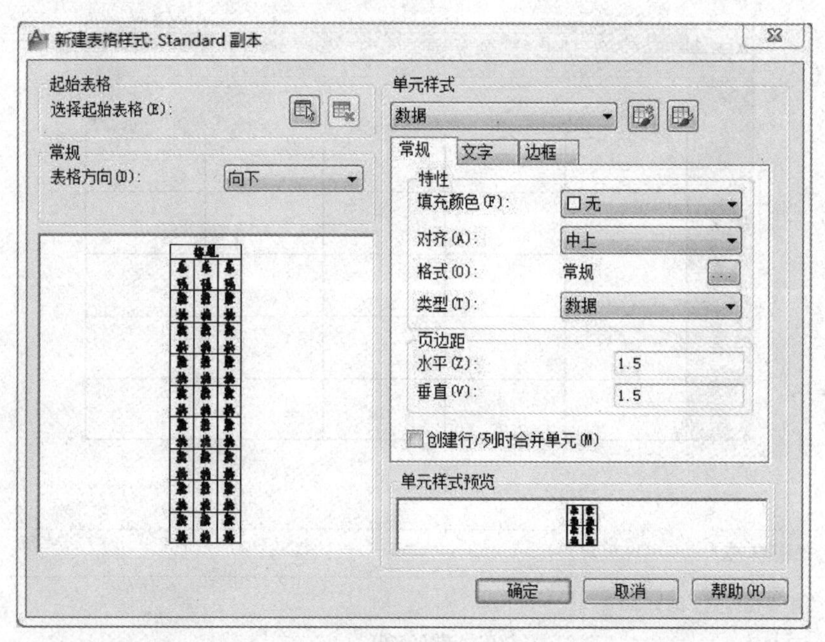

图 6－15

前;单击“修改”按钮,在打开的“修改表格样式”对话框中修改选中的表格样式;单击“删除”按钮,删除选中的表格样式。

6.7.5 编辑表格

从表格的快捷菜单中可以看到,可以对表格进行剪切、复制、删除、移动、缩放和旋转等简单操作,还可以均匀调整表格的行、列大小,删除所有特性替代。当选择“输出”命令时,还可以打开“输出数据”对话框,以“.csv”格式输出表格中的数据,如图 6－16 所示。

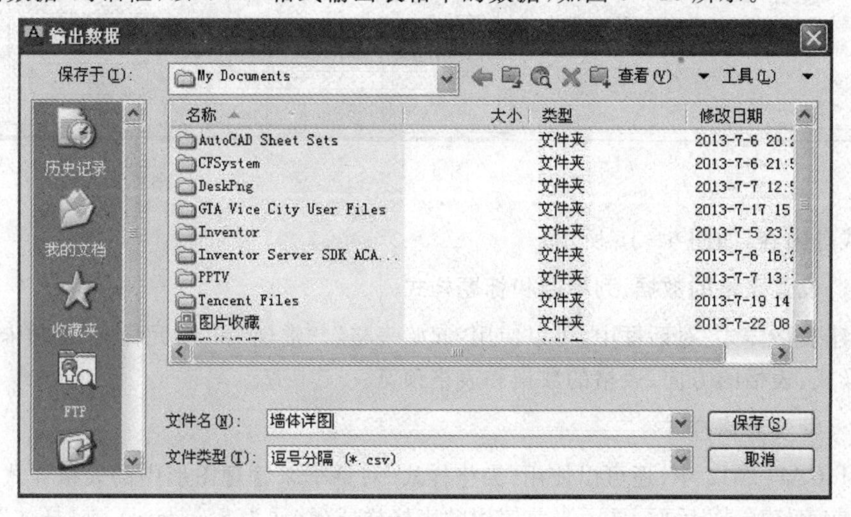

图 6－16

当选中表格后,在表格的四周、标题行上将显示许多夹点,也可以通过拖动这些夹点来编辑表格,如图 6－17 所示。

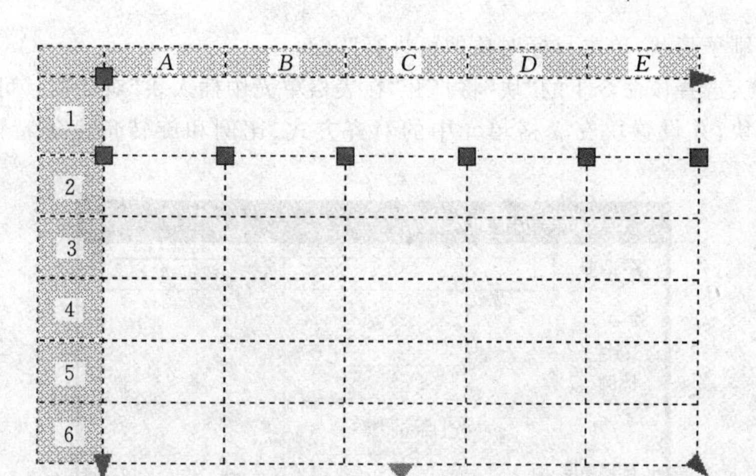

图 6-17

6.7.6 编辑表格单元

使用表格单元快捷菜单可以编辑表格单元，其主要命令选项的功能说明如下：

(1)对齐：在该命令子菜单中可以选择表格单元的对齐方式，如左上、左中、左下等。

(2)边框：选择该命令将打开"单元边框特性"对话框，可以设置单元格边框的线宽、颜色等特性，如图 6-18 所示。

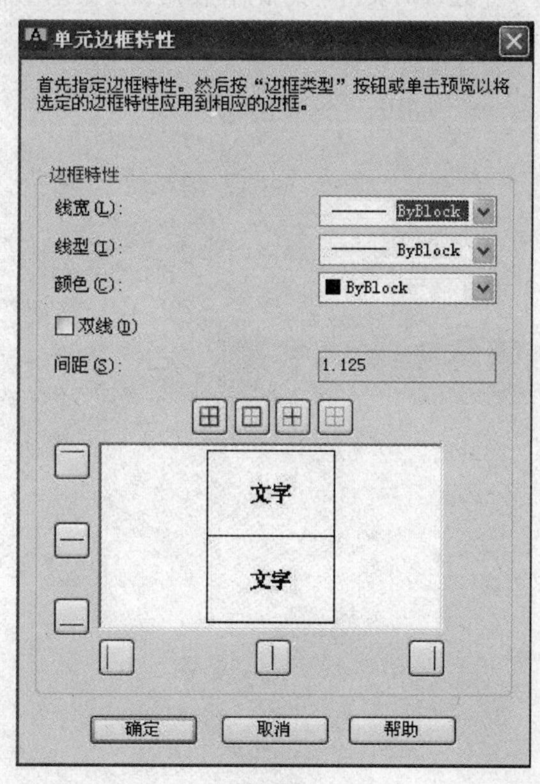

图 6-18

(3)匹配单元：用当前选中的表格单元格式(源对象)匹配其他表格单元(目标对象)，此时鼠标指针变为刷子形状，单击目标对象即可进行匹配。

(4)插入点：选择该命令下的“块”将打开“在表格单元中插入块”对话框。可以从中选择插入到表格中的块，并设置块在表格单元中的对齐方式、比例和旋转角度等特性，如图 6－19 所示。

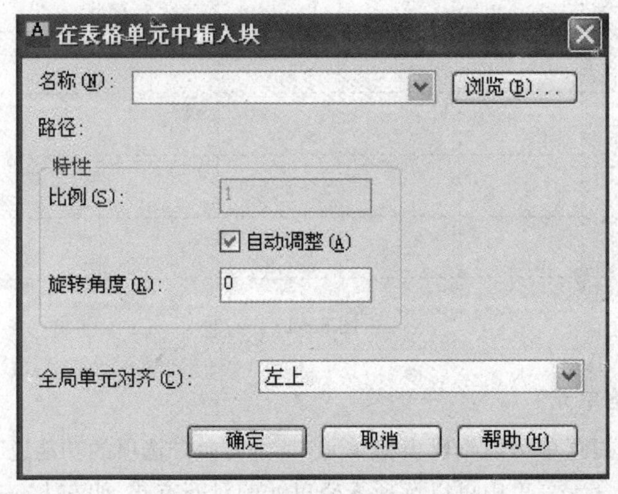

图 6－19

(5)合并单元：当选中多个连续的表格单元格后，使用该子菜单中的命令，可以全部、按列或按行合并表格单元。

第 7 章　尺寸标注

在图形设计中，尺寸标注是绘图设计工作中的一项重要内容，因为绘制图形的根本目的是反映对象的形状，而图形中各个对象的真实大小和相互位置只有经过尺寸标注后才能确定。AutoCAD 2012 包含了一套完整的尺寸标注命令和实用程序，用户使用它们足以完成图纸中要求的尺寸标注。用户在进行尺寸标注之前，必须了解 AutoCAD 2012 尺寸标注的组成，标注样式的创建和设置方法。

7.1　尺寸标注的规则

在 AutoCAD 2012 中，对绘制的图形进行尺寸标注时应遵循以下规则：

(1)物体的真实大小应以图样上所标注的尺寸数值为依据，与图形的大小及绘图的准确度无关。

(2)图样中的尺寸以毫米为单位时，不需要标注计量单位的代号或名称。如采用其他单位，则必须注明相应计量单位的代号或名称，如度、厘米及米等。

(3)图样中所标注的尺寸为该图样所表示的物体的最后完工尺寸，否则应另加说明。

(4)一般物体的每一尺寸只标注一次，并应标注在最后反映该结构最清晰的图形上。

7.2　尺寸标注的组成

在工程绘图中，一个完整的尺寸标注应由标注文字、尺寸线、尺寸界线、尺寸线的端点符号及起点等组成，如图 7－1 所示。

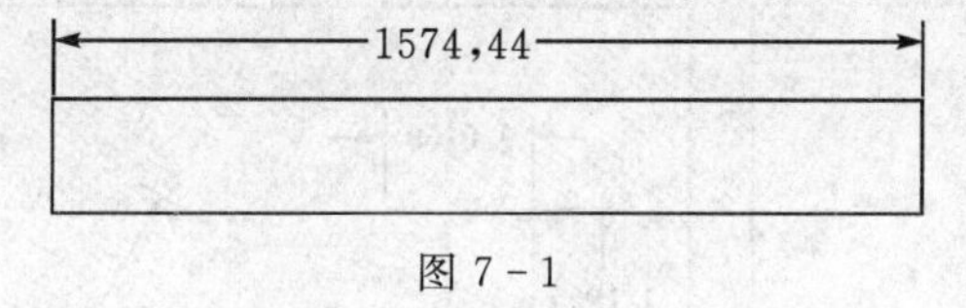

图 7－1

7.3　尺寸标注的类型

AutoCAD 2012 提供了十余种标注工具用以标注图形对象，分别位于“标注”菜单或“标注”工具栏中，如图 7－2 所示。使用它们可以进行角度、直径、半径、线性、对齐、连续、圆心及基线等标注。

图 7－2

7.4 创建尺寸标注的基本步骤

在 AutoCAD 2012 中对图形进行尺寸标注的基本步骤如下所述。

7.4.1 设置标注图层

选择“格式>图层”命令，在打开的“图层特性管理器”对话框中创建一个独立的图层，用于尺寸标注。

7.4.2 设置文字样式

选择“格式>文字样式”命令，在打开的“文字样式”对话框中创建一种文字样式，用于尺寸标注。

7.4.3 设置标注样式

选择“格式>标注样式”命令，在打开的“标注样式管理器”对话框设置标注样式。

7.7.4 其他设置

设置捕捉及追踪功能，结合不同形式标注及特点，对图形中的元素进行标注。

7.5 创建标注样式

在 AutoCAD 2012 中，使用“标注样式”可以控制标注的格式和外观，建立强制选择的绘图标准，并有利于对标注格式及用途进行修改。要创建标注样式，选择“格式>标注样式”命令，打开“标注样式管理器”对话框，单击“新建”按钮，在打开的“创建新标注样式”对话框中即可创建新标注样式，如图 7－3、7－4 所示。

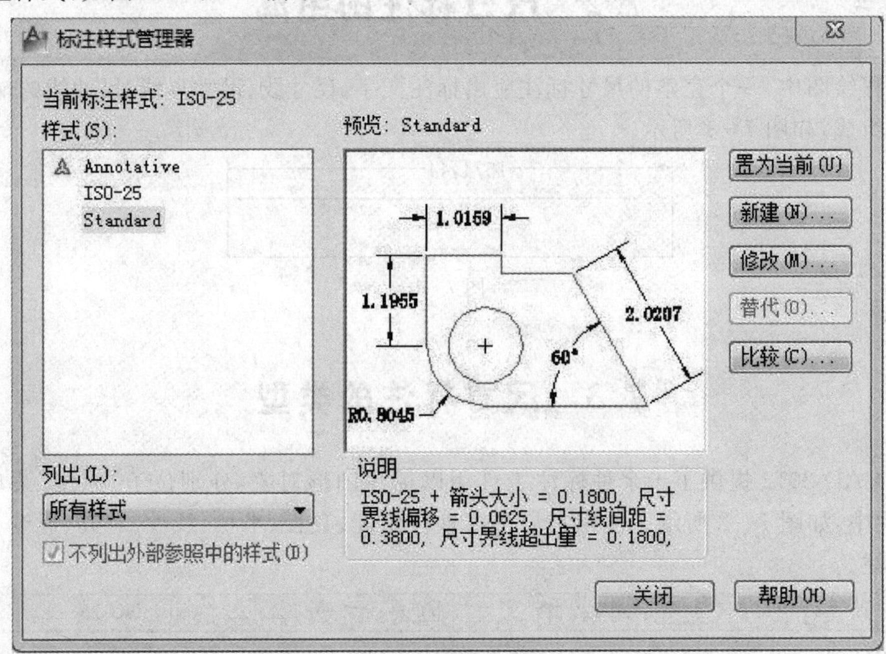

图 7－3

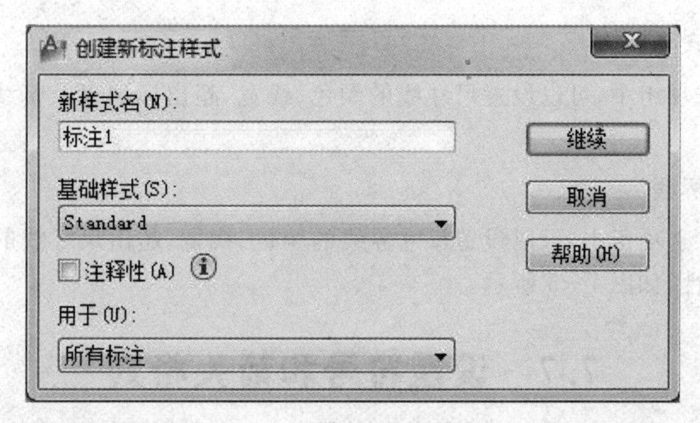

图7-4

7.6 设置直线格式

在“新建标注样式”对话框中，使用“直线”选项卡可以设置尺寸线、尺寸界线的格式和位置，如图7-5所示。

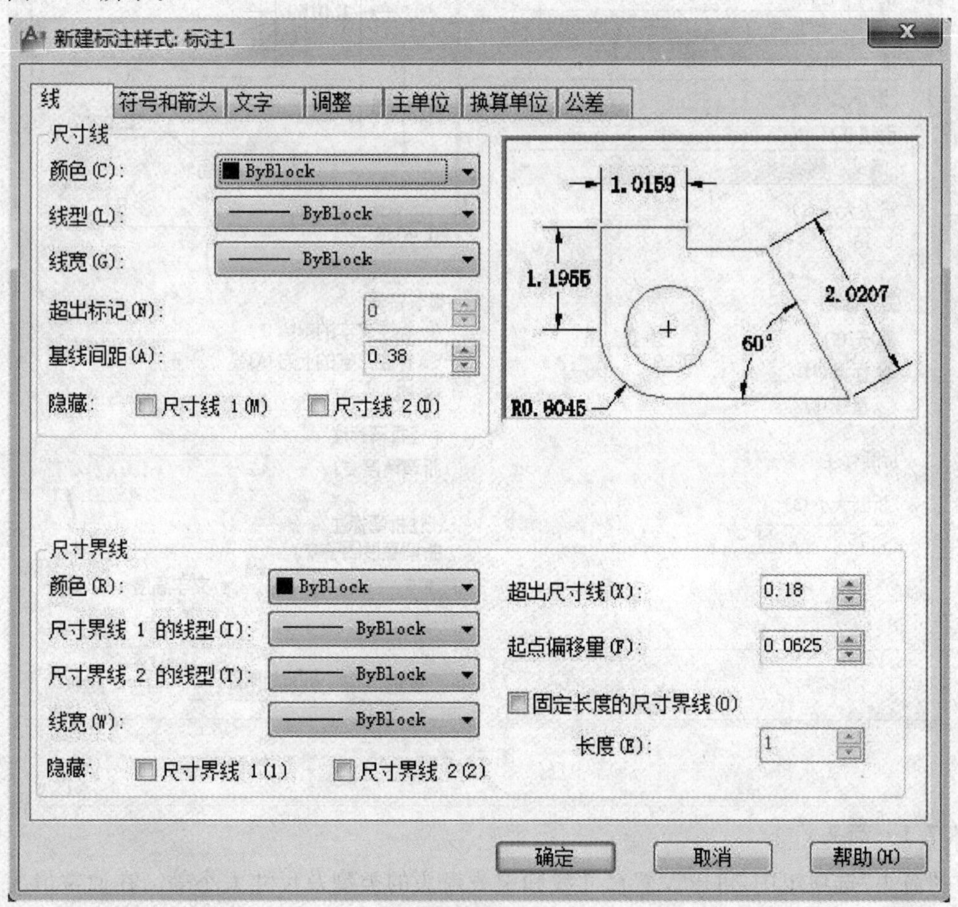

图7-5

7.6.1 设置尺寸线

在“尺寸线”选项组中，可以设置尺寸线的颜色、线宽、超出标记以及基线间距等属性。如图 7－5 所示。

7.6.2 尺寸界线

在“尺寸界线”选项组中，可以设置尺寸界线的颜色、线宽、超出尺寸线的长度和起点偏移量、隐藏控制等属性，如图 7－5 所示。

7.7 设置符号和箭头格式

在“新建标注样式”对话框中，使用“符号和箭头”选项卡可以设置箭头、圆心标记、弧长符号和半径标注折弯的格式与位置，如图 7－6 所示。

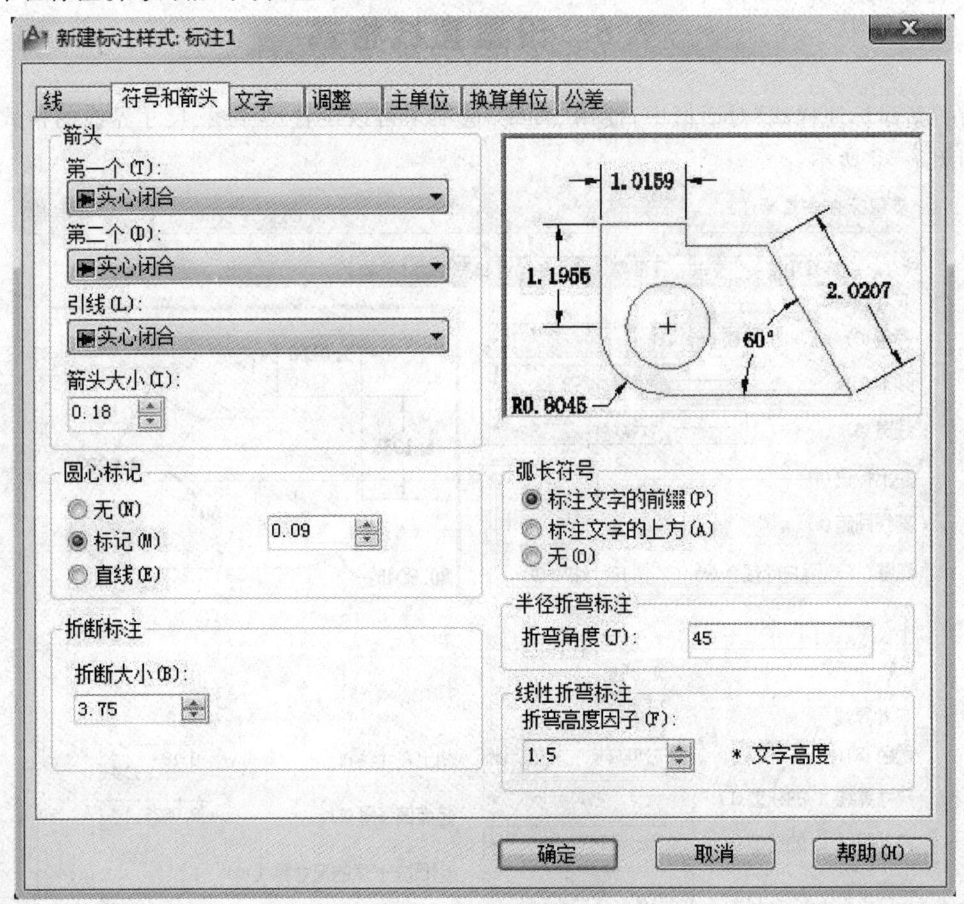

图 7－6

7.7.1 箭头

在“箭头”选项组中，可以设置尺寸线和引线箭头的类型及尺寸大小等。在通常情况下，尺寸线的两个箭头应一致。

为了适用不同类型的图形标注需要，AutoCAD 2012 设置了 20 多种箭头样式。可以从对应的下拉列表框中选择箭头,并在"箭头大小"文本框中设置其大小。也可以使用自定义箭头,此时可在下拉列表框中选择"用户箭头"选项,打开"选择自定义箭头块"对话框。在"从图形块中选择"文本框内输入当前图形中已有的块名,然后单击"确定"按钮,AutoCAD 2012 将以该块作为尺寸线的箭头样式,此时块的插入基点与尺寸线的端点重合。

7.7.2 圆心标记

在"圆心标记"选项组中,可以设置圆或圆弧的圆心标记类型,如"标记"、"直线"和"无"。其中,选择"标记"选项可对圆或圆弧绘制圆心标记;选择"直线"选项,可对圆或圆弧绘制中心线;选择"无"选项,则没有任何标记。当选择"标记"或"直线"单选按钮时,可以在"大小"文本框中设置圆心标记的大小。

7.7.3 折断标注

在"折断标注"选项组中,可以设置"折断大小"的具体参数。

7.7.4 弧长符号

在"弧长符号"选项组中,可以设置弧长符号显示的位置,包括"标注文字的前缀"、"标注文字的上方"和"无"三种方式。

7.7.5 半径折弯标注

在"半径折弯标注"选项组的"折弯角度"文本框中,可以设置标注圆弧半径时标注线的折弯角度大小。

7.7.6 线性折弯标注

在"线性折弯标注"选项组的"折弯高度因子"文本框中,可以设置标注线的折弯大小。

7.8 设置文字格式

在"新建标注样式"对话框中,可以使用"文字"选项卡设置标注文字的外观、位置和对齐方式,如图 7-7 所示。

7.8.1 文字外观

在"文字外观"选项组中,可以设置文字的样式、颜色、高度和分数高度比例,以及控制是否绘制文字边框等。

(1)文字样式:设置文字样式。默认的文字样式有"Standard"和"Annotative"两种。单击右侧"显示'文字样式'对话框"按钮,可以打开"文字样式"对话框,进行新建文字样式、设置当前、删除等编辑设置,同时,可以对新建样式的"字体"、"大小"、"效果"的设置,如图 7-8 所示。

(2)文字颜色和填充颜色:设置文字颜色和文字背景颜色。

(3)文字高度:输入文字高度的参数,确定应用文字的大小。

(4)分数高度比例:设置标注文字中的分数相对于其他标注文字的比例,AutoCAD 2012 将该比例值与标注文字高度的乘积作为分数的高度。

(5)绘制文字边框:设置是否给标注文字加边框。

7.8.2 文字位置

在"文字位置"选项组中,可以设置文字的垂直、水平位置、观察方向以及从尺寸线的偏移量。

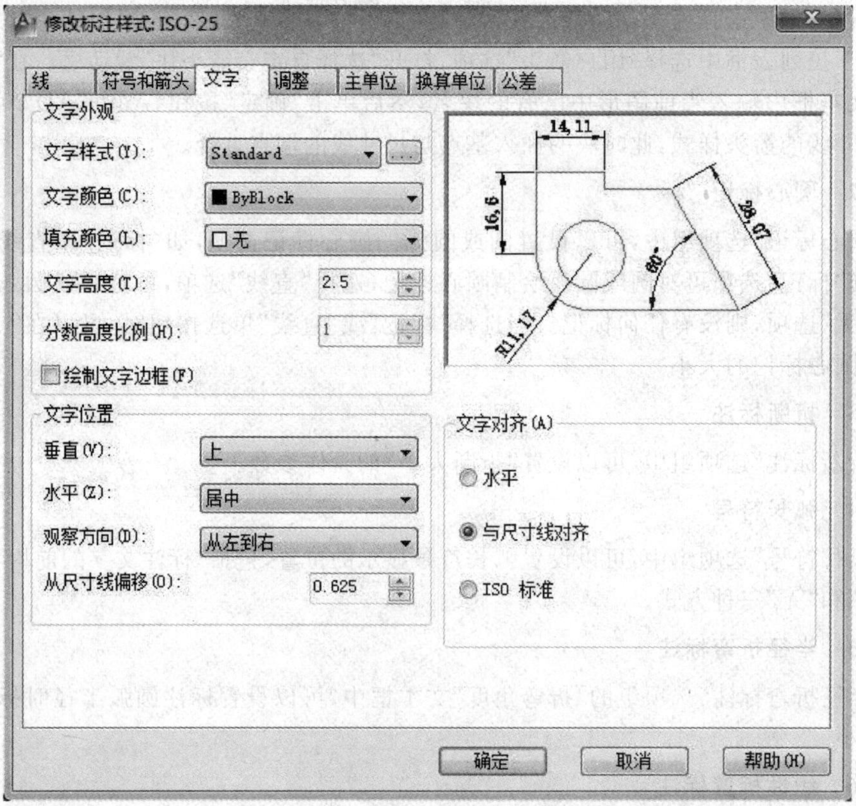

修改标注样式: ISO-25

线 符号和箭头 文字 调整 主单位 换算单位 公差

文字外观

文字样式(Y): Standard

文字颜色(C): ByBlock

填充颜色(L): 口无

文字高度(T): 2.5

分数高度比例(H): 1

绘制文字边框(F)

14,11

16,6

28,07

80°

R11,17

文字位置

垂直(V): 上

水平(Z): 居中

观察方向(D): 从左到右

从尺寸线偏移(O): 0.625

文字对齐(A)

水平

与尺寸线对齐

ISO 标准

确定 取消 帮助(H)

图 7－7

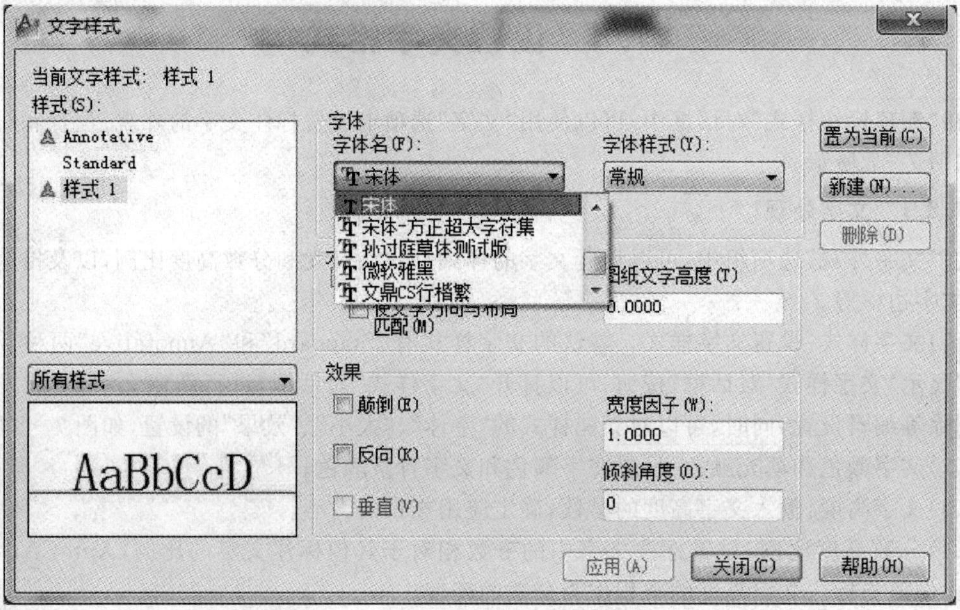

文字样式

当前文字样式: 样式 1

样式(S):

Annotative

Standard

样式 1

字体

字体名(F):

宋体

宋体-方正超大字符集

孙过庭草体测试版

微软雅黑

文鼎CS行楷繁

字体样式(Y): 常规

图纸文字高度(T)

0.0000

使文字方向与布局匹配(M)

置为当前(C)

新建(N)...

删除(D)

所有样式

AaBbCcD

效果

颠倒(E)

反向(K)

垂直(V)

宽度因子(W): 1.0000

倾斜角度(O): 0

应用(A) 关闭(C) 帮助(H)

图 7－8

7.8.3 文字对齐

在“文字对齐”选项组中，可以设置标注文字是保持水平还是与尺寸线对齐，或者选择“ISO标准”，即当文字在尺寸界线内时，文字与尺寸线对齐；当文字在尺寸界线外时，文字水平排列。

7.9 设置调整格式

在“新建标注样式”对话框中，可以使用“调整”选项卡设置标注文字、尺寸线、尺寸箭头的位置，如图7-9所示。

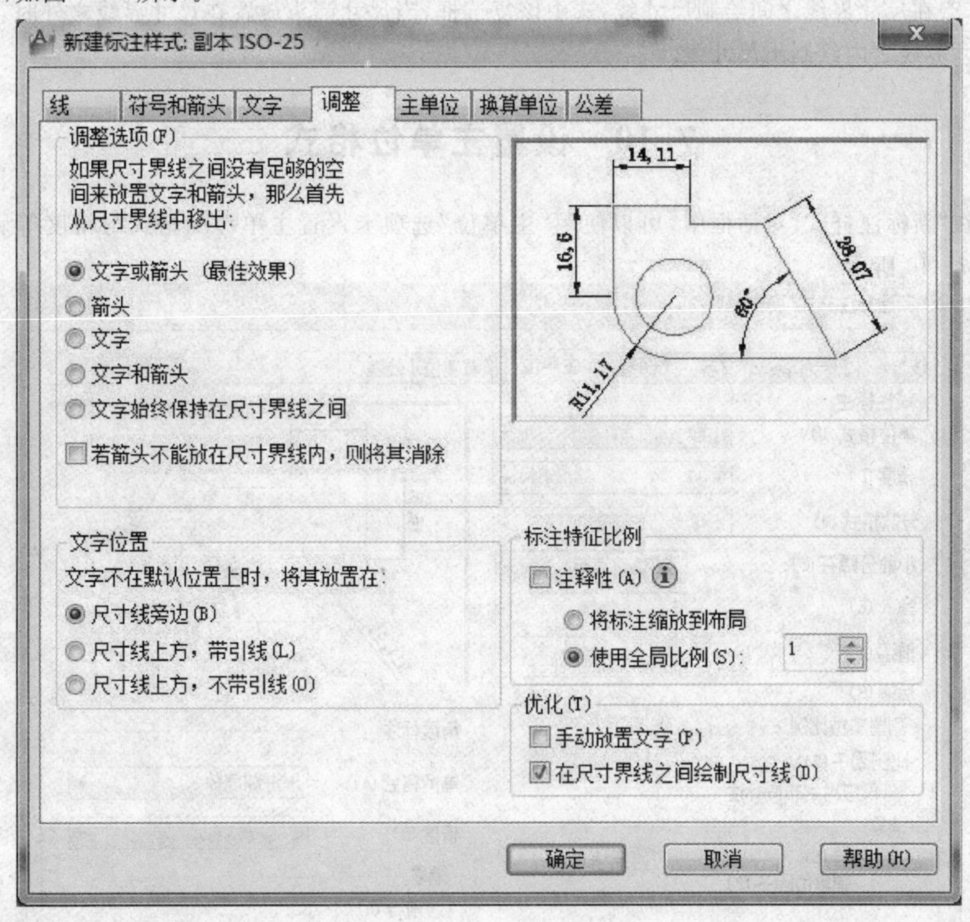

图7-9

7.9.1 调整选项

在“调整选项”选项组中，可以确定当尺寸界线之间没有足够的空间同时放置标注文字和箭头时，应从尺寸界线之间移出对象。

7.9.2 文字位置

在“文字位置”选项组中，可以设置当文字不在默认位置时的位置。

7.9.3 标注特征比例

在“标注特征比例”选项组中，可以设置标注尺寸的特征比例，以便通过设置全局比例来增加或减少每个标注的大小。

7.9.4 优化

在“优化”选项组中，可以对标注文本和尺寸线进行细微调整，该选项组包括以下两个复选框。

(1)手动放置文字：选中该复选框，则忽略标注文字的水平设置，在标注时可将标注文字放置在指定的位置。

(2)在尺寸界线之间绘制尺寸线：选中该复选框，当尺寸箭头放置在尺寸界线之外时，也可在尺寸界线之内绘制出尺寸线。

7.10 设置主单位格式

在“新标注样式”对话框中，可以使用“主单位”选项卡设置主单位的格式与精度等属性。如图 7-10 所示。

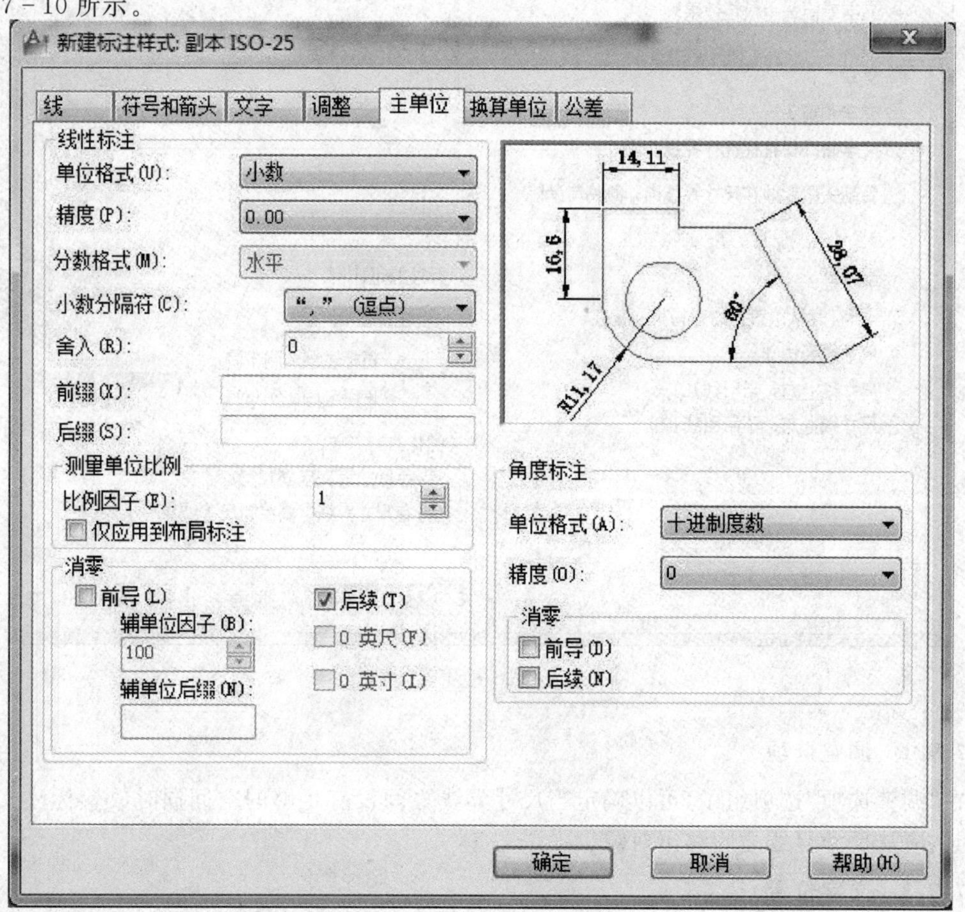

图 7-10

7.10.1 线性标注

在“线性标注”选项组中可以设置线性标注的单位格式与精度，主要选项功能如下：

(1)单位格式：设置除角度标注之外的其余各标注类型的尺寸单位，包括“科学”、“小数”、“工程”、“建筑”、“分数”等选项。

(2)精度：设置除角度标注之外的其他标注的尺寸精度。

(3)分数格式：当单位格式是分数时，可以设置分数的格式，包括“水平”、“对角”和“非堆叠”3种方式。

(4)小数分隔符：设置小数的分隔符，包括“逗点”、“句点”和“空格”三种方式。

(5)舍入：用于设置除角度标注外的尺寸测量值的舍入值。

(6)前缀和后缀：设置标注文字的前缀和后缀，在相应的文本框中输入字符即可。

(7)测量单位比例：使用“比例因子”文本框可以设置测量尺寸的缩放比例，AutoCAD 2012的实际标注值为测量值与该比例的积。选中“仅应用到布局标注”复选框，可以设置该比例关系仅适用于布局。

(8)消零：可以设置是否显示尺寸标注中的“前导”和“后续”零。

7.10.2 角度标注

在“角度标注”选项组中，可以使用“单位格式”下拉列表框设置标注角度时的单位，使用“精度”下拉列表框设置标注角度的尺寸精度，使用“消零”选项组设置是否消除角度尺寸的“前导”和“后续”零。

7.11 设置换算单位格式

在“新建标注样式”对话框中，可以使用“换算单位”选项卡设置换算单位的格式。

在AutoCAD 2012中，通过换算标注单位，可以转换使用不同测量单位制的标注，通常是显示英制标注的等效公制标注，或公制标注的等效英制标注。在标注文字中，换算标注单位显示在主单位旁边的方括号[ ]中。

7.12 设置公差格式

在“新建标注样式”对话框中，可以使用“公差”选项卡设置是否标注公差，以及以何种方式进行标注。

7.13 标注的编辑

用户在了解尺寸标注的组成与规则、标注样式的创建和设置方法后，接下来就可以使用标注工具标注图形了。AutoCAD 2012提供了完善的标注命令，例如使用“直径”、“半径”、“角度”、“线性”、“圆心标记”等标注命令，可以对直径、半径、角度、直线及圆心位置等进行标注。

7.13.1 线性标注

用户选择“标注>线性”命令，或在“标注”工具栏中单击“线性” 按钮，或者在命令栏输入

DIMLINEAR 命令，可创建用于标注用户坐标系 XY 平面中的两个点之间的距离测量值，并通过指定点或选择一个对象来实现。

命令：DIMLINEAR

指定第一个尺寸界线原点或 <选择对象>：

指定第二条尺寸界线原点：

创建了无关联的标注。

指定尺寸线位置或[多行文字(M)/文字(T)/角度(A)/水平(H)/垂直(V)/旋转(R)]：

标注文字 = 16.389

标注结果如图 7-11 所示。

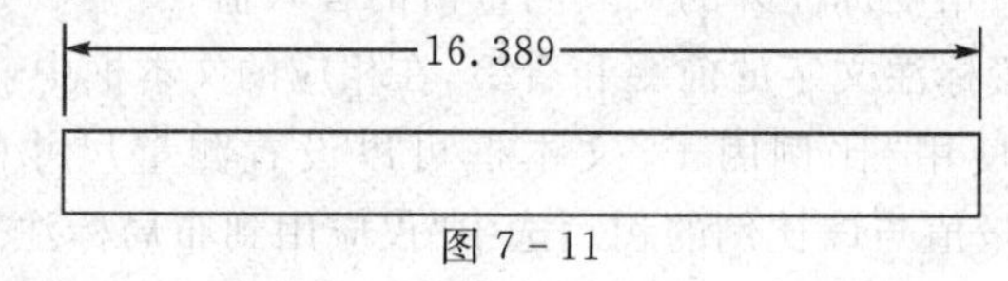

图 7-11

7.13.2 对齐标注

选择“标注>对齐”命令，或在“标注”工具栏中单击“对齐” 按钮，或者在命令栏输入 DIMALIGNED 命令，命令栏提示：

命令：_dimaligned

指定第一个尺寸界线原点或 <选择对象>：

指定第二条尺寸界线原点：

指定尺寸线位置或[多行文字(M)/文字(T)/角度(A)]：

标注文字 = 400

对齐标注是线性标注尺寸的一种特殊形式，对齐标注命令的尺寸线与被标注对象的边保持平行。在对直线段进行标注时，如果该直线的倾斜角度未知，那么使用线性标注方法将无法得到准确的测量结果，这时可以使用对齐标注，如图 7-12 所示。

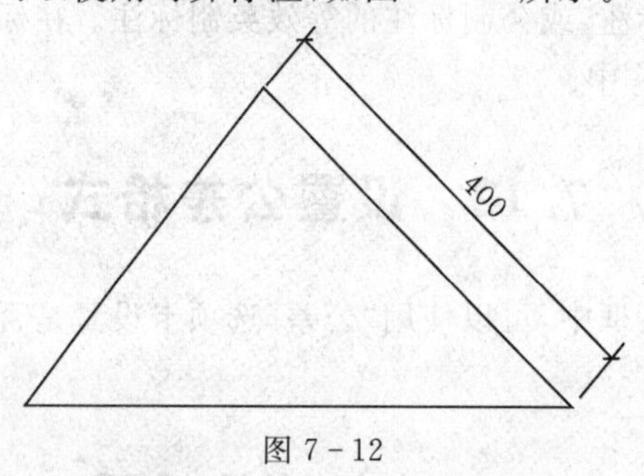

图 7-12

7.13.3 弧长标注

选择“标注>弧长”命令，或在“标注”工具栏中单击“弧长” 按钮，或者在命令栏输入 DIMARC 命令，可以标注圆弧线段或多段线圆弧线段部分的弧长。

命令：DIMARC

选择弧线段或多段线圆弧段：

指定弧长标注位置或[多行文字(M)/文字(T)/角度(A)/部分(P)/引线(L)]：

标注文字 ＝ 995.34

标注结果如图7-13所示。

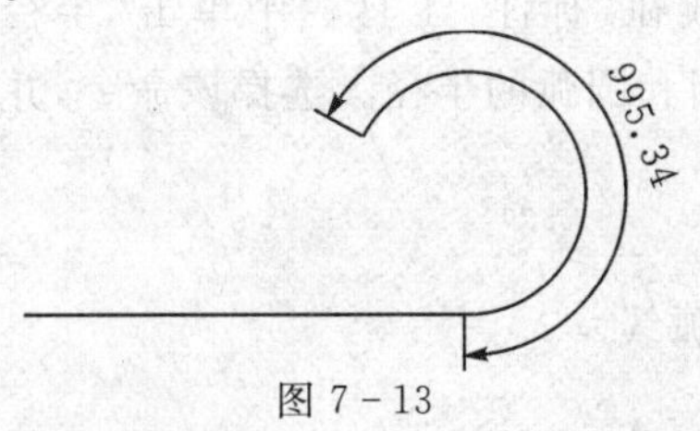

图7-13

7.13.4 基线标注

选择“标注>基线”命令，或在“标注”工具栏中单击“基线” 按钮，或者在命令栏输入DIMBASELINE命令，可以创建一系列由相同的标注原点测量出来的标注。

与连续标注一样，在进行基线标注之前也必须先创建(或选择)一个线性、坐标或角度标注作为基准标注，然后选择DIMBASELINE命令，此时命令行提示如下信息：

指定第二条尺寸界线原点或[放弃(U)/选择(S)] <选择>：

在该提示下，可以直接确定下一个尺寸的第二条尺寸界线的起始点。AutoCAD 2012将按基线标注方式标注出尺寸，直到按下Enter键结束命令为止，如图7-14所示。

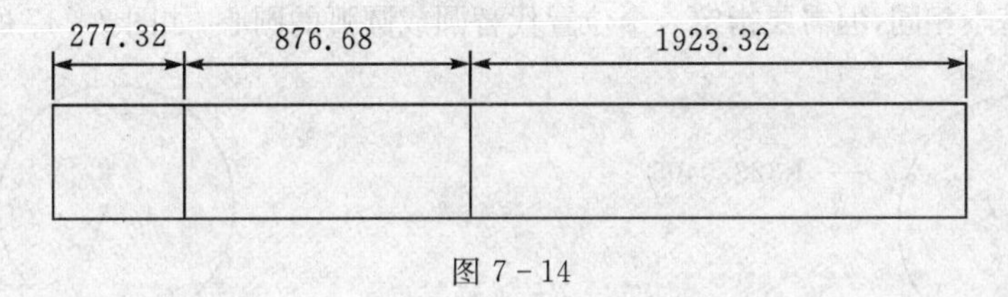

图7-14

7.13.5 连续标注

选择“标注>连续”命令，或在“标注”工具栏中单击“连续” 按钮，或者在命令栏输入DIMCONTINUE命令，可以创建一系列端对端放置的标注，每个连续标注都从前一个标注的第二个尺寸界线处开始。

在进行连续标注之前，必须先创建(或选择)一个线性、坐标或角度标注作为基准标注，以确定连续标注所需要的前一尺寸标注的尺寸界线，然后选择DIMCONTINUE命令，此时命令行提示如下。

指定第二条尺寸界线原点或 [放弃(U)/选择(S)] <选择>：

在该提示下，当确定了下一个尺寸的第二条尺寸界线原点后，AutoCAD 2012按连续标注方式标注出尺寸，即把上一个或所选标注的第二条尺寸界线作为新尺寸标注的第一条尺寸界线标注尺寸。当标注完成后，按Enter键即可结束该命令，如图7-15所示。

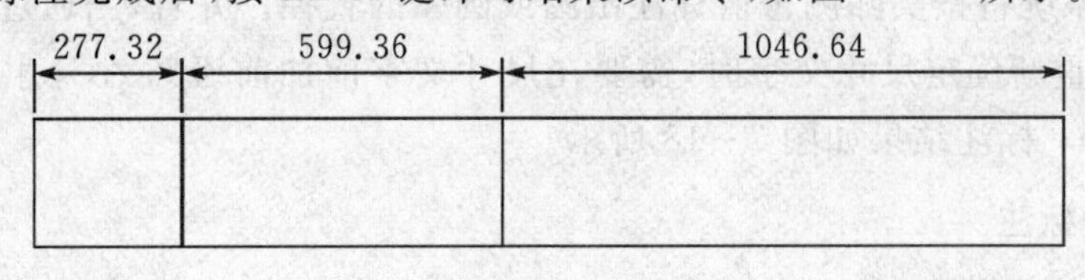

图7-15

7.13.6 半径标注

选择“标注>半径”命令，或在“标注”工具栏中单击“半径” 按钮，或者在命令栏输入DIMRADIUS命令，可以标注圆和圆弧的半径。选择该命令，并选择要标注半径的圆弧或圆，此时命令行提示如下信息。

命令：_dimradius

选择圆弧或圆：（点选圆或弧线）

标注文字 =323.0405

指定尺寸线位置或[多行文字(M)/文字(T)/角度(A)]：（鼠标单击确定位置）

当指定了尺寸线的位置后，系统将按实际测量值标注出圆或圆弧的半径。也可以利用“多行文字(M)”、“文字(T)”或“角度(A)”选项，确定尺寸文字或尺寸文字的旋转角度。其中，当通过“多行文字(M)”和“文字(T)”选项重新确定尺寸文字时，只有给输入的尺寸文字加前缀R，才能使标出的半径尺寸有半径符号R，否则没有该符号，如图7-16所示。

7.13.7 折弯标注

选择“标注>折弯”命令，或在“标注”工具栏中单击“折弯” 按钮，或者在命令栏输入DIMJOGGED命令，可以折弯标注圆和圆弧的半径。该标注方式是AutoCAD 2012新增的一个命令，它与半径标注方法基本相同，但需要指定一个位置代替圆或圆弧的圆心，如图7-17所示。

图7-16　　图7-17

7.13.8 直径标注

选择“标注>直径”命令，或在“标注”工具栏中单击“直径标注” 按钮，或者在命令栏输入DIMDIAMETER命令，命令栏提示：

命令：_dimdiameter

选择圆弧或圆：（点选圆或弧线）

标注文字 = 320.38

指定尺寸线位置或[多行文字(M)/文字(T)/角度(A)]：（鼠标单击确定位置）

直径标注的方法与半径标注的方法相同。当选择了需要标注直径的圆或圆弧后，直接确定尺寸线的位置，系统将按实际测量值标注出圆或圆弧的直径。并且，当通过“多行文字(M)”和“文字(T)”选项重新确定尺寸文字时，需要在尺寸文字前加前缀%%C，才能使标出的直径尺寸有直径符号Φ。标注结果如图7-18所示。

7.13.9 角度标注

角度标注命令不但可以标注两条直线的夹角角度，而且也可以标注圆弧两端点对应的圆中心夹角度数。

1. 标注直线夹角的角度

(1)设置系统默认的“ISO－25”标注样式为当前尺寸标注样式。

(2)单击“标注”工具栏中的角度命令按钮,命令行提示:

命令:_dimangular

选择圆弧、圆、直线或 ＜指定顶点＞:(选择夹角的一条直线)

选择第二条直线:(选择夹角的另一条直线)

指定标注弧线位置或[多行文字(M)/文字(T)/角度(A)/象限点(Q)]:(鼠标在合适的位置点击确定标注位置)

标注文字 = 50(显示标注结果)

标注结果如图 7-19 所示。

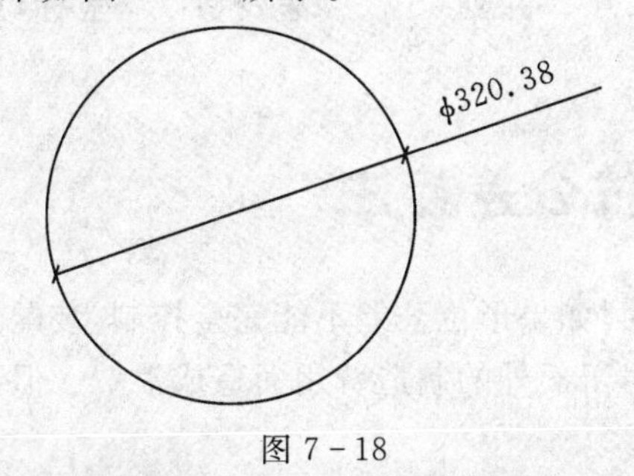

图 7-18

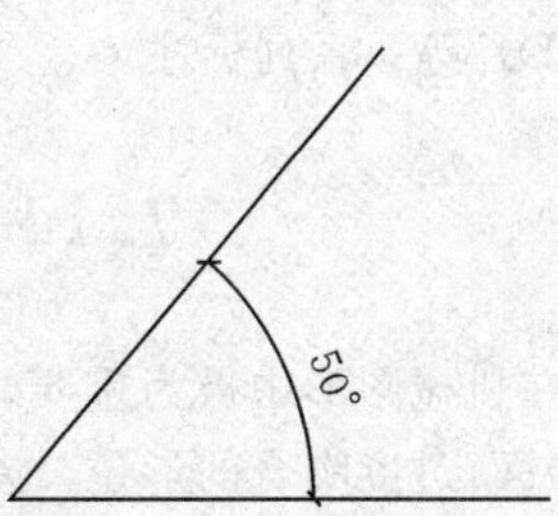

50°

图 7-19

2. 标注圆弧的角度

(1)设置系统默认的“ISO－25”标注样式为当前尺寸标注样式。

(2)单击“标注“工具栏中的角度命令按钮,命令行提示:

命令:_dimangular

选择圆弧、圆、直线或 ＜指定顶点＞:(点选圆弧)

指定标注弧线位置或[多行文字(M)/文字(T)/角度(A)/象限点(Q)]:(鼠标在合适的位置点击确定标注位置)

标注文字 = 97(显示标注结果)

标注结果如图 7-20 所示。

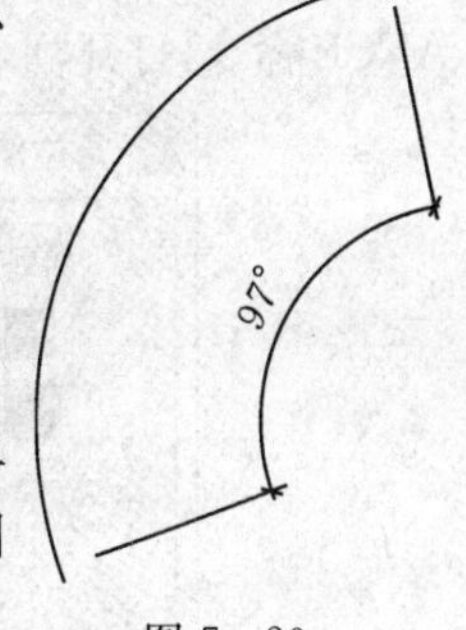

图 7-20

7.13.9 圆心标记

选择“标注＞圆心标记”命令(DIMCENTER),或在“标注”工具栏中单击“圆心标记”⊕按钮,或者在命令栏输入 DIMCENTER 命令,即可标注圆和圆弧的圆心。此时只需要选择待标注其圆心的圆弧或圆即可。

圆心标记的形式可以由系统变量 DIMCEN 设置。当该变量的值大于 0 时,作圆心标记,且该值是圆心标记线长度的一半;当变量的值小于 0 时,画出中心线,且该值是圆心处小十字线长度的一半。

7.13.10 坐标标注

选择“标注＞坐标”命令,或在“标注”工具栏中单击“坐标标注”按钮,或者在命令栏输入 DIMORDINATE 命令,都可以标注相对于用户坐标原点的坐标,此时命令行提示如下信息。

指定点坐标:

在该提示下确定要标注坐标尺寸的点,而后系统将显示“指定引线端点或 [X 基准(X)/Y

基准(Y)/多行文字(M)/文字(T)/角度(A)]:”提示。在默认情况下,指定引线的端点位置后,系统将在该点标注出指定点坐标。

7.13.11 快速标注

选择“标注>快速标注”命令,或在“标注”工具栏中单击“快速标注”按钮,或者在命令栏输入 QDIM 命令,都可以快速创建成组的基线、连续、阶梯和坐标标注,快速标注多个圆、圆弧,以及编辑现有标注的布局。

选择“快速标注”命令,并选择需要标注尺寸的各图形对象,命令行提示如下:

指定尺寸线位置或[连续(C)/并列(S)/基线(B)/坐标(O)/半径(R)/直径(D)/基准点(P)/编辑(E)/设置(T)] <连续>:

由此可见,使用该命令可以进行“连续(C)”、“并列(S)”、“基线(B)、“坐标(O)”、“半径(R)”及“直径(D)”等一系列标注。

7.14 形位公差标注

形位公差在机械图形中极为重要。一方面,如果形位公差不能完全控制,装配件就不能正确装配;另一方面,过度吻合的形位公差又会由于额外的制造费用而造成浪费。但在大多数的建筑图形中,形位公差几乎不存在。

7.14.1 形位公差的组成

在 AutoCAD 2012 中,可以通过特征控制框来显示形位公差信息,如图形的形状、轮廓、方向、位置和跳动的偏差等。

7.14.2 标注形位公差

选择“标注>公差”命令,或在“标注”工具栏中单击“公差”按钮,或者在命令栏输入 TOLERANCE 命令,打开“形位公差”对话框,可以设置公差的符号、值及基准等参数,如图 7-21 所示。

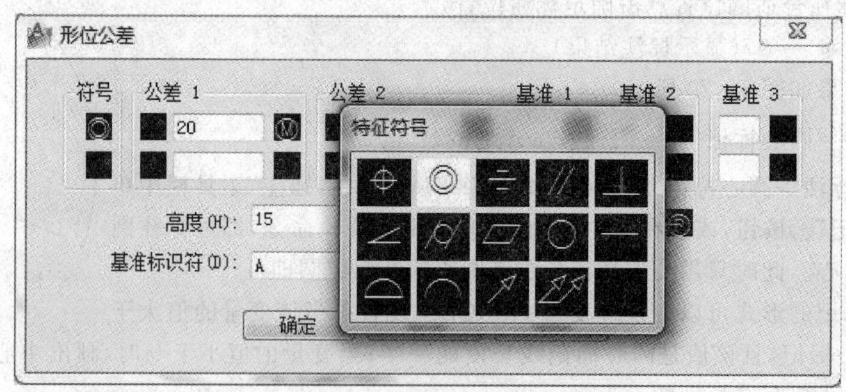

图 7-21

7.15 编辑标注对象

在 AutoCAD 2012 中,可以对已标注对象的文字、位置及样式等内容进行修改,而不必删除所标注的尺寸对象再重新进行标注。

7.15.1 编辑标注

在“标注”工具栏中，单击“编辑标注”按钮，或者在命令栏输入 DIMEDIT 命令，即可编辑已有标注的标注文字内容和放置位置，此时命令行提示如下：

输入标注编辑类型[默认(H)/新建(N)/旋转(R)/倾斜(O)]＜默认＞：

7.15.2 编辑标注文字的位置

选择“标注＞对齐文字”子菜单中的命令，或在“标注”工具栏中单击“编辑标注文字”按钮，或者在命令栏输入 DIMTEDIT 命令，都可以修改尺寸的文字位置。选择需要修改的尺寸对象后，命令行提示如下：

指定标注文字的新位置或[左(L)/右(R)/中心(C)/默认(H)/角度(A)]：

在默认情况下，可以通过拖动光标来确定尺寸文字的新位置。也可以输入相应的选项指定标注文字的新位置。图 7-22 所示为不同选项的标注效果。

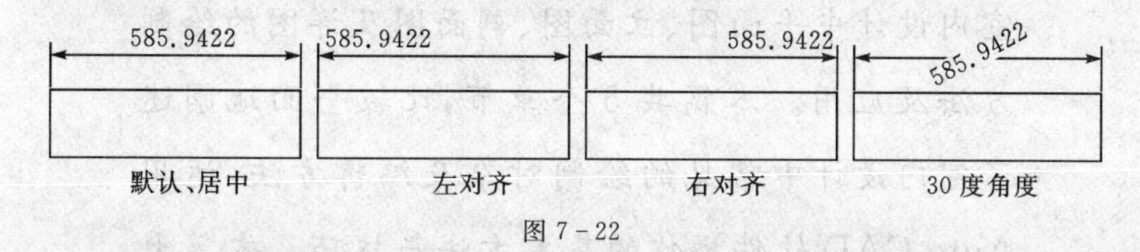

图 7-22

7.15.3 替代标注

选择“标注＞替代”命令，或在命令栏输入 DIMOVERRIDE 命令，可以临时修改尺寸标注的系统变量设置，并按该设置修改尺寸标注。该操作只对指定的尺寸对象作修改，并且修改后不影响原系统的变量设置。选择该命令时，命令行提示如下：

输入要替代的标注变量名或[清除替代(C)]：

在默认情况下，输入要修改的系统变量名，并为该变量指定一个新值。然后选择需要修改的对象，这时指定的尺寸对象将按新的变量设置作相应的更改。如果在命令提示下输入 C，并选择需要修改的对象，这时可以取消用户已作出的修改，并将尺寸对象恢复成在当前系统变量设置下的标注形式。

7.15.4 更新标注

选择“标注＞更新”命令，或在“标注”工具栏中单击“标注更新”按钮，都可以更新标注，使其采用当前的标注样式，此时命令行提示如下：

输入标注样式选项[保存(S)/恢复(R)/状态(ST)/变量(V)/应用(A)/?]＜恢复＞：

7.15.5 尺寸关联

尺寸关联是指所标注尺寸与被标注对象有关联关系。如果标注的尺寸值是按自动测量值标注，且尺寸标注是按尺寸关联模式标注的，那么改变被标注对象的大小后相应的标注尺寸也将发生改变，即尺寸界线、尺寸线的位置都将改变到相应新位置，尺寸值也改变成新测量值。反之，改变尺寸界线起始点的位置，尺寸值也会发生相应的变化。

第二篇　实战篇

实战篇主要是以绘制室内设计过程中应用的图形案例为主，讲解基本图形的绘制，从而延伸到室内设计中平面图、立面图、剖面图及详图的绘制方法及应用。本篇共5个章节，比较全面地阐述了室内设计中常见的绘制对象及编辑方法，运用Auto CAD软件操作的基本方法与技巧。本篇大部分章节的绘制步骤都讲解得相当仔细、清楚，也有部分章节的绘制步骤涉及重复运用，故而作了省略处理。

第 8 章　制图基本知识与技能

8.1　样板文件

无论哪个版本的 AutoCAD 软件部提供了许多样板图文件，但因为此软件并非国内开发，故而其中的样板图并不符合国内大部分应用者和我们国家的标准，因而，为了设计者的需要，必须建立自己的样板图。

8.1.1　样板文件知识

1. 图纸的幅面及图框尺寸

根据国标(GB|T50001－2001)中的规定，建筑工程图纸的幅面及图框尺寸应符合下表的规定。

(1)图纸基本幅面：A0～A4，如表 8－1 所示。

表 8－1

幅面代号 尺寸代号	A0	A1	A2	A3	A4
B×L	841×1189	594×841	420×594	297×420	210×297
e	10	5			
c	25				

(2)图纸以短边作为垂直边称为横式，以短边作为水平边称为立式。一般 A0～A3 图纸宜横式使用，必要时，也可立式使用。图纸的短边一般不应加长，长边可加长，但应符合如表8－2所示的规定。

表 8－2

幅面代号	长边尺寸	长边加长后尺寸
A0	1189	1486 1635 1783 1932 2080 2230 2378
A1	841	1051 1261 1471 1682 1892 2102
A2	594	743 891 1041 1189 1338 1486 1635 1783 1932 2080
A3	420	630 841 1051 1261 1471 1682 1892
注：有特殊需要的图纸，可采用 B×L 为 841mm×891mm 与 1189×1261mm 的隔断		

各号幅面的尺寸关系是：沿上一号幅面的长边对裁，即为次一号幅面的大小，如图 8－1 所示。

2. 图框格式

图框——图纸上限定绘图区域的线框。图框格式一般分为横式幅面和历史幅面，如图

8－2所示。

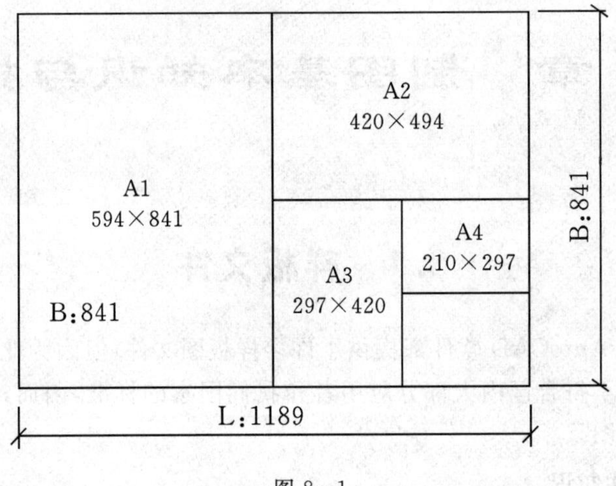

图 8－1

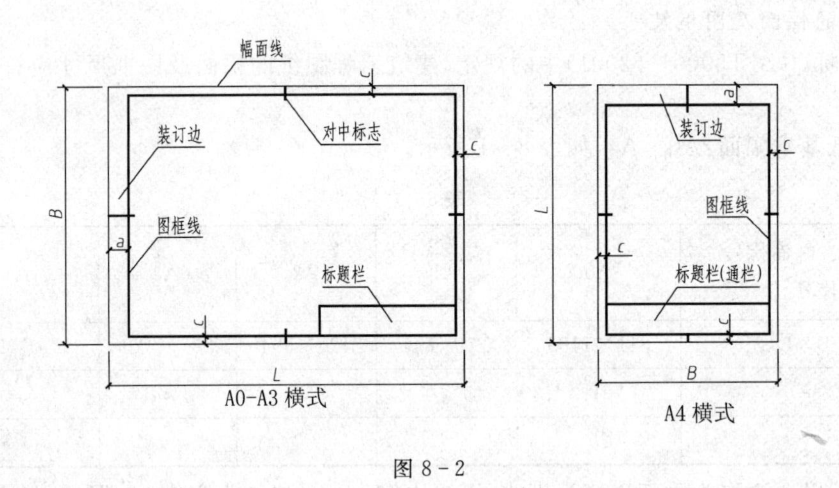

图 8－2

3. 标题栏

标题栏一般位于图纸右下角与图框线相接。用来填写图名、制图人名、设计单位、图纸编号、比例等内容，如图 8－3 所示为制图教学标题栏格式。

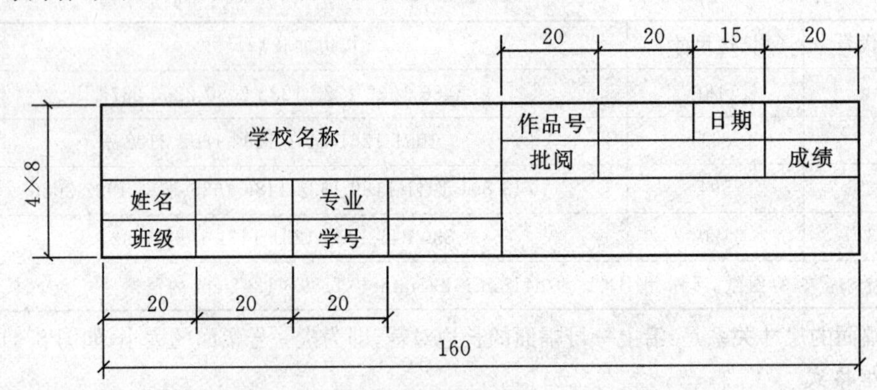

图 8－3

图框线和标题栏线的宽度,可根据图纸幅面的大小参照表8-3所示。

表8-3

图纸幅面	图框线	图标外框线	图标内框线
A0、A1	1.4	0.7	0.35
A2、A3、A4	1.0	0.7	0.35

8.1.2 建立样板图

用AutoCAD出图时,每次都要确定图幅、绘制边框、标题栏等,对这些重复的设置,我们可以建立样板图,出图时直接调用,以避免重复劳动,提高绘图效率。

下面以教学绘图时常用的标题栏为例,介绍建立A3幅面样板图的方法,建立的样板图结果如图8-4、8-5所示。

<table>
<tr><td colspan="4" rowspan="2">学校名称</td><td>作品号</td><td></td><td>日期</td><td></td></tr>
<tr><td>批阅</td><td colspan="2"></td><td>成绩</td></tr>
<tr><td>姓名</td><td></td><td>专业</td><td></td><td colspan="4" rowspan="2"></td></tr>
<tr><td>班级</td><td></td><td>学号</td><td></td></tr>
</table>

图8-4

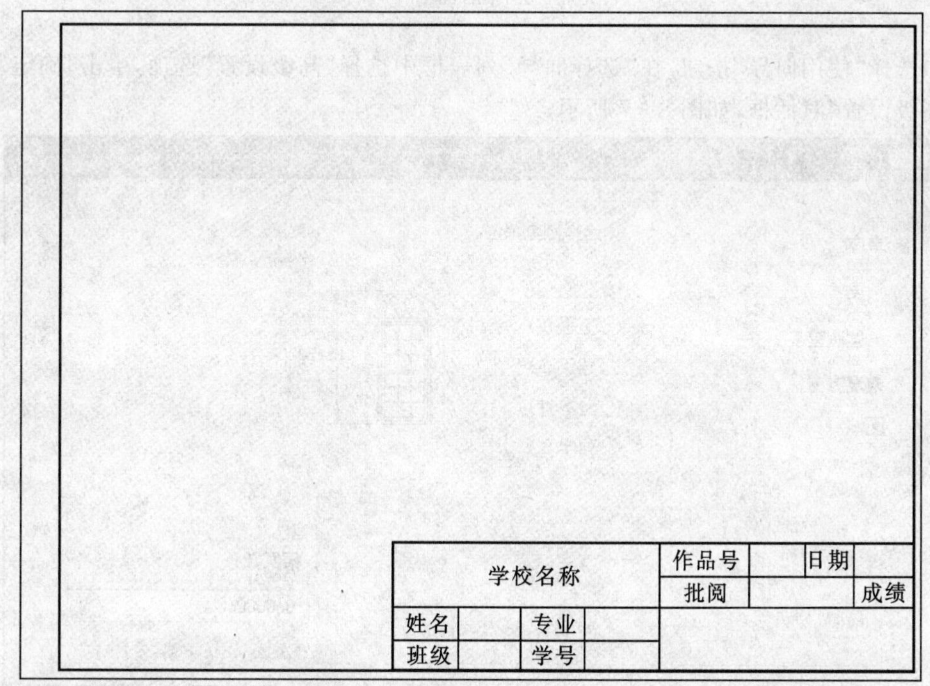

图8-5

1.创建新图形

(1)STARTUP系统变量设置。STARTUP系统变量用来控制是否显示新建、保存和启动对话框 ,其初始值为0,选择“文件>新建”命令时显示“选择样板”对话框,或使用在“选项”对话框“文件”选项卡上设置的默认图形样板文件。设置为1时显示“启动”对话框和“创建新图形”对话框。在命令行直接输入“STARTUP”命令，将系统变量值 0 改为 1 即可。

(2)执行“文件>新建”命令，新建一个 AutoCAD 文件，系统将弹出“创建新图形”对话框，如图 8－6 所示。

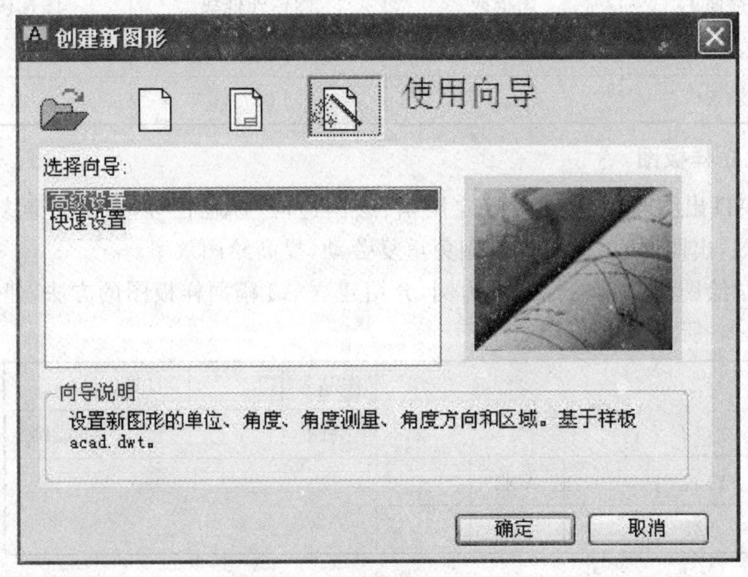

图 8－6

(3)选择“使用向导”按钮，在“选择向导”列表框中选择“高级设置”选项，单击“确定”按钮，弹出“高级设置”对话框，如图 8－7 所示。

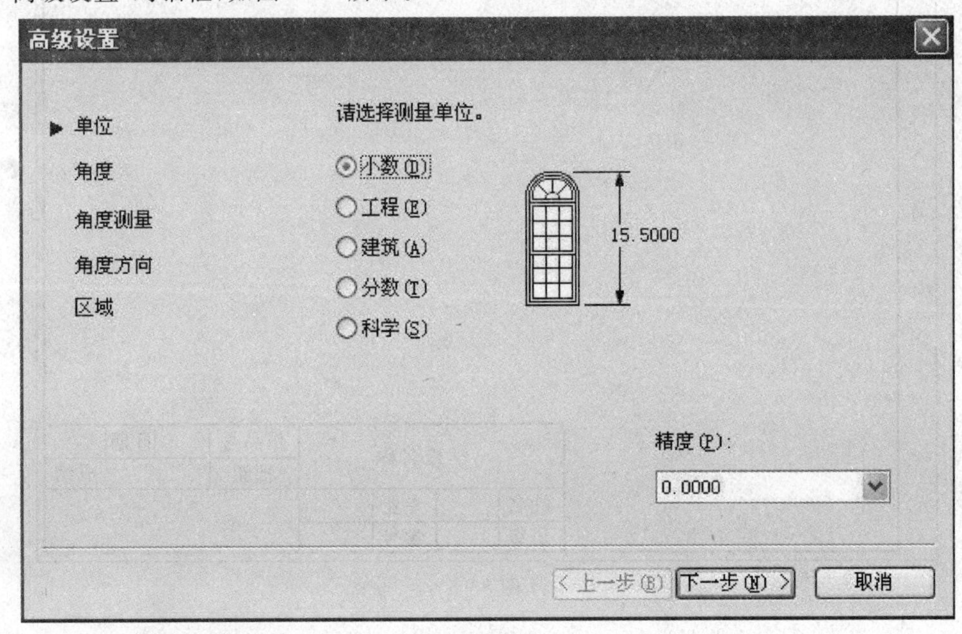

图 8－7

(4)保留系统默认的单位设置，测量单位为小数，精度为 0.0000。单击“下一步”按钮，进行角度设置，如图 8－8 所示。

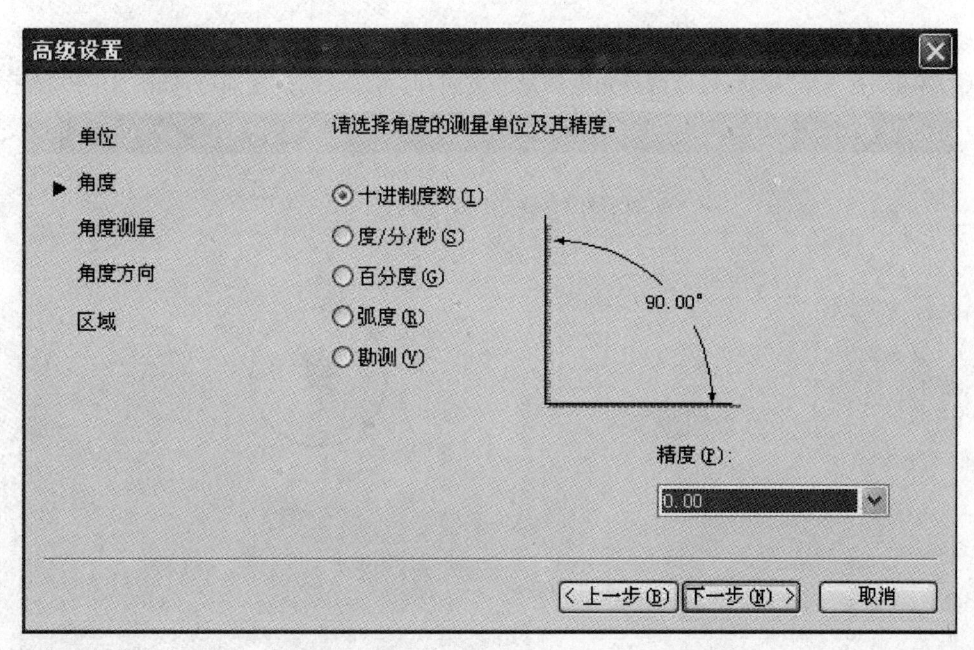

图 8-8

注意:用 AutoCAD 作图时,经常用到复制、阵列、修剪、镜像等命令,为了提高这些命令的作图精度,在实际应用中尽量设置更高的精度。

(5)保留默认的"十进制度数"选项,精度选择 0.00。

(6)单击"下一步"按钮,进行角度测量起始方向设置,该对话框保留默认设置即可,如图 8-9所示。

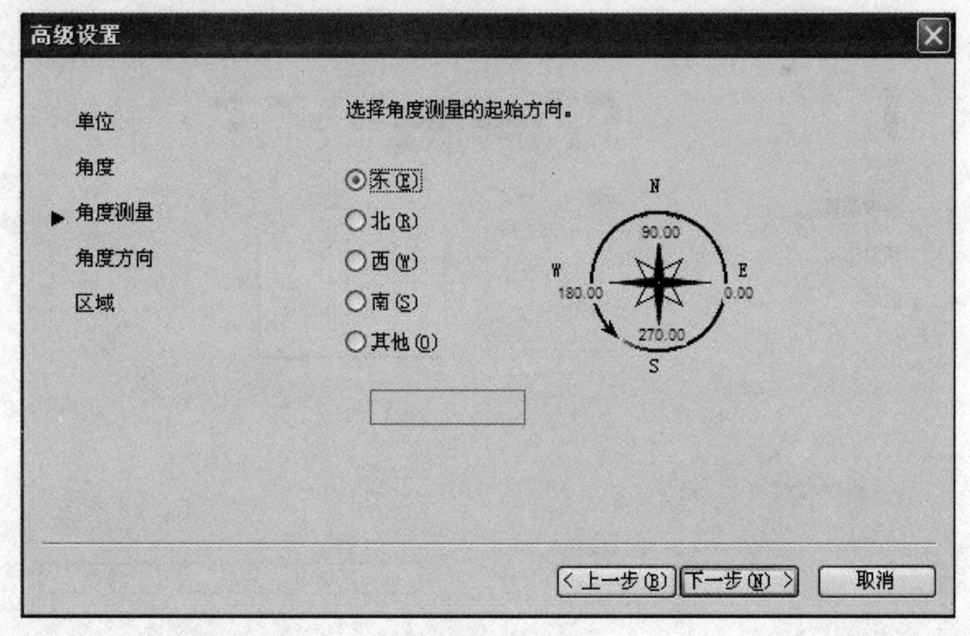

图 8-9

注意:一般情况下,角度的起始角度是 X 轴的正方向,即 0°角都位于水平向右的位置,最好不要修改，以免造成混乱。

(7)单击"下一步"按钮，可以选择角度测量的方向，保留默认的设置即可，如图 8-10 所示。

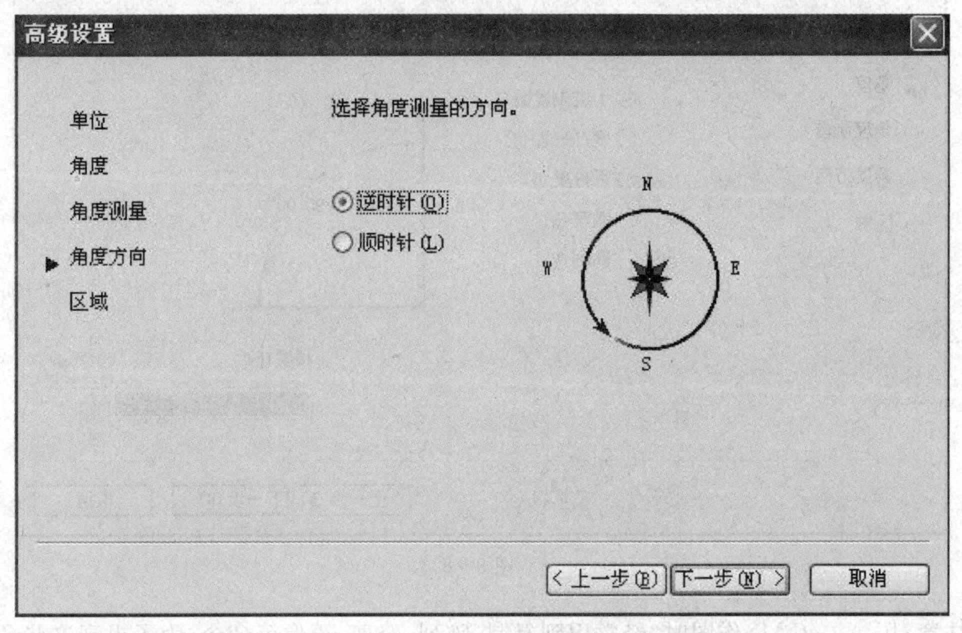

图 8-10

注意：一般情况下，都以逆时针作为角度的正方向，顺时针作为角度的负方向。

(8)单击"下一步"按钮，在宽度文本框中输入 A3 图纸的长边尺寸 420，在长度文本框中输入 A3 图纸的短边尺寸 297，如图 8-11 所示。

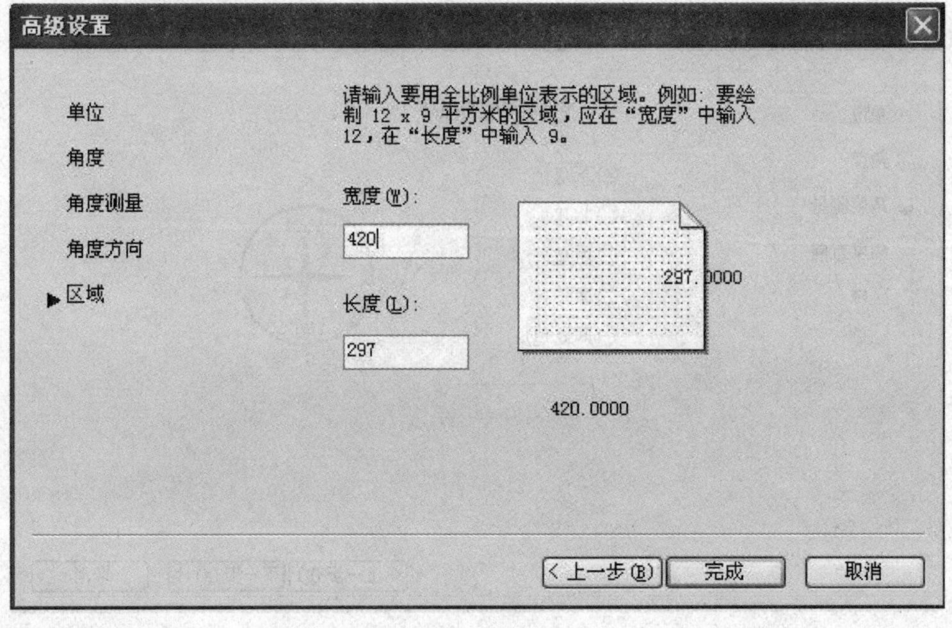

图 8-11

(9)单击"完成"按钮，完成基本设置。

(10)在命令行中输入 ZOOM 命令并回车,选择"全部(A)"选项,显示幅面全部范围。

注意:按下状态栏中的"栅格"按钮,可以观察图纸的全部范围。

2. 设置图层

(1)执行"格式＞图层"命令,弹出"图层特性管理器"对话框,设置图层,结果如图 8-12 所示。

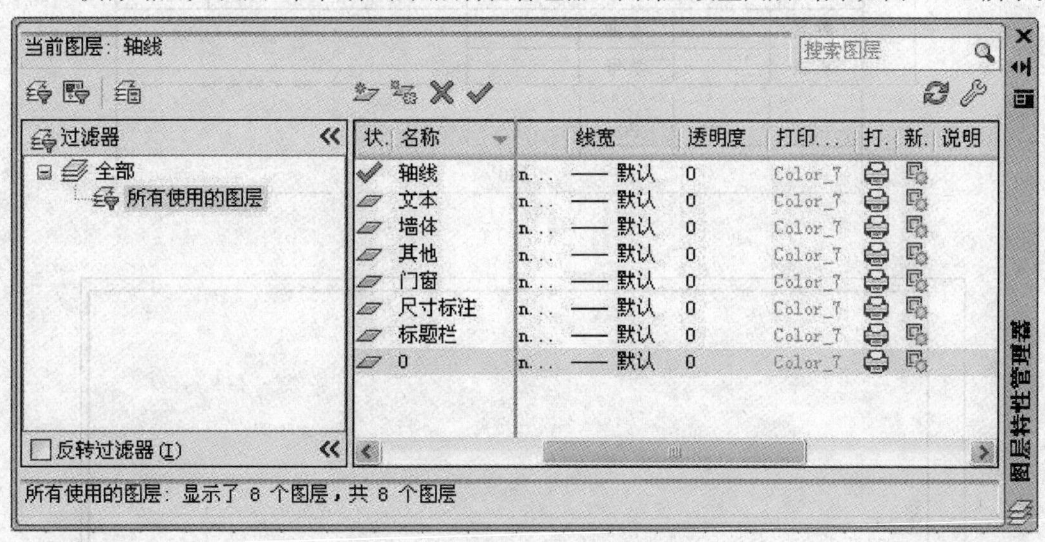

图 8-12

(2)单击"确定"按钮,关闭"图层特性管理器"对话框。

3. 设置文字样式

(1)选择"格式＞文字样式"命令,或单击"样式"工具栏中的"文字样式"命令按钮,弹出"文字样式"对话框。建立两个文字样式:"汉字"样式和"数字"样式。"汉字"样式采用"仿宋_GB2312"字体,宽度比例设为 0.8,用于填写工程做法、标题栏、会签栏、门窗列表中的汉字样式等;"数字"样式采用"Simplex. shx"字体,宽度比例设为 0.8,用于书写数字及特殊字符。

(2)单击"关闭"按钮关闭"文字样式"对话框。

4. 设置标注样式

选择"格式＞标注样式"命令,或单击"样式"工具栏中的标注样式命令按钮,弹出"标注样式管理器"对话框,新建"建筑"标注样式,设置方法参照教材上述相关内容。

5. 绘制标题栏和图框

(1)双击"标题栏"图层,将"标题栏"层设置为当前层。

(2)单击"绘图"工具栏中的矩形命令按钮,命令行提示:

命令:_rectang

指定第一个角点或[倒角(C)/标高(E)/圆角(F)/厚度(T)/宽度(W)]:0,0

指定另一个角点或[尺寸(D)]:420,297(绘制边长为 420×297 的幅面线)

命令:(回车,输入上一次的矩形命令)

RECTANG

指定第一个角点或[倒角(C)/标高(E)/圆角(F)/厚度(T)/宽度(W)]:25,5

指定另一个角点或[面积(A)/尺寸(D)/旋转(R)]:415,292(绘制图框线)

(3)利用直线、偏移和修剪等命令在图框线的右下角绘制标题栏,如图 8-13、8-14 所示。

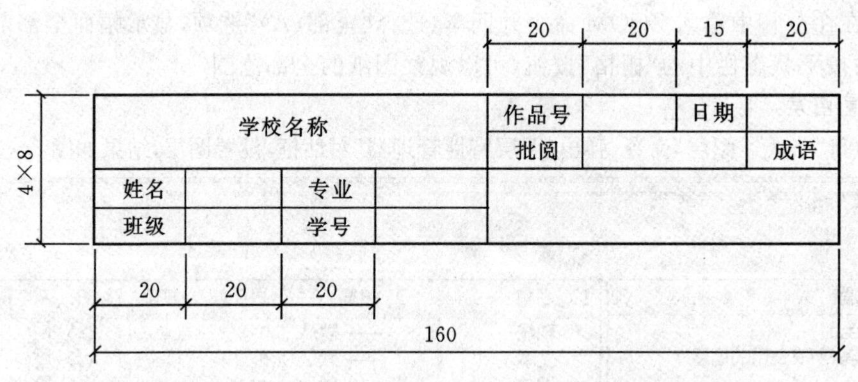

图 8－13

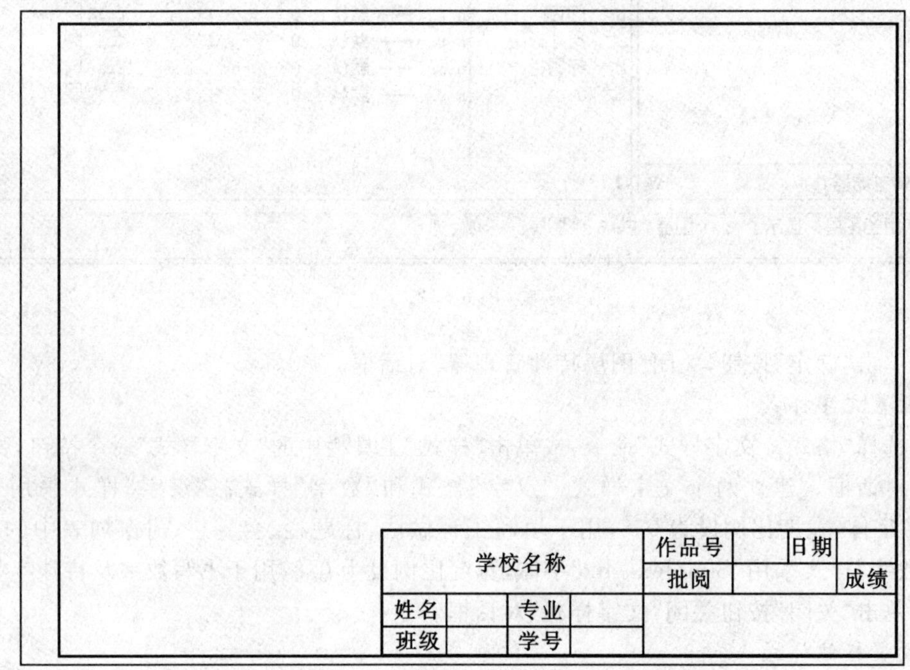

图 8－14

6. 输入标题栏内的文字并将其定义成带属性的块

(1)将“汉字”样式设置为当前文字样式。

(2)在命令行中输入 TEXT 命令并回车，根据命令行提示运用正中对齐方式在适当的位置输入文字“图名”。

(3)运用复制命令可以复制其他几组字，然后在命令行中输入文字修改命令 ED 并回车，依次修改各个文字内容，结果如图 8－15 所示。

学校名称				作品号		日期	
				批阅			成绩
姓名		专业					
班级		学号					

图 8－15

(4)执行“绘图>块>定义属性”命令，弹出属性定义对话框，设置其参数如图 8-16 所示，单击“确定”按钮，在绘图区之内拾取即将写入的文字所在位置的正中点，块属性定义结束。

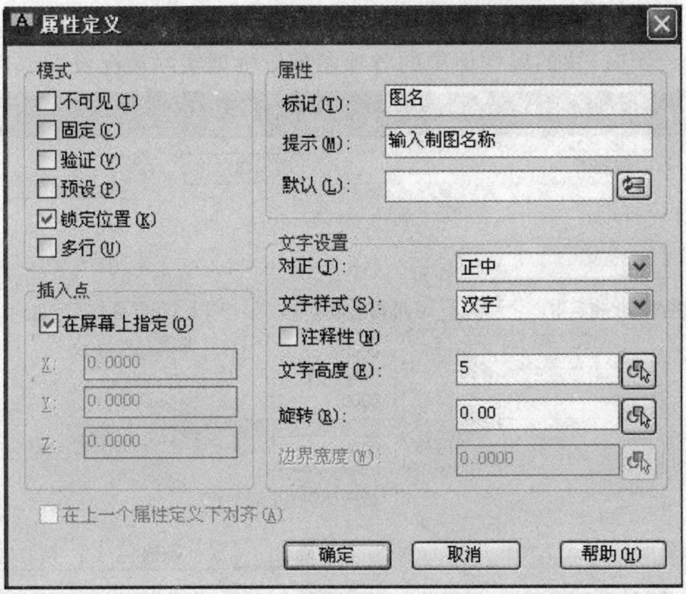

属性定义
模式
不可见(I)
固定(C)
验证(V)
预设(P)
锁定位置(K)
多行(U)
属性
标记(T):
图名
提示(M):
输入制图名称
默认(L):
文字设置
对正(J):
正中
文字样式(S):
汉字
注释性(N)
文字高度(E):
5
旋转(R):
0.00
边界宽度(W):
0.0000
插入点
在屏幕上指定(O)
X:
0.0000
Y:
0.0000
Z:
0.0000
在上一个属性定义下对齐(A)
确定
取消
帮助(H)

图 8-16

(5)同样，可以为其他的文字定义属性。“校名”及其他文字的字高均为 5。

(6)修改图框线的线宽为 1.0，图标外框线的线宽为 0.7，图标内格线的宽度为 0.35。

(7)单击“绘图”工具栏中的“创建块”命令按钮，弹出如图 8-17 所示的“块定义”对话框。

(8)在名称下拉列表框中输入块的名称“标题栏”，单击拾取点按钮，捕捉标题栏的右下角角点作为块的基点；单击选择对象按钮，选择标题栏线及其内部文字，选择“删除”单选按钮，单击“确定”按钮，块定义结束，如图 8-17 所示。

块定义
名称(N):
标题栏
基点
在屏幕上指定
拾取点(K)
X:
410.0000
Y:
10.0000
Z:
0.0000
对象
在屏幕上指定
选择对象(T)
保留(R)
转换为块(C)
删除(D)
未选定对象
方式
注释性(A)
使块方向与布局匹配(M)
按统一比例缩放(S)
允许分解(P)
设置
块单位(U):
毫米
超链接(L)...
说明
在块编辑器中打开(O)
确定
取消
帮助(H)

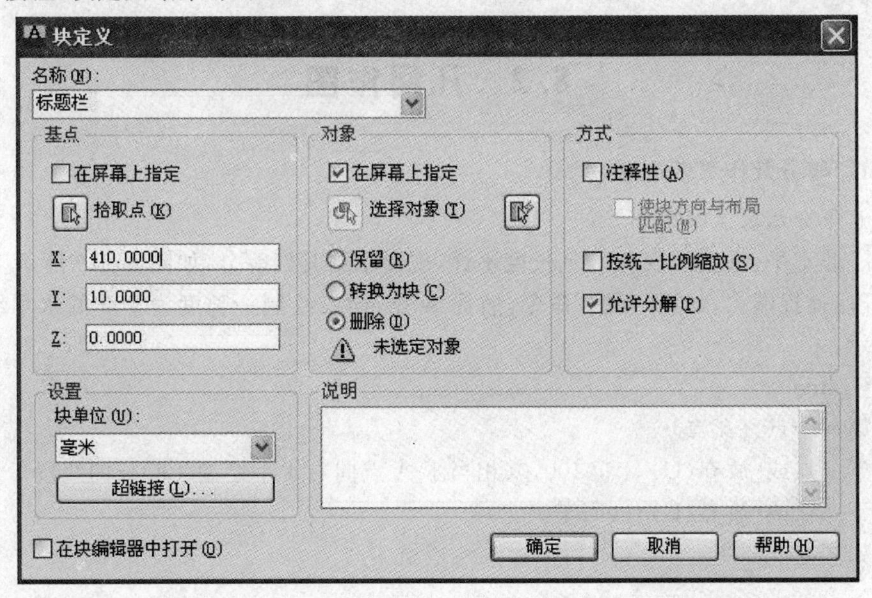

图 8-17

(9)单击“绘图”工具栏中的“插入块”命令按钮，弹出“插入块”对话框，如图 8-18 所示。从名称下拉列表框中选择“标题栏”，单击“确定”按钮，选择图框线的右下角为插入基点单击鼠标左键，根据命令行提示输入各项参数，依次按回车键。

注意：在实际绘图时，块的属性值中的各项参数应根据实际情况设置或修改。

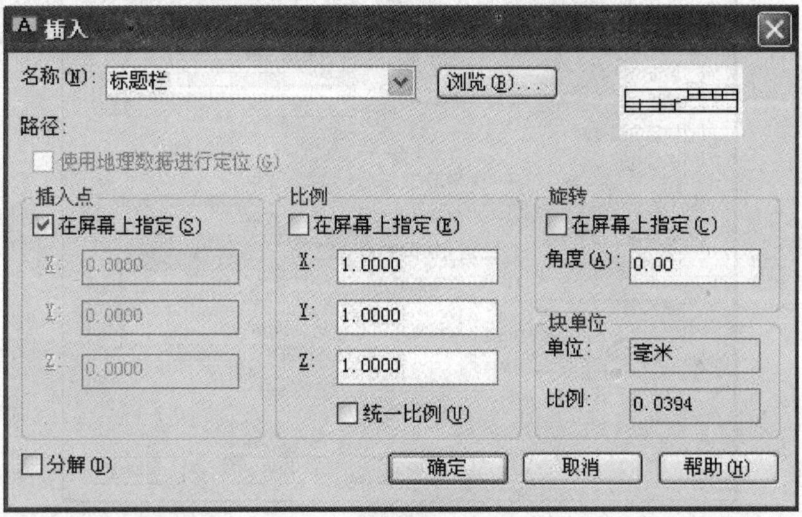

图 8-18

7. 将该文件保存为样板图文件

选择“文件>保存”命令，打开“图形另存为”对话框。从“文件类型”下拉列表中选择“AutoCAD 图形样板(*.dwt)”，输入文件名称“A3 建筑图模板”，单击“保存”按钮，在弹出的样板说明对话框中输入说明“A3 幅面建筑用模板”，单击“确定”按钮，完成设置。

注意：其他幅面建筑用模板只要在“A3 幅面建筑用模板”文件的基础上修改边框尺寸大小，并另存文件即可。

8.2 几何作图

8.2.1 等分及作正多边形

1. 任意等分线段（四等分）

绘制一非水平、垂直线段 AB，且长度不详，现要求给其四等分，如图 8-19 所示。

(1)开启捕捉端点，运用“直线”命令，捕捉 A 点，向右绘制一长度为 400 的水平线段 AC，命令行提示：

命令：_line

指定第一个点：(A 点)

指定下一点或[放弃(U)]：@400,0(相当于 A 点向右水平绘制 400 长的线段)

指定下一点或[放弃(U)]：(回车确定)

结果如图 8-20 所示。

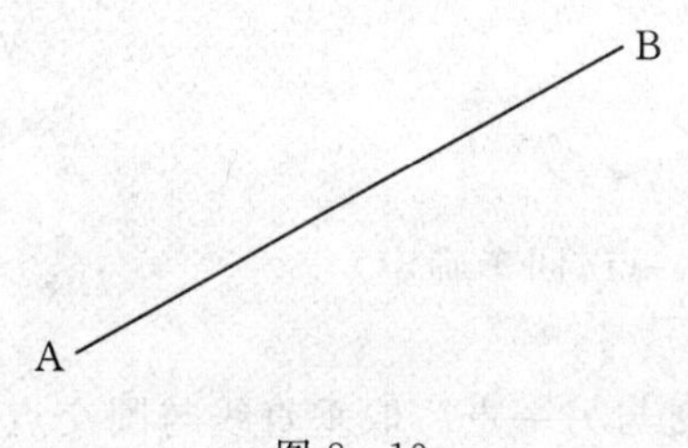

图 8-19

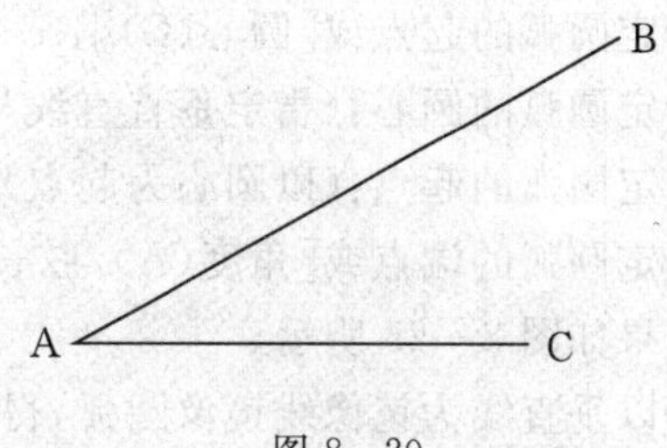

图 8-20

(2)连接 BC,形成 BC 线段,如图 8-21 所示。

(3)单击“修改”工具栏中“复制”命令按钮,命令栏提示:

命令:_copy

选择对象:找到 1 个(选择线段 BC)

选择对象:(回车确定选择)

当前设置:　复制模式 = 多个

指定基点或[位移(D)/模式(O)] <位移>:(回车确定位移)

指定位移 <0.0000, 0.0000, 0.0000>:-100.0000, 0.0000, 0.0000(向左位移 100)

结果如图 8-22 所示。

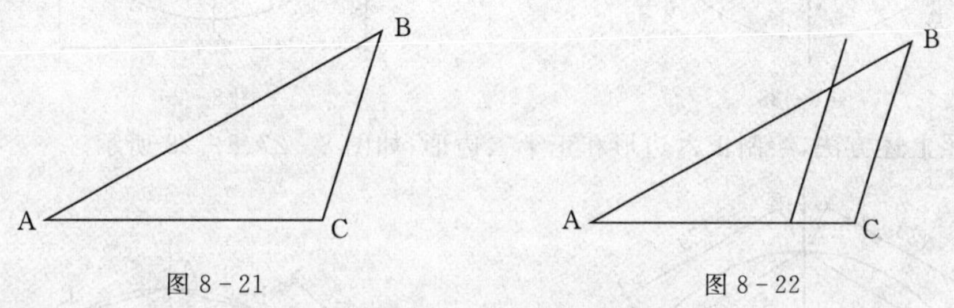

图 8-21　　图 8-22

(4)如上(3)所示,继续复制两次,得到三条复制线,分别交 AB 线段于 D、E、F 三点,则 AD、DE、EF、FB 四线段相等,如图 8-23 所示。

2. 作正多边形

正多边形的绘制一般要借助圆及圆弧作辅助来完成,过程比较麻烦,步骤较多。

(1)正三角形的绘制。

①运用“圆”命令绘制一正圆,如图 8-24 所示。

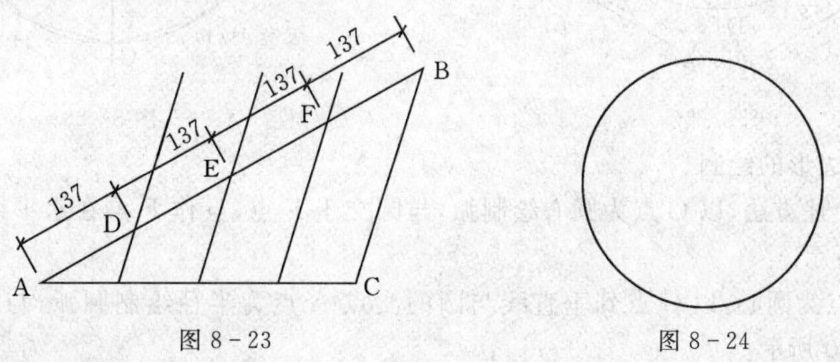

图 8-23　　图 8-24

②开启捕捉圆心捕捉方式,绘制过圆心的水平、垂直直线,单击绘图工具栏中“圆弧”命令按钮,命令行提示:

命令:_arc

指定圆弧的起点或[圆心(C)]：c

指定圆弧的圆心：(指定垂直直线与圆的交点为圆心)

指定圆弧的起点：(以圆心为起点)

指定圆弧的端点或[角度(A)/弦长(L)]：(与圆交与一点，回车确定)

结果如图 8-25 所示。

③以垂直线为镜像线镜像圆弧，得到镜像圆弧与圆交与另一点。取垂直线与圆交点为 A 点，另两交点为 B、C 点，连接三点，得到的三角形，即为正三角形 ABC，如图 8-26 所示。

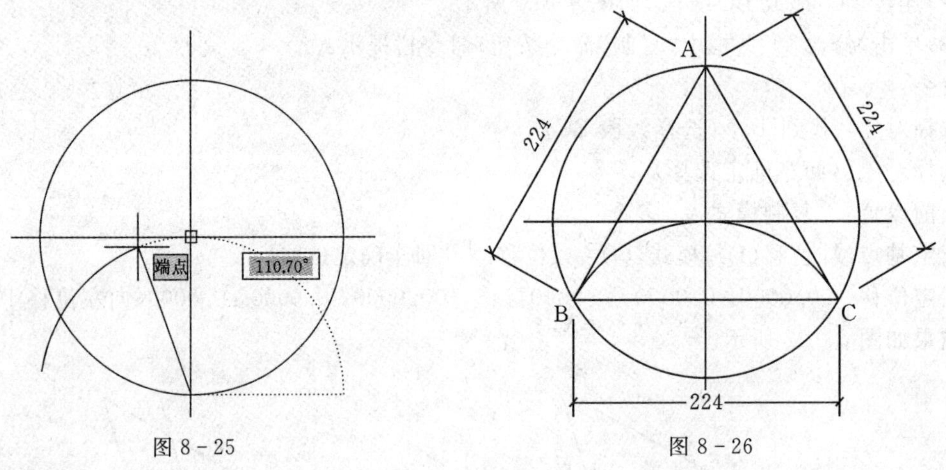

图 8-25　　　　图 8-26

(2)参照上述方法，绘制正六边形和正十二边形，如图 8-27、8-28 所示。

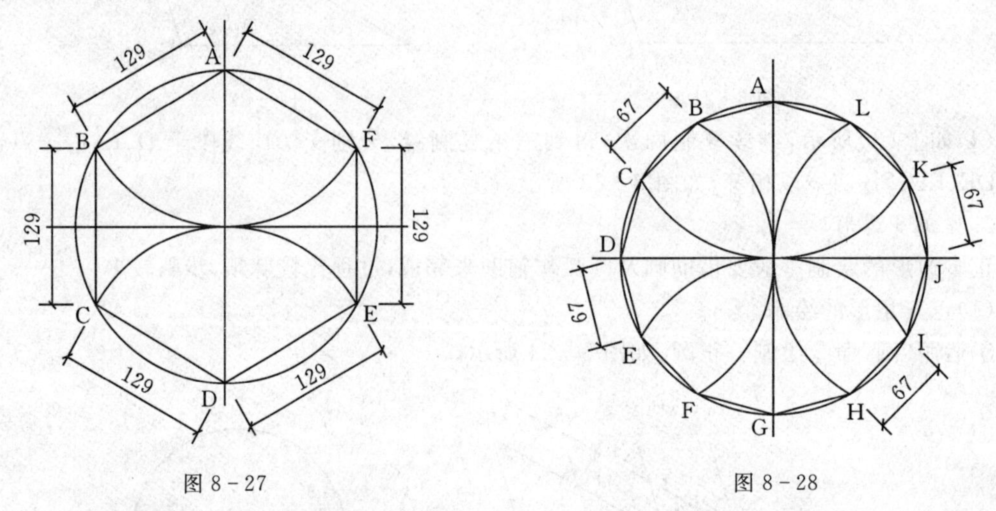

图 8-27　　　　图 8-28

(3)正五边形的绘制。

①参照上述方法，以 O 点为圆心绘制弧，与圆交于 F 点，且作 F 点在水平线上的垂点 G，如图 8-29 所示。

②以 G 点为圆心，以 G 点到垂直线与圆的交点 A 点为半径绘制圆弧，与水平线交于 H 点，如图 8-30 所示。

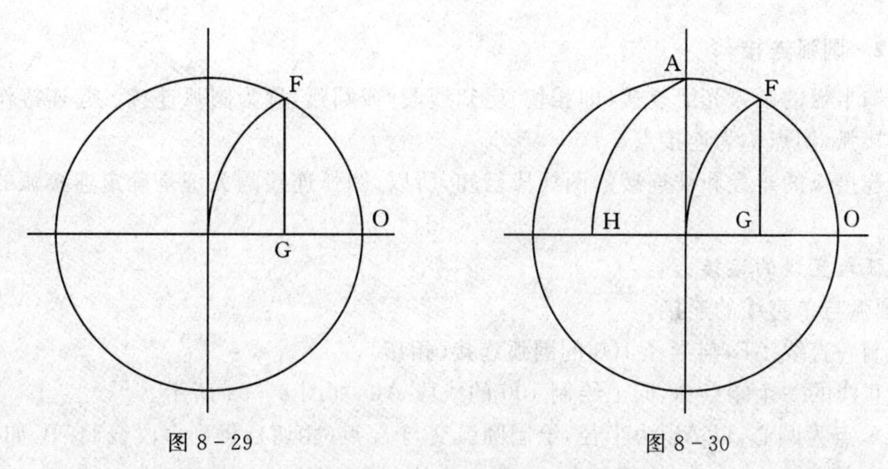

图 8-29　　图 8-30

③以 A 点为圆心，以 AH 为半径，绘制弧线与圆交于 B 点，连接 A、B，则 AB 为正五边形一边，如图 8-31 所示。

④以垂直中线为镜像线，镜像弧线与圆交于 E 点，得到正五边形另一边 AE。过 E 点连接到圆心 O1，再以 EO1 为镜像线镜像，得到正五边形另一边 DE，如图 8-32 所示。

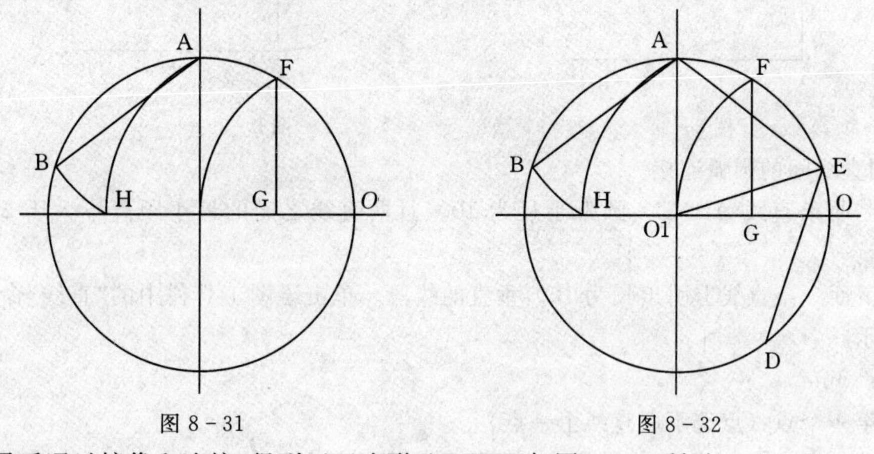

图 8-31　　图 8-32

(5)最后通过镜像和连接，得到正五边形 ABCDE，如图 8-33 所示。

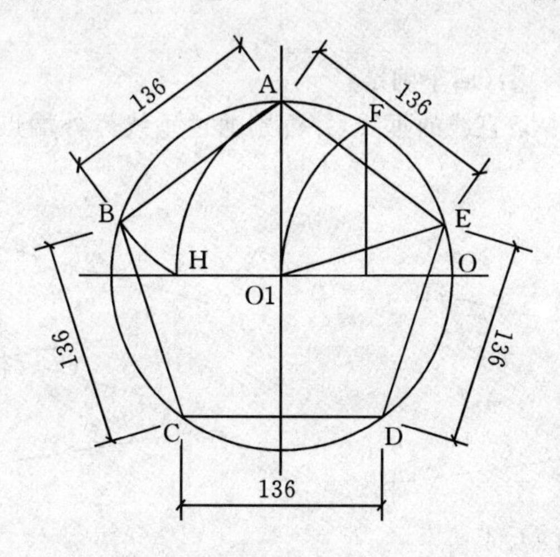

图 8-33

8.2.2 圆弧连接

用已知半径的圆弧光滑连接(即相切)已知线段(或圆弧)称为圆弧连接。起连接作用的圆弧称为连接弧,切点称为连接点。

由于连接弧的半径和被连接的两线段已知,所以,圆弧连接的关键是确定连接弧的圆心和连接点。

1. 圆弧与直线的连接

(1)圆弧与单直线的连接。

①绘制一直线 AB,与半径 100 的圆弧连接(相切)。

②在直线的一个端点 A,向上绘制 100 的线段 AC,如图 8-34 所示。

③以 C 点为圆心,以 AC 为半径,绘制圆弧交与 A 点(相切),得到多段线 DAB,如图8-35 所示。

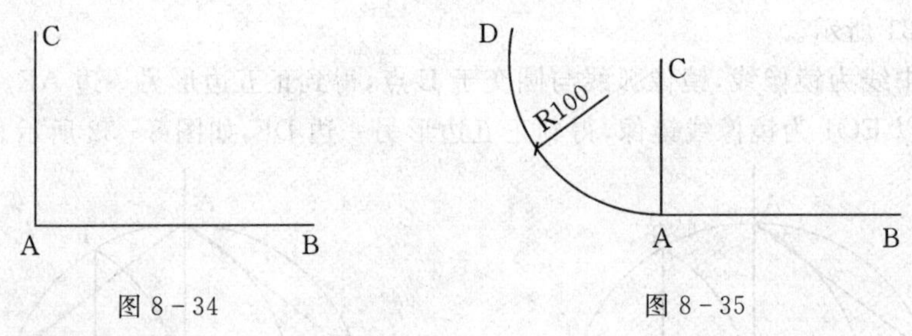

图 8-34　　图 8-35

(2)两直线间的圆弧连接。

①绘制两条直线 AB、CD,圆弧半径为 100,且两直线之间的最小距离不大于 200,如图 8-36所示。

②在下面一条直线上引出长为 100,垂直的线段。单击绘图工具栏中的“直线”命令按钮,命令行显示:

命令:_line

指定第一个点:(点选下面直线上一点)

指定下一点或[放弃(U)]:@100<78.35(相当于基点位置 78.35 度方向,长度 100。原直线斜度为 168.35 度)

指定下一点或[放弃(U)]:(回车确定)

③同理相向绘制另外一条直线的垂线,并分别通过垂线另外端点,作直线平行线,交与一点 O,如图 8-37 所示。

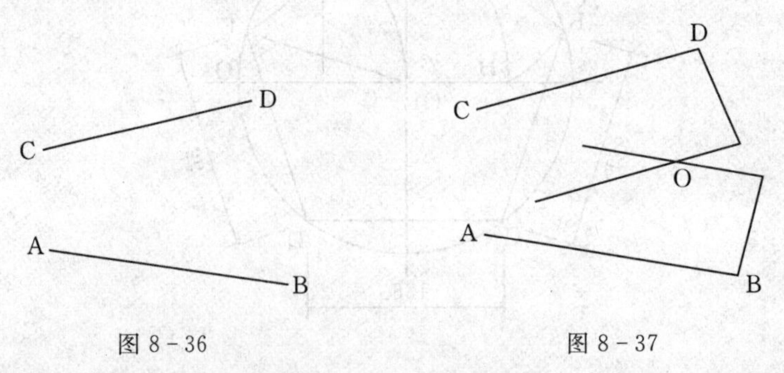

图 8-36　　图 8-37

④通过 O 点分别做两直线的垂线 OE、OF,以 O 为圆心,半径 100 绘制弧线,切与两直线

与E、F点，至此，弧线与两直线相接完成，如图8-38所示。

2.圆弧连接

(1)圆弧与圆弧的连接。

①已知大圆弧的半径为200，小圆弧的半径为100，要求两圆弧背向外切。

②先绘制大圆弧，圆心为O，再以O为圆心，绘制半径为300(大弧半径与小狐半径之和)的圆弧，与O点过大弧一端点A的直线相交于O1，如图8-39所示。

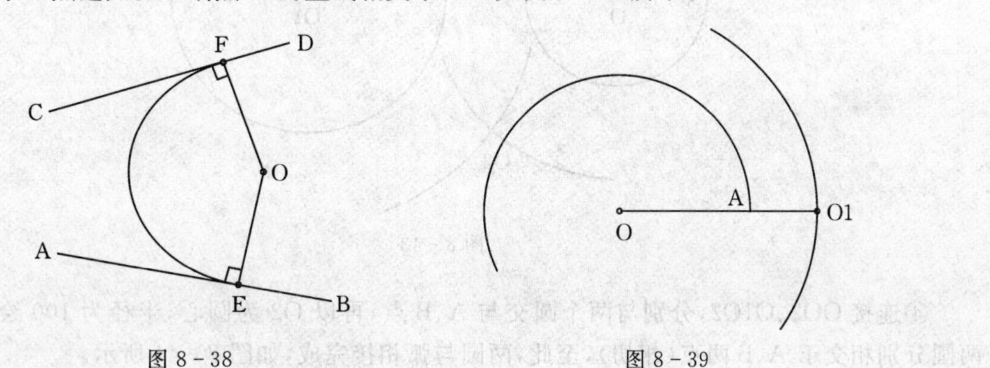

图8-38　　图8-39

③以O1为圆心，100为半径作弧，与大圆弧相交与A点(相切)，至此，大圆弧与小圆弧相接完成，如图8-40所示。

④参照上述绘制方法，绘制小圆弧内接(内切)与大圆弧，如图8-41所示。

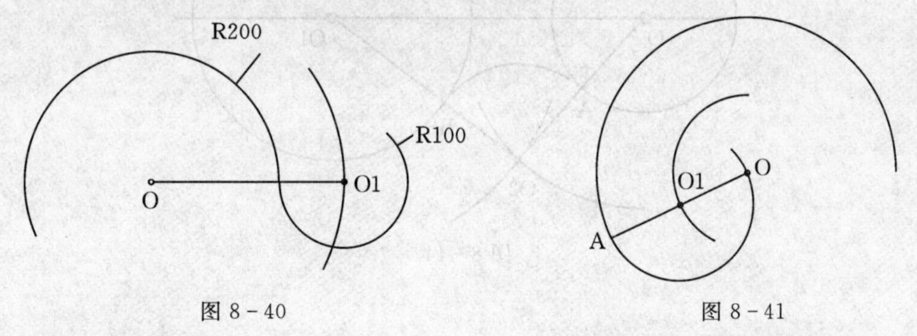

图8-40　　图8-41

(2)圆与圆弧的连接。

①绘制两个相邻的圆，半径分别为100、150，圆心为O与O1，直线OO1水平通过两圆的圆心，如图8-42所示。

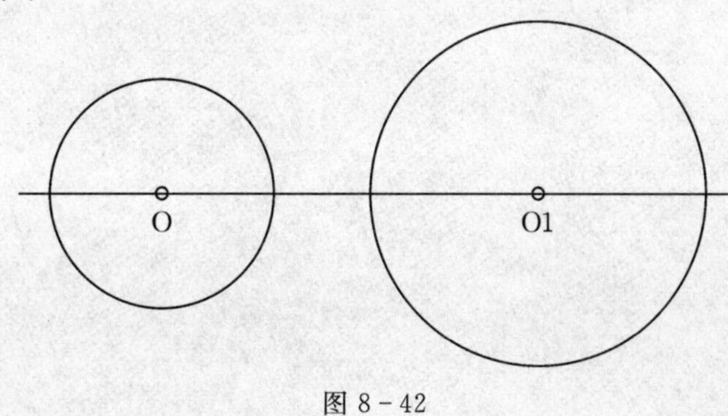

图8-42

②有一半径为100的圆弧，作出该圆弧与上述两圆相外切。

③以 O 为圆心，200 长为半径(小圆半径与弧半径和)作弧，交与以 O1 为圆心，250 长为半径(大圆半径与弧半径和)作弧，交点为 O2，如图 8-43 所示。

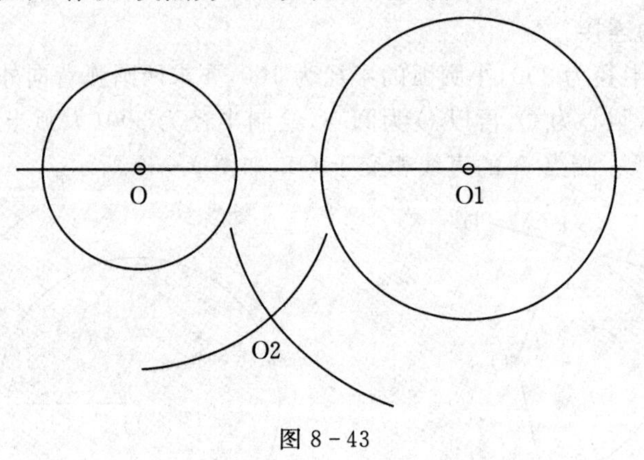

图 8-43

④连接 OO2、O1O2，分别与两个圆交与 A、B 点，再以 O2 为圆心，半径为 100 绘制弧，与两圆分别相交于 A、B 两点(相切)，至此，两圆与弧相接完成，如图 8-44 所示。

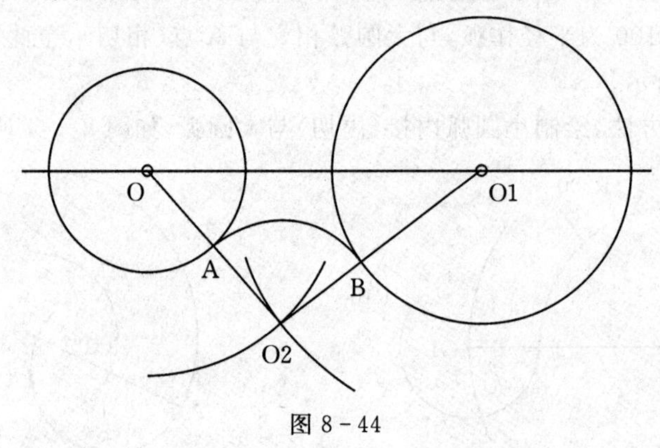

图 8-44

第 9 章　室内设计配景的绘制

室内配景是室内设计中不可缺少的部分，是室内平面图、立面图、剖面图绘制中必须掌握的步骤。通过配景的绘制，使室内设计图形绘制更加完整，更具有视觉效果，也更具有生活气息，使客户更具亲切感，拉近了设计者与客户的距离。

9.1　室内起居家具的绘制

起居家具是为室内客厅、卧室及书房等提供休息的学习的家具，一般包括沙发、座椅、床柜等。

9.1.1　沙发和茶几平面图的绘制

本节实例将详细介绍如图 9－1 所示的沙发的绘制方法与操作技巧，从中学习使用 Auto-CAD 相关功能命令绘制室内装饰家具的使用方法。

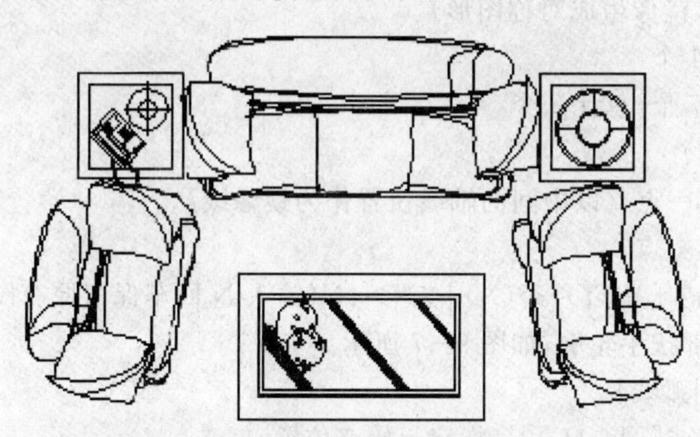

图 9－1

(1)先绘制其中的单个沙发造型，即创建沙发面的四边，如图 9－2 所示。

命令：LINE(输入绘制直线命令)

指定第一点：(指定直线起点位置)

指定下一点或[放弃(U)]：(指定直线终点位置)

指定下一点或[放弃(U)]：(回车)

指定下一点或[放弃(U)]：(回车)

(2)通过弧线(ARC)将沙发面四边连接起来，得到完整的沙发面，如图 9－3 所示。

命令：ARC(绘制弧线)

指定圆弧的起点或[圆心(C)]：(指定起始点位置)

指定圆弧的第二个点或[圆心(C)/端点(E)]：(指定中间点位置)

指定圆弧的端点：(指定终点位置)

(3)侧面扶手的绘制,如图 9-4 所示。

命令:LINE(输入绘制直线命令)

指定第一点:(指定直线起点位置)

指定下一点或[放弃(U)]:(指定直线终点位置)

指定下一点或[放弃(U)]:(回车)

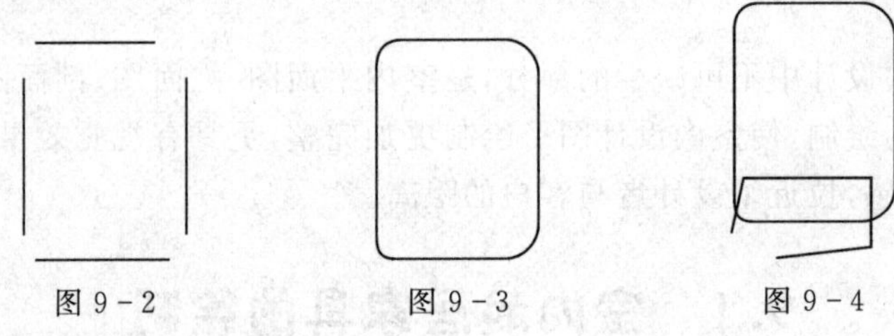

图 9-2　　图 9-3　　图 9-4

(4)绘制侧面扶手弧边线,如图 9-5 所示。

命令:ARC(绘制弧线)

指定圆弧的起点或[圆心(C)]:(指定起始点位置)

指定圆弧的第二个点或[圆心(C)/端点(E)]:(指定中间点位置)

指定圆弧的端点:(指定终点位置)

(5)进行镜像绘制另外一个方向的扶手轮廓,如图 9-6 所示。

命令:MIRROR(镜像生成对称图形)

选择对象:找到 1 个

选择对象:找到 7 个,总计 8 个

选择对象:(回车)

指定镜像线的第一点:(以中间的轴线位置作为镜像线)

指定镜像线的第二点:

要删除源对象吗?[是(Y)/否(N)]<N>:N(输入 N 回车保留原有图形)

(6)绘制沙发背部扶手轮廓,如图 9-7 所示。

命令:ARC(绘制弧线)

指定圆弧的起点或[圆心(C)]:(指定起始点位置)

指定圆弧的第二个点或[圆心(C)/端点(E)]:(指定中间点位置)

指定圆弧的端点:(指定起终点位置)

命令:MIRROR(镜像生成对称图形)

选择对象:找到 1 个

选择对象:找到 4 个,总计 4 个

选择对象:(回车)

指定镜像线的第一点:(以中间的轴线位置作为镜像线)

指定镜像线的第二点:

要删除源对象吗?[是(Y)/否(N)]<N>:N(输入 N 回车保留原有图形)

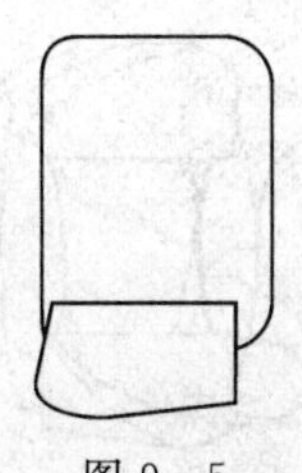

图 9-5

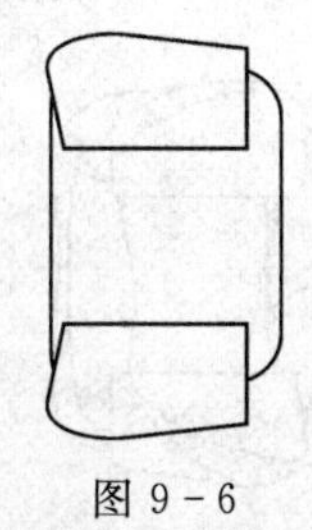

图 9-6

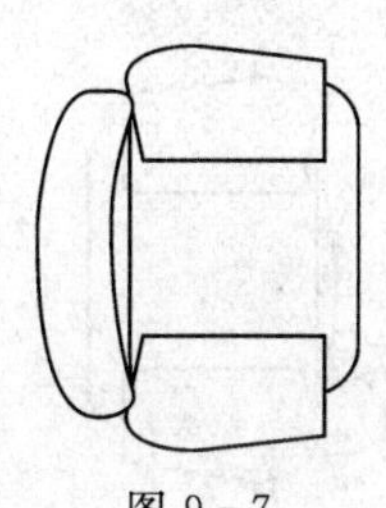

图 9-7

(7)继续完善沙发背部扶手轮廓,如图 9-8 所示。

命令:ARC(绘制弧线)

指定圆弧的起点或[圆心(C)]:(指定起始点位置)

指定圆弧的第二个点或[圆心(C)/端点(E)]:(指定中间点位置)

指定圆弧的端点:(指定起终点位置)

命令:LINE(输入绘制直线命令)

指定第一点:(指定直线起点位置)

指定下一点或[放弃(U)]:(指定直线终点位置)

指定下一点或[放弃(U)]:(回车)

命令:MIRROR(镜像生成对称图形)

选择对象:找到 1 个

选择对象:找到 4 个,总计 4 个

选择对象:(回车)

指定镜像线的第一点:(以中间的轴线位置作为镜像线)

指定镜像线的第二点:

要删除源对象吗?[是(Y)/否(N)]<N>:N(输入 N 回车保留原有图形)

(8)对沙发面造型进行修改,使其更为形象,如图 9-9 所示。

命令:OFFSET(偏移生成平行线)

当前设置:删除源=否,图层=源,OFFSETGAPTYPE=O

指定偏移距离或[通过(T)/册 4 除(E)/图层(L)]<通 i>:(输入偏移距离或指定通过点位置)

选择要偏移的对象,或[退出(E)/放弃(U)]<退出>:(选择要偏移的图形)

指定通过点或[退出(E)/多个(M)/放弃(U)]<退出>:

选择要偏移的对象,或[退出(E)/放弃(U)]<退出>:(回车结束)

(9)细化沙发面造型,如图 9-10 所示。

命令:POINT(输入画点命令)

当前点模式:PDMODE=88,PDSIZE=25.0000(系统变量的 PDMODE、PDSIZE 设置数值)

指定点:(使用鼠标在屏幕上直接指定点的位置,或直接输入点的坐标)

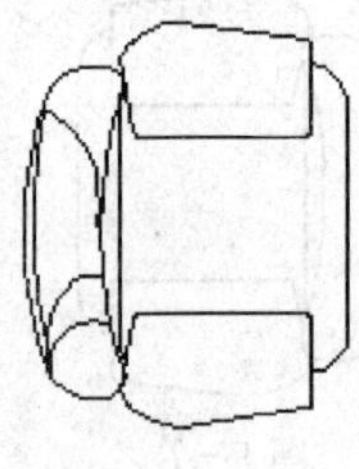
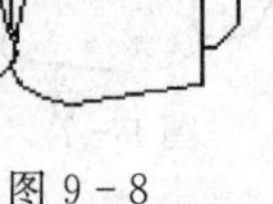

图 9－8

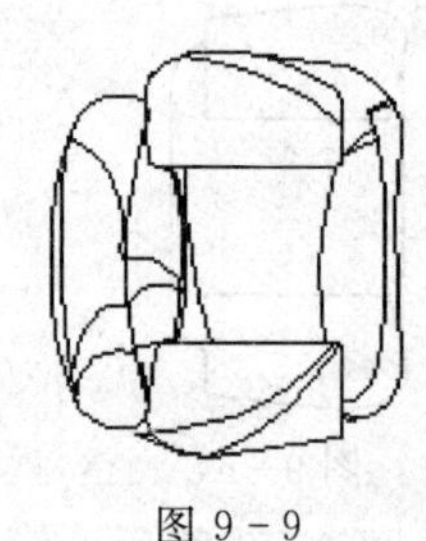

图 9－9

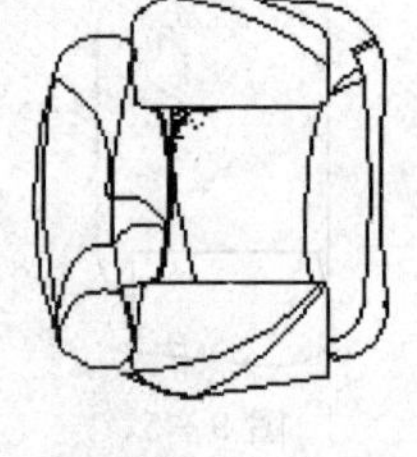

图 9－10

(10)进一步细化沙发面造型，使其更为形象，如图 9－11 所示。

命令：POINT(输入画点命令)

当前点模式：PDMODE＝88，PDSIZE＝25.0000(系统变量的 PDMODE、PDSIZE 设置数值)

指定点：(使用鼠标在屏幕上直接指定点的位置，或直接输入点的坐标)

命令：MIRROR(镜像生成对称图形)

选择对象：找到 1 个

选择对象：找到 4 个，总计 4 个

选择对象：(回车)

指定镜像线的第一点：(以中间的轴线位置作为镜像线)

指定镜像线的第二点：

要删除源对象吗？[是(Y)/否(N)]<N>：N(输入 N 回车保留原有图形)

(11)采用相同的方法，绘制 3 人座的沙发造型，如图 9－12 所示。

命令：LINE(输入绘制直线命令)

指定第一点：(指定直线起点位置)

指定下一点或[放弃(U)]：(指定直线终点位置)

指定下一点或[放弃(U)]：(回车)

命令：ARC(绘制弧线)

指定圆弧的起点或[圆心(C)]：(指定起始点位置)

指定圆弧的第二个点或[圆心(C)/端点(E)]：(指定中间点位置)

指定圆弧的端点：(指定起终点位置)

命令：MIRROR(镜像生成对称图形)

选择对象：找到 1 个

选择对象：找到 4 个，总计 4 个

选择对象：(回车)

指定镜像线的第一点：(以中间的轴线位置作为镜像线)

指定镜像线的第二点：

要删除源对象吗？[是(Y)/否(N)]<N>：N(输入 N 回车保留原有图形)

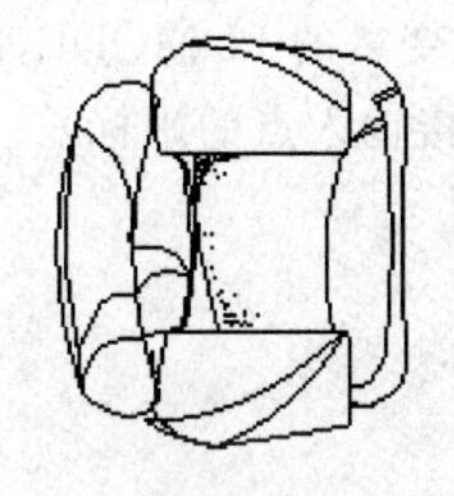

图 9-11

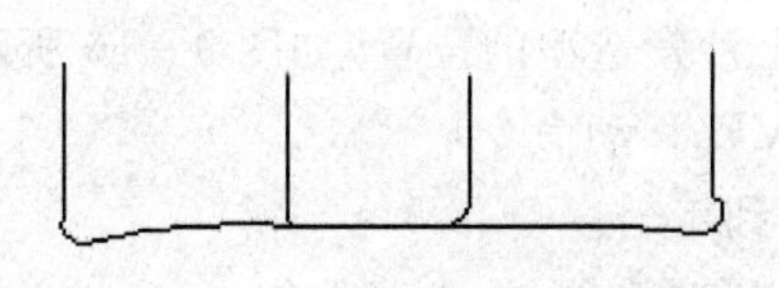

图 9-12

(12)再绘制扶手造型,如图 9-13 所示。

命令:LINE(输入绘制直线命令)

指定第一点:(指定直线起点位置)

指定下一点或[放弃(U)]:(指定直线终点位置)

指定下一点或[放弃(U)]:(回车)

命令:ARC(绘制弧线)

指定圆弧的起点或[圆心(C)]:(指定起始点位置)

指定圆弧的第二个点或[圆心(C)/端点(E)]:(指定中间点位置)

指定圆弧的端点:(指定起终点位置)

命令:MIRROR(镜像生成对称图形)

选择对象:找到 1 个

选择对象:找到 4 个,总计 4 个

选择对象:(回车)

指定镜像线的第一点:(以中间的轴线位置作为镜像线)

指定镜像线的第二点:

要删除源对象吗?[是(Y)/否(N)]<N>:N(输入 N 回车保留原有图形)

(13)绘制 3 人座的沙发背部造型,如图 9-14 所示。

命令:ARC(绘制弧线)

指定圆弧的起点或[圆心(C)]:(指定起始点位置)

指定圆弧的第二个点或[圆心(C)/端点(E)]:(指定中间点位置)

指定圆弧的端点:(指定起终点位置)

命令:LINE(输入绘制直线命令)

指定第一点:(指定直线起点位置)

指定下一点或[放弃(U)]:(指定直线终点位置)

指定下一点或[放弃(U)]:(回车)

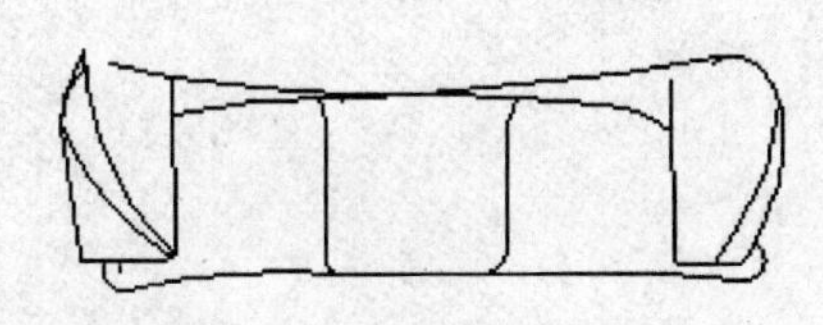

图 9-13

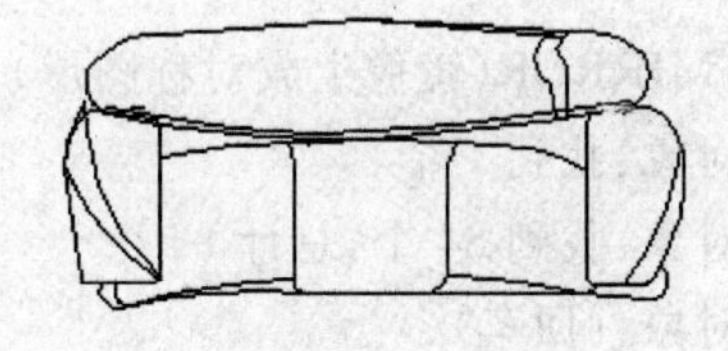

图 9-14

(14)对 3 人座的沙发面造型进行细化,如图 9-15 所示。

命令:POINT(输入画点命令)

当前点模式:PDMODE=88,PDSIZE=25.0000(系统变量的 PDMODE,PDSIZE 设置)

指定点:(使用鼠标在屏幕上直接指定点的位置,或直接输入点的坐标)

(15)调整两个沙发造型的位置,如图 9-16 所示。

名分令:MOVE(移动命令)

选择对象:找到 1 个

选择对象:找到 105 个,总计 106 个

选择对象:(回车)

指定基点或[位移(D)]<位移>:(指定移动基点位置)

指定第二个点或<使用第一个点作为位移>:(指定移动位置)

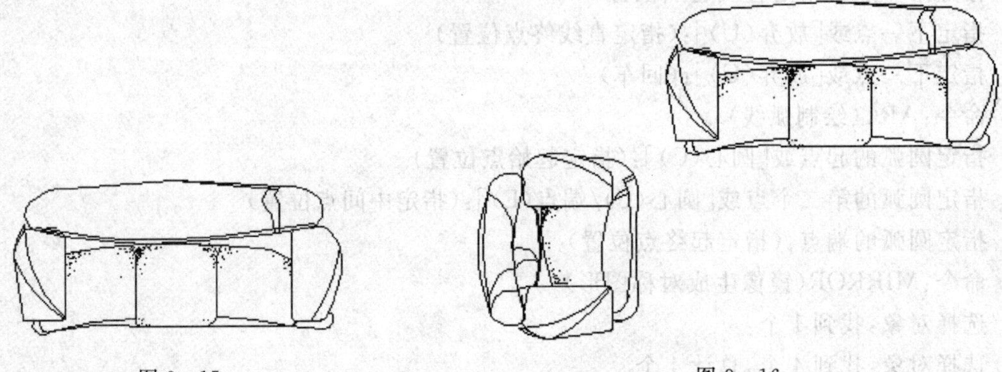

图 9-15　　　　图 9-16

(16)对单个沙发进行镜像,得到沙发组造型,如图 9-17 所示。

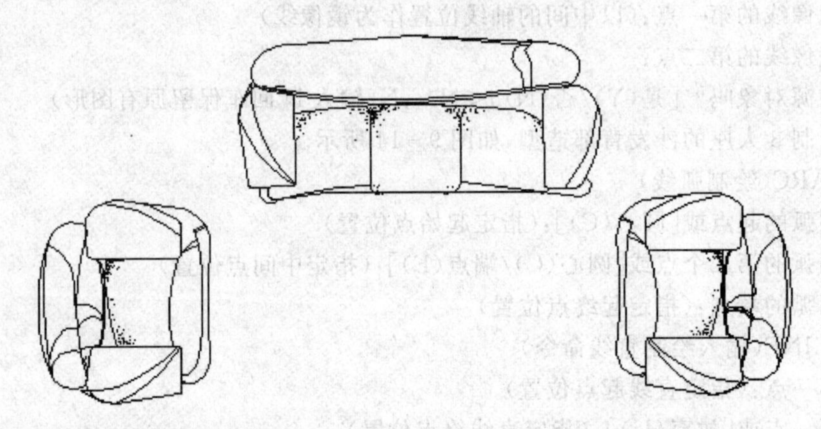

图 9-17

命令:MIRROR(镜像生成对称图形)

选择对象:找到 1 个

选择对象:找到 84 个,总计 84 个

选择对象:(回车)

指定镜像线的第一点:(以中间的轴线位置作为镜像线)

指定镜像线的第二点:

要删除源对象吗?[是(Y)/否(N)]<N>:N(输入 N 回车保留原有图形)

(17)绘制一个椭圆形,建立椭圆型的茶几造型,如图 9-18 所示。

命令:ELLIPSE(绘制椭圆形)

指定椭圆的轴端点或[圆弧(A)/中心点(C)]:(指定一个椭圆形轴线端点)

指定轴的另一个端点:(指定该椭圆形轴线另外一个端点)

指定另一条半轴长度或[旋转(R)]:(指定与另外一个椭圆轴线长度距离)

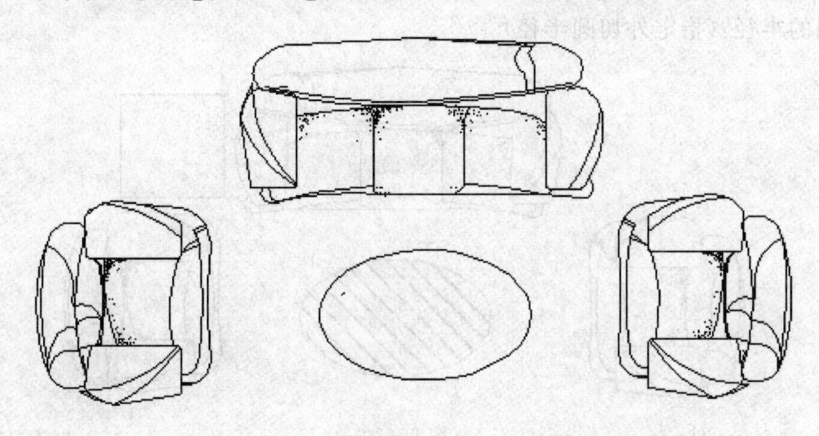

图 9-18

(18)对茶几进行填充图案,如图 9-19 所示。

命令:hatch(单击“绘图”下拉菜单,选择“图案填充”命令选项,进行顶部造型填充,在弹出白框中选择合适的填充图案及填充比例、角度)

拾取内部点或[选择对象(S)/删除边界(B)]:(选中填充造型范围)

正在选择所有对象……

正在选择所有可见对象……

正在分析所选数据……

正在分析内部孤岛……

拾取内部点或[选择对象(S)/删除边界(B)]:

拾取内部点或[选择对象(S)/删除边界(B)]:(按 Enter 键或单击鼠标右键返回对话框)

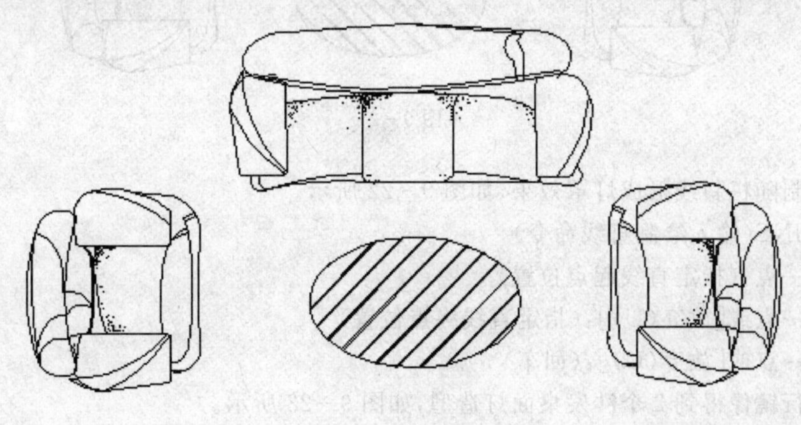

图 9-19

(19)绘制沙发之间的正方形茶几桌面,如图 9－20 所示。

命令:POLYGON(绘制等边多边形)

输入边的数目<4>:4(输入等边多边形的边数)

指定正多边形的中心点或[边(E)]:(指定等边多边形中心点位置)

输入选项[内接于圆(I)/外切于圆(C)]<I>:C(输入 C 以外切于圆确定等边多边形)

指定圆的半径:(指定外切圆半径)

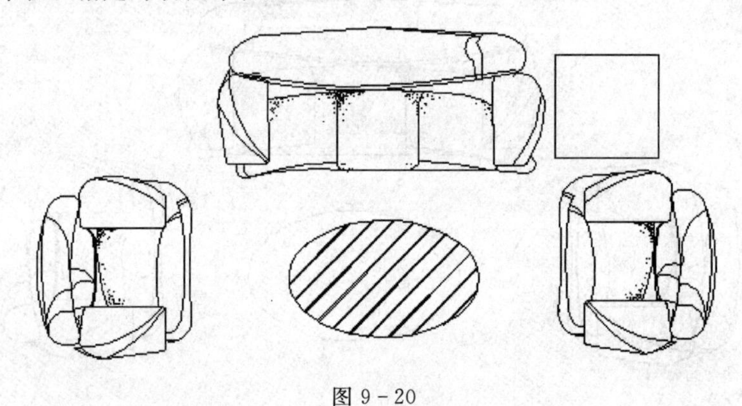

图 9－20

(20)在桌面上绘制两个大小和圆心位置不同的圆形,如图 9－21 所示。

命令:CIRCLE(绘制圆形)

指定圆的圆心或[三点(3P)/两点(2P)/切点、切点、半径(T)]:(指定圆心点位置)

指定圆的半径或[直径(D)]<20.000>:(输入圆形半径或在屏幕上直接点取)

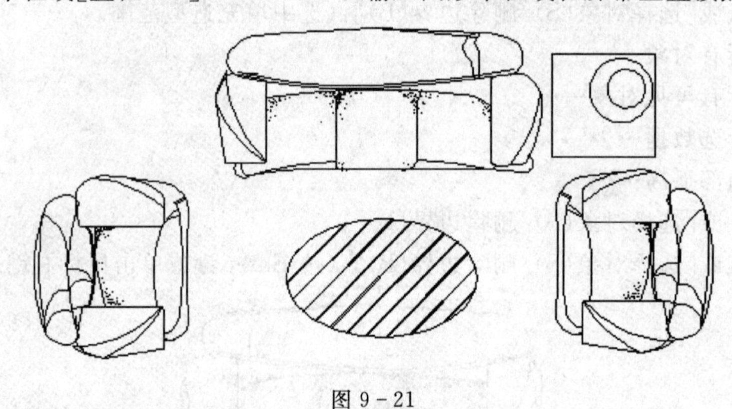

图 9－21

(21)绘制随机斜线形成灯罩效果,如图 9－22 所示。

命令:LINE(输入绘制直线命令)

指定第一点:(指定直线起点位置)

指定下一点或[放弃(U)]:(指定直线终点位置)

指定下一点或[放弃(U)]:(回车)

(22)进行镜像得到 2 个沙发桌面灯造型,如图 9－23 所示。

命令:MIRROR(镜像生成对称图形)

选择对象:找到 1 个

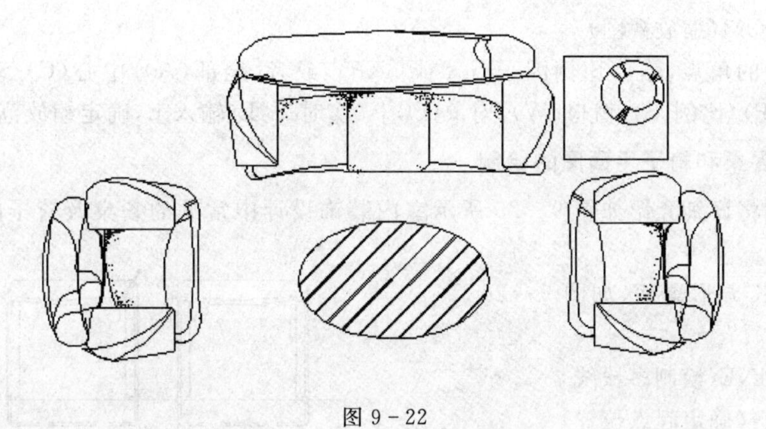

图 9-22

选择对象:找到 18 个,总计 18 个
选择对象:(回车)
指定镜像线的第一点:(以中间的轴线位置作为镜像线)
指定镜像线的第二点:
要删除源对象吗?[是(Y)/否(N)]<N>:N(输入 N 回车保留原有图形)

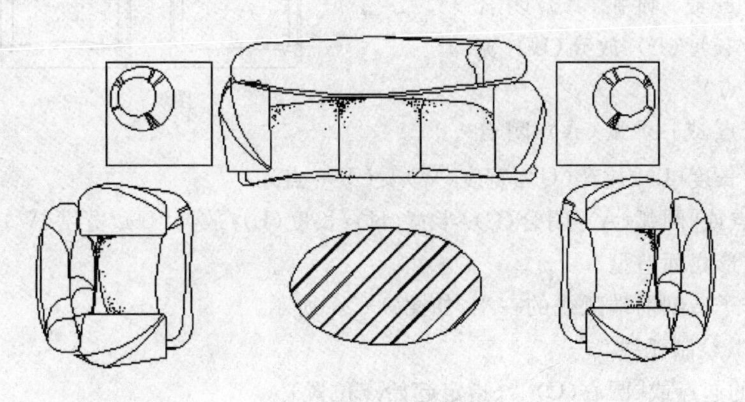

图 9-23

(23)完成整套沙发绘制,得到如图 9-24 所示图形。

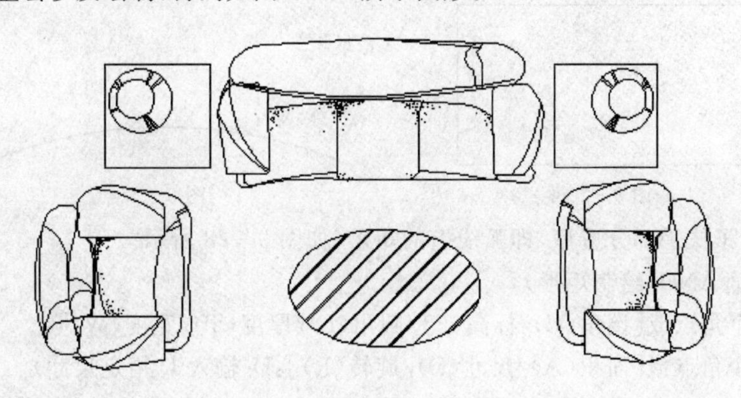

图 9-24

命令:ZOOM(缩放视图)

指定窗口的角点,输入比例因子(nX 或 nXP),或者[全部(A)/中心(C)/动态(D)/范围(E)/上一个(P)/比例(S)/窗口(W)/对象(O)]<实时>:E(输入 E,确定缩放范围)

9.1.2 餐桌和椅子平面图的绘制

本节实例将详细介绍如图 9-25 所示室内装饰设计中常见的餐桌及椅子的绘制方法与技巧。

(1)绘制长方形桌面,如图 9-26 所示。

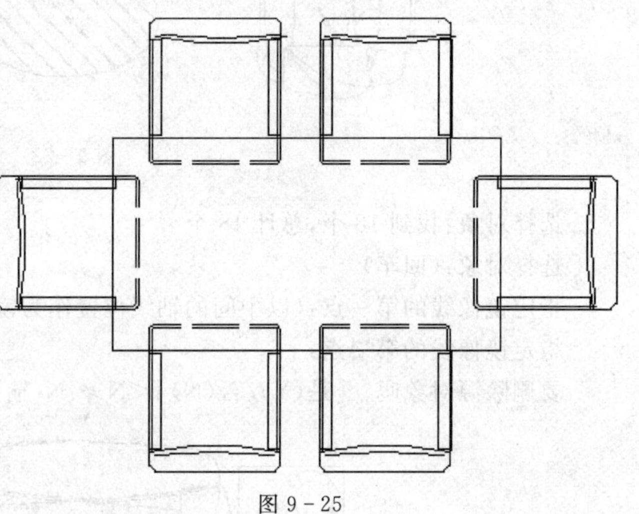

图 9-25

命令:PLINE(绘制多段线)

指定起点:(确定起点位置)

当前线宽为 0.0000

指定下一个点或[圆弧(A)/半宽(H)/长度(L)/放弃(U)/宽度(W)]:(输入多段线端点的坐标或直接在屏幕上使用鼠标点取)

指定下一点或[圆弧(A)/闭合(C)/半宽(H)/长度(L)/放弃(U)/宽度(W)]:(下一点)

指定下一点或[圆弧(A)/闭合(C)/半宽(H)/长度(L)/放弃(U)/宽度(W)]:(下一点)

指定下一点或[圆弧(A)/闭合(C)/半宽(H)/长度(L)/放弃(U)/宽度(W)]:C(输入 C 回车)先绘制长方形桌面造型。

(2)绘制椅子造型前端弧线的一半,如图 9-27 所示。

命令:ARC(绘制弧线)

指定圆弧的起点或[圆心(C)]:(指定起始点位置)

指定圆弧的第二个点或[圆心(C)/端点(E)]:(指定中间点位置]

指定圆弧的端点:(指定起终点位置)

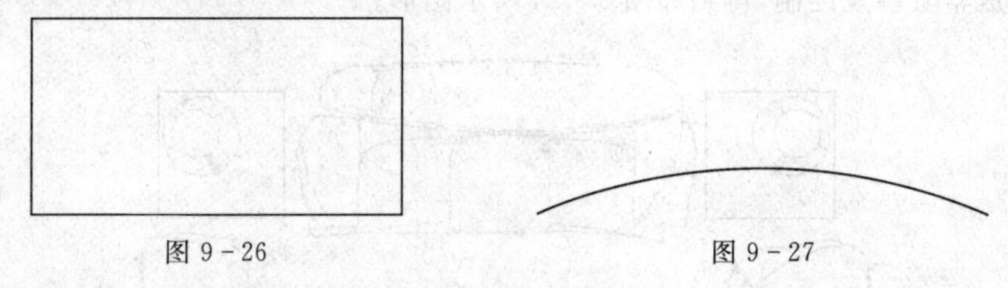

图 9-26　　图 9-27

(3)绘制椅子扶手部分造型,即弧线上的矩形,如图 9-28 所示。

命令:RECTANG(绘制矩形)

指定第一个角点或[倒角(C)/标高(E)/圆角(F)/厚度(T)/宽度(W)]:

指定另一个角点或[面积(A)/尺寸(D)/旋转(R)]:D(输入 D 指定尺寸)

指定矩形的长度<0.0000>:(输入矩形的长度)

指定矩形的宽度<0.0000>:(输入矩形的宽度)

指定另一个角点或[面积(A)/尺寸(D)/旋转(R)]:(指定矩形另一个角点的位置或移动光标以显示矩形可能的四个位置之一并单击需要的一个位置)

命令:LINE(输入绘制直线命令)

指定第一点:(指定直线起点位置)

指定下一点或[放弃(U)]:(指定直线终点位置)

指定下一点或[放弃(U)]:(回车)

(4)根据扶手的大体位置绘制稍大的近似矩形,如图 9-29 所示。

命令:PLINE(绘制多段线)

指定起点:(确定起点位置)

当前线宽为 0.0000

指定下一个点或[圆弧(A)/半宽(H)/长度(L)/放弃(U)/宽度(W)]:(输入多段线端点的坐标或直接在屏幕上使用鼠标点取)

指定下一点或[圆弧(A)/闭合(C)/半宽(H)/长度(L)/放弃(U)/宽度(W)]:(下一点)

指定下一点或[圆弧(A)/闭合(C)/半宽(H)/长度(L)/放弃(U)/宽度(W)]:(下一点)

指定下一点或[圆弧(A)/闭合(C)/半宽(H)/长度(L)/放弃(U)/宽度(W)]:(输入 C 回车)

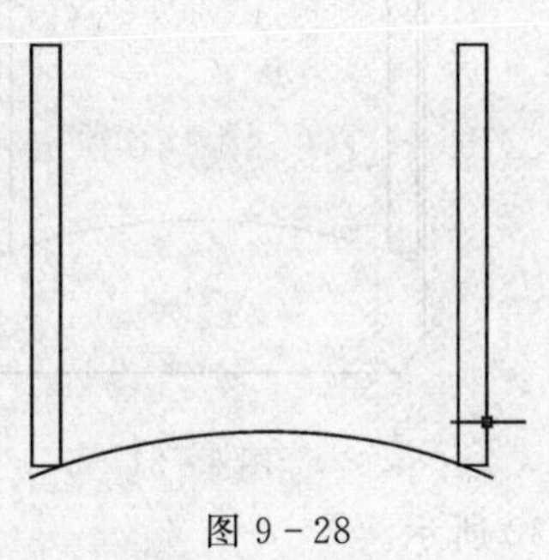

图 9-28

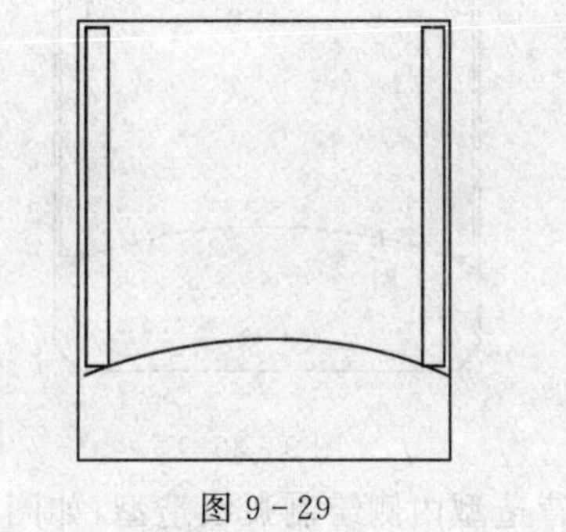

图 9-29

(5)绘制椅子弧线靠背造型,如图 9-30 所示。

命令:ARC(绘制弧线)

指定圆弧的起点或[圆心(C)]:(指定起始点位置)

指定圆弧的第二个点或[圆心(C)/端点(E)]:(指定中间点位置)

指定圆弧的端点:(指定起终点位置)

命令:OFFSET(偏移生成平行线)

当前设置:删除源=否,图层=源,OFFSETGAPTYPE=O

指定偏移距离或[通过(T)/删除(E)/图层(L)]<通过>:(输入偏移距离或指定通过点位置)

选择要偏移的对象,或[退出(E)/放弃(U)]<退出>:(选择要偏移的图形)

指定通过点或[退出(E)/多个(M)/放弃(U)]<退出>:

选择要偏移的对象,或[退出(E)/放弃(U)]<退出>:(回车结束)

(6)绘制椅子背部造型,如图 9-31 所示。

命令:LINE(输入绘制直线命令)

指定第一点:(指定直线起点位置)

指定下一点或[放弃(U)]:(指定直线终点位置)

指定下一点或[放弃(U)]:(回车)

命令:ARC(绘制弧线)

指定圆弧的起点或[圆心(C)]:(指定起始点位置)

指定圆弧的第二个点或[圆心(C)/端点(E)]:(指定中间点位置)

指定圆弧的端点:(指定起终点位置)

命令:OFFSET(偏移生成平行线)

当前设置:删除源=否,图层=源,OFFSETGAPTYPE=O

指定偏移距离或[通过(T)/删除(E)/图层(L)]<通过>:(输入偏移距离或指定通过点位置)

选择要偏移的对象,或[退出(E)/放弃(U)]<退出>:(选择要偏移的图形)

指定通过点或[退出(E)/多个(M)/放弃(U)]<退出>:

按椅子环形扶手及靠背造型绘制另外一段图形,构成椅子背部造型。

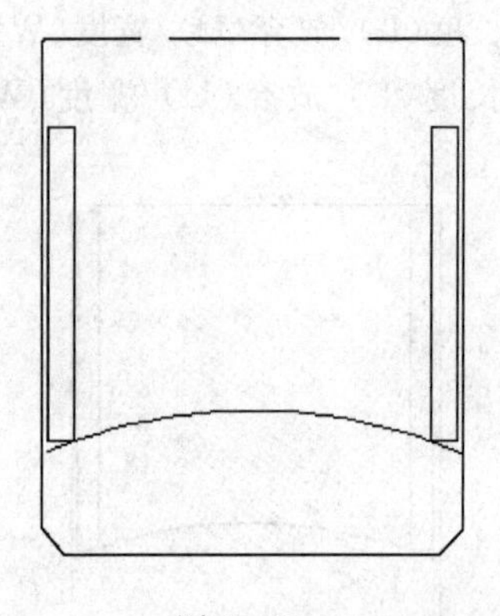

图 9-30

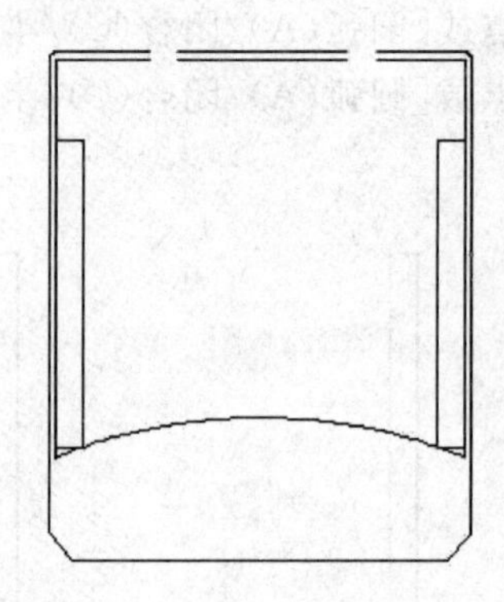

图 9-31

(7)在靠背造型内侧绘制弧线造型,如图 9-32 所示。

命令:ARC(绘制弧线)

指定圆弧的起点或[圆心(C)]:(指定起始点位置)

指定圆弧的第二个点或[圆心(C)/端点(E)]:(指定中间点位置)

指定圆弧的端点:(指定起终点位置)

(8)通过镜像得到整个椅子造型,如图 9-33 所示。

命令:MIRROR(镜像生成对称图形)

选择对象:找到 1 个

选择对象:找到 12 个,总计 14 个

选择对象:(回车)

指定镜像线的第一点:(以中间的轴线位置作为镜像线)

指定镜像线的第二点:

要删除源对象吗?[是(Y)/否(N)]<N>:N(输入 N 回车保留原有图形)

指定镜像线的第一点:(以中间的轴线位置作为镜像线)

指定镜像线的第二点:

要删除源对象吗?[是(Y)/ 否(N)]<N>:N(输入 N 回车保留原有图形)

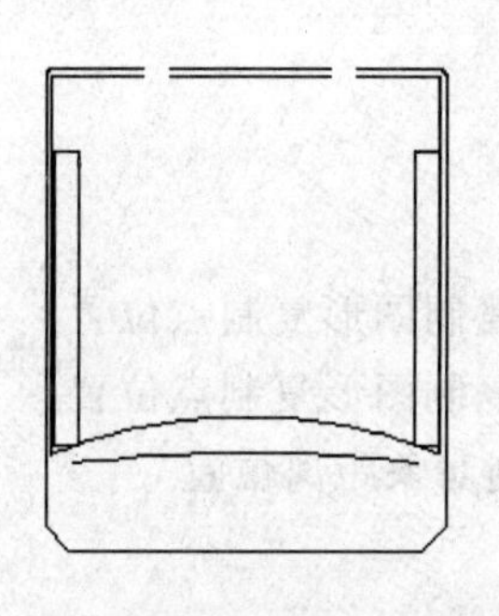

图 9-32

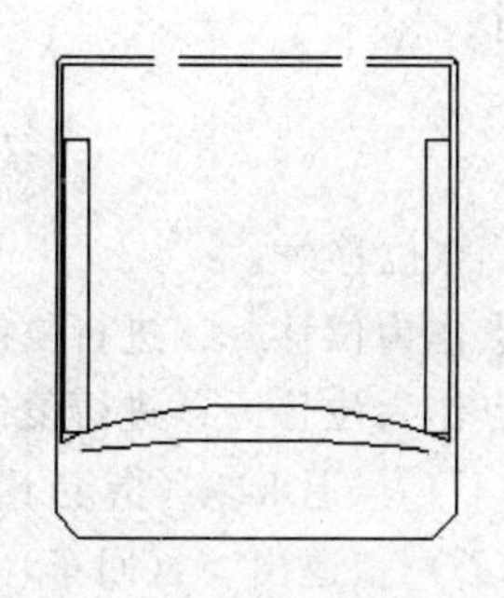

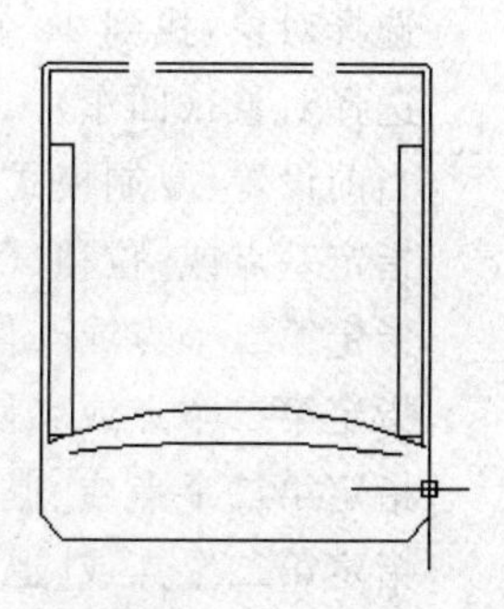

图 9-33

(9)调整椅子与餐桌的位置,如图 9-34 所示。

命令:MOVE(移动命令)

选择对象:找到 1 个

选择对象:找到 45 个,总计 46 个

选择对象:(回车)

指定基点或[位移(D)]<位移>:(指定移动基点位置)

指定第二个点或<使用第一个点作力位移>:(指定移动位置)

(10)利用镜像命令可以得到餐桌另外一端对称的椅子,如图 9-35 所示。

命令:MIRROR(镜像生成对称图形)

选择对象:找到 1 个

选择对象:找到 24 个,总计 25 个

选择对象:(回车)

指定镜像线的第一点:(以中间的轴线位置作为镜像线)

指定镜像线的第二点:

要删除源对象吗?[是(Y)/否(N)]<N>:N(输入 N 回车保留原有图形)

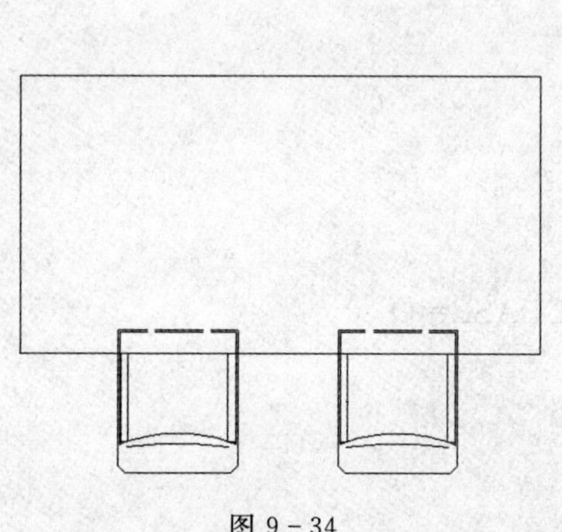

图 9-34

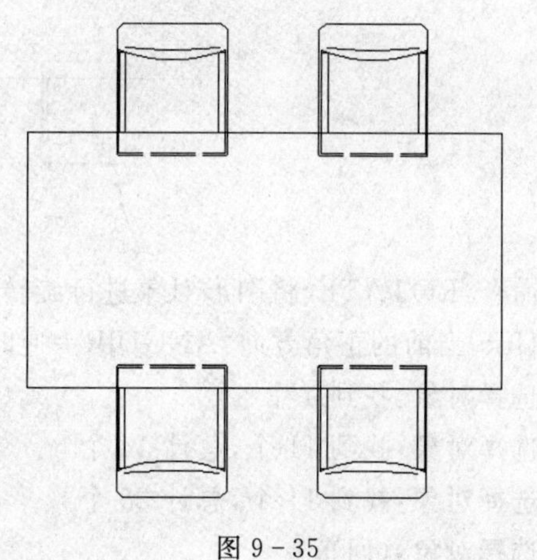

图 9-35

(11)复制一个椅子造型,如图 9-36 所示。

命令:COPY(复制得到相同的图形)

选择对象:找到 1 个

选择对象:找到 24 个,总计 25 个

选择对象:(回车)

当前设置:复制模式=多个

指定基点或[位移(D)/模式(O)]<位移>:

指定第二个点或<使用第一个点作为位移>:(进行复制,指定复制图形复制点位置)

指定第二个点或<使用第一个点作为位移>:(进行复制,指定复制图形复制点位置)

指定第二个点或[退出(E)放弃(U)]<退 k>:(指定下一个复制对象距离位置)

指定第二个点或[退出(E)放弃(U)]<退出>:(回车)

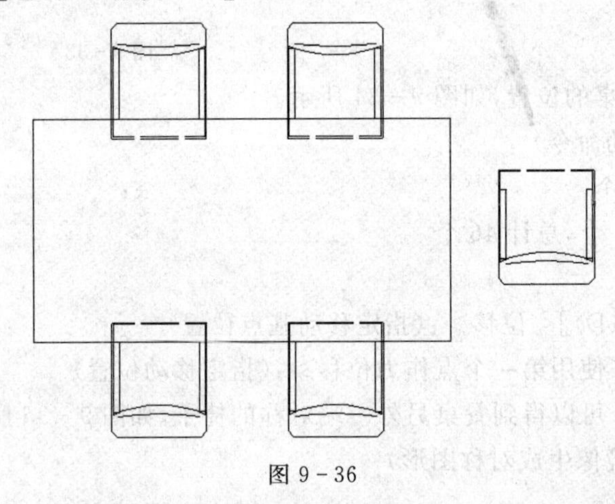

图 9-36

(12)通过复制椅子,再旋转或移动进行椅子布置,如图 9-37 所示。

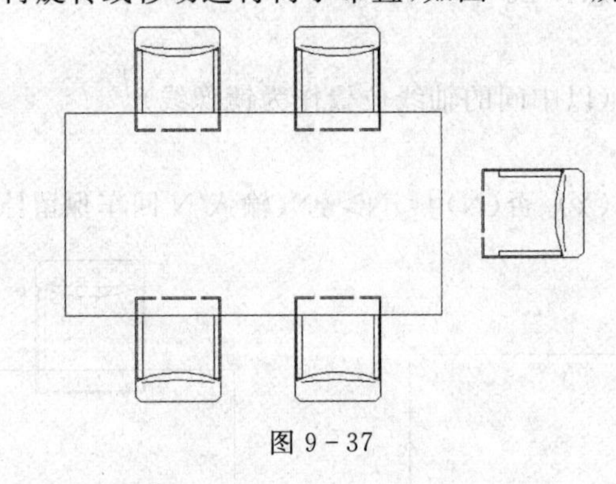

图 9-37

命令:ROTATE(将图形对象进行旋转)

UCS 当前的正角方向:ANGDIR=逆时针,ANGBASE=O

选择对象:找到 4 个

选择对象:找到 11 个,总计 14 个

选择对象:找到 11 个,总计 25 个

选择对象:(回车)

指定基点:

指定旋转角度,或[复制(C)/参照(R)]<O>:80(输入旋转角度为正值按顺时针旋转,若输入为负值则按逆时针旋转)

(13)通过复制得到餐桌一侧的椅子造型,如图9-38所示。
命令:COPY(复制得到相同的图形)
选择对象:找到1个
选择对象:找到24个,总计25个
选择对象:(回车)
当前设置:复制模式=多个
指定基点或[位移(D)/模式(0)]<位移>:
指定第二个点或<使用第一个点作为位移>:(进行复制,指定复制图形复制点位置)
指定第二个点或[退出(E)/放弃(U)]<退出>:(指定下一个复制对象距离位置)
指定第二个点或[退出(E)/放弃(U)]<退出>:(指定下一个复制对象距离位置)
指定第二个点或[退出(E)/放弃(U)]<退出>:(回车)

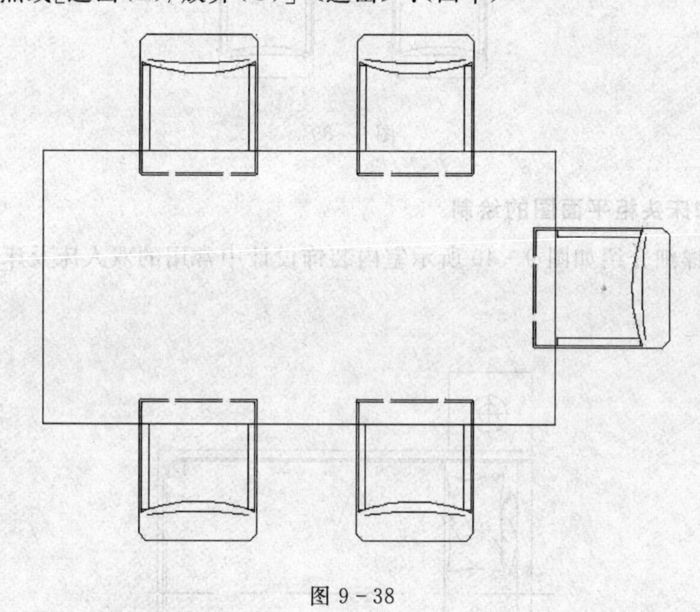

图9-38

(14)餐桌另外一侧的椅子造型通过镜像轻松得到,整个餐桌与椅子造型绘制完成,图9-39所示。
命令:MIRROR(镜像生成对称图形)
选择对象:找到1个
选择对象:找到24个,总计25个
选择对象:找到25个,总计50个
选择对象:找到25个,总计75个
选择对象:(回车)
指定镜像线的第一点:(以中间的轴线位置作为镜像线)
指定镜像线的第二点:
要删除源对象吗?[是(Y)/否(N)]<N>:N(输入N回车保留原有图形)
命令:ZOOM(缩放视图)
指定窗口的角点,输入比例因子(nX或nXP),或者

[全部(A)/中心(C)/动态(D)/范围(E)/上一个(P)/比例(S)/窗口(W)/对象(O)]<实时>:E

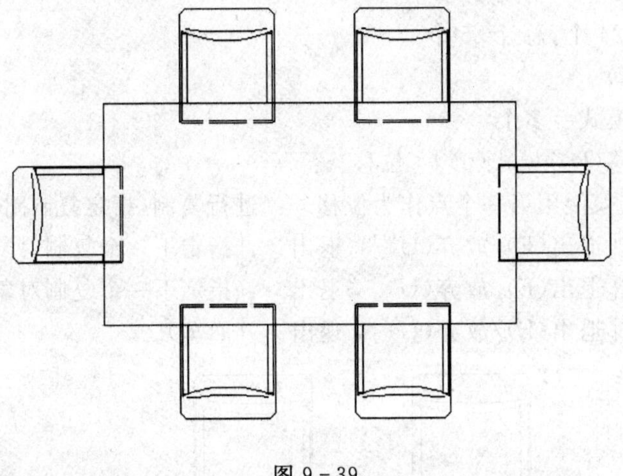

图 9-39

9.1.3 床和床头柜平面图的绘制

本节实例将详细介绍如图 9-40 所示室内装饰设计中常用的双人床及床头柜的绘制方法与相关技巧。

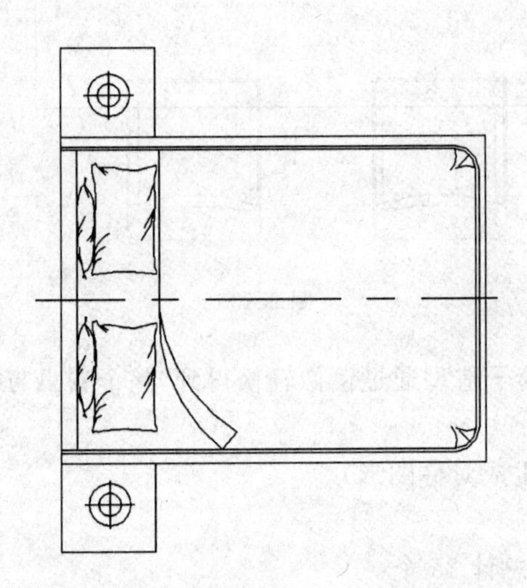

图 9-40

(1)绘制双人床的外部轮廓线,如图 9-41 所示。

命令:RECTANG(绘制矩形外部轮廓线)

指定第一个角点或[倒角(C)/标高(E)/圆角(F)/厚度(T)/宽度(W)]:

指定另一个角点或[面积(A)/尺寸(D)/旋转(R)]:D(输入 D 指定尺寸)

指定矩形的长度<0.0000>:1500(输入矩形的长度)

指定矩形的宽度<0.0000>：2000(输入矩形的宽度)

指定另一个角点或[面积(A)/尺寸(D)/旋转(R)]:(指定矩形另一个角点的位置或移动光标,以显示矩形可能的四个位置之一并单击需要的一个位置)

双人床的大小一般为 2000×1800,单人床的大小一般为 2000×1200。

(2)绘制床单造型,如图 9-42 所示。

命令:LINE(输入绘制直线命令)

指定第一点:(指定直线起点位置)

指定下一点或[放弃(U)]:(指定直线终点位置)

指定下一点或[放弃(U)]:(回车)

图 9-41

图 9-42

(3)进一步勾画床单造型,如图 9-43 所示。

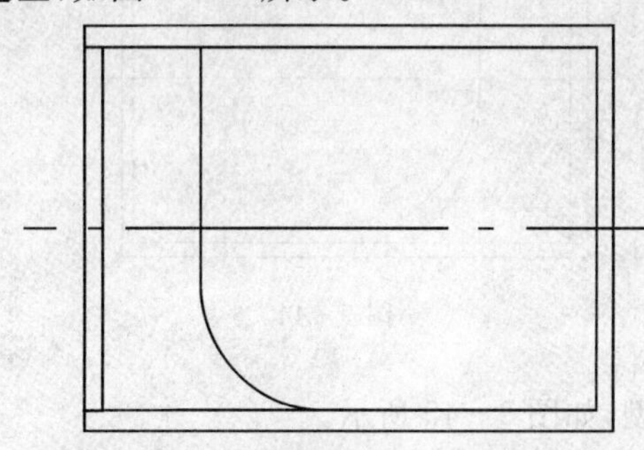

图 9-43

命令:LINE(输入绘制直线命令)

指定第一点:(指定直线起点位置)

指定下一点或[放弃(U)]:(指定直线终点位置)

指定下一点或[放弃(U)]:(回车)

命令:FILLET(对图形对象进行倒圆角)

当前设置:模式=修剪,半径= 500

选择第一个对象或[放弃(U)/多段线(P)/半径(R)/修剪(T)/多个(M)]:R(输入 R 设置倒圆角半径大小)

指定圆角半径<500>:(输入半径大小)

选择第一个对象或[放弃(U)/多段线(P)/半径(R)/修剪(T)/多个(M)]:(选择第一条倒圆角对象边界)

选择第二个对象，或按住< Shift>键选择要应用角点的对象：(选择第二条倒圆角对象边界)

(4)对床单底部进行加工，使其自然形象一些，如图 9-44 所示。

命令：CHAMFER(对图形对象进行倒直角)

("修剪"模式)当前倒角距离 1=0，距离 2=0

选择第一条直线或[放弃(U)/多段线(P)/距离(D)/角度(A)/修剪(T)/方式(E)/多个(M)]：D(输入 D 设置倒直角距离大小)

指定第一个倒角距离<0>：(输入距离)

指定第二个倒角距离<100>：(输入距离)

选择第一条直线或[放弃(U)/多段线(P)/距离(D)/角度(A)/修剪(T)/方式(E)/多个(M)]：(选择第一条倒直角对象边界)

选择第二条直线，或按住 Shift 键选择要应用角点的直线：(选择第二条倒直角对象边界)

命令：ARC(绘制弧线)

指定圆弧的起点或[圆心(C)]：(指定起始点位置)

指定圆弧的第二个点或[圆心(C)/端点(E)]：(指定中间点位置)

指定圆弧的端点：(指定起终点位置)

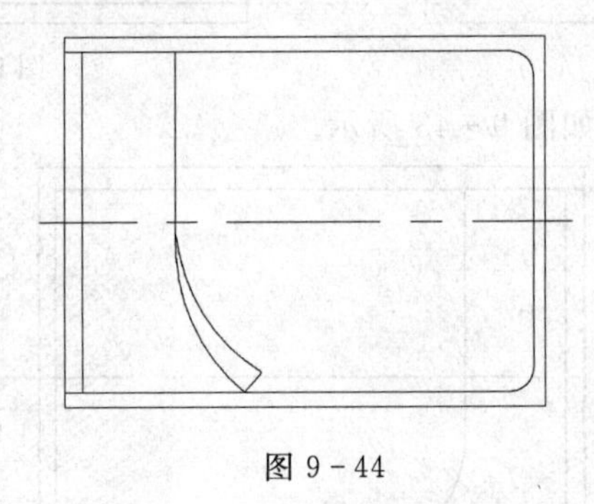

图 9-44

(5)建立枕头外轮廓造型，如图 9-45 所示。

命令：SPLINE(绘制枕套外轮廓)

指定第一个点或[对象(O)]：(指定样条曲线的第一点或选择对象进行样条曲线转换)

指定下一点：(指定下一点位置)

指定下一点或[闭合(C)/拟合公差(F)]<起点切向>：(指定下一点位置或选择备选项)

指定下一点或[闭合(C)/拟合公差(F)]<起点切向>：(指定下一点位置或选择备选项)

指定下一点或[闭合(C)/拟合公差(F)]<起点切向>：(指定下一点位置或选择备选项)

指定起点切向：(回车)

指定瑞点切向：(回车)

也可以使用 ARC 功能命令来绘制枕头造型。

(6)绘制枕头其他位置线段，如图 9-46 所示。

命令：ARC(绘制弧线)

指定圆弧的起点或[圆心(C)]：(指定起始点位置)

指定圆弧的第二个点或[圆心(C)/端点(E)]：(指定中间点位置)

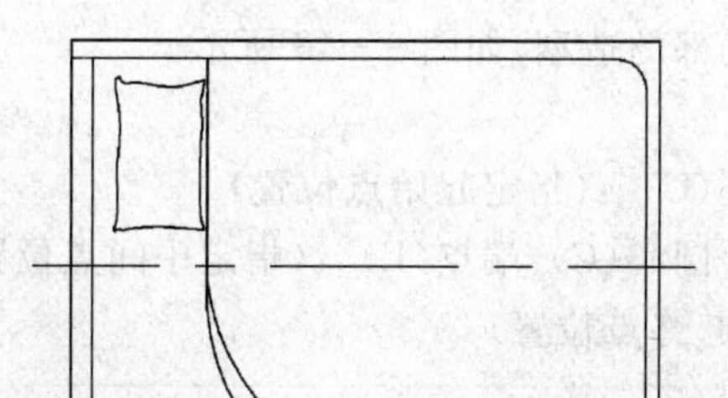

图 9-45

指定圆弧的端点:(指定起终点位置)

可以使用弧线功能命令 ARC. LINE 等绘制枕头折线,使其效果更为逼真。

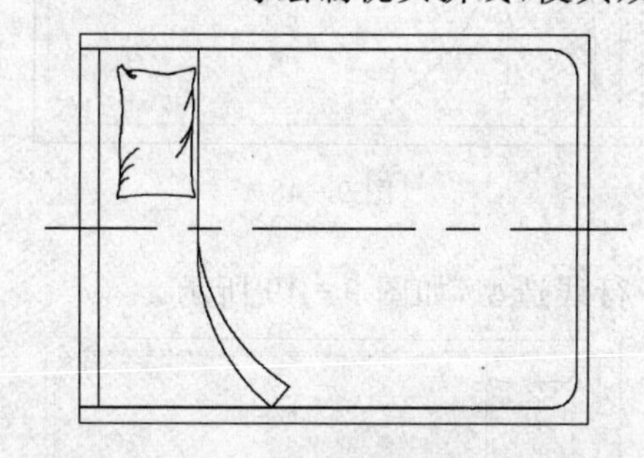

图 9-46

(7)复制得到另外一个枕头造型,如图 9-47 所示。

命令:COPY(复制得到相同的图形)

选择对象:找到 1 个

选择对象:找到 21 个,总计 22 个

选择对象:

当前设置:复制模式=多个

指定基点或[位移(D)/模式(0)]<位移>:

指定第二个点或<使用第一个点作为位移>:(进行复制,指定复制图形复制点位置)

指定第二个点或[退出(E)/放弃(U)]<退出>:(指定下一个复制对象距离位置)

指定第二个点或[退出(E)/放弃(U)]<退出>:(回车)

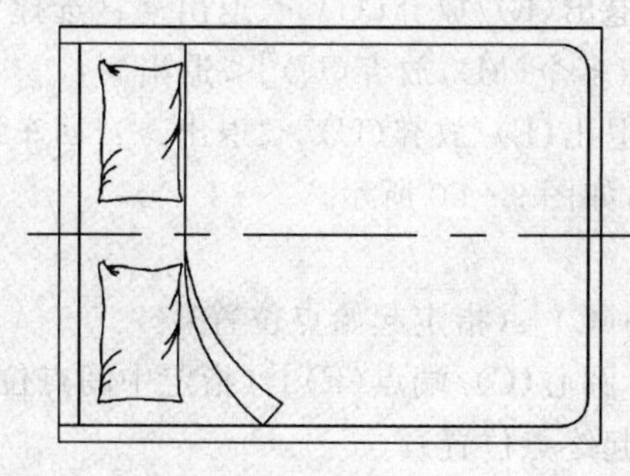

图 9-47

(8)在床尾部建立床单局部的造型,如图 9-48 所示。

命令:ARC(绘制弧线)

指定圆弧的起点或[圆心(C)]:(指定起始点位置)

指定圆弧的第二个点或[圆心(C)/端点(E)]:(指定中间点位置)

指定圆弧的端点:(指定起终点位置)

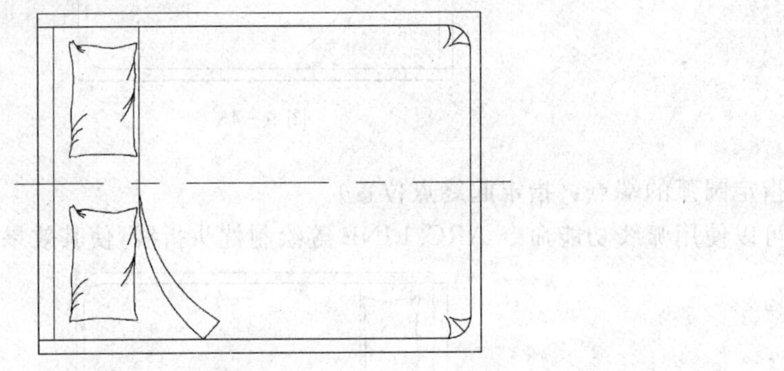

图 9-48

(9)通过偏移得到一组平行线造型,如图 9-49 所示。

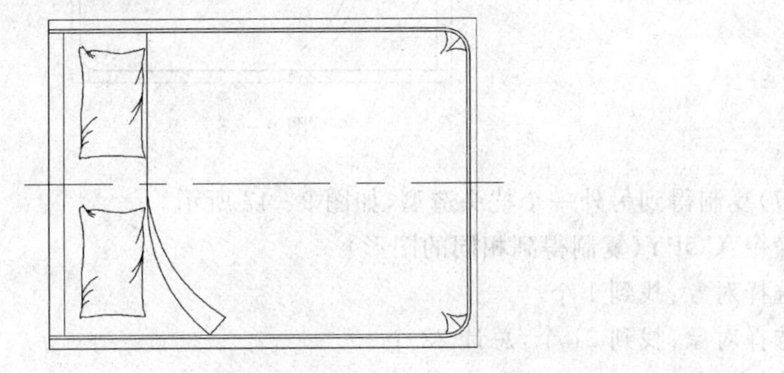

图 9-49

命令:OFFSET(偏移生成平行线)

当前设置:删除源=否,图层=源,OFFSETGAPTYPE=0

指定偏移距离或[通过(T)/删除(E)/图层(L)]<通过>:(输入偏移距离或指定通过点位置)

选择要偏移的对象,或[退出(E)/放弃(U)]<退出>:(选择要偏移的图形)

指定通过点或[退出(E)/多个(M),放弃(U)]<退出>:

选择要偏移的对象,或[退出(E)/放弃(U)]<退出>:(回车结束)

(10)绘制一个靠垫造型,如图 9-50 所示。

命令:ARC(绘制弧线)

指定圆弧的起点或[圆心(C)]:(指定起始点位置)

指定圆弧的第二个点或[圆心(C)/端点(E)]:(指定中间点位置)

指定圆弧的端点:(指定起终点位置)

命令:LINE(输入绘制直线命令)

指定第一点:(指定直线起点位置)

指定下一点或[放弃(U)]:(指定直线终点位置)
指定下一点或[放弃(U)]:(回车)

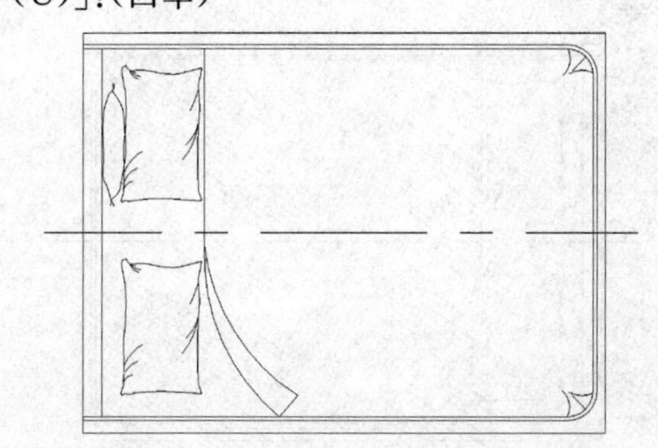

图 9-50

(11)勾画靠垫表面线条造型,并复制生成另一个靠垫,如图 9-51 所示。

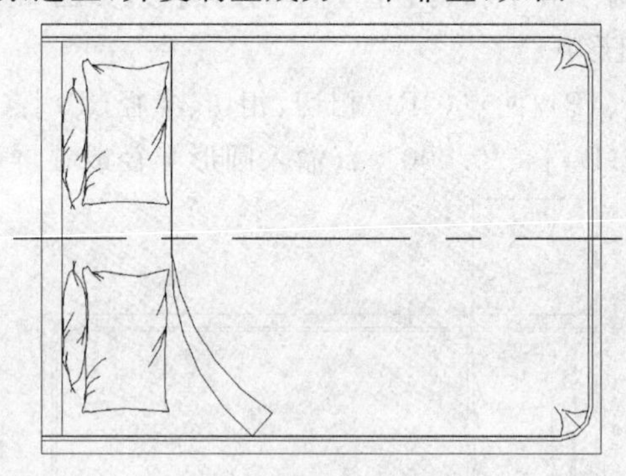

图 9-51

命令:LINE(输入绘制直线命令)
指定第一点:(指定直线起点位置)
指定下一点或[放弃(U)]:(指定直线终点位置)
指定下一点或[放弃(U)]:(回车)
命令:ARC(绘制弧线)
命令:LINE(输入绘制直线命令)
指定第一点:(指定直线起点位置)
指定下一点或[放弃(U)]:(指定直线终点位置)
指定下一点或[放弃(U)]:(回车)
(12)绘制床头桌造型。先绘制一个正方形,如图 9-52 所示。
命令:POLYGON(绘制等边多边形)
输入边的数目<4>:4(输入等边多边形的边数)
指定正多边形的中心点或[边(E)]:(指定等边多边形中心点位置)
输入选项[内接于圆(I)/外切于圆(C)]<I>:C(输入 C 以外切于圆,确定等边多边形)
指定圆的半径:(指定外切圆半径)
绘制床头桌造型为方形,也可以绘制成其他形状造型。

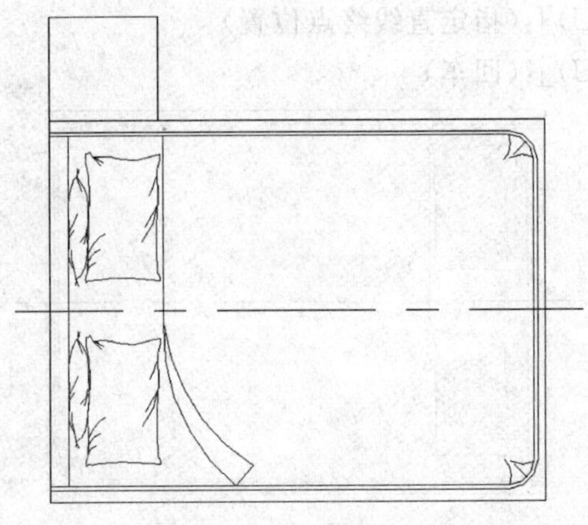

图 9-52

(13)在正方形上绘制两个大小和圆心位置不同的圆形,如图 9-53 所示。

命令:CIRCLE(绘制圆形)

指定圆的圆心或[三点(4P)/两点(2P)/相切、相切、半径(T)]:(指定圆心点位置)

指定圆的半径或[直径(D)]<20.000>:(输入圆形半径或在屏幕上直接点取)

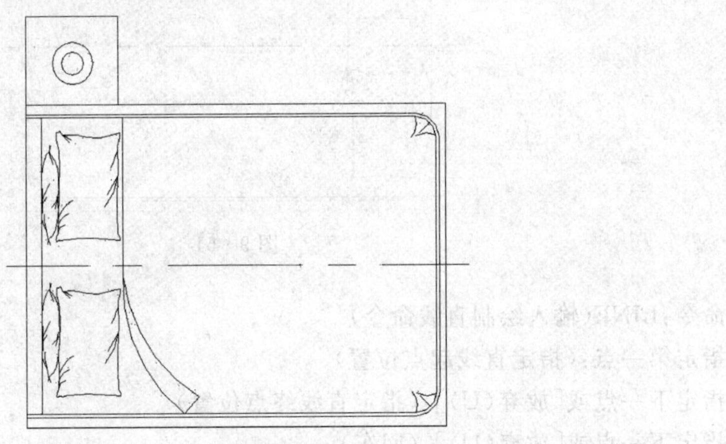

图 9-53

(14)绘制随机斜线形成灯罩效果,如图 9-54 所示。

命令:LINE(输入绘制直线命令)

指定第一点:(指定直线起点位置)

指定下一点或[放弃(U)]:(指定直线终点位置)

指定下一点或[放弃(U)]:(回车)

(15)进行镜像得到两个床头灯造型,如图 9-55 所示。

命令:MIRROR(镜像生成对称图形)

选择对象:找到 1 个

选择对象:找到 18 个,总计 18 个

选择对象:(回车)

指定镜像线的第二点:

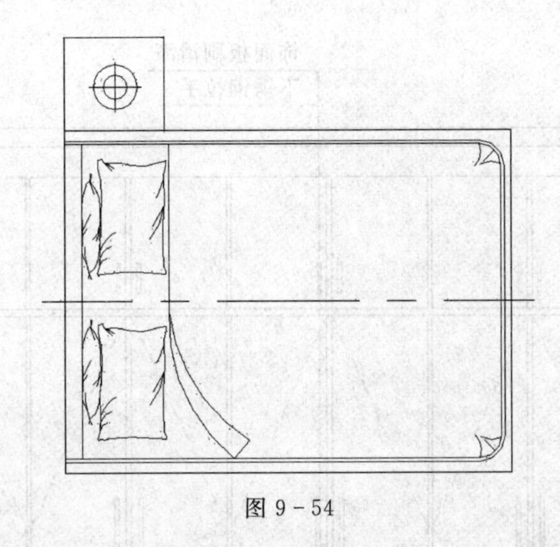

图 9-54

要删除源对象吗？[是(Y)/否(N)]<N>:N(输入N回车保留原有图形)

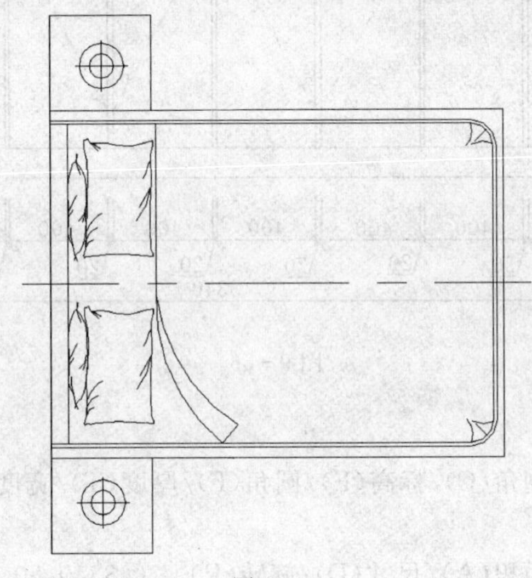

图 9-55

(16)缩放视图，完成双人床及床头灯平面造型设计，如图9-55所示。选择SAVE命令将图形保存。

9.1.4 衣柜立面图的绘制

本节实例以卧室衣柜立面图为例，讲解复制命令和镜像命令等的使用方法和技巧。在绘图中主要用到矩形命令、直线命令等，绘图结果如图9-56所示。

1.设置绘图界限

执行“格式>图形界限”命令，根据命令行提示指定左下角点为原点，右上角点为“5000，4000”。

在命令行中输入ZOOM命令，回车后选择“全部(A)”选项，显示图形界限。

2.绘制衣柜正立面

(1)绘制衣柜上端的长形装饰木条。单击“绘图”工具栏中的矩形命令按钮，根据命令行提示绘制一个长3320、宽80的矩形，命令行显示：

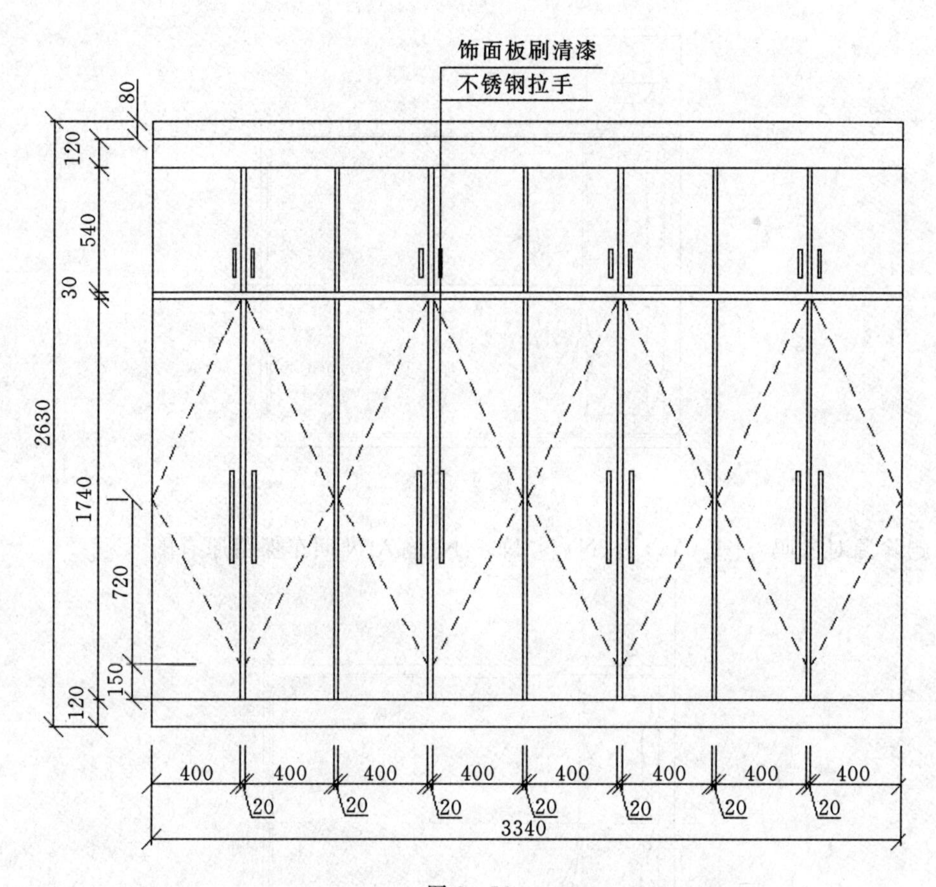

图 9－56

命令：_rectang

指定第一个角点或［倒角(C)/标高(E)/圆角(F)/厚度(T)/宽度(W)］:(鼠标在绘图界面确定第一个角点)

指定另一个角点或［面积(A)/尺寸(D)/旋转(R)］: @3340,80

结果如图 9－57 所示。

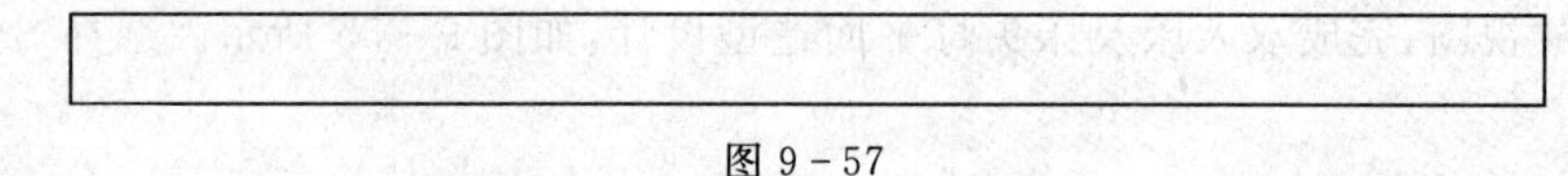

图 9－57

(2)绘制衣柜上端的矩形装饰木条面。单击"绘图"工具栏中的矩形命令按钮,设置"对象捕捉"为"端点",根据命令行提示绘制一个长 3340、宽 120 的矩形,命令行显示：

命令：_rectang

指定第一个角点或［倒角(C)/标高(E)/圆角(F)/厚度(T)/宽度(W)］:(鼠标捕捉到装饰木条的左下角)

指定另一个角点或［面积(A)/尺寸(D)/旋转(R)］: @3340,－120

结果如图 9－58 所示。

(3)绘制衣柜上端的小柜门。单击"绘图"工具栏中的矩形命令按钮,根据命令行提示绘制一个宽 400、长 540 的矩形,如图 9－59 所示。

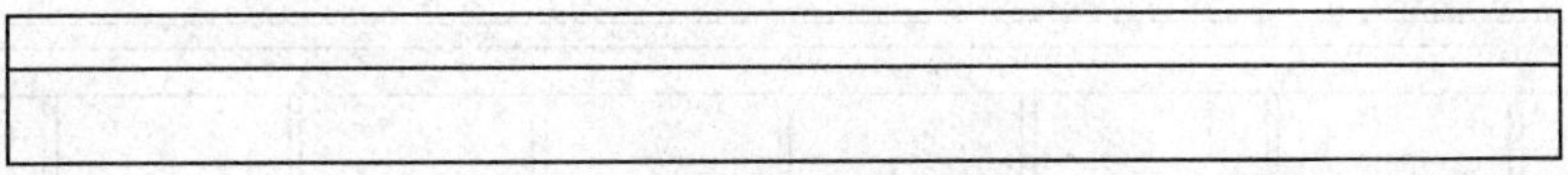

图 9-58

(4)绘制小柜门把手。单击“绘图”工具栏中的矩形命令按钮，取消“对象捕捉”，根据命令行提示在小柜门相应的位置绘制一个宽 15、长 120 的矩形，如图 9-60 所示。

(5)镜像、移动复制衣柜小柜门。启动“对象捕捉”，设定捕捉“端点”。单击“修改”工具栏“镜像”按钮，进行“镜像”复制，命令行显示：

命令：_mirror

选择对象：指定对角点：找到 2 个

选择对象：(回车确定选择对象)

指定镜像线的第一点：指定镜像线的第二点：(捕捉柜门右边上下两个端点，确定垂直镜像线)

要删除源对象吗？[是(Y)/否(N)] ＜N＞：(回车确定不删除源对象)

镜像后，根据要求，小门之间有 20 单位的装饰夹板，进行移动距离 20，如图 9-61 所示。

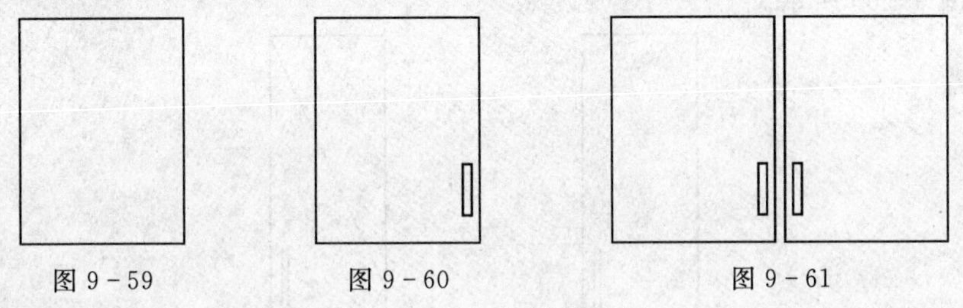

图 9-59　　图 9-60　　图 9-61

(6)复制衣柜小柜门。单击“修改”工具栏“复制”按钮，进行柜门复制。命令行显示：

命令：_copy

选择对象：指定对角点：找到 4 个

选择对象：(回车确定选择对象)

当前设置：复制模式＝多个

指定基点或 [位移(D)/模式(O)] ＜位移＞：(回车确定位移)

指定位移 ＜0.0000，0.0000，0.0000＞：840,0(向右位移两个柜门和两个夹板的宽度)

结果如图 9-62 所示。

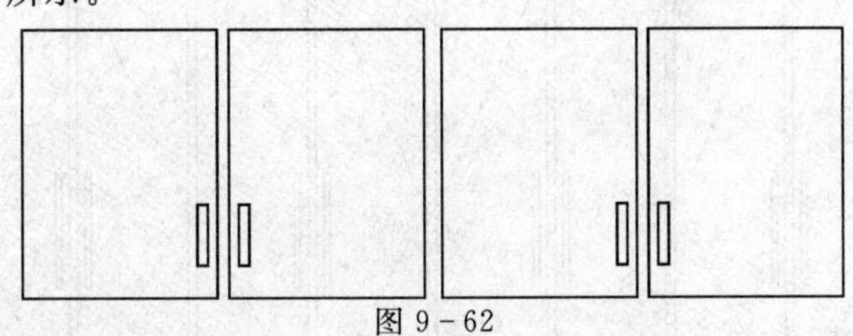

图 9-62

(7)与装饰矩形组合。继续复制其余的柜门，并移动至装饰矩形下面形成组合，如图9-63所示。

(8)绘制衣柜大门。参照绘制小门及把手的方法绘制宽 400、长 1740 的大门和宽 20、长 400 的把手，如图 9-64 所示。

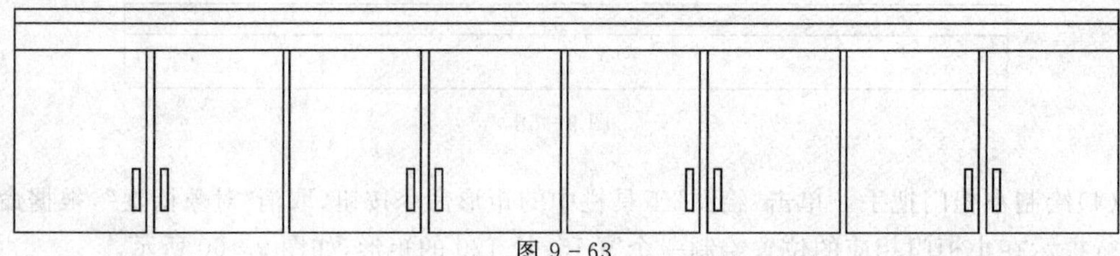

图 9-63

(9)绘制柜门装饰。单击“工具”栏中的“直线”命令按钮,设置直线线型为“CENTERX2”,“全局比例因子”为 4,在右下端点上 150 处为起点,绘制柜门装饰线,命令栏显示:

命令:_line

指定第一个点:(捕捉右下端点)

指定下一点或 [放弃(U)]: @0,150(回车确定点距离)

指定下一点或 [放弃(U)]:(捕捉左边中点)

指定下一点或 [闭合(C)/放弃(U)]:(捕捉右边上端点)

指定下一点或 [闭合(C)/放弃(U)]:(回车结束)

结果如图 9-65 所示。

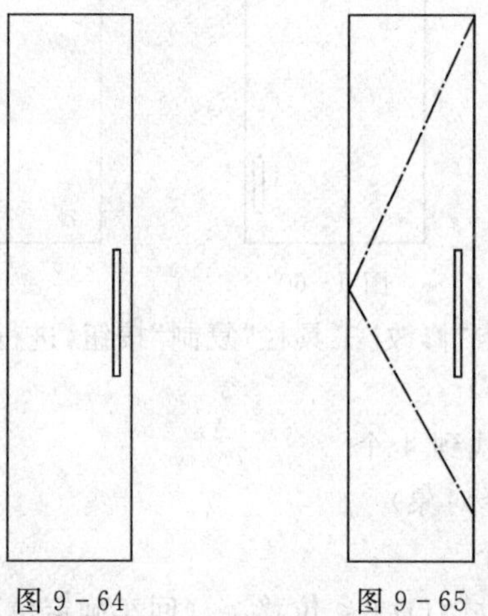

图 9-64　　图 9-65

(10)镜像、复制柜门。参照镜像、复制小柜门的方法,镜像复制大柜门,效果如图 9-66 所示。

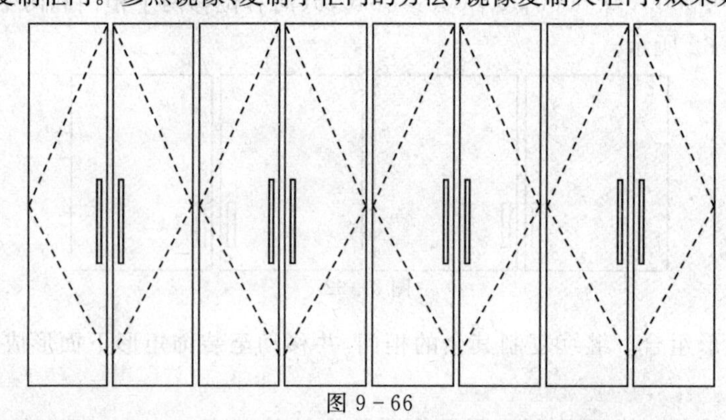

图 9-66

(11)移动组合门,完成衣柜的绘制。绘制大门与小门之间长 3340、宽 30 的装饰木条。移动大门组合,且在大门下方绘制宽 120、长 3340 的装饰板,最后调整柜子组合,效果如图 9-67 所示。

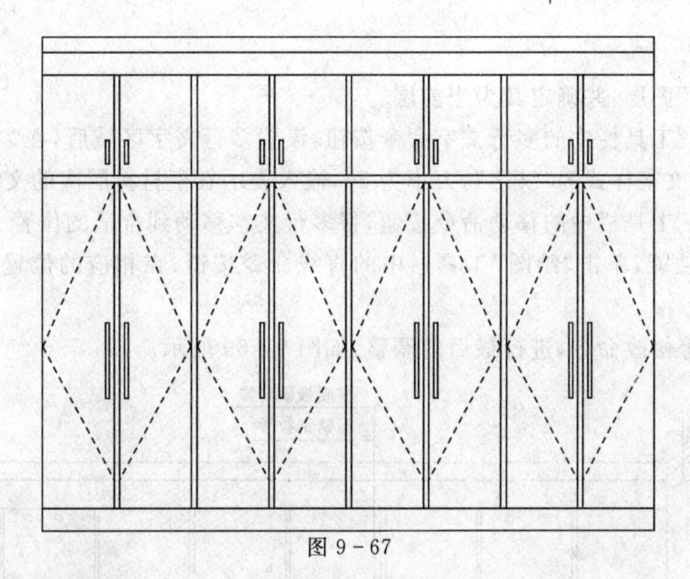

图 9-67

3.衣柜立面图标注

(1)尺寸标注。

①新建“尺寸标注”图层,并确定其为当前层。

②在工具栏上的任意位置单击鼠标右键,选择“标注”,显示[标注]工具栏。

③利用[标注]工具栏中的线性标注和连续标注命令按钮,为图形进行尺寸标注,并适当进行修改,结果如图 9-68 左图所示。

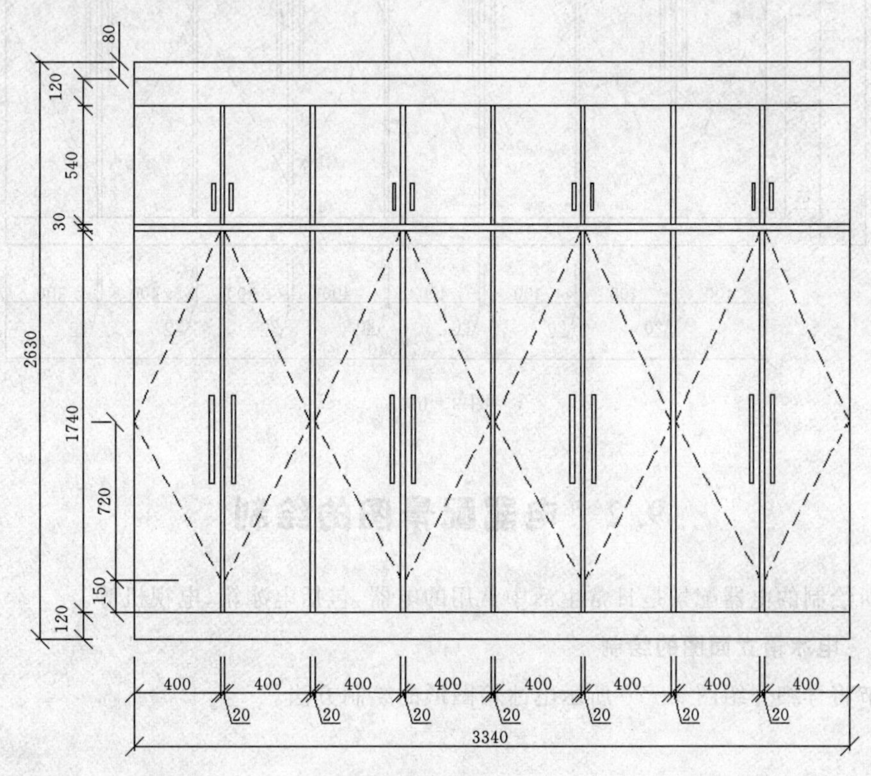

图 9-68

(2)文字标注。

①新建“文字”图层,并确定其为当前层。

②单击“绘图”工具栏中的多行文字命令按钮,设置多行文字区域后,在“文字格式”对话框中输入说明文字,文字样式为“汉字”,大小为50,输入表示衣柜材料层次的文字。

③单击“修改”工具栏中的移动命令按钮,将多行文本移动到合适的位置。

④打开正交功能,单击“绘图”工具栏中的直线命令按钮,在相应的位置绘制水平直线和折线。

⑤运用偏移等修改命令,进行最后的调整,如图9-69所示。

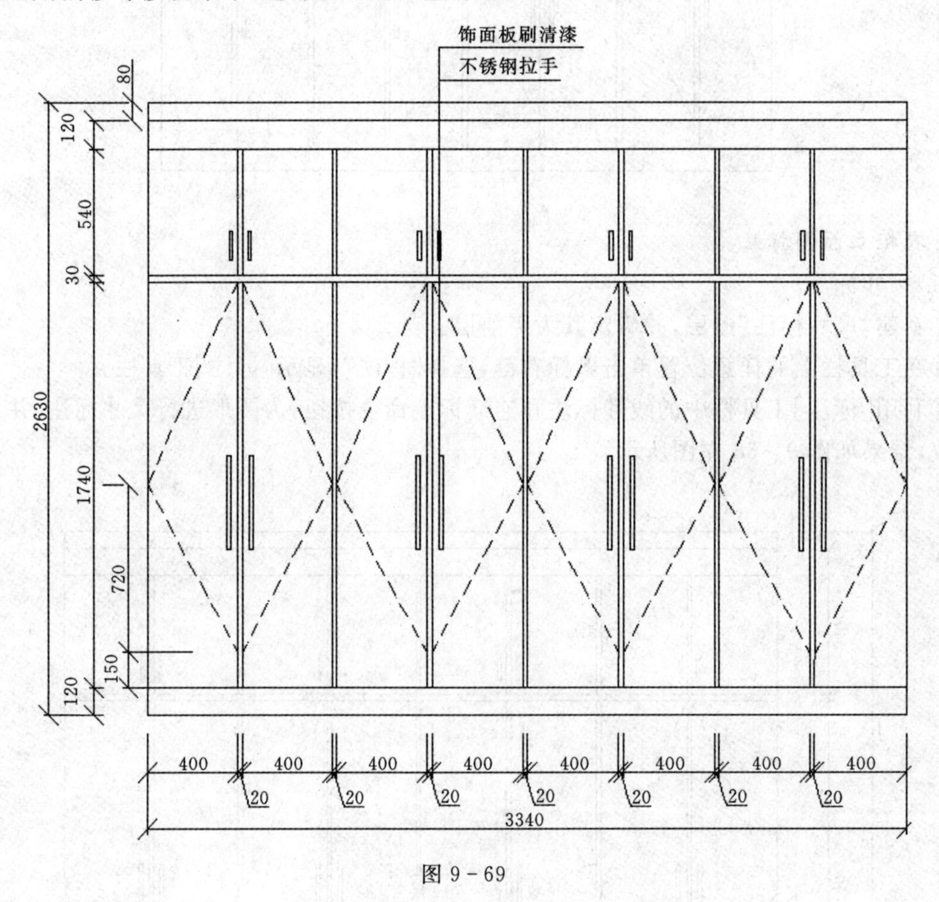

图9-69

9.2 电器配景图的绘制

本节所绘制的电器配景是日常生活中常用的电器,包括电冰箱、电视机等。

9.2.1 电冰箱立面图的绘制

本小节将详细介绍图9-70所示电冰箱图形的绘制方法。

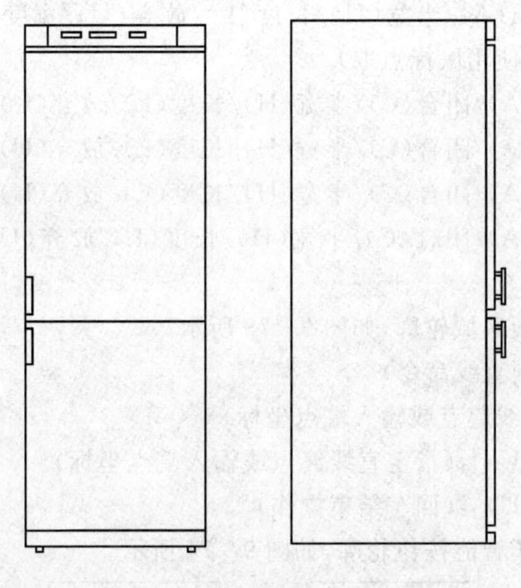

图 9-70

1. 电冰箱正立面图的绘制

(1)勾画电冰箱下部轮廓造型,如图 9-71 所示。

命令:RECTANG(绘制矩形)

指定第一个角点或[倒角(C)/标高(E)/圆角(F)/厚度(T)/宽度(W)]:

指定另一个角点或[面积(A)/尺寸(D)旋转(R)]:D(输入 D 指定尺寸)

指定矩形的长度<0.0000>:(输入矩形的长度)

指定矩形的宽度<0.0000>:(输入矩形的宽度)

指定另一个角点或[面积(A)/尺寸(D)旋转(R)]:(指定矩形另一个角点的位置或移动光标以显示矩形可能的四个位置之一并单击需要的一个位置)

(2)与下部轮廓一致比例,绘制电冰箱上部轮廓,如图 9-72 所示。

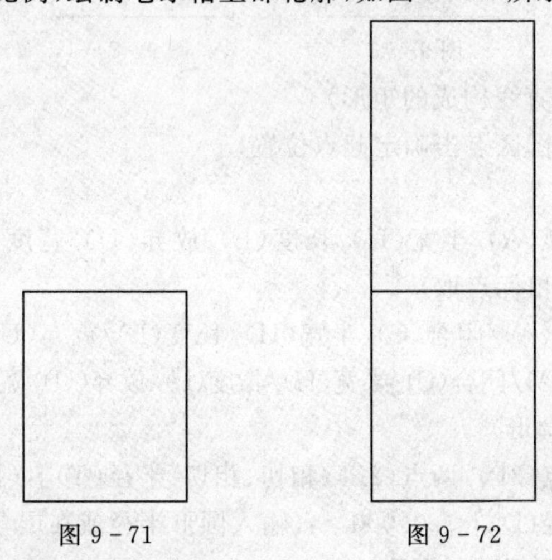

图 9-71　　图 9-72

命令:PLINE(绘制由直线构成的矩形)

指定起点:(鼠标在绘图区点击确定起点位置)

当前线宽为 0.0000

指定下一个点或[圆弧(A)/半宽(H)/长度(L)/放弃(U)/宽度(W)):(依次输入多段线端点的际或直接在屏幕上使用鼠标点取)

指定下一点或[圆弧(A)/闭合(C)/半宽(H)/长度(L)/放弃(U)/宽度(W)]:(下一点)

指定下一点或[圆弧(A)/闭合(C)/半宽(H)/长度(L)/放弃(U)/宽度(W)]:(下一点)

指定下一点或[圆弧(A)/闭合(C)/半宽(H)/长度(L)/放弃(U)/宽度(W)]:(下一点)

指定下一点或[圆弧(A)/闭合(C)/半宽(H)/长度(L)/放弃(U)/宽度(W)]:(回车结束操作)

(3)绘制电冰箱显示板区域轮廓,如图 9-73 所示。

命令:LINE(输入绘制直线命令)

指定第一点:(指定直线起点或输入端点坐标)

指定下一点或[放弃(U)]:(指定直线终点或输入端点坐标)

指定下一点或[放弃(U)]:(回车结束操作)

(4)绘制电冰箱的电子智能按钮轮廓,如图 9-74 所示。

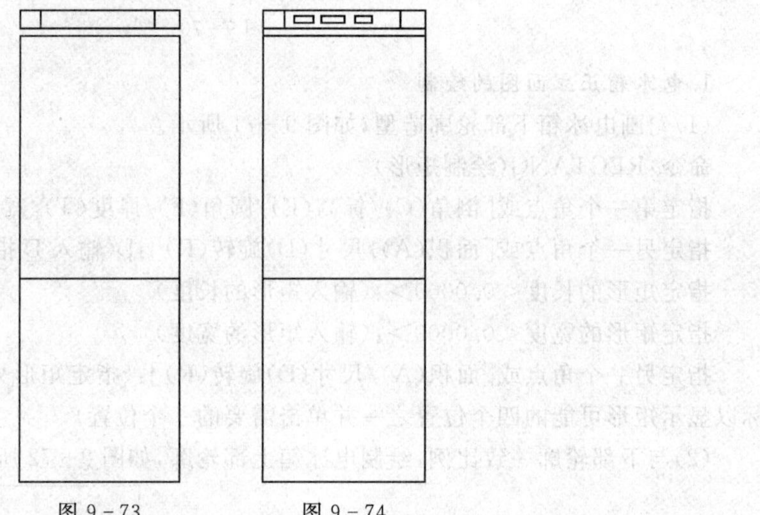

图 9-73　　　　图 9-74

命令:PLINE(绘制由直线构成的矩形)

指定起点:(鼠标在绘图区点击确定起点位置)

当前线宽为 0.0000

指定下一个点或[圆弧(A)/半宽(H)/长度(L)/放弃(U)/宽度(W)]:(依次输入多段线端点的直接在屏幕上使用鼠标点取)

指定下一点或[圆弧[(A)/闭合(C)/半宽(H)/长度(L)/放弃(U)/宽度(W)]:(下一点)

指定下一点或[圆弧[(A)/闭合(C)/半宽(H)/长度(L)/放弃(U)/宽度(W)]:(回车结束操作)

命令:CIRCLE(绘制圆形)

指定圆的圆心或[三点(3P)/两点(2P)/相切、相切、半径(T)]:(指定圆心点位置)

指定圆的半径或[直径(D)]<20.000>:(输入圆形半径或在屏幕上直接点取)

命令:COPY(复制得到相同的图形)

选择对象:找到 1 个

选择对象:

当前设置:复制模式=多个

指定基点或[位移(D)/模式(O)]<位移>:

指定第二个点或<使用第一个点作为位移>:(进行复制,指定复制图形复制点位置)

指定第二个点或[退出(E)/放弃(U)]<退出>:(指定下一个复制对象距离位置)

指定第二个点或[退出(E)/放弃(U)]<退出>:(回车结束操作)

(5)移动视图,在中部位置绘制电冰箱下部门的凹槽拉手轮廓,如图9-75所示。

命令:LINE

指定第一点:(指定直线起点或输入端点坐标)

指定下一点或[放弃(U)]:(指定直线终点或输入端点坐标)

指定下一点或[放弃(U)]:(回车结束操作)

(6)绘制电冰箱上部门的凹槽拉手轮廓,通过镜像并移动其位置得到,如图9-76所示。

命令:MIRROR

选择对象:找到1个

选择对象:找到1个,总计2个

选择对象:(回车)

指定镜像线的第一点:(以中间的轴线位置作为镜像线)

指定镜像线的第二点:

要删除源对象吗?[是(Y)/否(N)]<N>:N(输入N回车保留原有图形)

命令:MOVE(移动命令)

选择对象:找到1个

选择对象:找到1个,总计2个

选择对象:(回车)

指定基点或[位移(D)]<位移>:(指定移动基点位置)

指定第二个点或<使用第一个点作为位移>:(指定移动位置)

因电冰箱上部门的轮廓与下部的相同,所以可以通过镜像并移动其位置得到。

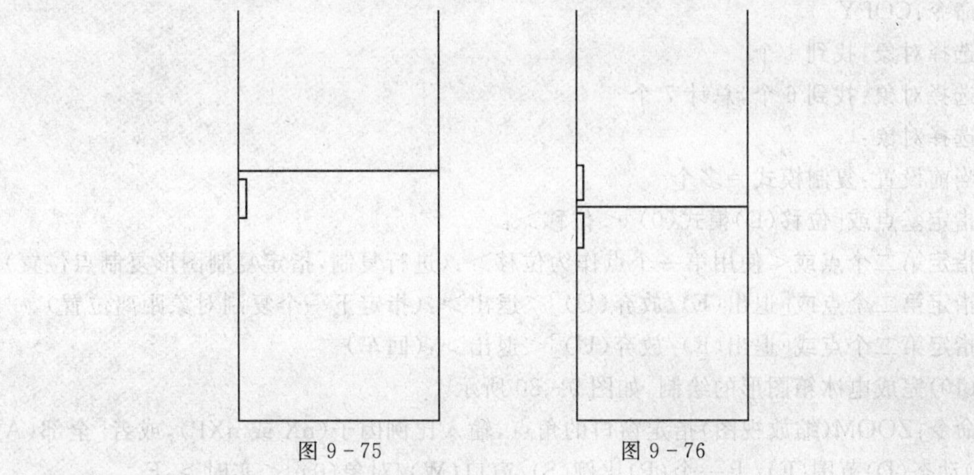

图9-75　　图9-76

(7)移动视图至电冰箱底部,绘制底部轮廓造型,如图9-77所示。

命令:LINE

指定第一点:(指定直线起点或输入端点坐标)

指定下一点或[放弃(U)]:(指定直线终点或输入端点坐标)

指定下一点或[放弃(U)]:(回车)

(8)绘制电冰箱底部滑动轮,如图 9-78 所示。

命令:PLINE

指定起点:(确定起点位置)

当前线宽为 0.0000

指定下一个点或[圆弧(A)/半宽(H)/长度(L)/放弃(U)/宽度(W)]:(依输入多段线端点的示或直接在屏幕上使用鼠标点取)

指定下一点或[圆弧(A)/闭合(C)/半宽(H)/长度(L)/放弃(U)/宽度(W)]:(下一点)

指定下一点或[圆弧(A)/闭合(C)/半宽(H)/长度(L)/放弃(U)/宽度(W)]:(回车结束操作)

命令:LINE(输入绘制直线命令)

指定第一点:(指定直线起点或输入端点坐标)

指定下一点或[放弃(U)]:(指定直线终点或输入端点坐标)

指定下一点或[放弃(U)]:(回车)

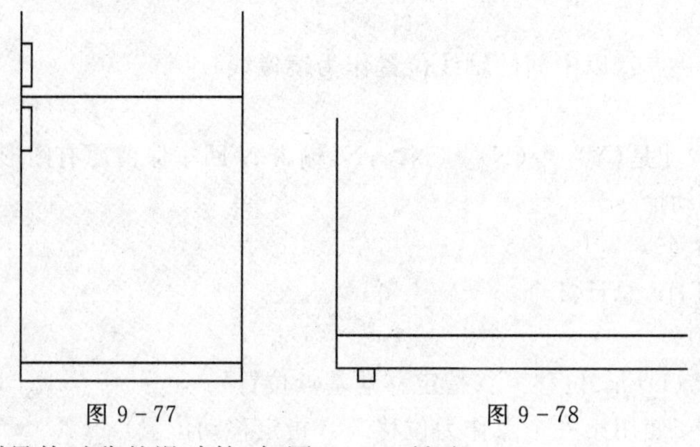

图 9-77　　　　　　图 9-78

(9)复制得到另外对称的滑动轮,如图 9-79 所示。

命令:COPY

选择对象:找到 1 个

选择对象:找到 6 个,总计 7 个

选择对象:

当前设置:复制模式=多个

指定基点或[位移(D)模式(0)]＜位移＞:

指定第二个点或＜使用第一个点作为位移＞:(进行复制,指定复制图形复制点位置)

指定第二个点或[退出(E)/放弃(U)]＜退出＞:(指定下一个复制对象距离位置)

指定第二个点或[退出(E)/放弃(U)]＜退出＞:(回车)

(10)完成电冰箱图形的绘制,如图 9-80 所示。

命令:ZOOM(缩放视图)指定窗口的角点,输入比例因子(nX 或 nXP),或者[全部(A)/中心(C)动态(D)范围(E)/上一个(P)比例(S)/窗口(W)/对象(0)]＜实时＞:E

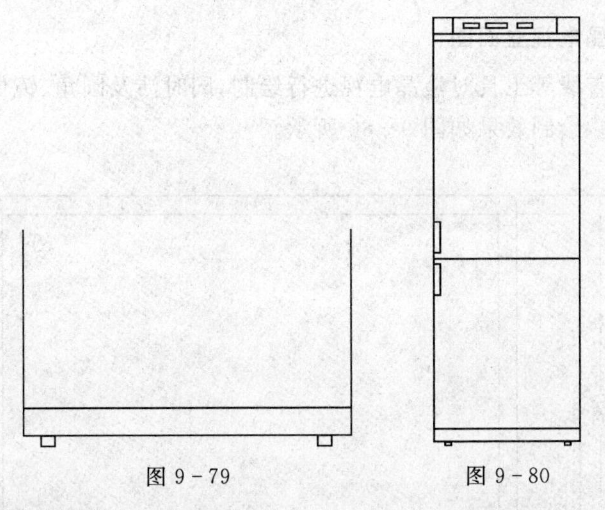

图 9-79　　图 9-80

2. 电冰箱侧立面图的绘制

参照上述步骤，电冰箱侧立面图的绘制结果如图 9-81、9-82、9-83、9-84、9-85 所示。

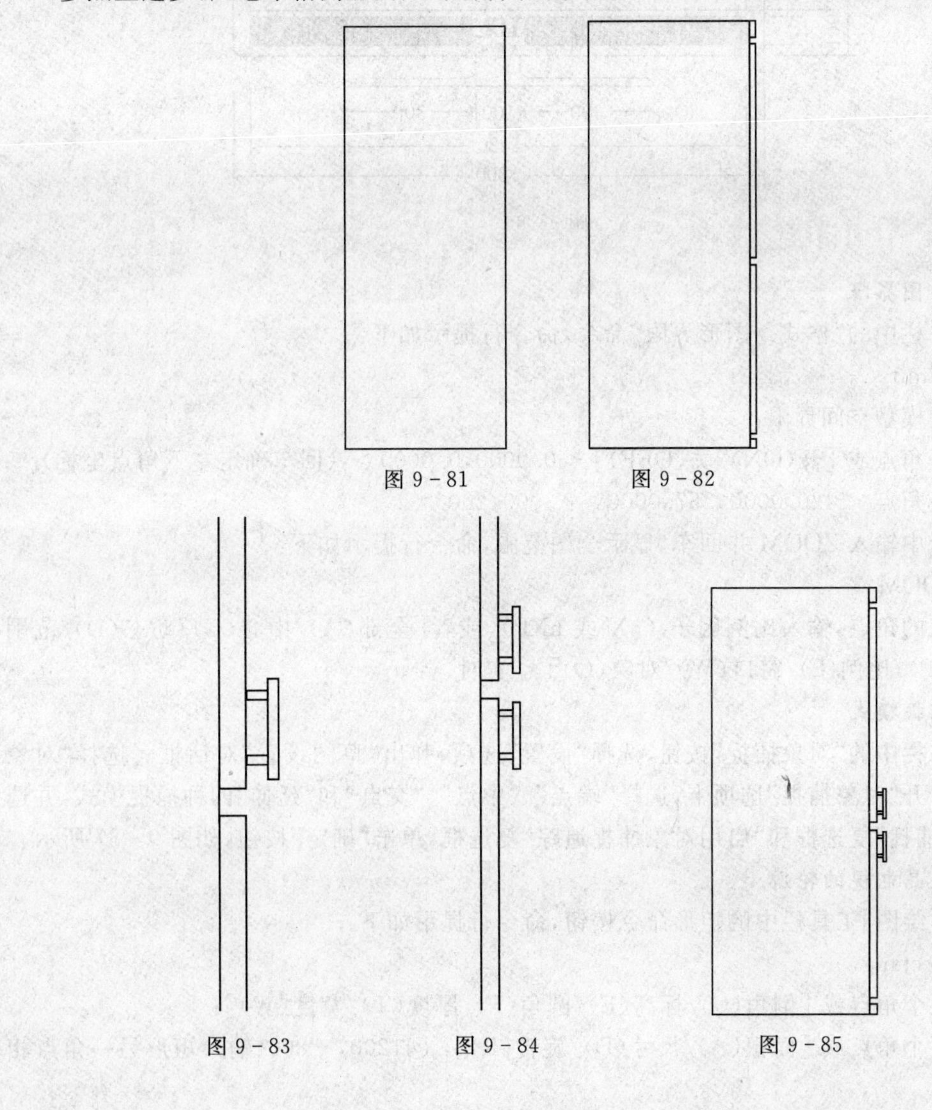

图 9-81　　图 9-82

图 9-83　　图 9-84　　图 9-85

9.2.2 绘制液晶电视立面图

本节运用矩形、直线等工具对液晶电视进行绘制，同时涉及圆角、镜像、复制等修改工具的修改演示和尺寸标注，绘制效果如图 9-86 所示。

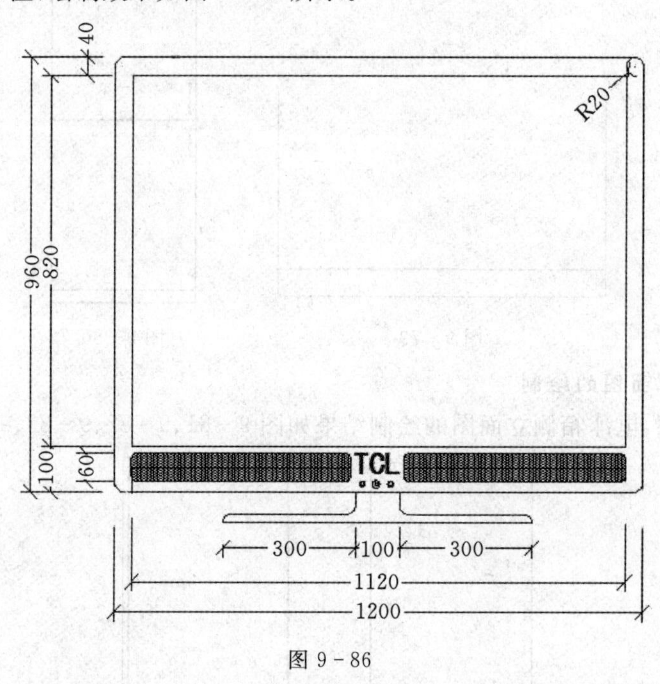

图 9-86

1. 设置绘图界限

单击菜单栏中的“格式>图形界限”命令，命令行提示如下：

命令：_limits

重新设置模型空间界限：

指定左下角点或［开(ON)/关(OFF)］<0.0000,0.0000>：(回车确定左下角点坐标)

指定右上角点 <420.0000,287.0000>：3000,2000

在命令行中输入 ZOOM 并回车，显示全图范围，命令行提示如下：

命令：ZOOM

指定窗口的角点，输入比例因子 (nX 或 nXP)，或者［全部(A)/中心(C)/动态(D)/范围(E)/上一个(P)/比例(S)/窗口(W)/对象(O)］<实时>：a

2. 设置捕捉模式

右击状态栏中的“对象捕捉”按钮，选择“设置”选项，弹出“草图设置”对话框。选择“对象捕捉”标签，打开“对象捕捉”选项卡，选择“端点”、“中点”、“交点”和“延伸”四种捕捉模式，并选中“启用对象捕捉”复选框和“启用对象捕捉追踪”复选框，单击“确定”按钮，如图 9-87 所示。

3. 绘制液晶电视的轮廓

(1)单击[绘图]工具栏中的矩形命令按钮，命令行提示如下：

命令：_rectang

指定第一个角点或［倒角(C)/标高(E)/圆角(F)/厚度(T)/宽度(W)］：

指定另一个角点或［面积(A)/尺寸(D)/旋转(R)］：@1200，-800(输入矩形另一角点相

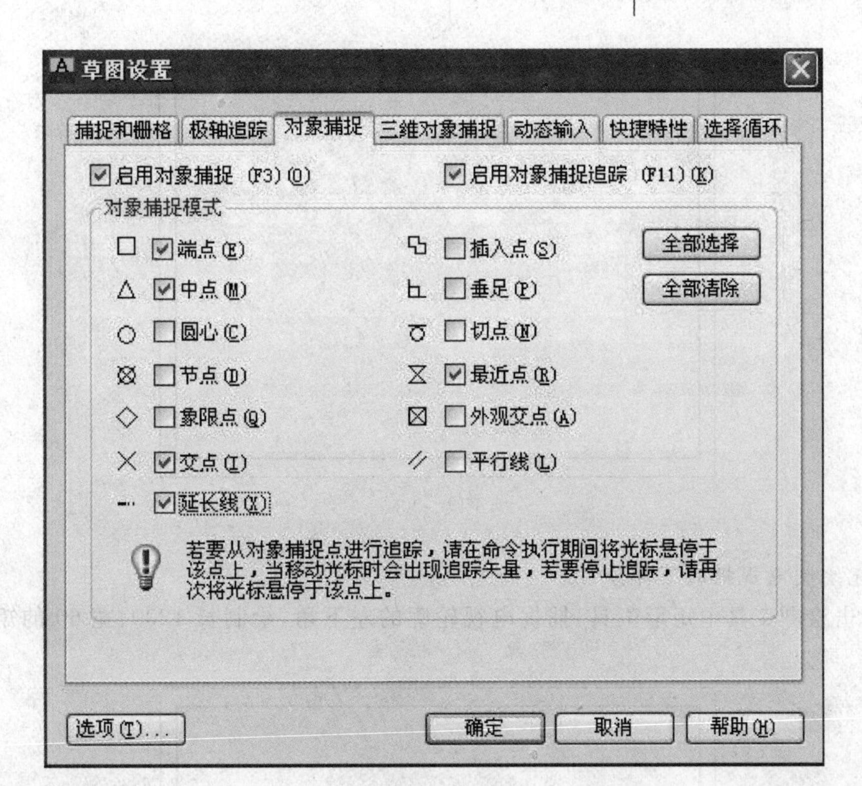

图 9-87

当于第一角点的坐标)

(2)单击[修改]工具栏中的偏移命令按钮,命令行提示如下:

命令:_offset

当前设置:删除源=否,图层=源,OFFSETGAPTYPE=0

指定偏移距离或[通过(T)/删除(E)/图层(L)]<0.0000>:40

选择要偏移的对象,或[退出(E)/放弃(U)]<退出>:(鼠标选择矩形)

指定要偏移的那一侧上的点,或[退出(E)/多个(M)/放弃(U)]<退出>:(鼠标点击矩形内侧,向你偏移40)

(3)单击[修改]工具栏中的圆角命令按钮,命令行提示如下:

命令:_fillet

当前设置:模式 = 修剪,半径 = 0.0000

选择第一个对象或[放弃(U)/多段线(P)/半径(R)/修剪(T)/多个(M)]:r

指定圆角半径<0.0000>:20

选择第一个对象或[放弃(U)/多段线(P)/半径(R)/修剪(T)/多个(M)]:(单击右上角的一边)

选择第二个对象,或按住 Shift 键选择对象以应用角点或[半径(R)]:(单击右上角的另一边)

命令:(回车继续对左上角进行圆角修改)

效果如图 9-88 所示。

图 9-88

4. 补充绘制电视机的下部分

(1)单击绘图工具中矩形工具，捕捉电视轮廓的左下角，绘制长 1200、宽 60 的矩形，如图 9-89所示。

图 9-89

(2)单击修改工具修剪命令按钮，将多余的线条进行修剪，命令栏提示如下：

命令：_trim

选择对象或 <全部选择>： 指定对角点：找到 3 个

选择对象：(回车确定选择)

选择要修剪的对象，或按住 Shift 键选择要延伸的对象，或[栏选(F)/窗交(C)/投影(P)/边(E)/删除(R)/放弃(U)]：(鼠标点选要修剪的内容，连续三次，回车结束)

继续对下面两个角进行圆角修改，效果如图 9-90 所示。

5. 绘制电视扬声器

(1)绘制扬声器轮廓。单击工具栏中的矩形命令按钮，绘制长 500、宽 60 的矩形，并对四角进行半径为 10 的圆角修改，如图 9-91 所示。

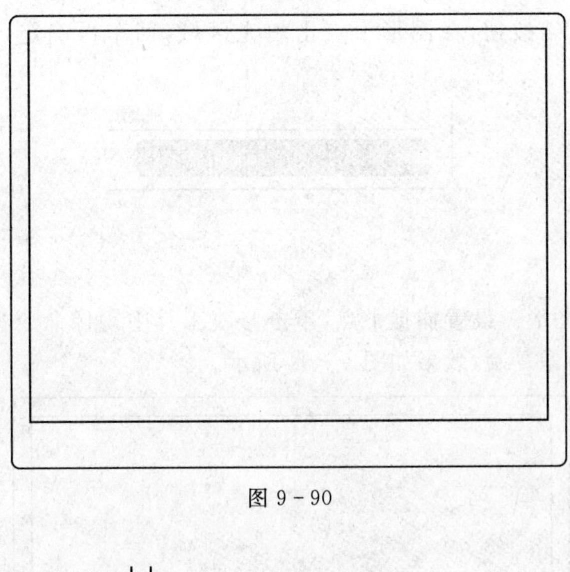

图 9－90

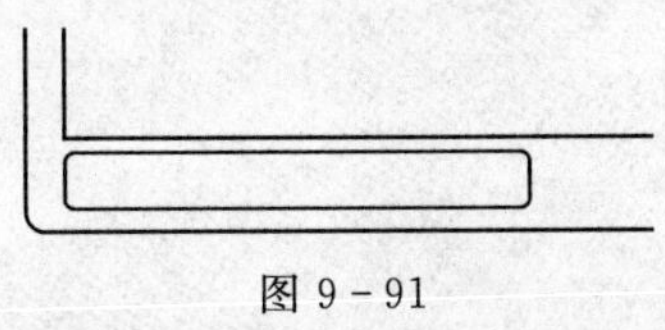

图 9－91

(2)图案填充。单击工具栏中的图案填充命令按钮，打开“图案填充和渐变色”对话框，在“图案填充”选项板中进行如图 9－92 设置。

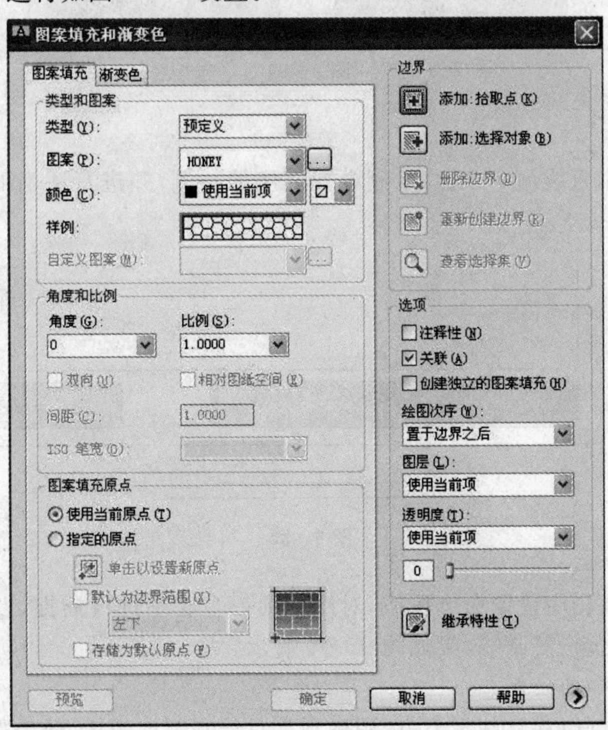

图 9－92

单击“添加:拾取点”按钮,在图形中点击填充区域,回车再确定,填充效果如图 9 - 93 所示。

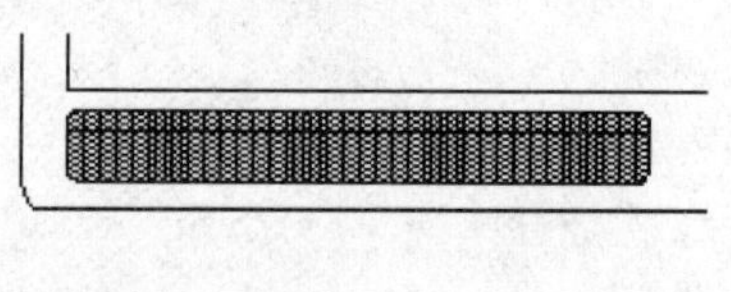

图 9 - 93

(3)镜像复制填充图形。设置捕捉中点,单击修改工具中镜像命令按钮,捕捉电视轮廓底线中点为镜像线进行镜像复制,效果如图 9 - 94 所示。

图 9 - 94

6. 绘制电视底座

(1)单击工具栏中直线命令按钮,绘制电视底座的一侧,并进行适当的圆角修改,如图 9 - 95 所示。

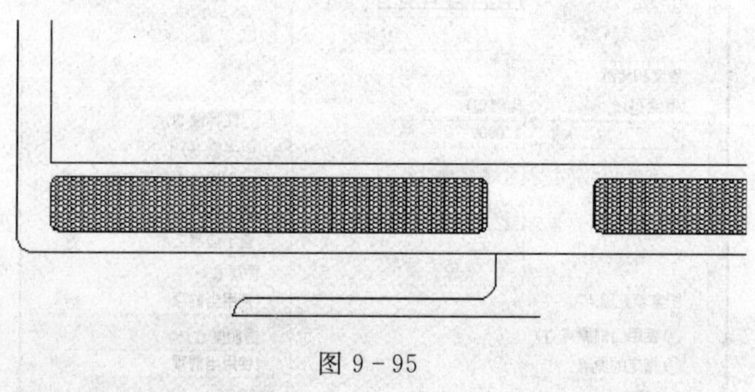

图 9 - 95

(2)单击修改工具栏中镜像命令按钮,对绘制的一半底座进行捕捉,以电视轮廓底线中点所在的直线为镜像线镜像复制,效果如图 9 - 96 所示。

7. 标志及装饰按钮的绘制

运用文本工具绘制电视品牌标志,运用椭圆工具绘制装饰按钮,效果如图 9 - 97 所示。

8. 液晶电视立面图标注

(1)新建“尺寸标注”图层,并确定其为当前层。

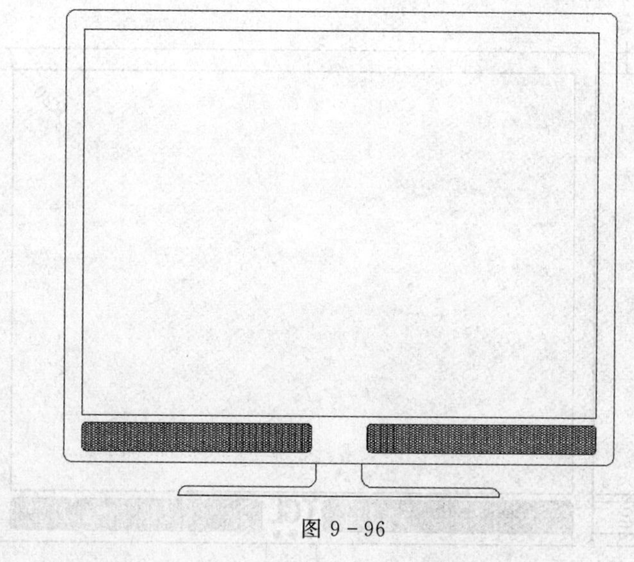

图 9-96

图 9-97

(2)在工具栏上的任意位置单击鼠标右键,选择“标注”,显示[标注]工具栏。

(3)利用[标注]工具栏中的线性标注、连续标注和半径命令按钮,为图形进行尺寸标注,并适当进行修改,结果如图 9-98 所示。

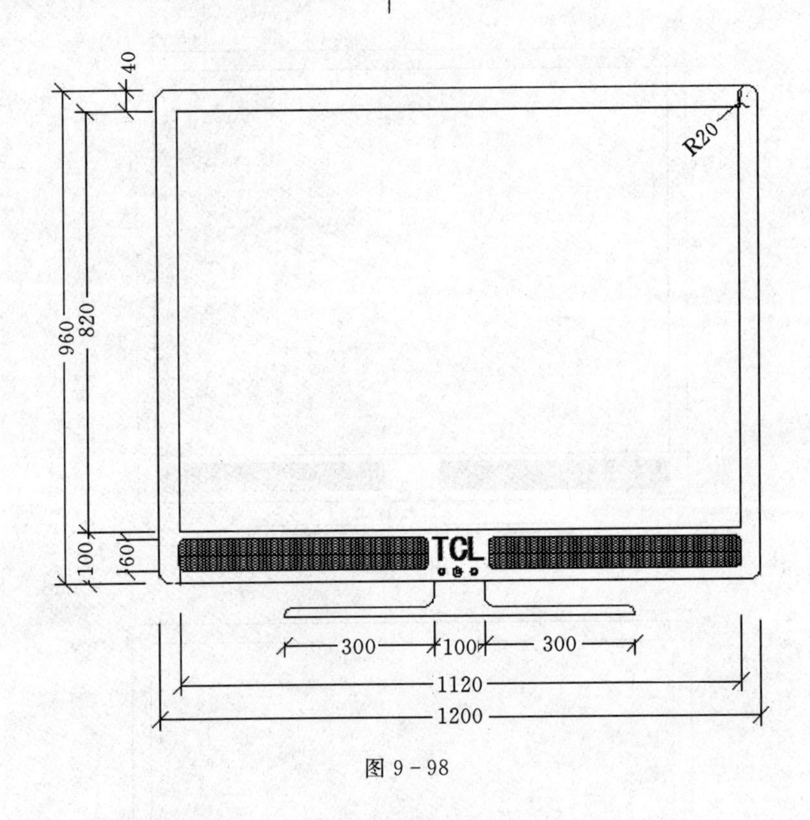

图 9－98

9.3　洁具和厨具图绘制

室内设计中常见的家居设施，除了家具、电器外，还有洁具和厨具。下面将以典型的例子说明洁具和厨具的绘制方法与技巧。

9.3.1　洗脸盆平面图的绘制

本节介绍如图 9－99 所示的洗脸盆绘制方法与技巧。

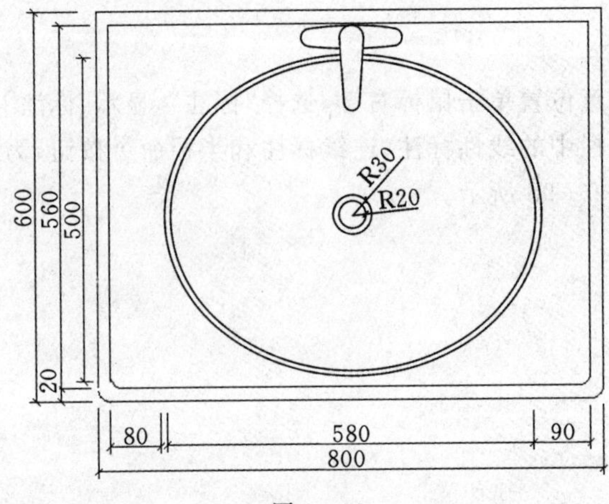

图 9－99

1.设置绘图界限

单击菜单栏中的“格式＞图形界限”命令，命令行提示如下：

命令：_limits

重新设置模型空间界限：

指定左下角点或［开(ON)/关(OFF)］＜0.0000,0.0000＞：(回车确定左下角点坐标)

指定右上角点 ＜420.0000,287.0000＞：3000,2000

在命令行中输入ZOOM并回车，显示全图范围，命令行提示如下：

命令：ZOOM

指定窗口的角点，输入比例因子 (nX 或 nXP)，或者［全部(A)/中心(C)/动态(D)/范围(E)/上一个(P)/比例(S)/窗口(W)/对象(O)］＜实时＞：a

2.设置捕捉模式

右击状态栏中的“对象捕捉”按钮，选择“设置”选项，弹出“草图设置”对话框。选择“对象捕捉”标签，打开“对象捕捉”选项卡。选择“端点”、“中点”、“圆心”、“象限点”、“交点”、“延伸”和“切点”七种捕捉模式，并选中“启用对象捕捉”复选框和“启用对象捕捉追踪”复选框，单击“确定”按钮。

3.外轮廓的绘制

单击工具栏中矩形工具按钮，命令行提示如下：

命令：_rectang

指定第一个角点或［倒角(C)/标高(E)/圆角(F)/厚度(T)/宽度(W)］：(鼠标单击绘图区确定第一点)

指定另一个角点或［面积(A)/尺寸(D)/旋转(R)］：@800，－600

结果如图9－100所示。

图9－100

4.轮廓厚度的设定

单击“修改”工具栏中的“偏移”命令按钮，命令行提示如下：

命令：_offset

当前设置：删除源＝否，图层＝源，OFFSETGAPTYPE＝0

指定偏移距离或［通过(T)/删除(E)/图层(L)］＜通过＞： 20

选择要偏移的对象，或［退出(E)/放弃(U)］＜退出＞：(选择矩形)

指定要偏移的那一侧上的点，或[退出(E)/多个(M)/放弃(U)] <退出>：(在矩形内部任意一点单击)

结果如图 9 - 101 所示。

图 9 - 101

5. 外轮廓圆角设定

单击“修改”工具栏中的“圆角”命令按钮，命令行提示如下：

命令：_fillet

当前设置：模式＝修剪，半径 ＝ 10.0000

选择第一个对象或[放弃(U)/多段线(P)/半径(R)/修剪(T)/多个(M)]：r

指定圆角半径 <10.0000>：20

选择第一个对象或[放弃(U)/多段线(P)/半径(R)/修剪(T)/多个(M)]：

选择第二个对象，或按住 Shift 键选择对象以应用角点或 [半径(R)]：

命令:FILLET

当前设置：模式 ＝ 修剪，半径 ＝ 20.0000

选择第一个对象或[放弃(U)/多段线(P)/半径(R)/修剪(T)/多个(M)]：

选择第二个对象，或按住 Shift 键选择对象以应用角点或 [半径(R)]：

命令:FILLET

当前设置：模式 ＝ 修剪，半径 ＝ 20.0000

选择第一个对象或[放弃(U)/多段线(P)/半径(R)/修剪(T)/多个(M)]：

选择第二个对象，或按住 Shift 键选择对象以应用角点或 [半径(R)]：

命令:FILLET

当前设置：模式 ＝ 修剪，半径 ＝ 20.0000

选择第一个对象或 [放弃(U)/多段线(P)/半径(R)/修剪(T)/多个(M)]：

选择第二个对象，或按住 Shift 键选择对象以应用角点或 [半径(R)]：

完成四个角的圆角，结果如图 9 - 102 所示。

6. 绘制内部结构

(1)绘制大椭圆。单击“绘图”工具栏中的“椭圆”命令按钮，命令行提示如下：

命令：_ellipse

图 9-102

指定椭圆的轴端点或[圆弧(A)/中心点(C)]：c
指定椭圆的中心点：
指定轴的端点：@300,0
指定另一条半轴长度或[旋转(R)]：250
结果如图 9-103 所示。

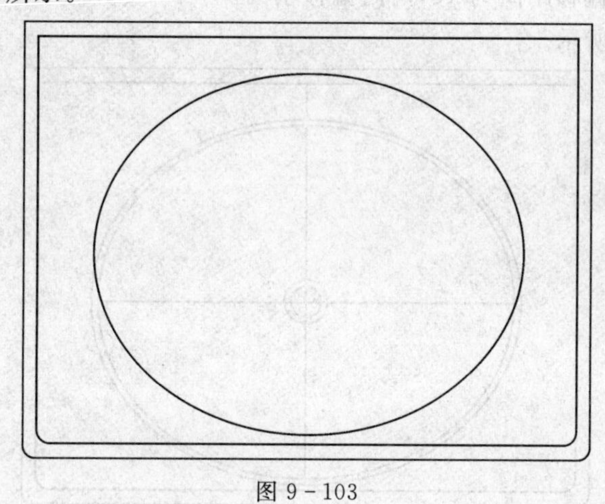

图 9-103

(2)偏移复制小椭圆。单击“修改”工具栏中的偏移命令按钮，命令行提示如下：
命令：_offset
当前设置：删除源＝否，图层＝源，OFFSETGAPTYPE＝0
指定偏移距离或 [通过(T)/删除(E)/图层(L)]＜0.0000＞：10
选择要偏移的对象，或[退出(E)/放弃(U)]＜退出＞：(选择椭圆)
指定要偏移的那一侧上的点，或[退出(E)/多个(M)/放弃(U)]＜退出＞：
(在椭圆内部任意一点单击)
选择要偏移的对象，或[退出(E)/放弃(U)]＜退出＞：(回车)
结果如图 9-104 所示。
(3)绘制水漏。先运用捕捉方式，利用辅助线确定椭圆中心。单击工具栏中“圆”工具按

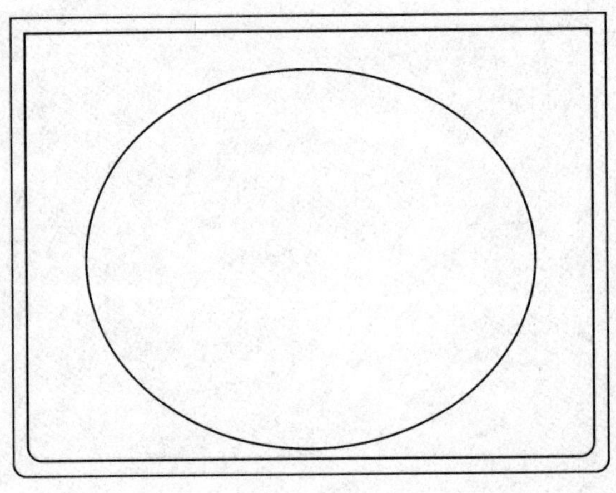

图 9-104

钮,命令栏提示如下:

命令:_circle

指定圆的圆心或[三点(3P)/两点(2P)/切点、切点、半径(T)]:

指定圆的半径或[直径(D)]:30

用偏移修改工具,偏移距离为10,向内偏移小圆。

结果如图 9-105 所示。

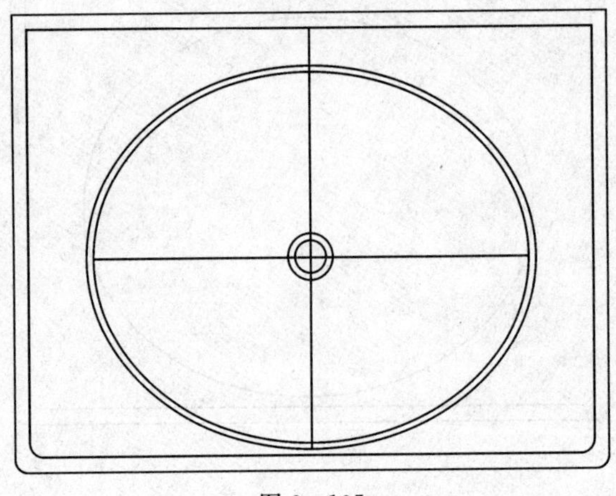

图 9-105

(4)绘制水龙头。

①绘制圆。运用捕捉方式,绘制相应的辅助线,再运用绘制圆的方法,绘制四个小圆,如图 9-106 所示。

②绘制直线。根据水龙头的造型绘制圆的切线,如图 9-107 所示。

③修剪相关线条。运用修改工具栏中的"修剪"命令按钮,对多余的线条进行修剪,同时删除前面绘制的辅助线,如图 9-108 所示。

(5)尺寸标注。运用"线性"标注、"连续"标注和"半径"标注给所绘图形进行尺寸标注,如图 9-109 所示。

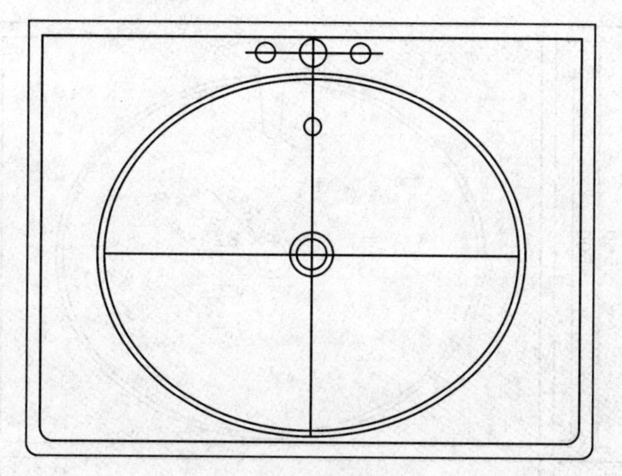

图 9-106

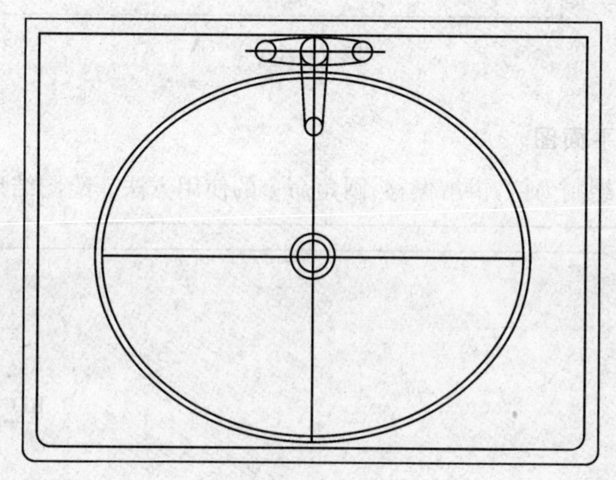

图 9-107

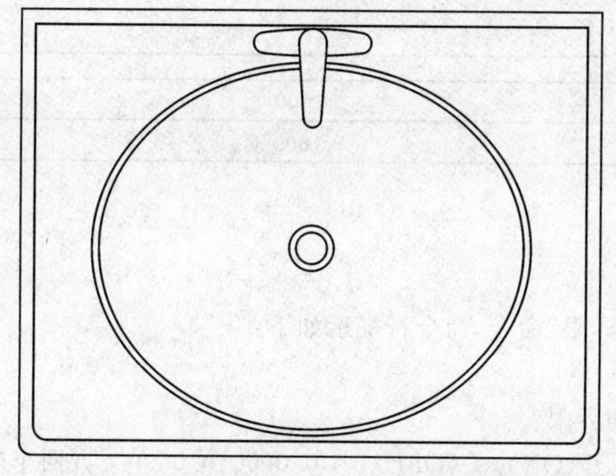

图 9-108

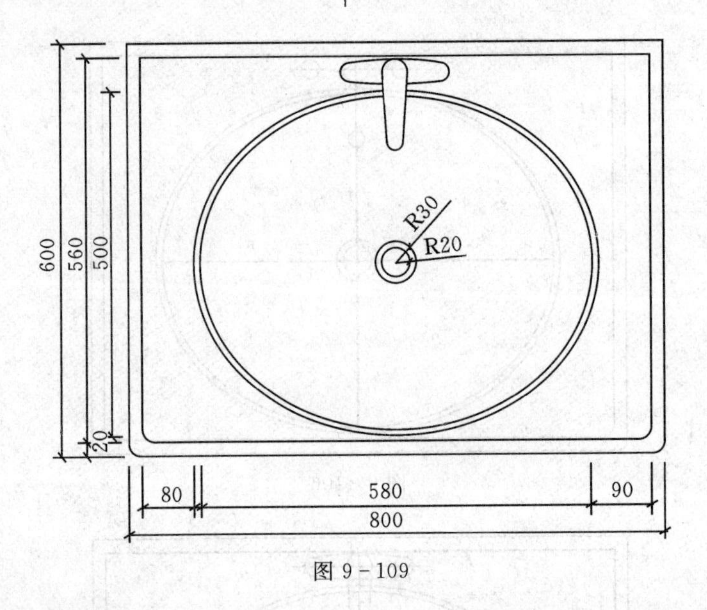

图 9 - 109

9.3.2 绘制浴缸平面图

本节以浴缸平面图绘制为例，讲解偏移、圆角命令的使用方法。绘图结果如图 9 - 110 所示。

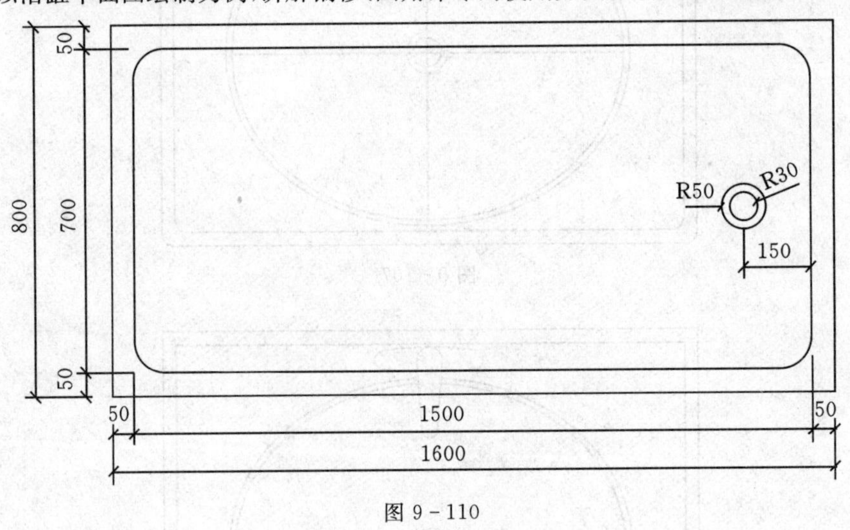

图 9 - 110

1. 设置绘图界限

执行“格式>图形界限”命令，命令行提示如下：

命令：_limits

重新设置模型空间界限：

指定左下角点或［开(ON)/关(OFF)］<0.0000,0.0000>：(回车确定左下角点坐标)

指定右上角点 <420.0000,287.0000>：3000,2000

在命令行中输入 ZOOM 并回车，显示全图范围，命令行提示如下：

命令：ZOOM

指定窗口的角点，输入比例因子 (nX 或 nXP)，或者［全部(A)/中心(C)/动态(D)/范围

(E)/上一个(P)/比例(S)/窗口(W)/对象(O)] ＜实时＞：a

2.绘制大矩形

单击“绘图”工具栏中的矩形命令按钮，命令行提示如下：

命令：_rectang

指定第一个角点或 [倒角(C)/标高(E)/圆角(F)/厚度(T)/宽度(W)]:(鼠标在绘图界面拾取第一个角点)

指定另一个角点或 [面积(A)/尺寸(D)/旋转(R)]：@1600，－800(相对应第一个角点，第二个角点相对的位置)

绘制一个长 1600、宽 800 的矩形，如图 9-111 所示。

图 9-111

3.偏移小矩形

单击“修改”工具栏中的偏移命令按钮，命令行提示如下：

命令：_offset

当前设置：删除源＝否，图层＝源，OFFSETGAPTYPE＝0

指定偏移距离或[通过(T)/删除(E)/图层(L)] ＜通过＞:50

选择要偏移的对象，或[退出(E)/放弃(U)] ＜退出＞:(鼠标点选矩形)

指定要偏移的那一侧上的点，或[退出(E)/多个(M)/放弃(U)] ＜退出＞:鼠标点击矩形内侧，回车结束)

结果如图 9-112 所示。

图 9-112

4.内矩形角圆角处理

单击“修改”工具栏中的“圆角”命令按钮，命令行提示如下：

命令：_fillet

当前设置：模式 = 修剪，半径 = 0.0000

选择第一个对象或[放弃(U)/多段线(P)/半径(R)/修剪(T)/多个(M)]：r

指定圆角半径 <0.0000>：80

选择第一个对象或[放弃(U)/多段线(P)/半径(R)/修剪(T)/多个(M)]：(鼠标点选角的一边)

选择第二个对象，或按住 Shift 键选择对象以应用角点或[半径(R)]：(鼠标点选角的另一边)

同理，圆角的其他三个角，大角半径为 80，小角半径为 50，如图 9-113 所示。

图 9-113

5. 绘制水漏

设置"对象捕捉"为"中点"，单击"绘图"工具栏中的圆命令按钮，命令行提示如下：

命令：_circle

指定圆的圆心或[三点(3P)/两点(2P)/切点、切点、半径(T)]：(利用捕捉中点辅助确定圆心)

指定圆的半径或[直径(D)] <0.0000>：50(回车完成)

利用偏移修改命令，将圆向内偏移 20，如图 9-114 所示。

图 9-114

6. 浴缸尺寸标注

运用"线性"标注、"连续"标注、"半径"标注为绘制的浴缸进行尺寸标注，结果如图 9-115 所示。

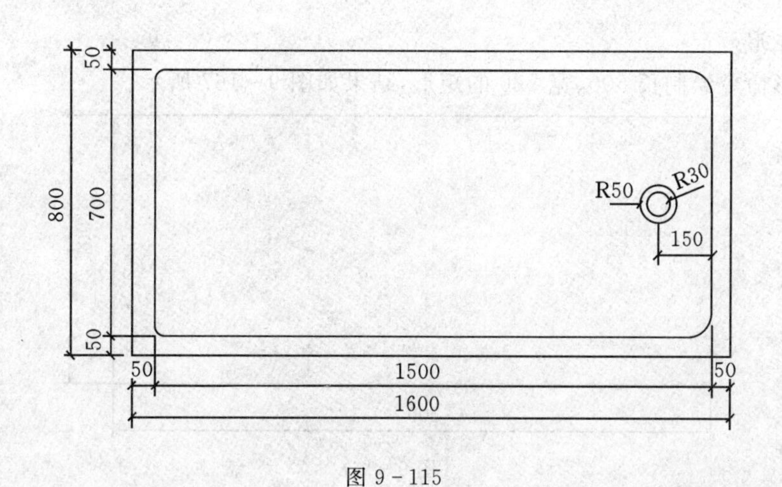

图 9－115

9.3.3　坐便器平面图的绘制

本节以坐便器平面图为例，讲解矩形、直线、椭圆和修剪等命令，绘制结果如图 9－166 所示。

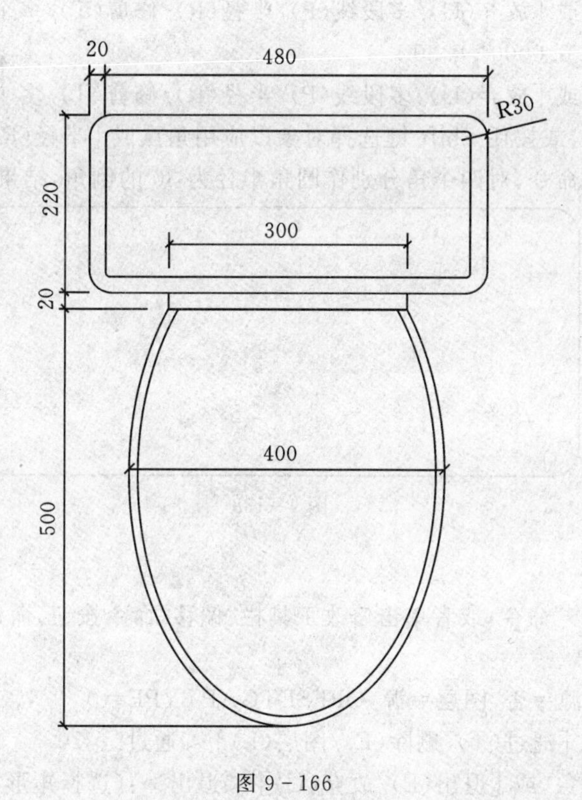

图 9－166

1. 设置绘图界限

执行“格式＞图形界限”命令，根据命令行提示指定左下角点为原点，右上角点为 1000,1000。

在命令行中输入 ZOOM 命令，回车后选择“全部(A)”选项，显示图形界限。

2. 绘制矩形

运用矩形命令绘制长 500、宽 220 的矩形，结果如图 9－167 所示。

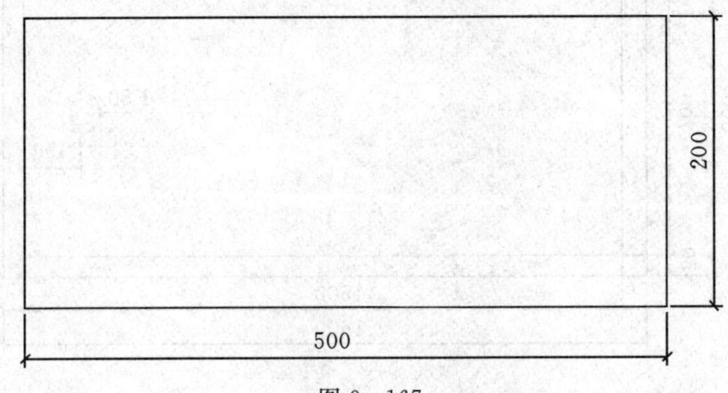

图 9－167

3. 对矩形进行 “圆角” 倒角

选择“修改＞圆角”命令，或者单击“圆角”倒角命令按钮，命令行提示：

命令：_fillet

选择第一个对象或 [放弃(U)/多段线(P)/半径(R)/修剪(T)/多个(M)]：r

指定圆角半径 ＜0.0000＞：30

选择第一个对象或 [放弃(U)/多段线(P)/半径(R)/修剪(T)/多个(M)]:(矩形一边)

选择第二个对象，或按住 Shift 键选择对象以应用角点或 [半径(R)]:(矩形相邻的一边)

重复“圆角”倒角命令，对四个角分别作圆角半径为 30 的倒角，结果如图 9－168 所示。

图 9－168

4. 偏移对象

选择“修改＞偏移”命令，或者单击修改工具栏“偏移”命令按钮，命令行提示：

命令：_offset

当前设置：删除源＝否，图层＝源，OFFSETGAPTYPE＝0

指定偏移距离或 [通过(T)/删除(E)/图层(L)] ＜通过＞:20

选择要偏移的对象，或 [退出(E)/放弃(U)] ＜退出＞:(选择矩形)

指定要偏移的那一侧上的点，或 [退出(E)/多个(M)/放弃(U)] ＜退出＞:(在矩形内侧点选确定向内偏移)

结果向内偏移 20，如图 9－169 所示。

图 9-169

5. 绘制小矩形

根据相应的尺寸绘制长 300、宽 20 的小矩形，并且使小矩形的中点和大矩形的中点在一条垂线上，小矩形的上边与大矩形的下边重合，结果如图 9-170 所示。

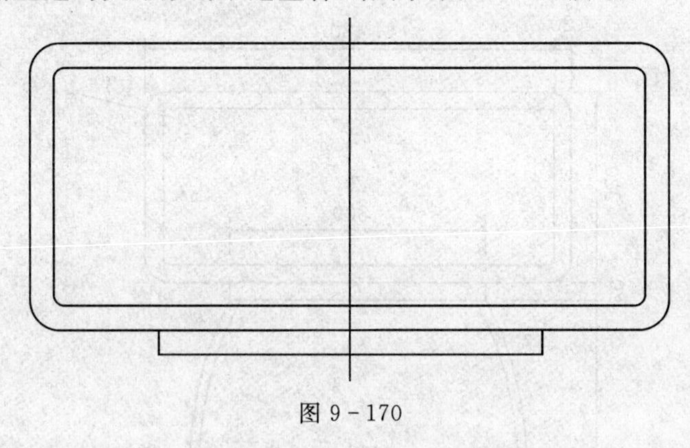

图 9-170

6. 绘制椭圆

运用椭圆命令绘制椭圆，且椭圆的边通过小矩形的下面两点。再运用偏移复制命令复制出小椭圆，偏移距离为 10。结果如图 9-171 所示。

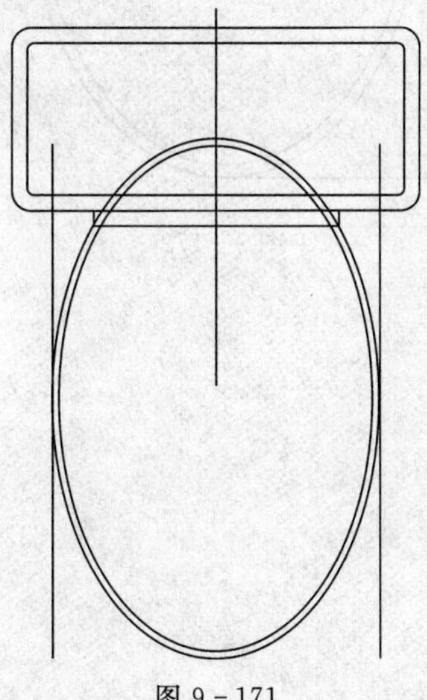

图 9-171

7. 修剪椭圆

选择“修改>修剪”命令，或者单击修改工具栏中的“修剪”命令按钮，命令行提示：

命令：_trim

当前设置：投影＝UCS，边＝无

选择剪切边……

选择对象或 <全部选择>： 指定对角点：找到 10 个(框选所有对象)

选择对象：(回车确定选择)

选择要修剪的对象，或按住 Shift 键选择要延伸的对象，或[栏选(F)/窗交(C)/投影(P)/边(E)/删除(R)/放弃(U)]：

修剪掉所有不需要的地方，并删除辅助线，运用“线性”、“连续”、“半径”标注进行尺寸标注，结果如图 9－172 所示。

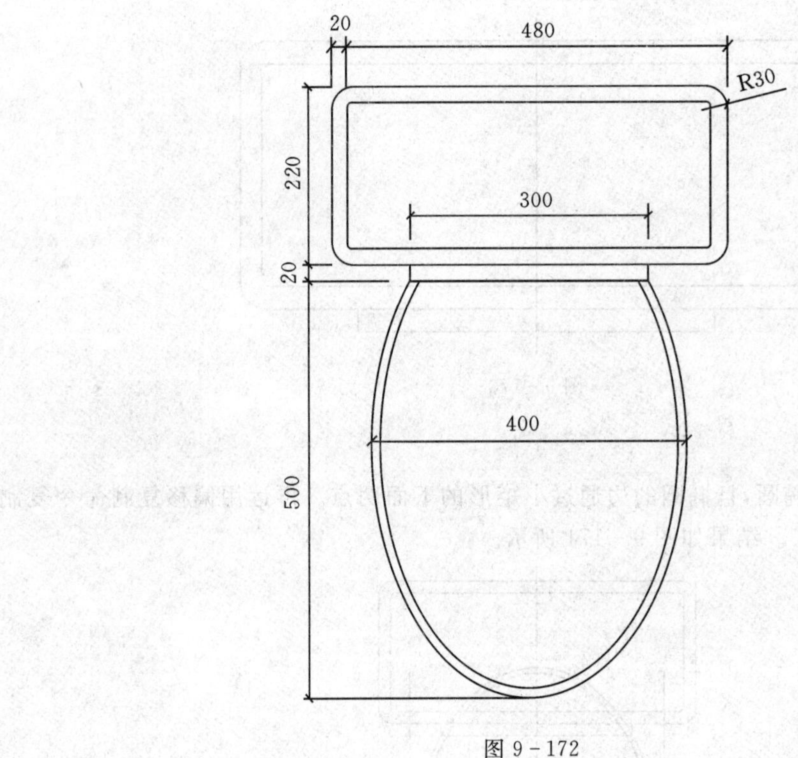

图 9－172

第10章　住宅楼图例绘制

本章以绘制建筑结构图为例，展示普通住宅楼从平面图、立面图、剖面图到部分详图的绘制过程，意在使读者通过整个绘制过程，掌握绘图工具及相关修改命令的运用，以便在以后的室内设计绘图中更好地灵活运用相关工具和命令。

10.1　建筑平面图实例

本章将以图10-1所示的某住宅楼建筑平面图为例，详细介绍建筑平面图的绘制过程。本章涉及的命令主要有：直线、偏移、复制、阵列、多线的绘制和编辑、块的定义和插入等。

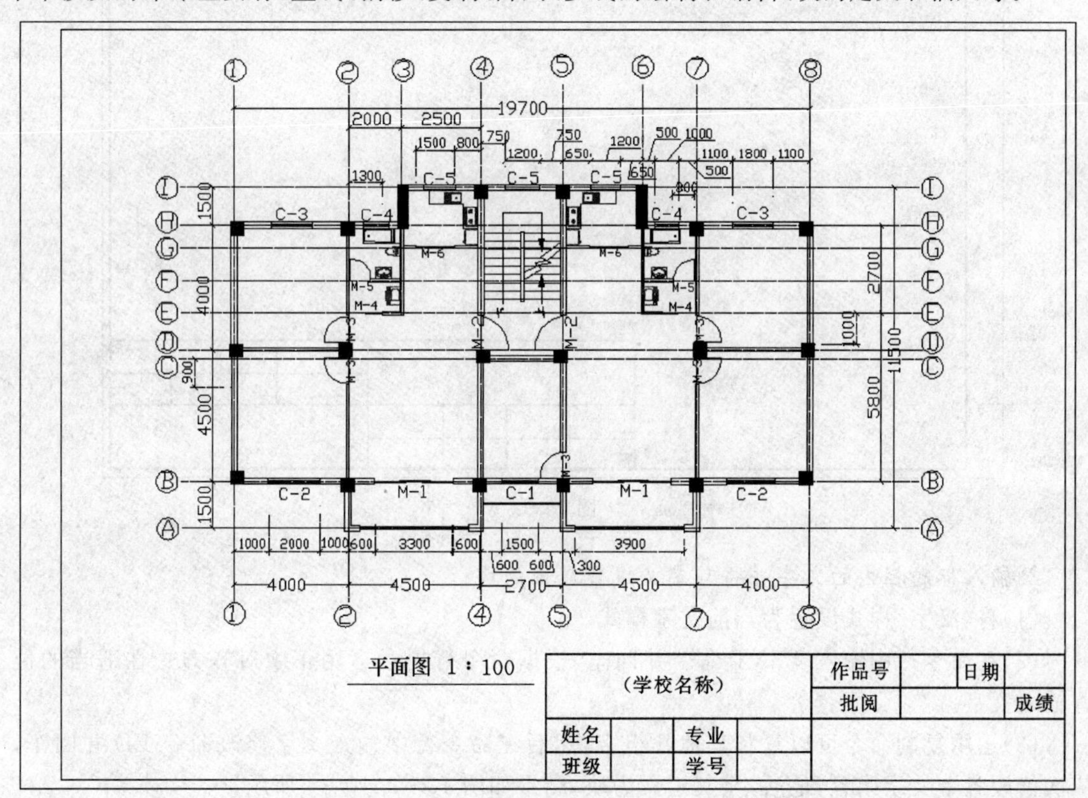

图10-1

10.1.1　设置绘图环境

1. 绘制图框和标题栏

(1)将“标题栏”层设置为当前层。

(2)单击“绘图”工具栏中的“矩形”命令按钮，命令行提示：

命令：_rectang

指定第一个角点或［倒角(C)/标高(E)/圆角(F)/厚度(T)/宽度(W)］：0,0

指定另一个角点或［面积(A)/尺寸(D)/旋转(R)］：420,297(绘制边长为 420×297 的幅面线)

命令：(回车，输入上一次的矩形命令)

RECTANG

指定第一个角点或［倒角(C)/标高(E)/圆角(F)/厚度(T)/宽度(W)］：25,5

指定另一个角点或［面积(A)/尺寸(D)/旋转(R)］：415,292 (绘制图框线)

(3)利用直线、偏移和修剪等命令在图框线的右下角绘制标题栏，如图 10-2 所示。

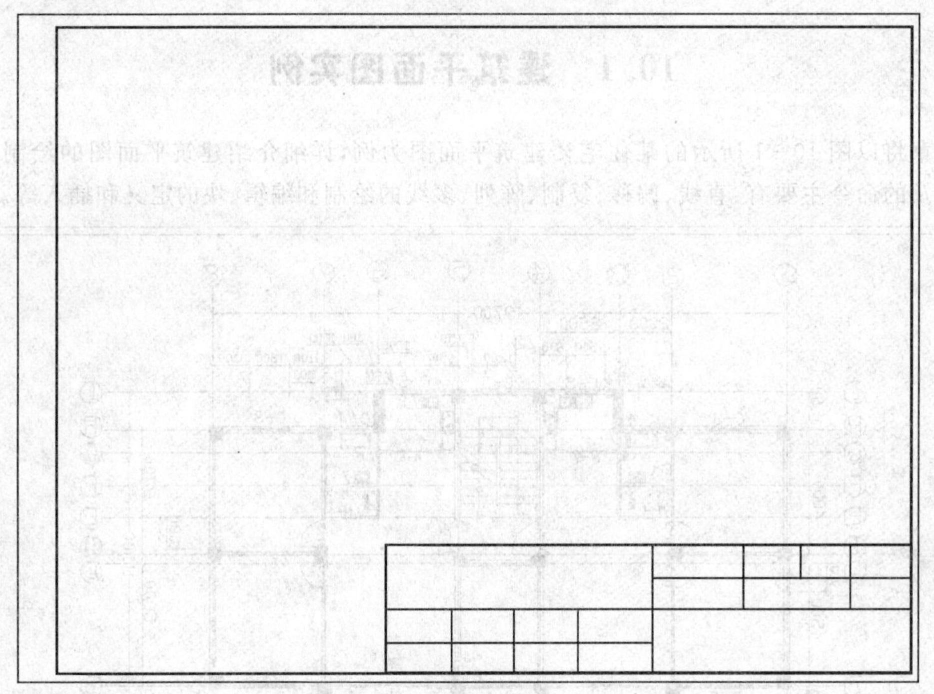

图 10-2

2. 输入标题栏内的文字并将其定义成带属性的块

(1)将"汉字"样式设置为当前文字样式。

(2)在命令行中输入 TEXT 命令并回车，根据命令行提示运用正中对齐方式在适当的位置输入文字。

(3)运用复制命令可以复制其他几组字，然后在命令行中输入文字修改命令 ED 并回车，依次修改各个文字内容，最后，将其定义为块，结果如图 10-3、10-4 所示。

<table>
<tr><td colspan="4" rowspan="2">(学校名称)</td><td>作品号</td><td></td><td>日期</td><td></td></tr>
<tr><td>批阅</td><td colspan="2"></td><td>成绩</td></tr>
<tr><td>姓名</td><td></td><td>专业</td><td></td><td colspan="4" rowspan="2"></td></tr>
<tr><td>班级</td><td></td><td>学号</td><td></td></tr>
</table>

图 10-3

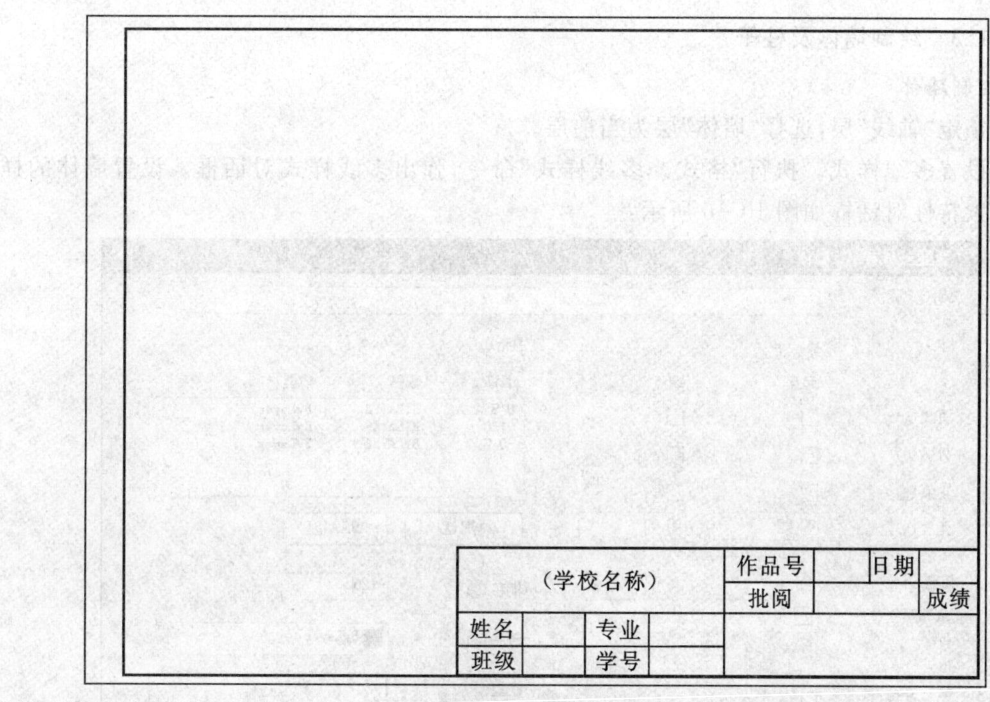

图 10-4

3. 设置绘图区域

执行“格式>图形界限”命令，根据命令行提示进行操作，将图形界限设置为 42000×29700 的长方形区域。

4. 放大图框线和标题栏

单击“修改”工具栏中的缩放命令按钮，输入指定比例因子为 100，将图框线和标题栏放大 100 倍。显示全部作图区域，修改标题栏中的文本，修改图层，设置线型比例，设置文字样式和标注样式，完成设置并保存文件。

10.1.2 绘制轴线

设置当前层为“轴线”层，用直线命令绘制第一条横轴及纵轴，再用偏移复制命令复制其他的轴线，结果如图 10-5 所示。

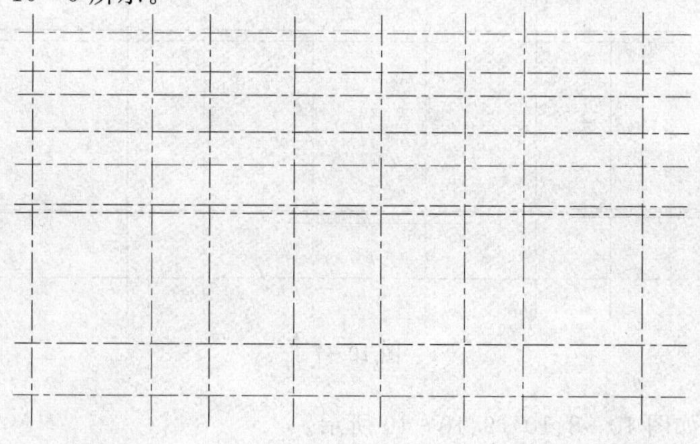

图 10-5

10.1.3 绘制墙体及柱子

1. 绘制墙体

(1)锁定“轴线”层，选择“墙体”层为当前层。

(2)设置多线样式。执行“格式＞多线样式”命令，弹出多线样式对话框。设置墙体的样式，其元素特性对话框如图 10－6 所示：

新建多线样式:墙体

说明(P):

封口 起点 端点

直线(L):

外弧(O):

内弧(R):

角度(N): 90.00 90.00

填充

填充颜色(F): 无

显示连接(J):

图元(E)

偏移	颜色	线型
0.5	BYLAYER	ByLayer
-120	BYLAYER	ByLayer
-0.5	BYLAYER	ByLayer

添加(A) 删除(D)

偏移(S): -120

颜色(C): ByLayer

线型: 线型(Y)...

确定 取消 帮助(H)

图 10－6

(3)绘制及修改墙体。在墙体层运用多线命令绘制墙体，绘制时结合对象追踪命令使用，采用正中对齐，并将多线比例设置为 1，如图 10－7 所示。

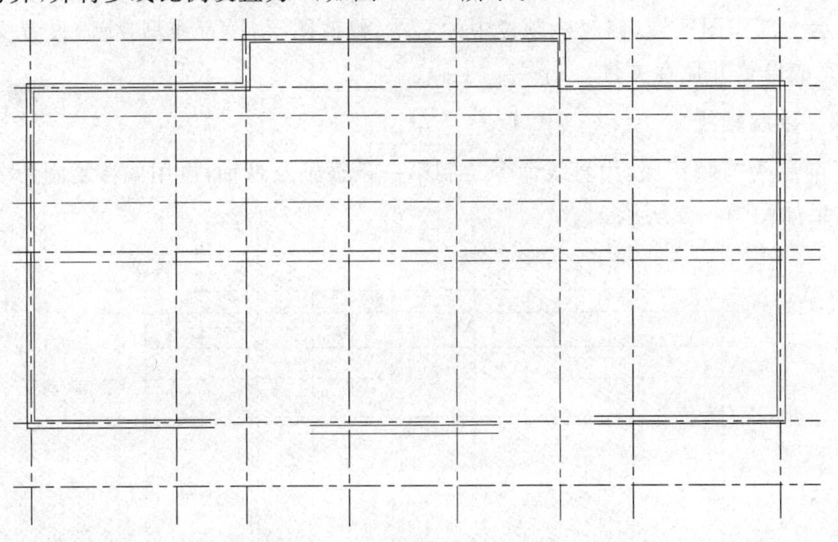

图 10－7

其他墙体绘制如图 10－8、10－9、10－10 所示。

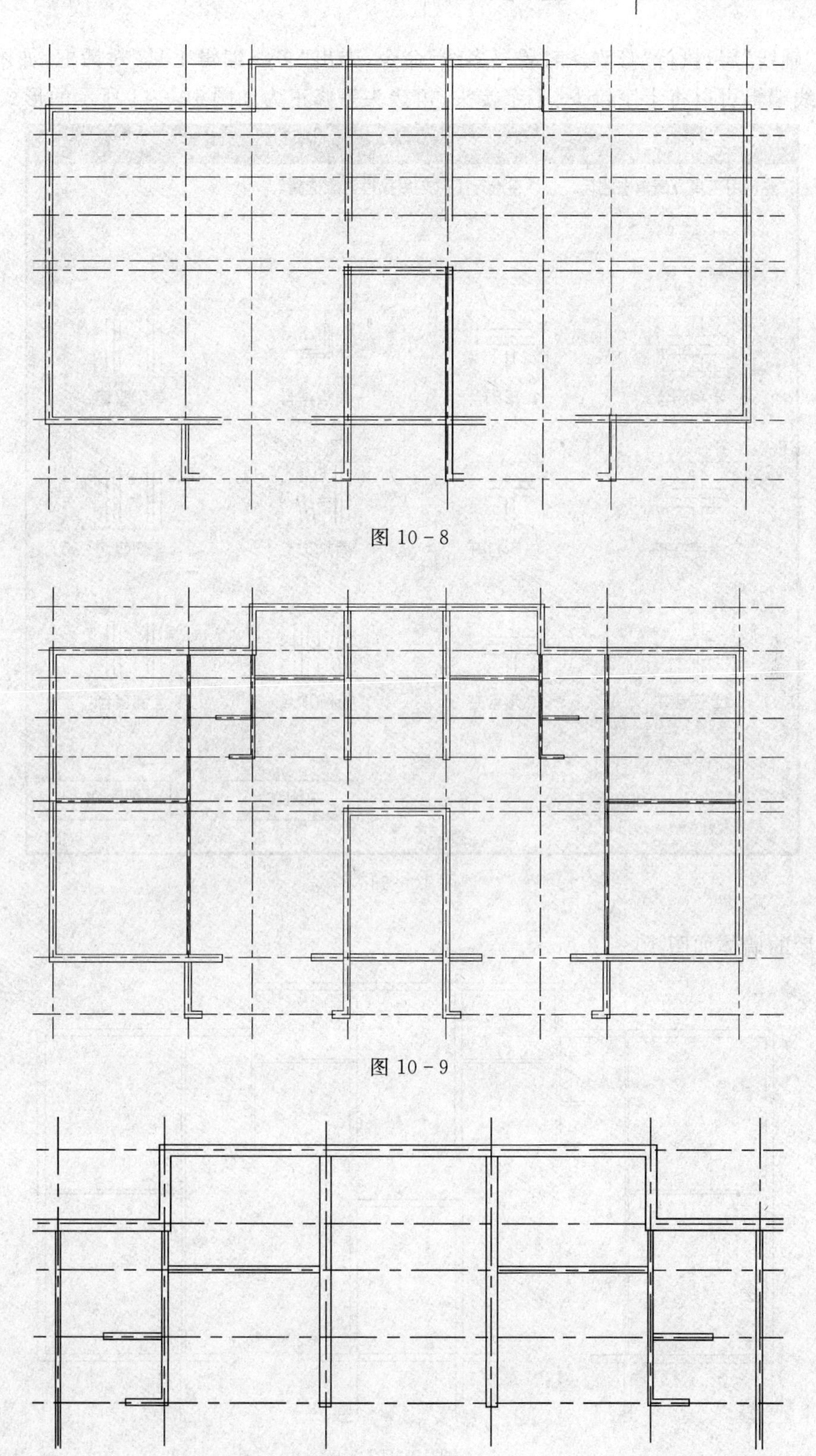

图 10-8

图 10-9

图 10-10

关闭“轴线”层，执行“修改＞对象＞多线”命令，弹出“多线编辑工具”对话框，如图 10－11 所示。多线编辑可以将十字接头、丁字接头、角接头等修正为如图 10－11 所示的形式。

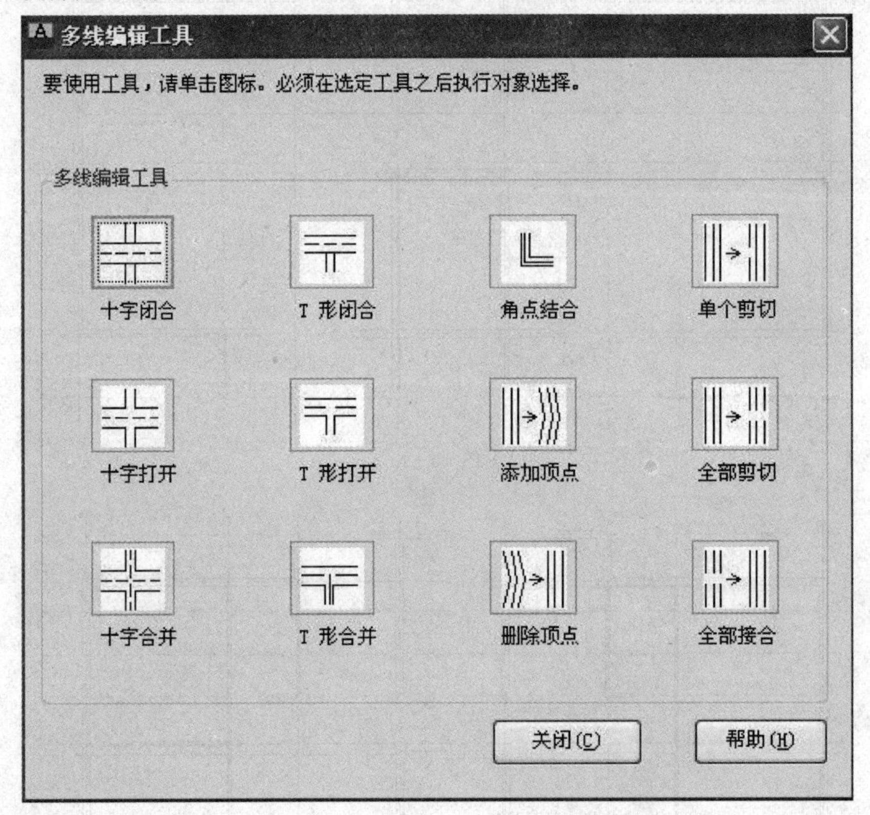

图 10－11

修改后的墙体如图 10－12 所示。

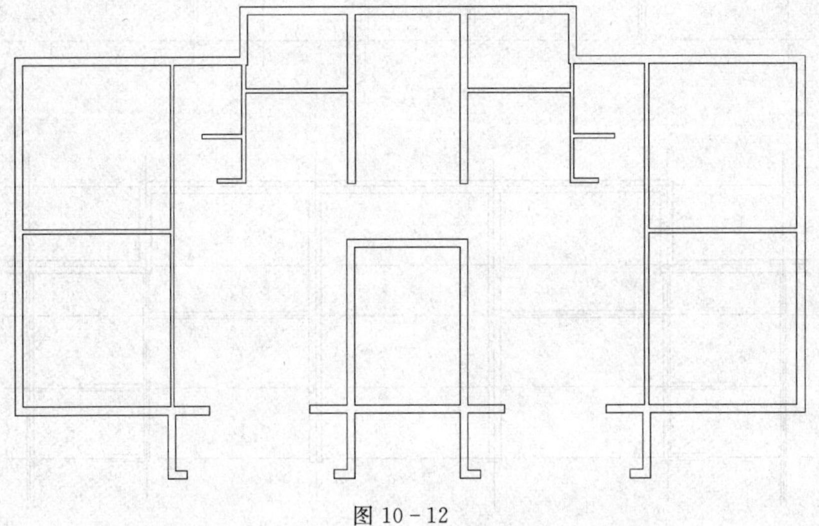

图 10－12

2. 绘制柱子

(1)运用矩形命令绘制柱子轮廓线，并填充柱子图案。

(2)尺寸相同的柱子可以用复制命令来完成。同理也可以绘制出其他尺寸不同的柱子。结果如图10-13所示。

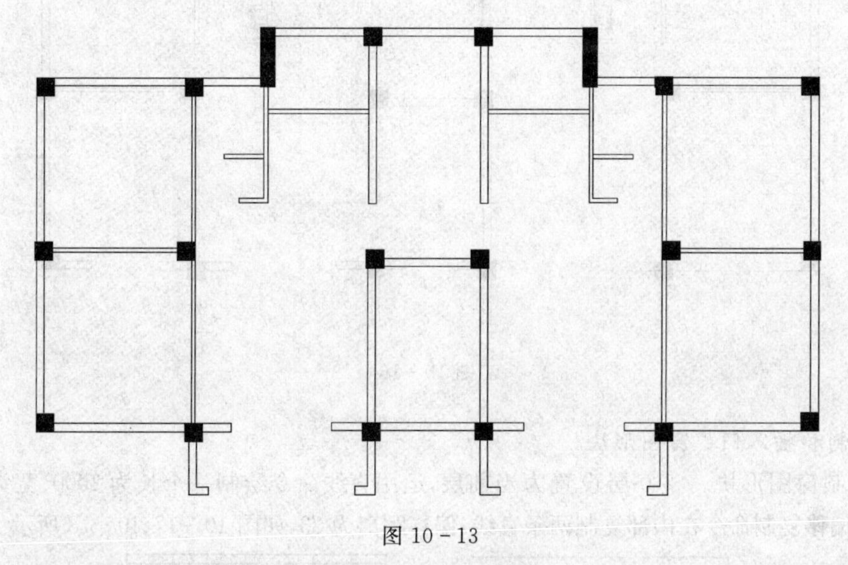

图10-13

3. 绘制其他部分

(1)绘制卫生间器具：参照前面绘制配景章节的相关内容绘制浴盆、坐便器、洗脸盆等，或者直接运用插入块的方式直接插入相应的洁具图块。

(2)绘制厨房器具：参照前面绘制配景章节的相关内容绘制灶台、洗菜盆等，或者直接运用插入块的方式直接插入相应的炊具图块。

(3)另外一户的卫生间和厨房运用镜像命令复制，如图10-14、10-15所示。

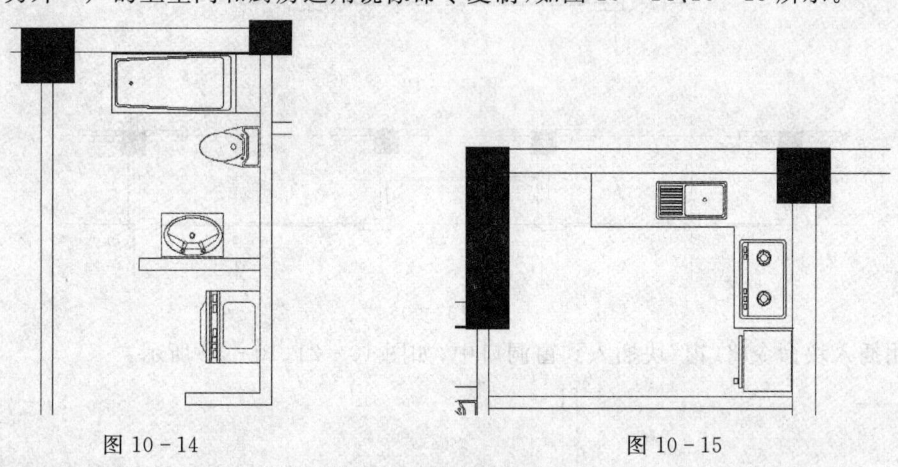

图10-14　　图10-15

10.1.4 绘制开门、窗洞口及绘制和插入门、窗图形块

1. 绘制开门、窗洞口

运用直线命令绘制门窗洞口一端的墙线，再用偏移命令偏移复制出另外一侧的墙线，最后再运用修剪命令修剪门窗洞口，结果如图10-16所示。

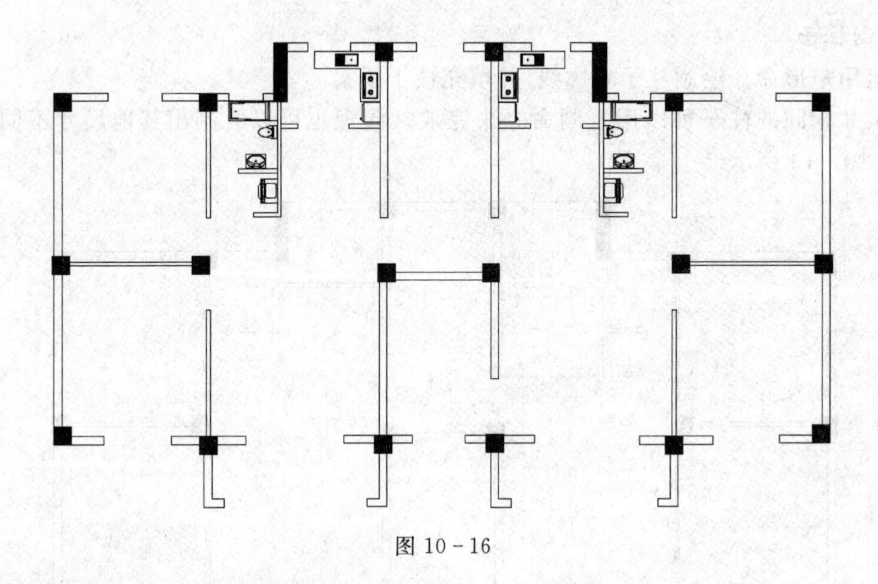

图 10-16

2. **绘制和插入门、窗图形块**

(1)绘制窗图形块。将 0 层设置为当前层，运用直线命令绘制一个长为 1000、宽为 100 的矩形，并运用偏移复制命令在内部复制两条直线，偏移距离为 33，如图 10-17、10-18 所示。

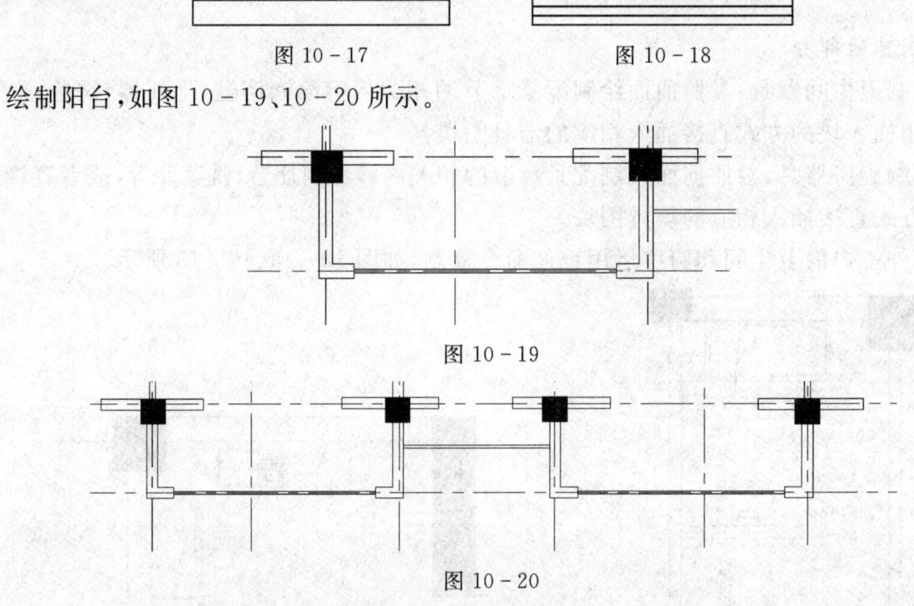

图 10-17　　图 10-18

绘制阳台，如图 10-19、10-20 所示。

图 10-19

图 10-20

运用插入块命令将“窗”块插入到窗洞口中，如图 10-21、10-22 所示：

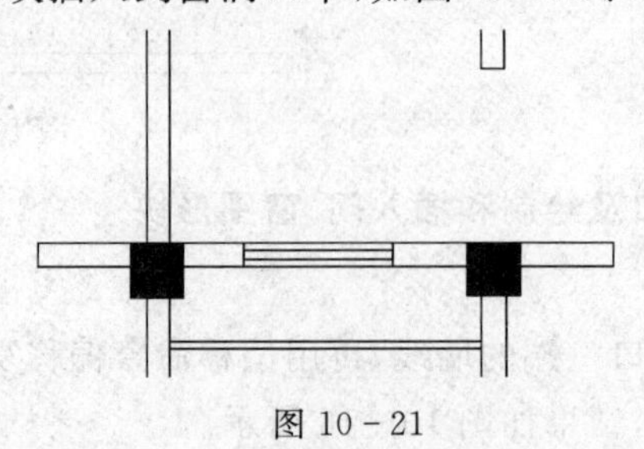

图 10-21

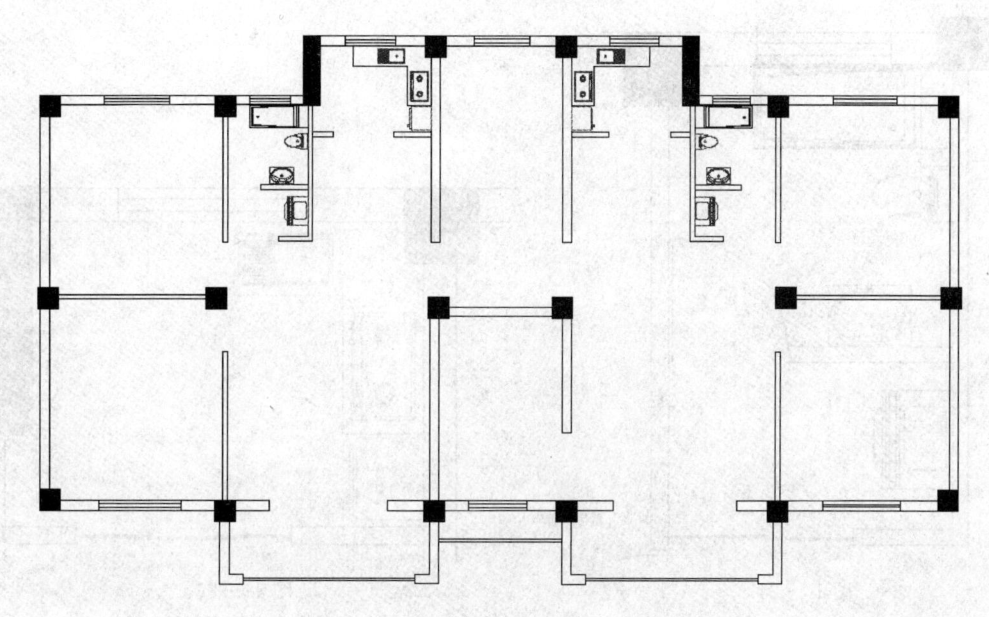

图 10 - 22

(2)绘制和插入门图形块。门洞口的绘制方法与窗洞口基本一致,主要运用直线命令绘制洞口两边的墙线,运用修剪、延伸命令来修剪洞口。门修剪结果如图 10 - 23 所示。

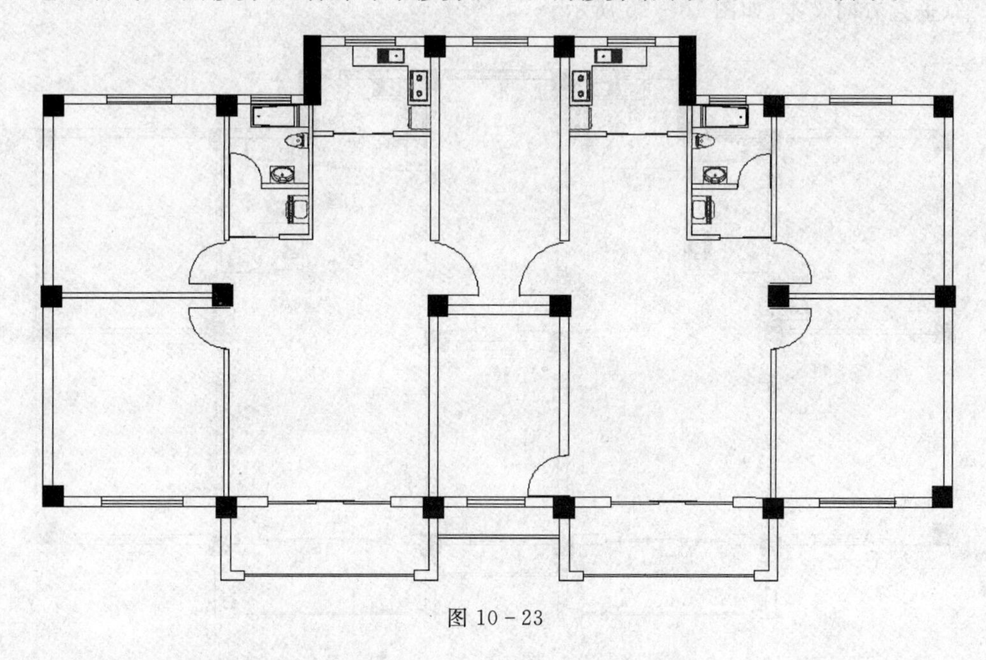

图 10 - 23

厨房、卫生间门的绘制与插入结果如图 10 - 24、10 - 25 所示。

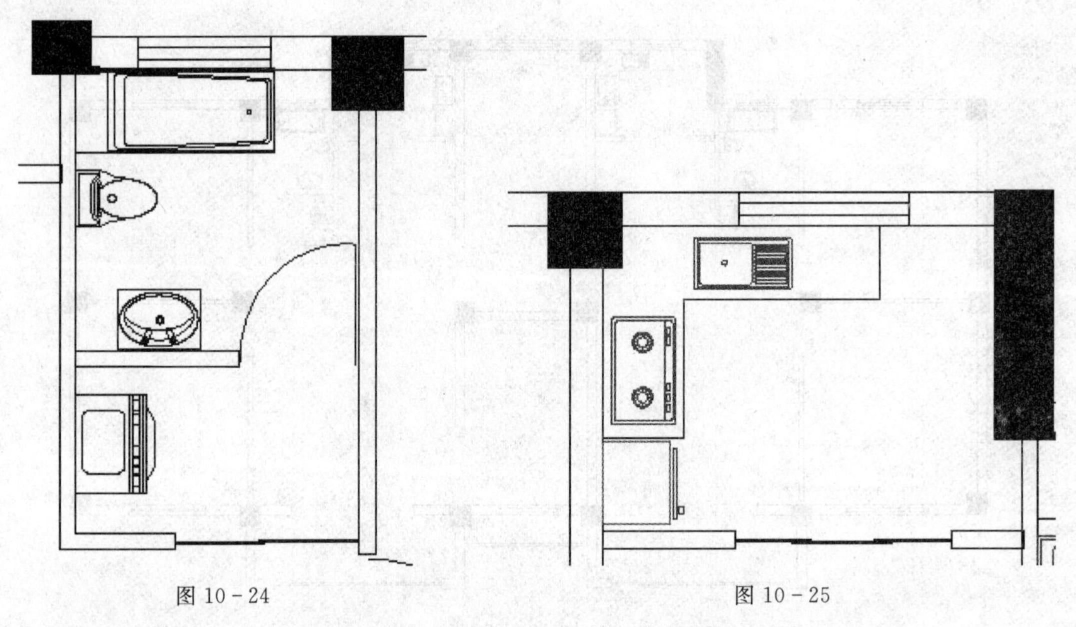

图 10 - 24　　　　　　图 10 - 25

10.1.5　标注文本

新建“文本”层并设置为当前层，“数字”样式设置为当前的文字样式，运用单行文字命令标注水平、垂直方向文本，如图 10 - 26 所示。

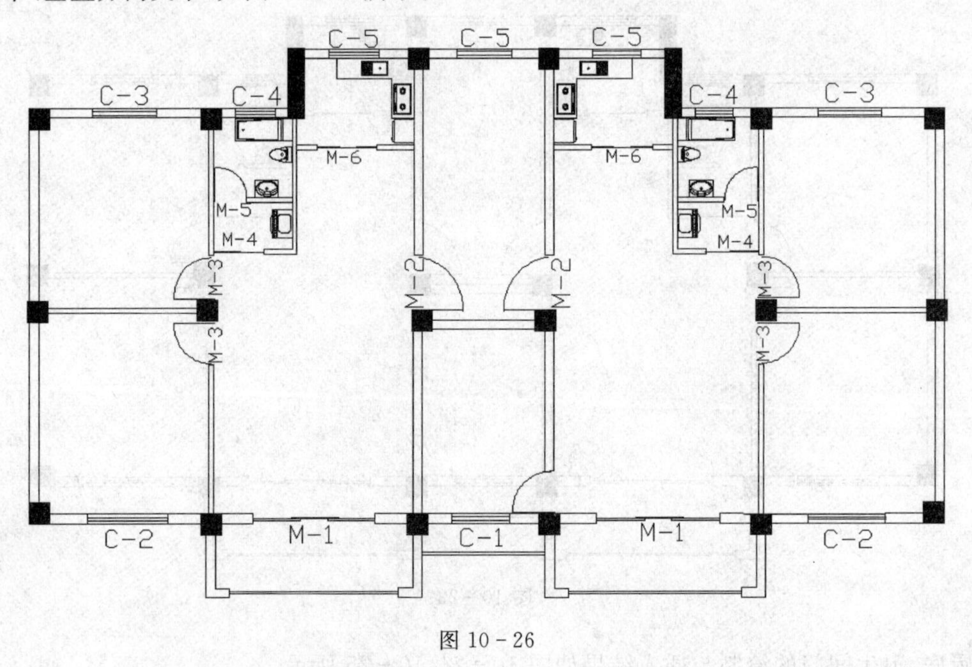

图 10 - 26

10.1.6　绘制楼梯

运用矩形及偏移复制命令绘制楼梯扶手，运用直线及阵列命令绘制踏步。运用直线命令绘制折断线，并运用修剪命令修剪。楼梯的方向运用多段线命令绘制，如图 10 - 27、10 - 28 所示。

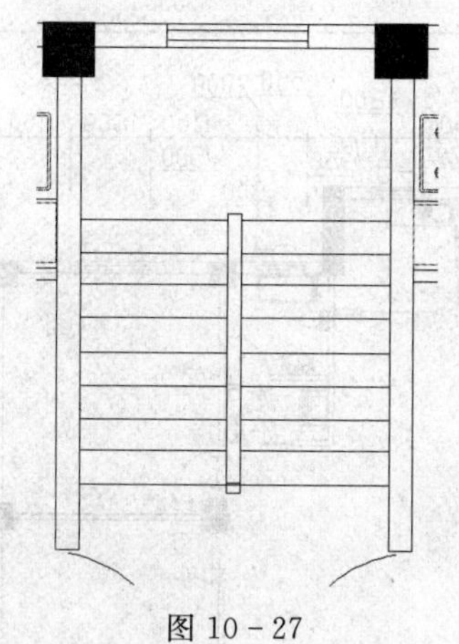

图 10 - 27

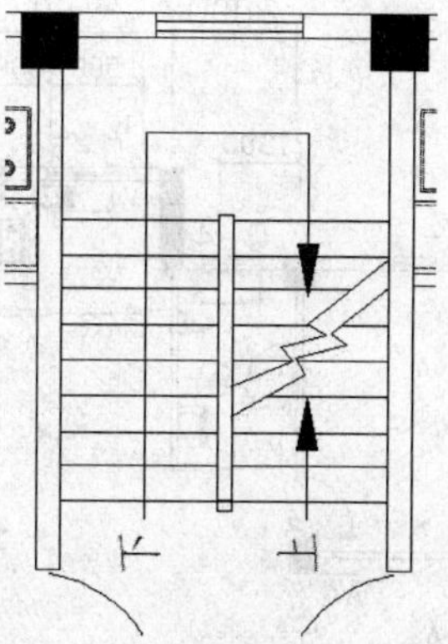

图 10 - 28

楼梯最终绘制结果如图 10 - 29 所示。

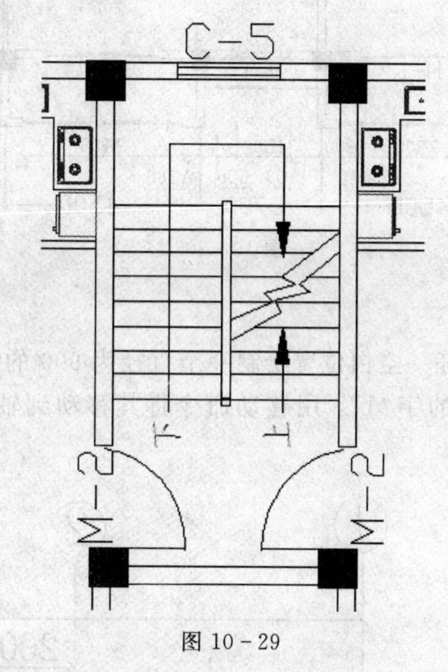

图 10 - 29

10.1.7 标注尺寸

1. 水平、垂直标注尺寸

新建“尺寸标注”层并设置为当前层，运用“线性”标注命令及“连续”标注命令标注尺寸，结果如图 10 - 30 所示。

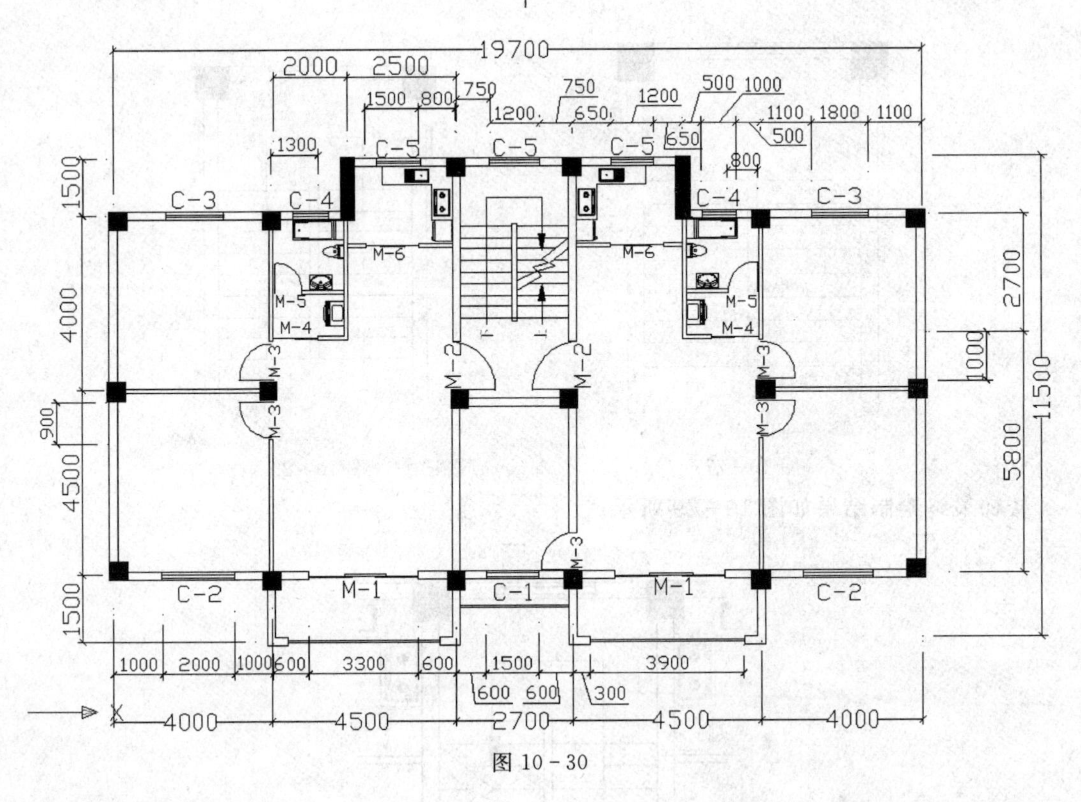

图 10-30

2. 标注轴号

用圆命令在在绘图区的任一空白位置绘制一个直径为 900 的圆，用单行文字命令在圆的中心位置写一个高度为 500 的字“1”，用移动命令将其移动到轴号①的位置，如图 10-31 所示。

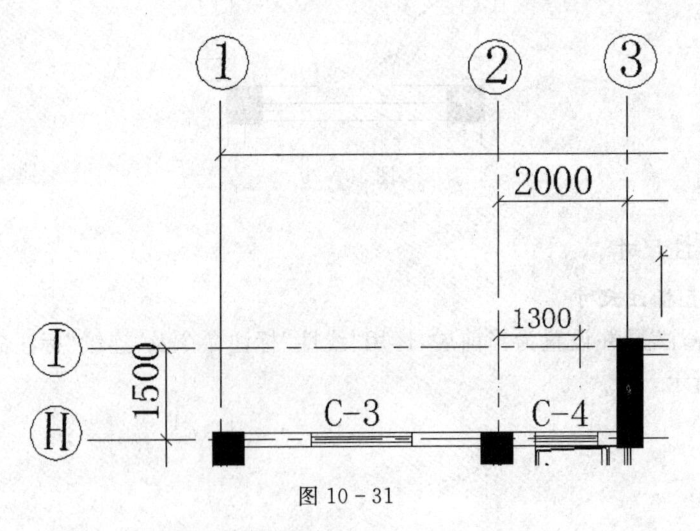

图 10-31

运用复制命令复制轴号①，并运用文字的修改命令修改其他的轴号，最终结果如图10-32 所示。

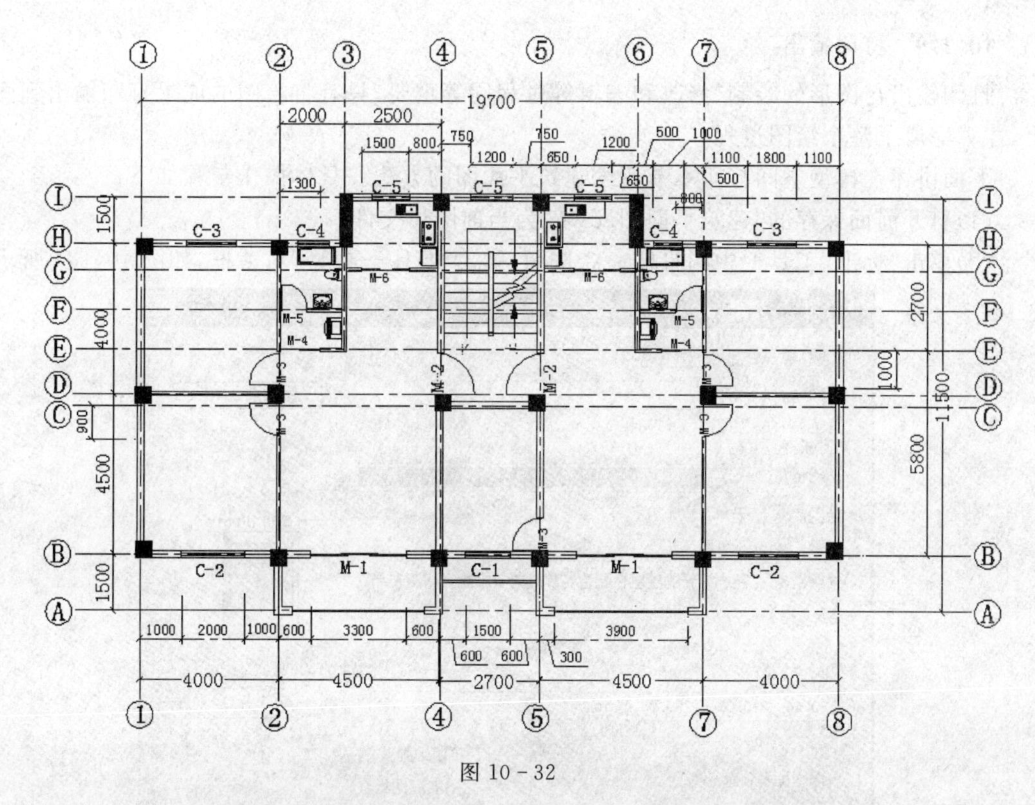

图 10－32

打开“标题栏”层，调整图框线和标题栏的位置，结果如图 10－33 所示。

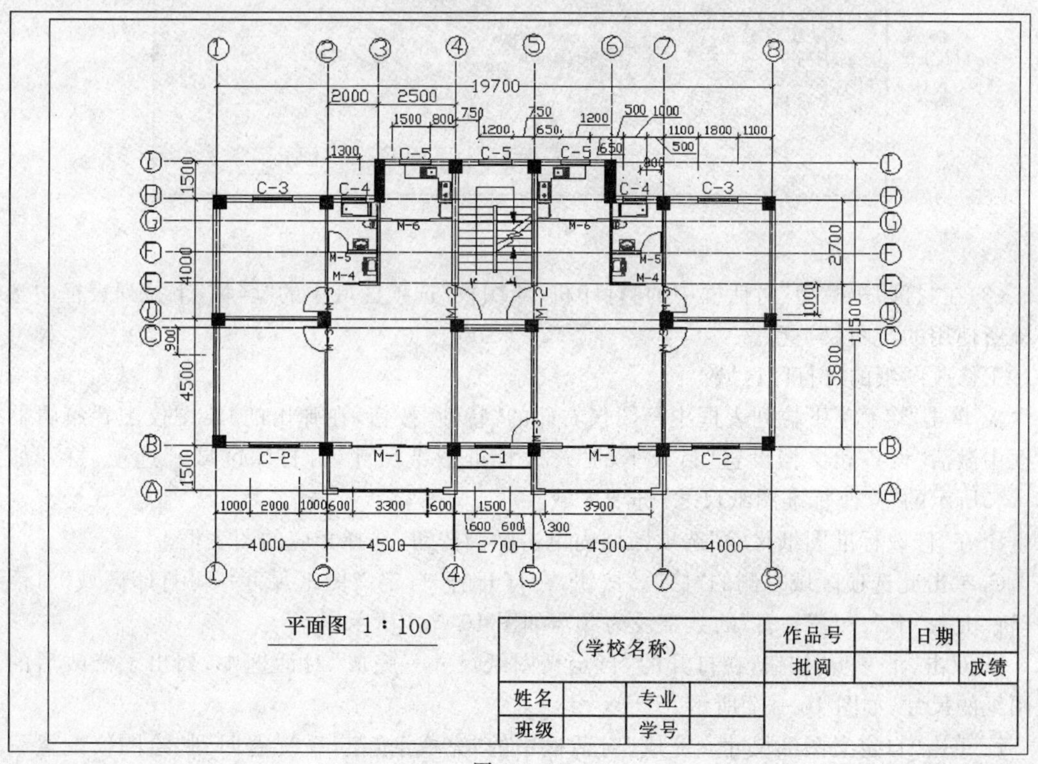

图 10－33

10.1.9 打印输出

打印输出与图形的绘制、修改和编辑等过程同等重要，只有将绘图的成果打印输出到图纸上，才算完成了整个绘图过程。

下面讲述在模型空间打印本节所绘建筑平面图的方法。具体操作步骤如下：

(1)打开前面保存的“建筑平面图.dwg”为当前图形文件。

(2)单击“标准”工具栏中的打印命令按钮，弹出“打印—模型”对话框，如图 10-34 所示。

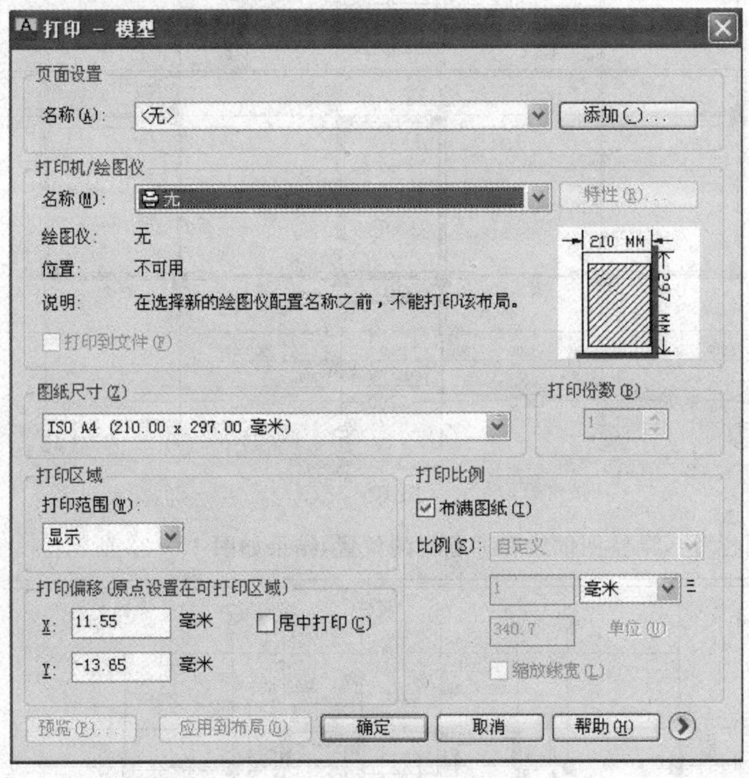

图 10-34

(3)在“打印—模型”对话框中的“打印机/绘图仪”选项区域中的“名称”下拉列表框中选择系统所使用的绘图仪类型。

①修改图纸的可打印区域。

A. 单击“名称”下拉列表框中绘图仪右面的“特性”按钮，在弹出的“绘图仪配置编辑器对话框中激活“设备和文档设置”目录下的“修改标准图纸尺寸(可打印区域)”选项，打开如图10-35所示的“修改标准图纸尺寸”选项区域。

B. 在“修改标准图纸尺寸”选项区域内单击微调按钮，选择相应的图表框。

C. 单击此选项区域右侧的“修改”按钮，在打开的”自定义图纸尺寸—可打印区域”对话框中，将“上”、“下”、“左”、“右”的数字设为“0”，如图 10-36 所示。

D. 双击“下一步”按钮，在打开的“自定义图纸尺寸—完成”对话框中，列出了修改后的标准图纸的尺寸，如图 10-37 所示。

E. 单击“自定义图纸尺寸一完成”对话框中的“完成”按钮，系统返回到“绘图仪配置编辑器”对话框。

F. 单击对话框中的“另存为”按钮，在弹出的“另存为”对话框中，将修改后的绘图仪注名保存，如图10-38所示。

G. 单击“绘图仪配置编辑器”对话框中的“确定”按钮，返回到“打印—模型”对话框。

H. 在“图纸尺寸”选项区域中的“图纸尺寸”下拉列表框内选择相应图纸尺寸。

②在“打印—模型”对话框中进行其他方面的页面设置。

A. 在“打印比例”选项区域内勾选“布满图纸”复选框。

B. 在“打印区域”组合框的“打印范围”下拉列表框中选择“图形界限”。

(4)在设置完的”打印—模型”对话框中单击“预览”按钮，进行预览。

(5)如对预览结果满意，就可以单击预览状态下工具栏中的“打印”图标进行打印输出。

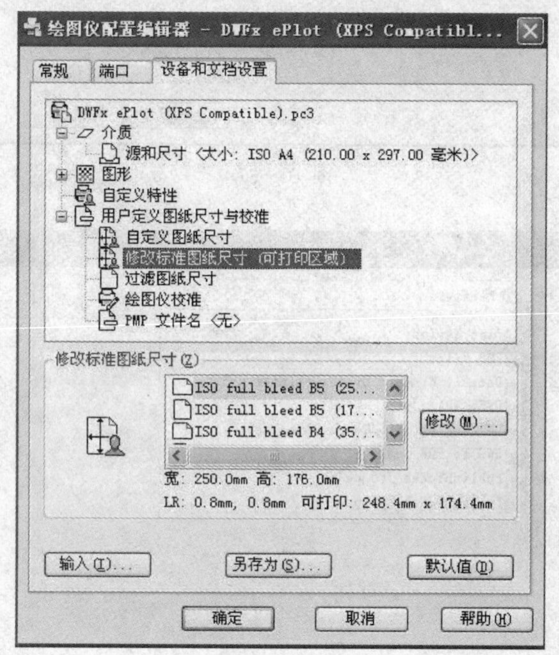

图10-35

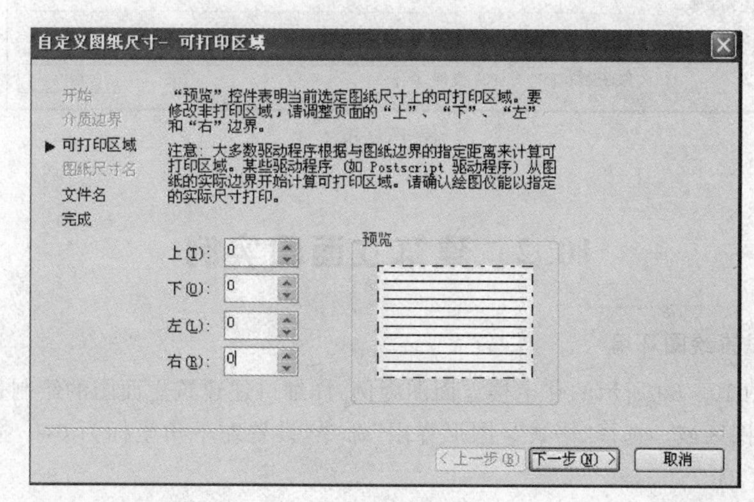

图10-36

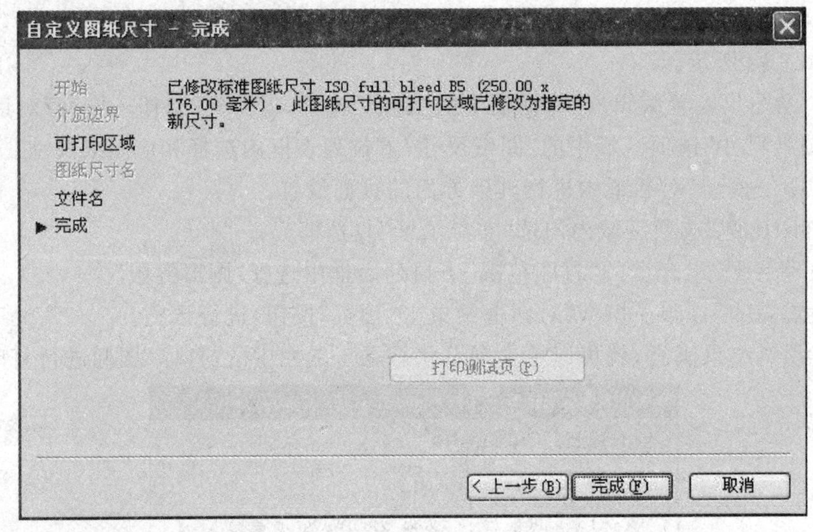

图 10-37

图 10-38

10.2 建筑立面图实例

10.2.1 设置绘图环境

本节将以图 10-39 所示的住宅楼立面图为例，详细讲述建筑立面图的绘制过程及方法。

(1)设置绘图区域。选择“格式>图形界限”命令，设置左下角坐标为 0,0，指定右上角坐标为 42000,29700。

(2)放大图框线和标题栏。单击“修改”工具栏中的缩放命令按钮，选择图框线和标题栏，

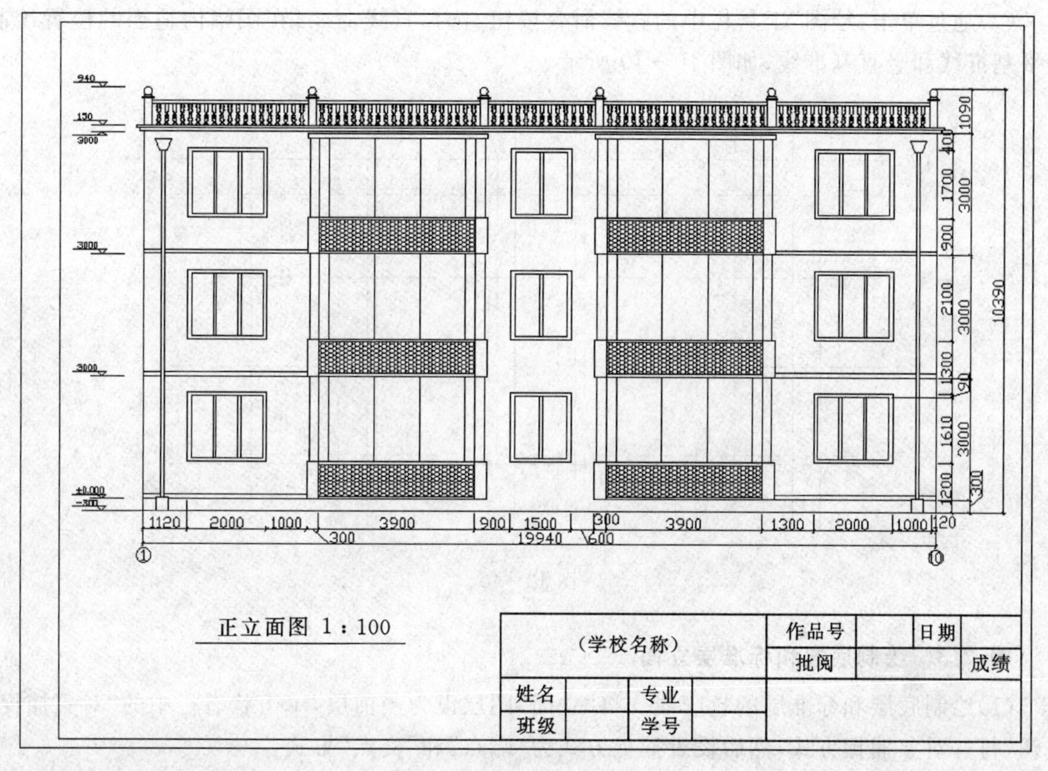

图 10-39

指定 0,0 点为基点,指定比例因子为 100。

(3)显示全部作图区域。在“标准”工具栏上的窗口缩放按钮上按住鼠标左键,单击下拉列表中的全部缩放命令按钮,显示全部作图区域。

(4)根据立面图的需要,修改标题栏中的文本。

(5)修改图层。

①单击“图层”工具栏中的图层管理器按钮,弹出“图层特性管理器”对话框,单击新建按钮,新建 2 个图层,即“辅助线”图层、“立面”图层。

②设置颜色。设置辅助线层颜色为红色。

③设置线型。将“辅助线”层的线型设置为“CENTER2”,“立面”层的线型保留默认的“Continuous”实线型。

④单击“确定”按钮,返回到 AutoCAD 作图界面。

(6)设置线型比例。在命令行输入线型比例命令“LTS”并回车,将全局比例因子设置为 100。

(7)设置文字样式和标注样式。

(9)完成设置并保存文件。利用“图层”工具栏中的图层列表框,关闭“标题栏”层,然后单击“标准”工具栏中的保存命令按钮,打开“图形另存为”对话框。输入文件名称“住宅正立面图”,单击“图形另存为”对话框中的“保存”命令按钮保存文件。

10.2.2 绘制辅助线

(1)新建“辅助线”层并设置为当前层。单击状态栏中的“正交”按钮,打开正交状态。

(2)通过单击“绘图”工具栏中的直线命令按钮，选择直线命令，在图幅内适当的位置绘制水平基准线和竖直基准线，如图 10－40 所示。

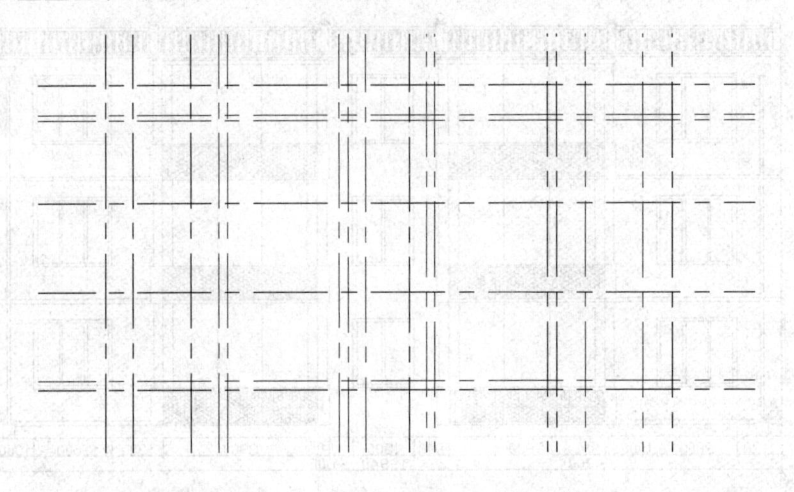

图 10－40

10.2.3　绘制底层和标准层立面

(1)绘制底层和标准层的轮廓线。将“立面”图层设为当前层，单击状态栏中的“对象捕捉”按钮，打开对象捕捉方式，然后设置捕捉方式为“端点”和“交点”方式。

(2)绘制地坪线。单击“绘图”工具栏中的多段线命令按钮，捕捉水平基准线的左端点 A 作为起点，输入 W 并回车设置线宽为 50，捕捉水平基准线的右端点 D，空格键结束命令，如图 10－41 所示。

(3)绘制底层和标准层的轮廓线。空格键重复多段线命令，捕捉辅助线的左下角交点 B 作为起点，输入 W 并回车设置线宽为 30，依次捕捉辅助线相应交点 E、F、C，空格键结束命令。绘制好的底层和标准层轮廓线如图 10－41 所示。

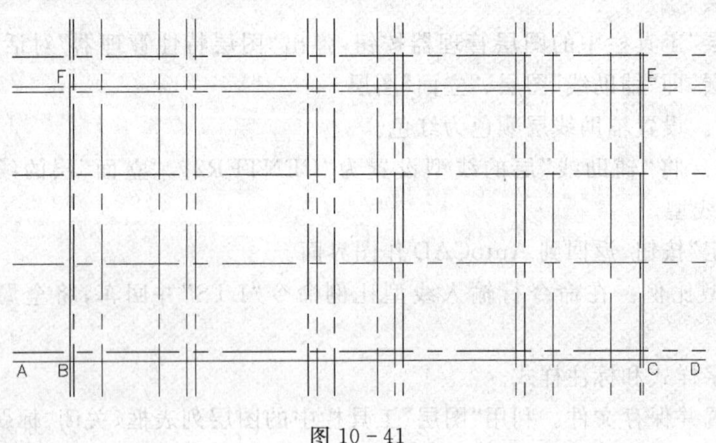

图 10－41

10.2.4　绘制窗

(1)利用“绘图”工具栏中的“矩形”命令按钮，捕捉辅助线上窗的左下角点的位置 G 作为第一个角点的位置，输入窗外轮廓线右上角的相对坐标@2000，1700，回车完成的窗户外轮廓线 HIJG 的绘制;单击"修改"工具栏中的偏移命令按钮,输入偏移距离 90 并回车,然后选择窗外轮廓线 HIJG 并向内侧偏移,空格键结束命令;利用"修改"工具栏中的"分解"命令按钮,将窗的内轮廓线分解,"偏移"命令按钮,设置偏移距离为 560,利用窗内轮廓线左右两侧线条偏移出表示窗棂的线段 LM 和 NO;再偏移 70,偏移出表示窗棂的另外两条线段,如图 10－42 所示。

(2)用和以上相同的方法,绘制出中间的小窗,中间小窗的尺寸如图 10－43 所示,绘制完成后如图 10－44 所示。

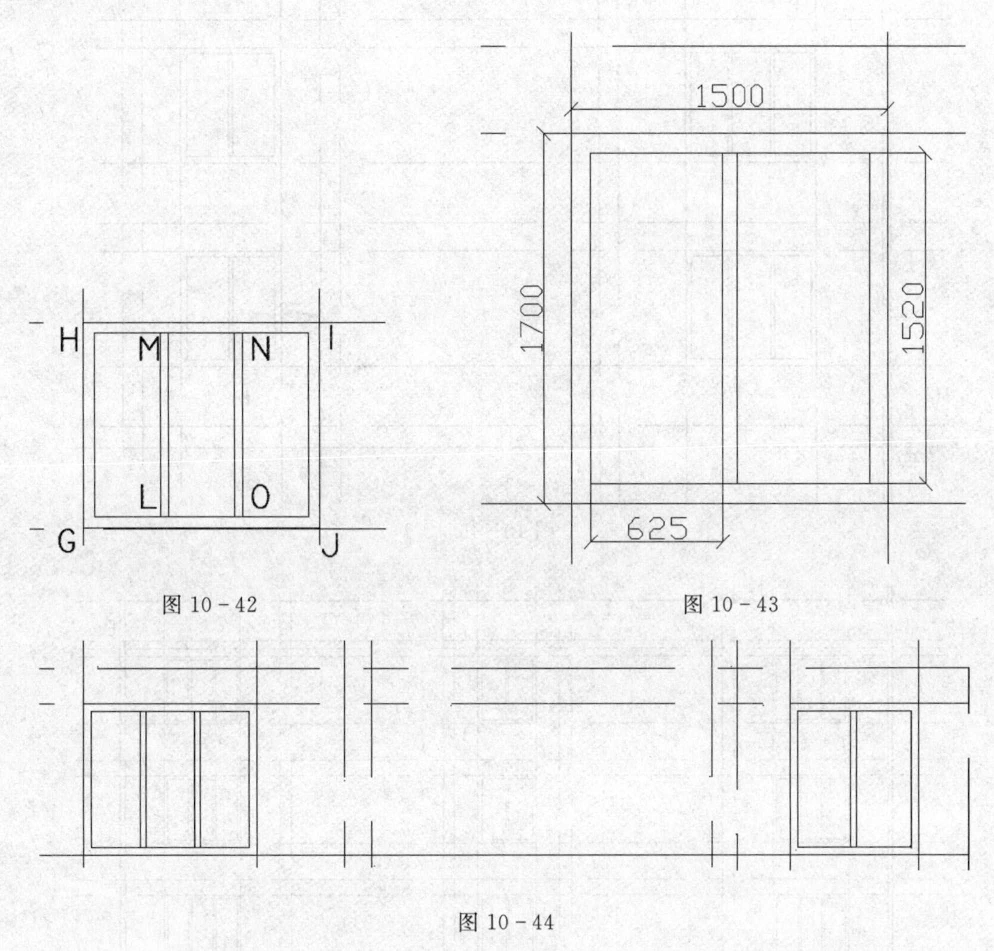

图 10－42

图 10－43

图 10－44

(3)阵列出立面图中各层左侧的窗和中间的小窗。单击"修改"工具栏中的"阵列"命令按钮,弹出"阵列"对话框,单击选择对象按钮,框选前面绘制的两个窗,单击鼠标右键返回到"阵列"对话框,作出阵列设置,然后单击"确定"按钮,完成后如图 10－45 所示。

(4)镜像出右侧的窗。关闭"辅助线"层,单击"修改"工具栏中的镜像命令按钮,框选左侧所有的窗,捕捉轮廓线顶边线的中点作为镜像线第一点,到底边捕捉垂足作为镜像线第二点,回车后再次回车。绘制完成后打开"辅助线"层,此时立面图如图 10－46 所示。

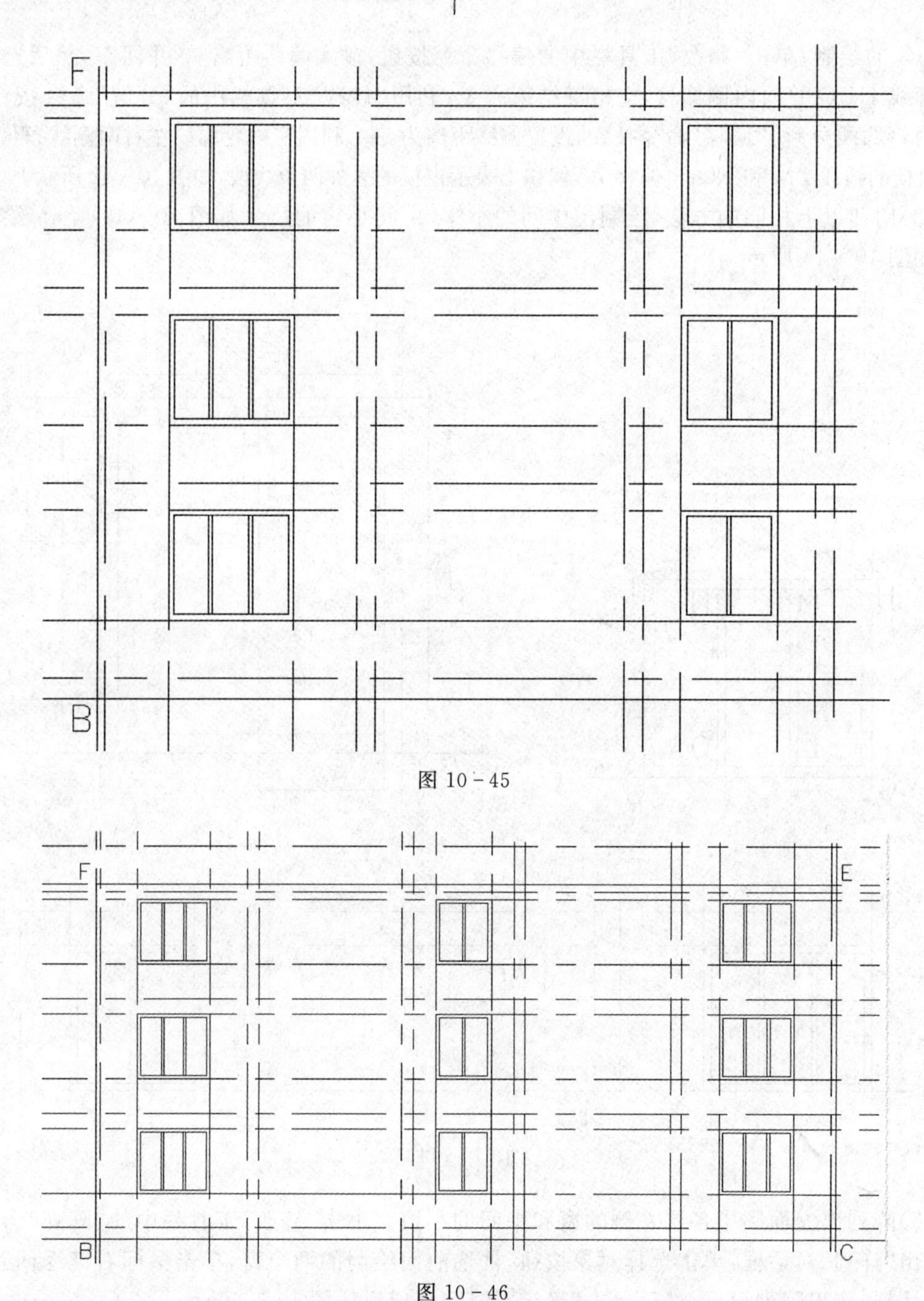

图 10－45

图 10－46

10.2.5　绘制阳台

在本节的立面图中，底层和标准层的阳台样式相同，分布也十分规则，所以可以先绘制出一个阳台，然后采用阵列和复制命令把阳台安排到合适的位置。

首先我们绘制出一个阳台，其尺寸如图 10－47 所示。

(1)将“立面”层设为当前层。打开正交方式，选择“端点”和“中点”对象捕捉方式。

(2)绘制阳台的下侧护板。

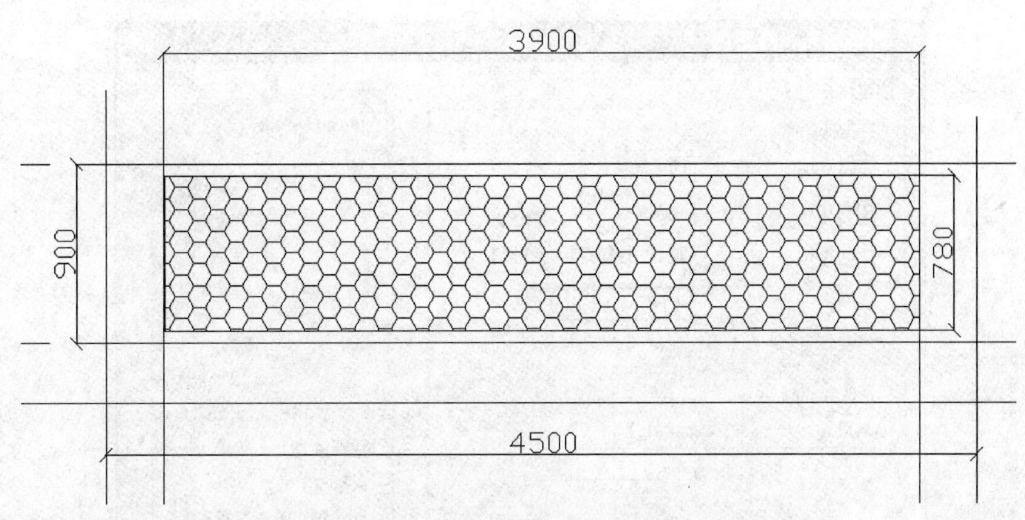

图 10-47

①绘制下护板。单击“绘图”工具栏中的“矩形”命令按钮，捕捉辅助线上底层左侧阳台左下角位置A作为第一个角点，按尺寸输入相对坐标@300,900指定另一角点的位置，绘制矩形ABCD。

②以B点相对坐标@3900,0指定起点，绘制同ABCD相同的矩形EFGH。

(3)选择“直线”工具，连接BE。

(4)单击”修改”工具栏中的“偏移”命令按钮，以此向上偏移BE线段，距离分别为100、700、900，完成后如图10-48所示。

图 10-48

(5)绘制阳台的装饰铁艺。

①单击“绘图”工具栏中的“填充”命令按钮，弹出“图案填充和渐变色”对话框，图10-49所示。

②选择“图案”选项区域中的“HONEY”样例，比例设置为50。

③单击“添加:拾取点”按钮，切换到绘图界面，在上下护板及连接线内单击，指定填充区域，然后按空格键返回到“图案填充和渐变色”对话框。

④单击”确定”按钮即完成阳台装饰铁艺的绘制，如图10-50所示。

(6)用直线命令和偏移命令绘制阳台窗玻璃上的分隔线，使用阵列和复制命令绘制其他阳台，关闭“辅助线”层，此时的立面图如图10-51所示。

图案填充和渐变色

图案填充 渐变色

类型和图案

类型(Y): 预定义

图案(P): HONEY

颜色(C): 使用当前项

样例:

自定义图案(M):

角度和比例

角度(G): 0

比例(S): 50

双向(U)

相对图纸空间(E)

间距(C): 1

ISO 笔宽(O):

图案填充原点

使用当前原点(T)

指定的原点

单击以设置新原点

默认为边界范围(X)

左下

存储为默认原点(F)

边界

添加:拾取点(K)

添加:选择对象(B)

删除边界(D)

重新创建边界(R)

查看选择集(V)

选项

注释性(N)

关联(A)

创建独立的图案填充(H)

绘图次序(W):

置于边界之后

图层(L):

使用当前项

透明度(T):

使用当前项

0

继承特性(I)

预览 确定 取消 帮助

图 10-49

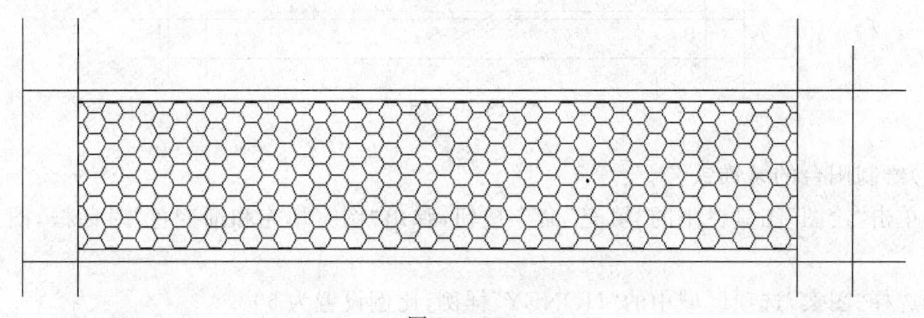

图 10-50

10.2.6 绘制雨水管

雨水管是用来排放屋顶积水的管道,雨水管的上部是梯形漏斗,下面是一个细长的管道,底部有一个矩形的集水器。雨水管的绘制步骤如下。

1. 绘制左侧的雨水管

(1)将“立面”层设为当前层,关闭“辅助线”层。设置对象捕捉方式为“端点”、“中点”和“交

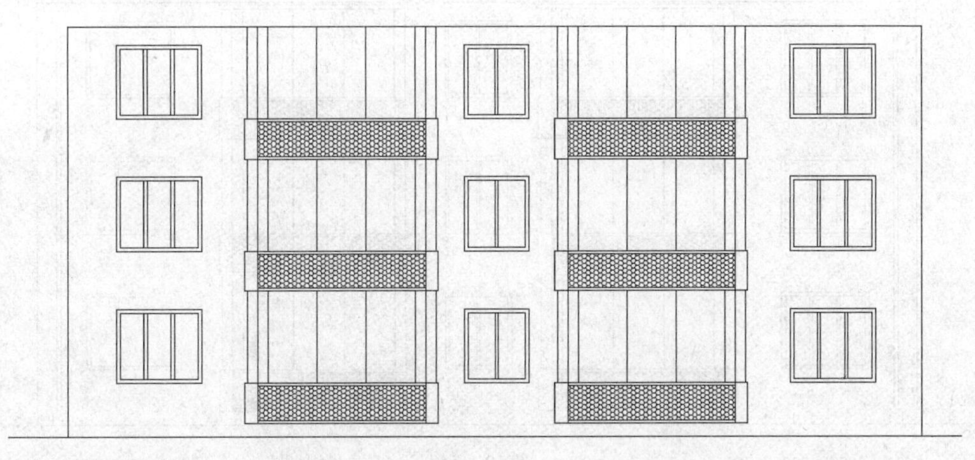

图 10-51

点”捕捉方式。

(2)单击“绘图”工具栏中的“直线”命令按钮，按住键盘上的 Shift 键，然后单击鼠标右键，选择快捷菜单中“自”命令，捕捉到底层和标准层轮廓线的左上角，输入相对坐标@500，−200，回车确定梯形漏斗顶边线的起点，然后向右画 400，并依次由相对坐标绘制梯形漏斗其他边线，最后选择 C 选项闭合直线，

绘制完的梯形漏斗如图 10-52 所示。

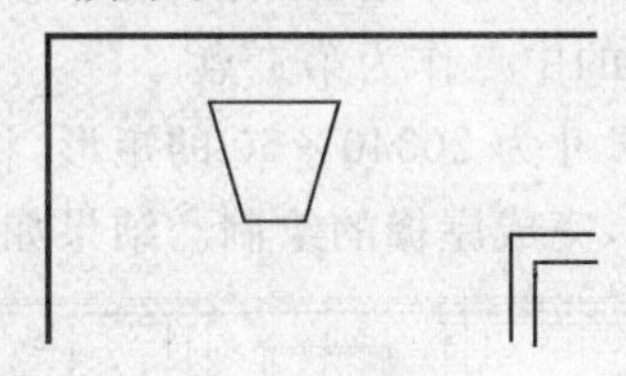

图 10-52

(3)绘制雨水管左边线。空格键重复直线命令，按住键盘上的 Shift 键，单击鼠标右键，选择快捷菜单中的“自”命令，捕捉到梯形漏斗的左下角，输入相对坐标@50，0 回车，确定雨水管左边线的顶端位置，然后向下画 8500，回车结束直线命令。

(4)绘制雨水管右边线。单击“修改”工具栏中“镜像”命令按钮，选中雨水管左边线，以漏斗下边中点为镜像中点作镜像线，然后回车结束命令。绘制完的雨水管干管如图 10-53 所示。

(5)绘制雨水管下端的集水器。单击“绘图”工具栏中的“矩形”命令按钮，按住键盘上的 Shift 键，然后单击鼠标右键，选择快捷菜单中的“自”命令，捕捉到雨水管干管左下角，输入相对坐标@−100，0 回车，确定底部矩形集水器的左上角位置，由相对坐标@280，−300 确定集水器的右下角位置，完成左侧雨水管的绘制。

图 10-53

2. 利用镜像命令绘制出右侧的雨水管

单击“修改”工具栏中的镜像命令按钮，捕捉轮廓线顶边中点为镜像线的第一点，捕捉轮廓线底边中点为镜像线的第二点，然后回车结束命令。绘制完雨水管后的立面图如图 10-54 所示。

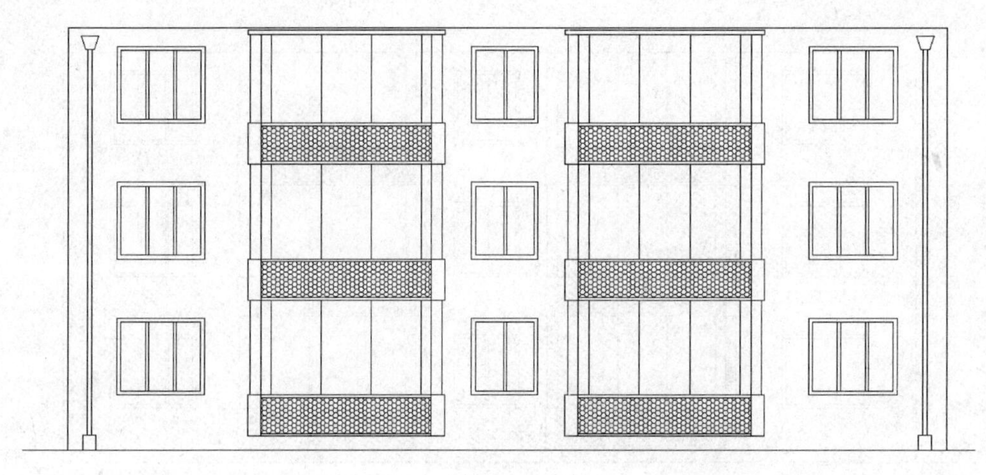

图 10－54

10.2.7 绘制屋檐

(1)将“立面”层设为当前层,关闭“辅助线”层,同时打开状态栏中的“对象捕捉”按钮,选择“端点”、“中点”和“交点”对象捕捉方式。

(2)画一个尺寸为 20140×100 的矩形。单击“绘图”工具栏中的“矩形”命令按钮,在任意位置单击,输入相对坐标@20140,100 回车。

(3)单击“修改”工具栏中的“移动”命令按钮,将该矩形移动到正确位置。捕捉矩形底边的中点作为基点,捕捉到轮廓线顶边的中点作为第二点 。

(4)采用相同的方法,画一个尺寸为 20340×50 的矩形,将它移到第(2)、(3)步中所画的矩形上面,使二者相临边的中点重合,完成屋檐的绘制。结果如图 10－55 所示。

图 10－55

10.2.8 绘制楼顶装饰栅栏

(1)绘制立柱。

①将“立面”层设置为当前层,打开“辅助线”层,设置对象捕捉方式为“端点”、“中点”、“交点”和“象限点”捕捉方式。

②绘制立柱的主干矩形。单击“绘图”工具栏中的矩形命令按钮,捕捉到屋檐顶边线与最

左侧辅助线的交点 O，输入相对坐标@200，650 回车，画出立柱的主干矩形。

③利用矩形命令，分别画尺寸为 300×50 和 200×50 的两个矩形，再利用移动命令，捕捉稍大矩形底边中点为基点，将矩形移动到主干矩形顶边的中点。同理，将小矩形移动到大矩形的顶部。

④绘制立柱顶部的球体。单击“绘图”工具栏中的圆命令按钮，在任意位置单击作为圆心，输入圆的半径为 90 回车。

⑤单击”修改”工具栏中的移动命令按钮，将立柱顶部的球体移动到适当位置。

绘制完成的一个立柱如图 10－56 所示。

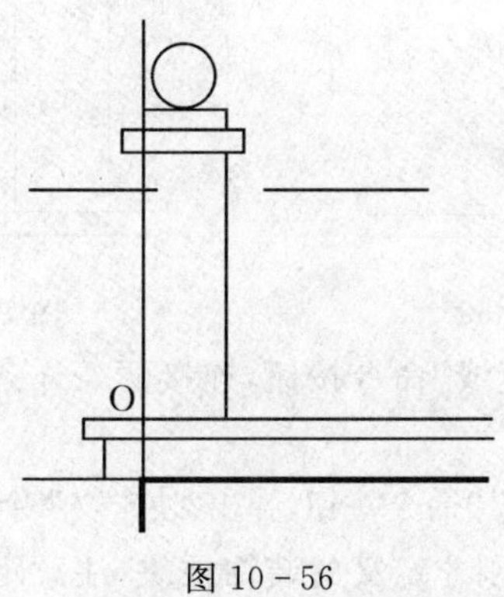

图 10－56

⑥单击“修改”工具栏中的”复制”命令按钮，选择立柱后进行多重复制，画出其余立柱。

⑦单击“修改”工具栏中的“移动”命令按钮，将最右侧立柱移动到与侧面右墙面对齐，完成后如图 10－57 所示。

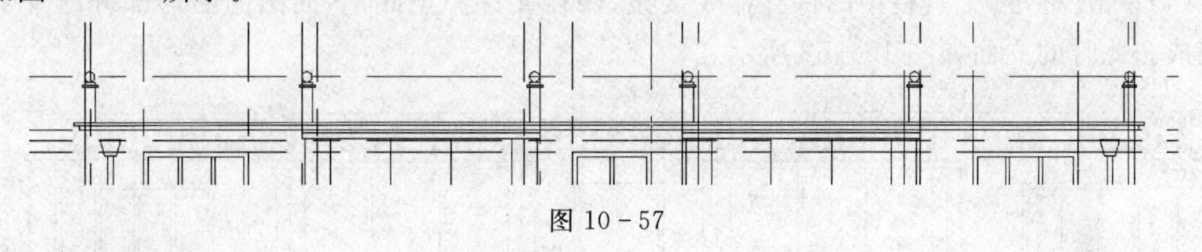

图 10－57

(2)绘制扶手。

①将“立面”层设置为当前层，打开正交方式。

②以扶手定位辅助线与各立柱的交点为端点画直线。单击“绘图”工具栏中的“直线”命令按钮，捕捉图 10－56 所示的左边第一个立柱右侧相应的点作为第一点，捕捉图 10－56 所示的左边第二个立柱左侧相应的点作为第二点，空格键结束命令，完成直线的绘制。再空格键重复五次该命令，绘制相应的直线，完成扶手上边界的绘制。

③关闭“辅助线”层，单击“修改”工具栏中的“复制”命令按钮，选择扶手上边界向下复制出下边界，绘制完扶手后的装饰栅栏如图 10－58 所示。

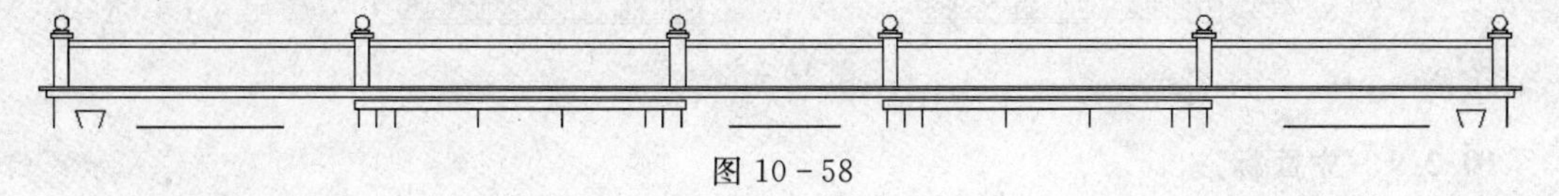

图 10－58

(3)绘制装饰柱。

①将“立面”层设置为当前层，关闭正交方式。

②单击“绘图”工具栏中的样条曲线命令按钮，在图 10－59 所示位置绘制一条样条曲线。

③单击“修改”工具栏中的“镜像”命令按钮，选中所绘的样条曲线，打开正交方式，以适当的竖直方向为对称轴镜像出装饰柱的右半部分，如图 10－60 所示。

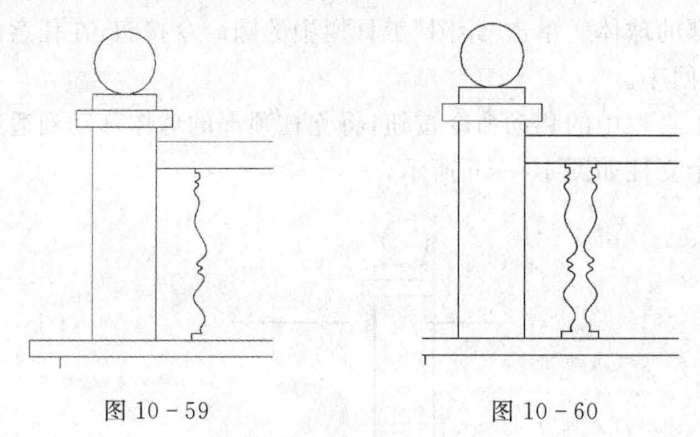

图 10－59　　　　图 10－60

④单击“绘图”工具栏中的“直线”命令按钮，连接两条样条曲线上部的端点，以便创建块时确定插入点的位置。

⑤单击“绘图”工具栏中的创建块命令按钮，弹出“块定义”对话框。将整个装饰柱定义为“块”。

⑥在栏杆下相应的位置插入刚才定义的装饰柱块，注意距离均衡，如图 10－61 所示。

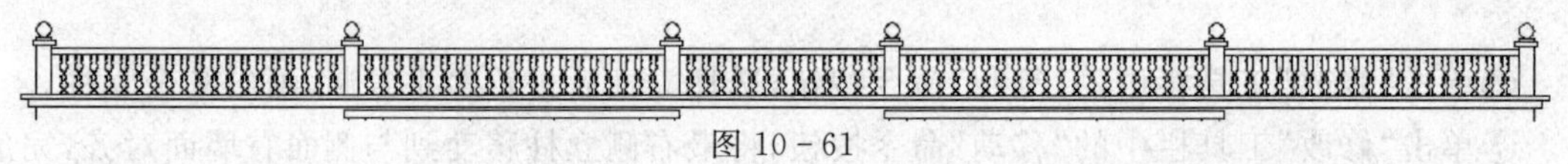

图 10－61

(4)单击“标准”工具栏中的保存命令按钮，保存文件。至此，立面图的图形部分已全部绘制完成。此时的立面如图 10－62 所示。

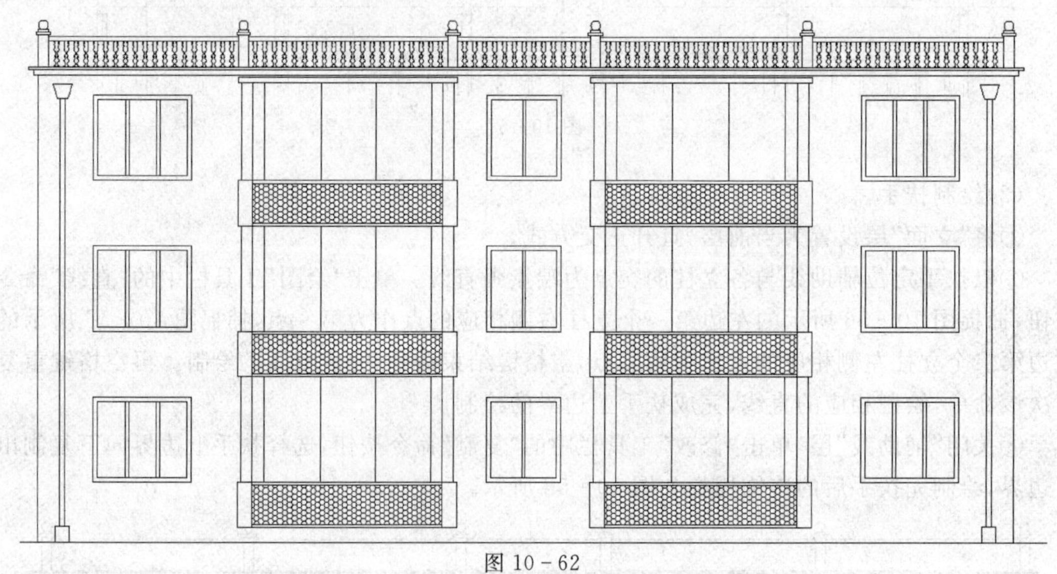

图 10－62

10.2.9　立面标注

1. 尺寸标注

立面图局部尺寸、层高尺寸、总高度尺寸和轴号的标注方法与平面图完全相同，完成这几项标注后的立面图如图10－63所示。

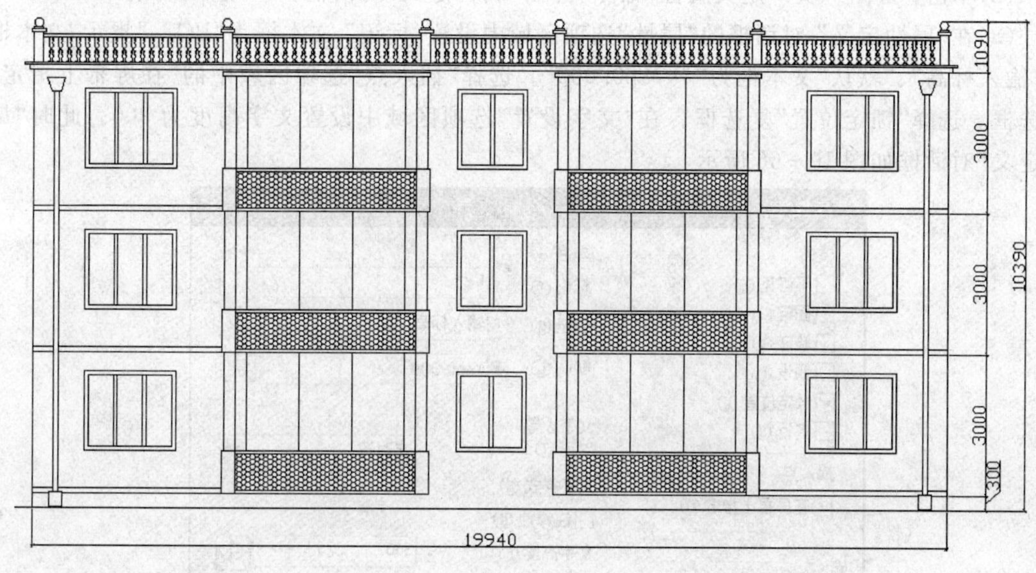

图10－63

2.绘制标高参照线

关闭“辅助线”层，将“尺寸标注”层设为当前层，综合应用直线命令、修剪命令和偏移命令，根据已知的标高尺寸绘制出表示标高位置的参照线，如图10－64所示。

(1)将0层设为当前层，利用直线命令在空白位置绘制出标高符号，如图10－65所示。

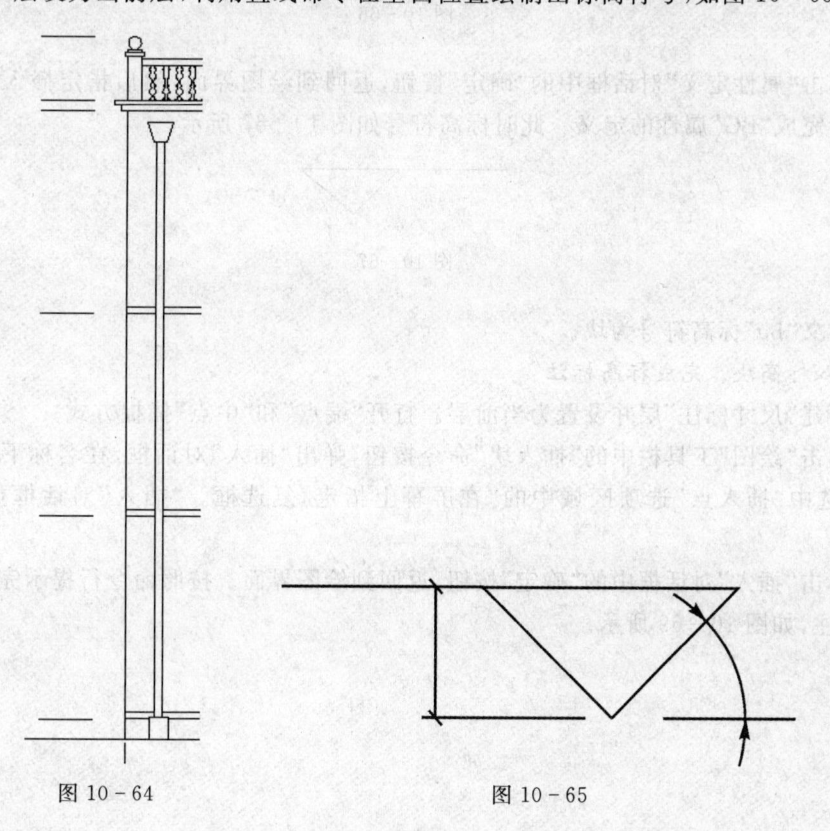

图10－64　　图10－65

(2)单击“绘图＞块＞定义属性”命令,弹出“属性定义”对话框。

(3)在“属性定义”对话框的“属性”选项区域中设置“标记”文本框为“BG”、“提示”文本框为“输入标高”、“默认”文本框为“%%p0.000”。选择“插入点”选项区域中的“在屏幕上指定”复选框。选择“锁定位置”复选框。在“文字设置”选项区域中设置文字高度为300。此时“属性定义”对话框如图10-66所示

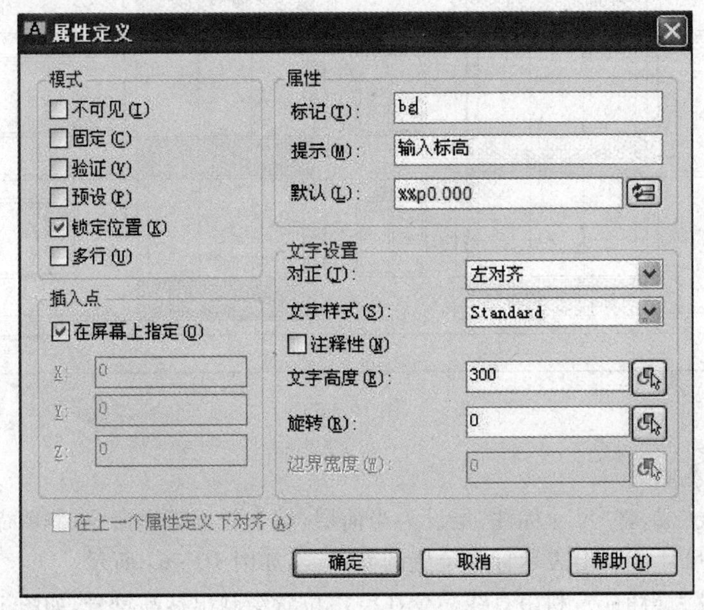

图10-66

(4)单击“属性定义”对话框中的“确定”按钮,返回到绘图界面,然后指定插入点在标高符号的上方,完成“BG”属性的定义。此时标高符号如图10-67所示。

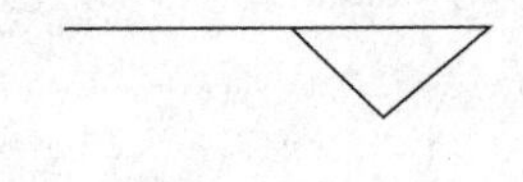

图10-67

(5)定义“bg”标高符号为块。

3. 插入标高块,完成标高标注

(1)新建“尺寸标注”层并设置为当前层。打开“端点”和“中点”捕捉方式。

(2)单击“绘图”工具栏中的“插入块”命令按钮,弹出“插入”对话框,在名称下拉列表中选择“bg”,选中“插入点”选项区域中的“在屏幕上指定”复选框。“插入”对话框如图10-68所示。

(3)单击“插入”对话框中的“确定”按钮,返回到绘图界面。按照命令行提示完成一个标高尺寸的标注,如图10-69所示。

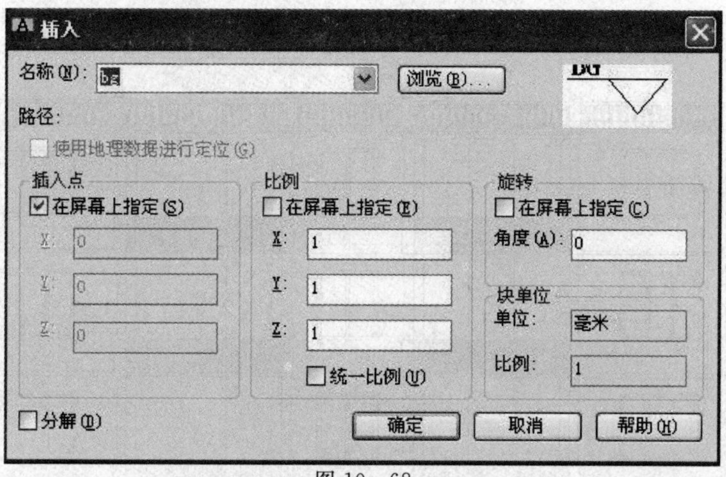

图 10 - 68

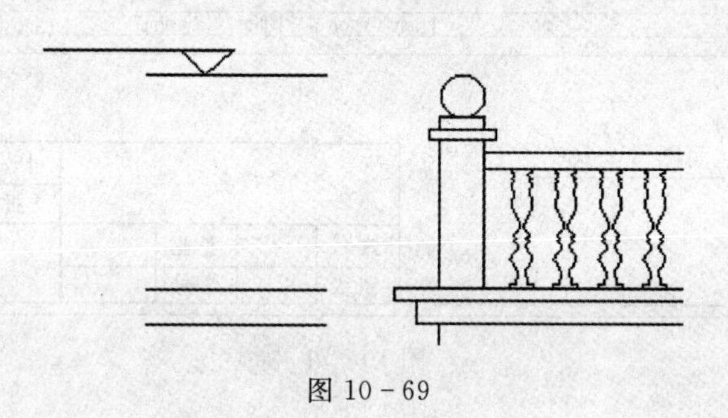

图 10 - 69

(4)回车重复插入块命令,同理标注出其他的标高尺寸。标高标注完成后的立面图如图 10 - 70 所示。

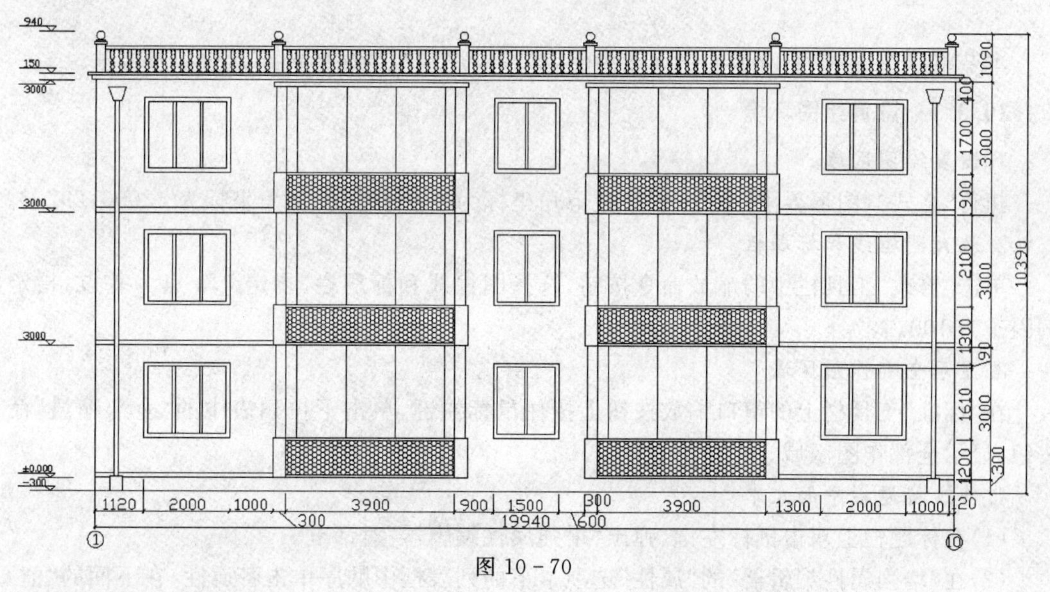

图 10 - 70

10.2.10 打印输出

打印输出类似前面打印输出设置,最后输出效果如图 10 - 71 所示。

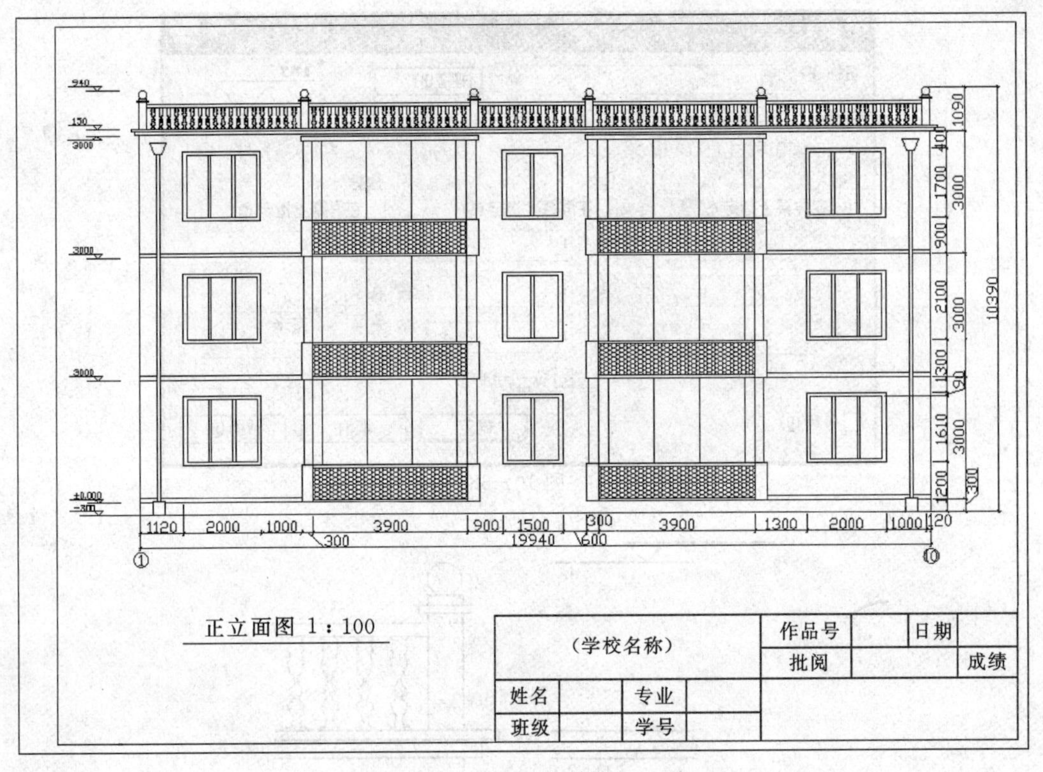

图 10－71

10.3 建筑剖面图实例

本节将以图 10－72 所示的剖面图为例，详细讲述建筑剖面图的绘制过程及方法。

10.3.1 设置绘图环境

1. 设置绘图区域

执行“格式＞图形界限”命令，设置左下角坐标为 0,0，指定右上角坐标为 42000,29700。

2. 放大图框线和标题栏

单击“修改”工具栏中的缩放命令按钮，选择图框线和标题栏，指定 0,0 点为基点，指定比例因子为 100。

3. 显示全部作图区域

在“标准”工具栏上的窗口缩放按钮上按住鼠标左键，单击下拉列表中的“全部缩放”命令按钮，显示全部作图区域。

4. 修改标题栏中的文本

(1)在标题栏上双击鼠标左键，弹出“增强属性编辑器”对话框。

(2)在“增强属性编辑器”的“属性”选项卡下的列表框中顺序单击各属性，在下面的“值”文本框中依次输入相应的文本。

(3)单击“确定”按钮，完成标题栏文本的编辑。

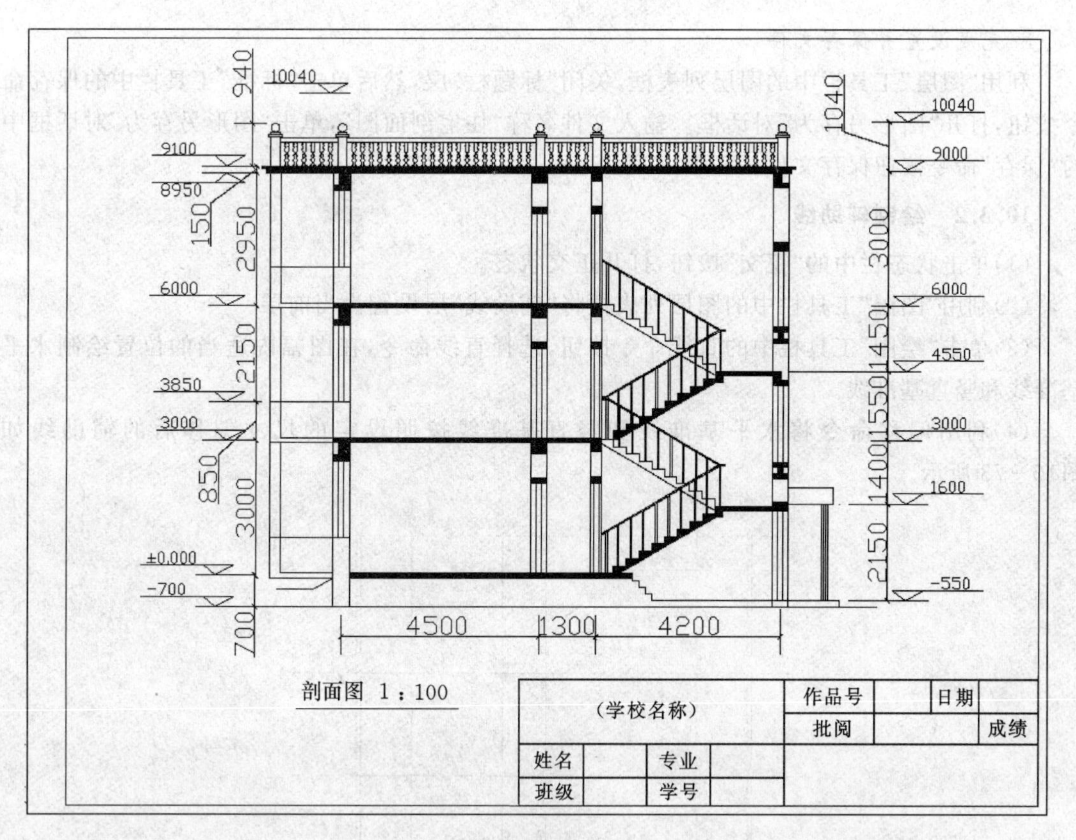

图 10-72

5. 修改图层

(1)单击“图层”工具栏中的图层管理器按钮，弹出“图层特性管理器”对话框，单击新建按钮，新建 4 个图层：楼板、楼梯、阳台、梁。

(2)对原图层进行修改，将“轴线”层重命名为“辅助线”。

(3)设置颜色。将“门窗”层的默认颜色设置为“0,97,97”，将“尺寸标注”层的颜色修改为蓝色，将“其他”层的颜色设置为白色。并对 4 个新建图层设置颜色。

(4)设置线型和线宽。将“墙体”层的线宽设置为“默认”，4 个新建图层的线型保留默认的“Continuous”实线型，其线宽均为“默认”。

6. 设置线型比例

在命令行输入线型比例命令 LTS 并回车，将全局比例因子设置为 100。

7. 设置文字样式和标注样式

(1)“汉字”样式采用“仿宋_GB2312”字体，宽度比例设为 0.9，用于书写汉字；“数字”样式采用“Simplex. shx”字体，宽度比例设为 0.9，用于书写数字及特殊字符。

(2)执行“格式>标注样式”命令，弹出“标注样式管理器”对话框，选择“standard”标注样式，然后单击“修改”命令按钮，弹出“修改标注样式”对话框，将“调整”选项卡中“标注特征比例”中的“使用全局比例”修改为 100。然后单击“确定”按钮，退出“修改标注样式”对话框，再单击“标注样式管理器”对话框中的“关闭”按钮，退出“标注样式管理器”对话框，完成标注样式的设置。

8. 完成设置并保存文件

利用“图层”工具栏中的图层列表框，关闭“标题栏”层，然后单击“标准”工具栏中的保存命令按钮，打开“图形另存为”对话框。输入文件名称“住宅剖面图”，单击“图形另存为”对话框中的“保存”命令按钮保存文件。

10.3.2 绘制辅助线

(1)单击状态栏中的“正交”按钮，打开正交状态。

(2)利用“图层”工具栏中的图层列表框将“辅助线”层设置为当前层。

(3)单击“绘图”工具栏中的直线命令按钮，选择直线命令，在图幅内适当的位置绘制水平基准线和竖直基准线。

(4)利用偏移命令将水平基准线和竖直基准线按照设定的尺寸偏移后的辅助线如图10-73所示。

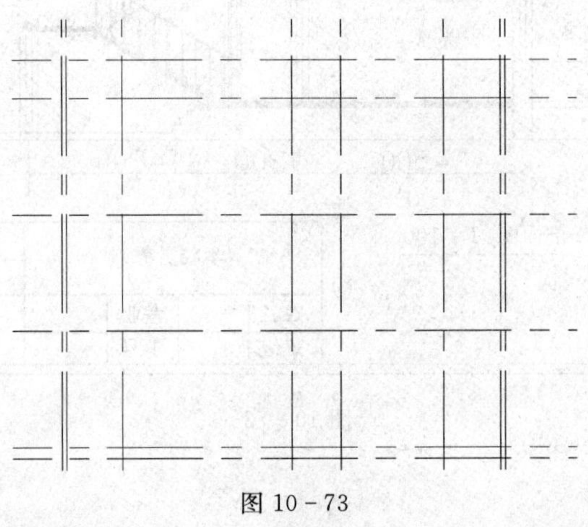

图 10-73

10.3.3 绘制墙体、楼板、楼梯休息平台、楼顶装饰栅栏和地坪线

1. 绘制墙体

(1)新建“墙体”层并设置为当前层。

(2)设置对象捕捉方式为“端点”、“交点”捕捉方式，用多线命令绘制完的墙体及其与辅助线的关系，如图 10-74 所示。

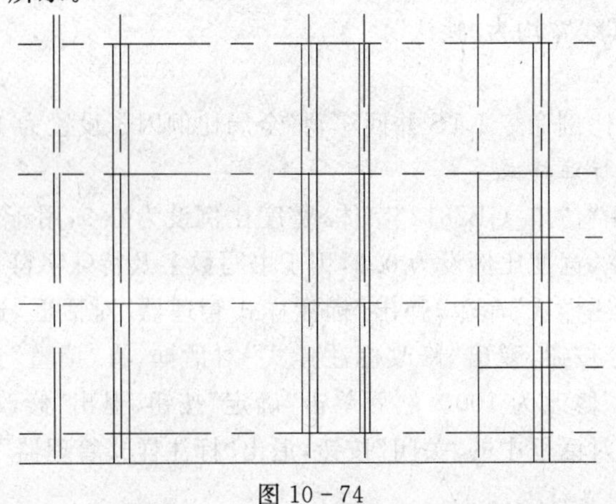

图 10-74

2. 绘制楼板和楼梯休息平台

(1)将“楼板”层设置为当前层,设置对象捕捉方式为“端点”、“交点”捕捉方式。

(2)利用多线命令绘制楼板和楼梯休息平台,如图 10-75 所示。

3. 绘制楼顶装饰栅栏

参照教材前面绘制楼顶装饰栅栏方法,运用样条曲线绘制楼顶装饰栅栏,如图 10-76 所示。

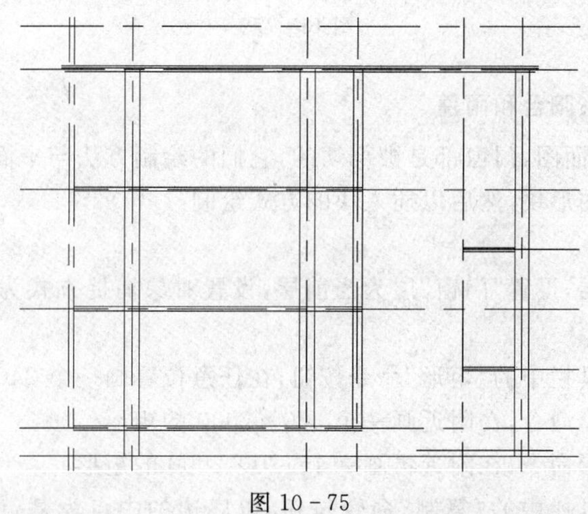

图 10-75

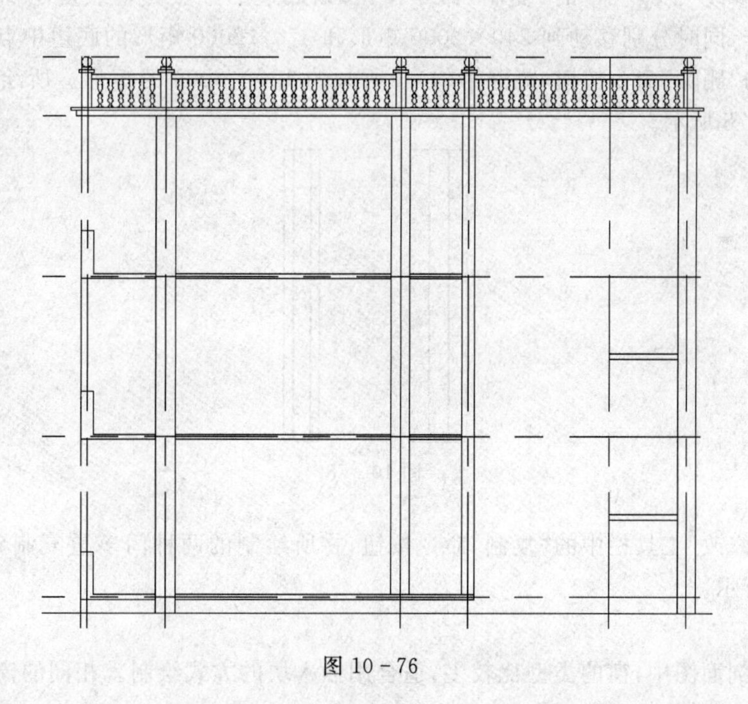

图 10-76

4. 绘制地坪线

在相应的图层,运用教材前面相应的绘制方法,利用多段线命令分别绘制室外和室内的地坪线,同时画出楼梯底层第一梯段的踏步和雨篷前面的台阶,如图 10-77 所示。

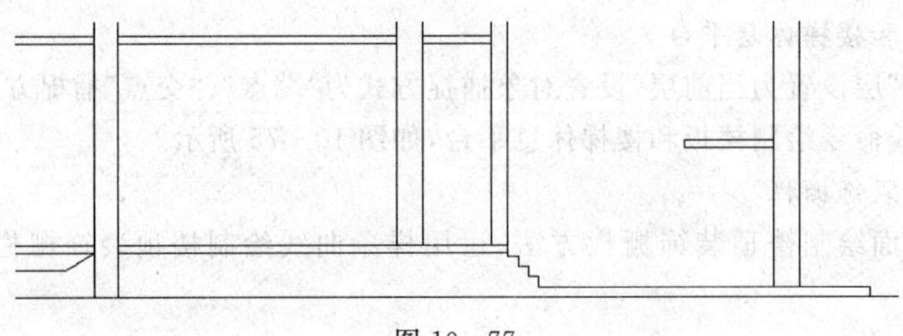

图 10-77

10.3.4 绘制门窗、阳台和雨篷

本节所绘的建筑剖面图，门窗都是被剖切的，它们的绘制方法与平面图中窗的绘制方法一致，可先建立门和窗的图形块，然后以插入块的方式绘制。

1. 绘制门

(1)关闭“辅助线”层，设置“门窗”层为当前层，设置对象捕捉方式为“端点”、“中点”和“交点”捕捉方式。

(2)单击“绘图”工具栏中的“矩形”命令按钮，在任意位置画一个 240×2000 的矩形。

(3)空格键重复矩形命令，在附近画一个 370×2000 的矩形。

(4)空格键重复矩形命令，在附近再画一个 120×2000 的矩形。

(5)单击“修改”工具栏中的“复制”命令按钮，以底边的中点为基点复制 120×2000 的矩形，共复制两个，同时分别移动到 240×2000 矩形和 370×2000 矩形的底边中点上，再单击“修改”工具栏中的“删除”命令按钮，删除第(4)步所画的 120×2000 的矩形。所绘制的两种类型的门如图 10-78 所示。

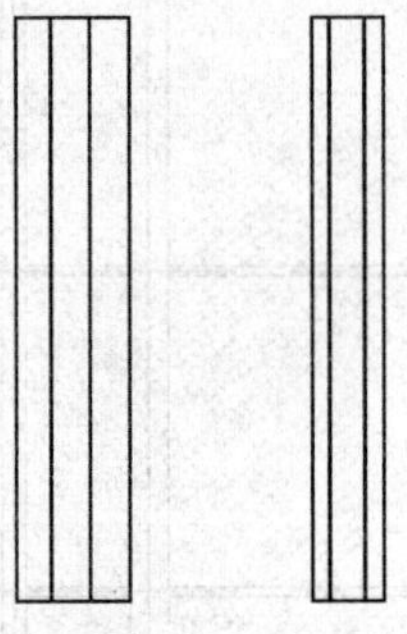

图 10-78

(6)单击“修改”工具栏中的“复制”命令按钮，将所绘制的两种门多重复制到相应的位置，如图 10-79 所示。

2. 绘制窗

本节所绘剖面图中，窗的类型比较多，适合用插入块的方式绘制。相同的窗还可用阵列或复制命令继续完成。下面讲述窗的绘制步骤。

(1)建立窗块。

①设置 0 层为当前层，单击“绘图”工具栏中的“矩形”命令按钮，在绘图区任意位置画一个 100×1000 的矩形。

②单击“修改”工具栏中的分解命令按钮，将 240×1700 的矩形分解。

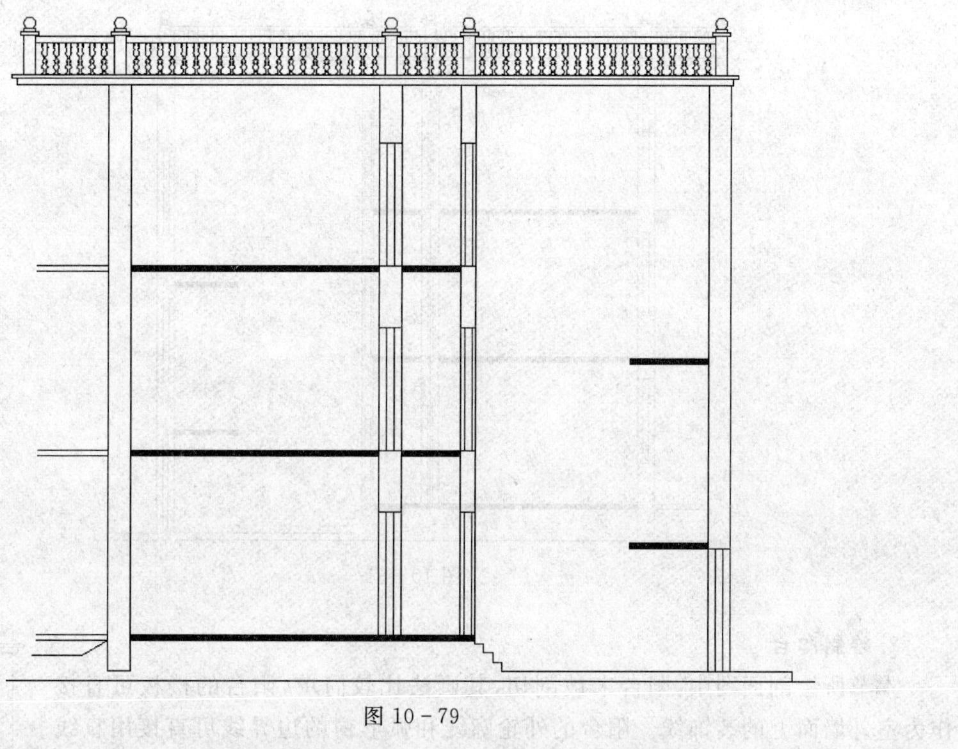

图10-79

③单击“修改”工具栏中的偏移命令按钮，设置偏移距离为80，将240×1700矩形的左右边界分别向矩形内偏移，画出窗的形状，如图10-80所示。

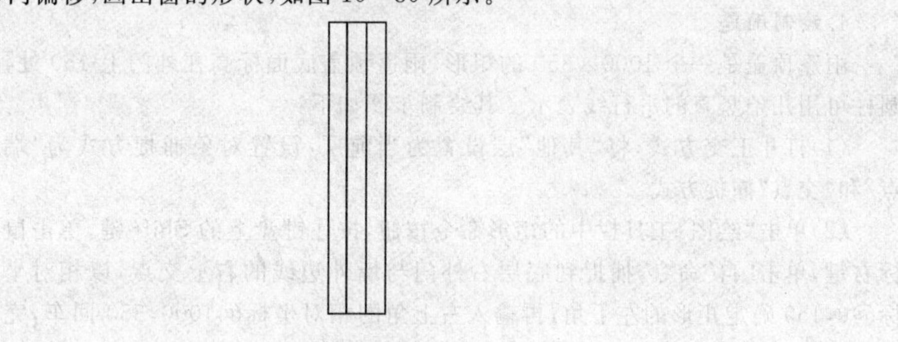

图10-80

④利用定义块的方法，完成窗块的创建任务。

(2)利用插入块的方法在相应的地方插入窗口，并用阵列的方法阵列编辑所有的窗子，效果如图10-81所示。

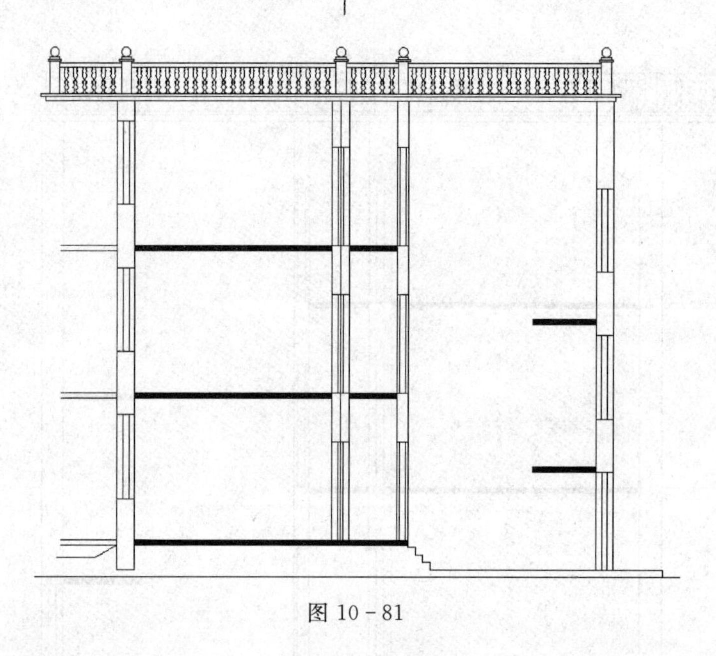

图 10-81

3. 绘制阳台

本节所绘剖面图中，阳台未被剖切，其画法比较简单，阳台的楼板可直接作为室外墙面上的装饰线。阳台的外轮廓线和弧形窗的边界线可直接用直线命令和复制命令绘制。阳台的窗台线只需画出一条，其他的用阵列命令阵列即可完成。效果如图 10-82 所示。

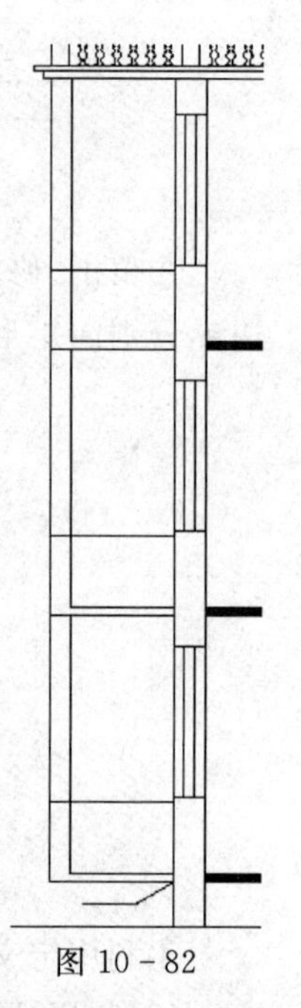

图 10-82

4. 绘制雨篷

雨篷顶盖是一个 1000×350 的矩形，雨篷顶盖底面标高在外门上 150 处，圆柱可用几条竖直的平行线表示。其绘制步骤如下：

(1)打开正交方式，将“其他”层设置为当前层，设置对象捕捉方式为“端点”和“交点”捕捉方式。

(2)单击“绘图”工具栏中的矩形命令按钮，按住键盘上的 Shift 键，单击鼠标右键，单击“自”命令，捕捉到底层右外门与墙外边线的右上交点，以相对坐标@0,150 确定矩形的左下角，再输入右上角的相对坐标@1000,350 回车，完成雨篷顶盖的绘制。

(3)单击“绘图”工具栏中的直线命令按钮，按住键盘上的 Shift 键，单击鼠标右键，单击“自”命令，捕捉到雨篷顶盖的右下角，以相对坐标@－100,0 确定直线的起点，再输入下一点的相对坐标@0,2150 回车，再回车退出直线命令。

(4)单击“修改”工具栏中的偏移命令按钮，设置偏移距离为 50，将刚才所绘制的直线依次向左偏移三条，绘制完圆柱。绘制完的雨篷如图 10-83 所示。

10.3.5 绘制梁和圈梁

梁设置在楼板的下面，或者设置在门窗的顶部、楼梯的下面。本节所绘的建筑剖面图中，共有如图 10-84 所示的四种形状的梁。其中外墙上的“C”形梁、“工”形梁和“L”形梁尺寸是固定的，而矩形梁的尺寸有多种。

利用创建块和插入块的方法，创建绘制的梁和圈梁为块，然后插入到剖面图相应的位置，如图 10-85 所示。

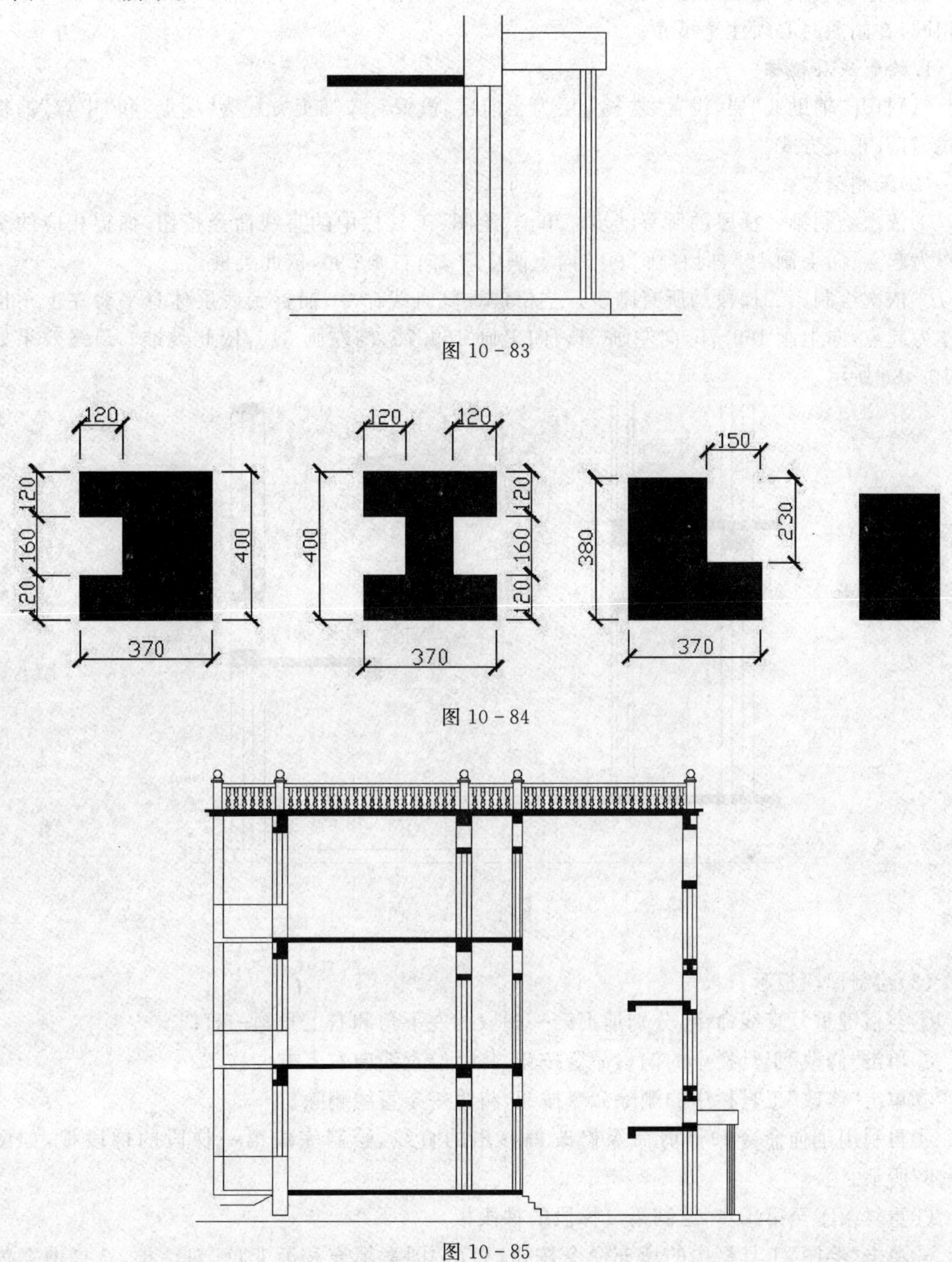

图 10-83

图 10-84

图 10-85

10.3.6 绘制楼梯

剖面图中，楼梯剖面是最常见的，也是绘制时最复杂的。在本节绘制的剖面图中，楼梯共有两种样式：底层楼梯；二层楼梯。一般情况下，如果很多相邻层楼梯的样式完全相同，则只需画其中一层的，然后用阵列命令复制出其他层的楼梯。

根据建筑模数，标准的楼梯踏步尺寸为 300×150，但本例中，不同样式楼梯的踏步尺寸均不相同，在画图时必须注意尺寸。

1. 绘制底层楼梯

(1)打开“辅助线”层，设置“楼梯”层为当前层，设置对象捕捉方式为“端点”和“中点”捕捉方式，打开正交方式。

(2)绘制踏步。

①依次绘制第一梯段的所有踏步。单击“绘图”工具栏中的直线命令按钮，捕捉相应的交点作为起点，向上画 165，向右画 290，向上画 165，向右画 290，依此类推。

②依次绘制第二梯段的所有踏步。空格键重复直线命令，捕捉到底层休息平台左上角位置作为起点，向上画 169.75，向左画 315，向上画 169.75，向左画 315，依此类推。最终效果如图 10－86 所示。

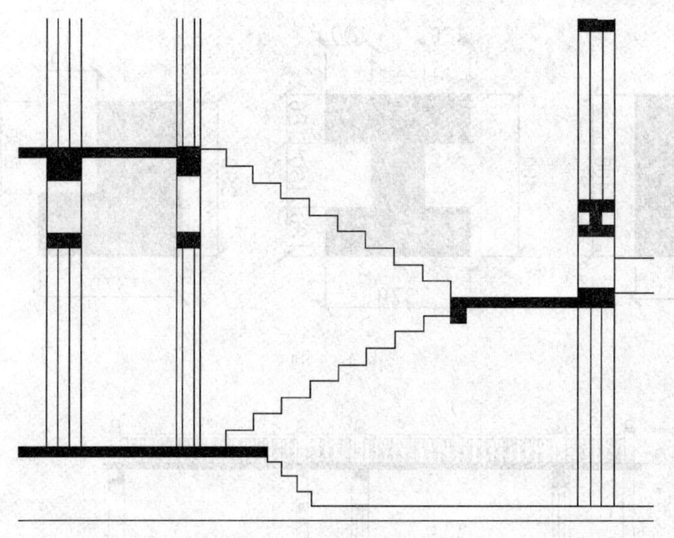

图 10－86

(3)绘制梯段板示。

①空格键重复直线命令，分别捕捉第一梯段的左下角和右上角画一直线。

②单击“修改”工具栏中的偏移命令按钮，将所绘直线向右下方偏移 120。

③单击“修改”工具栏中的删除命令按钮，将第一条直线删除。

④再利用延伸命令和修剪命令修改偏移出的直线，绘制完成第一梯段的梯段板，如图 10－87所示。

⑤重复第①至第④步，绘制第二梯段的梯段板。

⑥单击“绘图”工具栏中的填充命令按钮，弹出“图案填充和渐变色”对话框，选择图案为“SOLID”，单击“添加:拾取点”按钮，退出“图案填充和渐变色”对话框，返回到绘图界面，在第一梯段内单击，确定后又弹出“图案填充和渐变色”对话框，单击“确定”按钮，完成第一梯段剖切截面的绘制。此时，底层的楼梯如图 10－88 所示。

(4)绘制护栏。

①绘制护栏的栏杆。护栏的栏杆可使用多线命令绘制，然后分解，再使用复制命令将其余

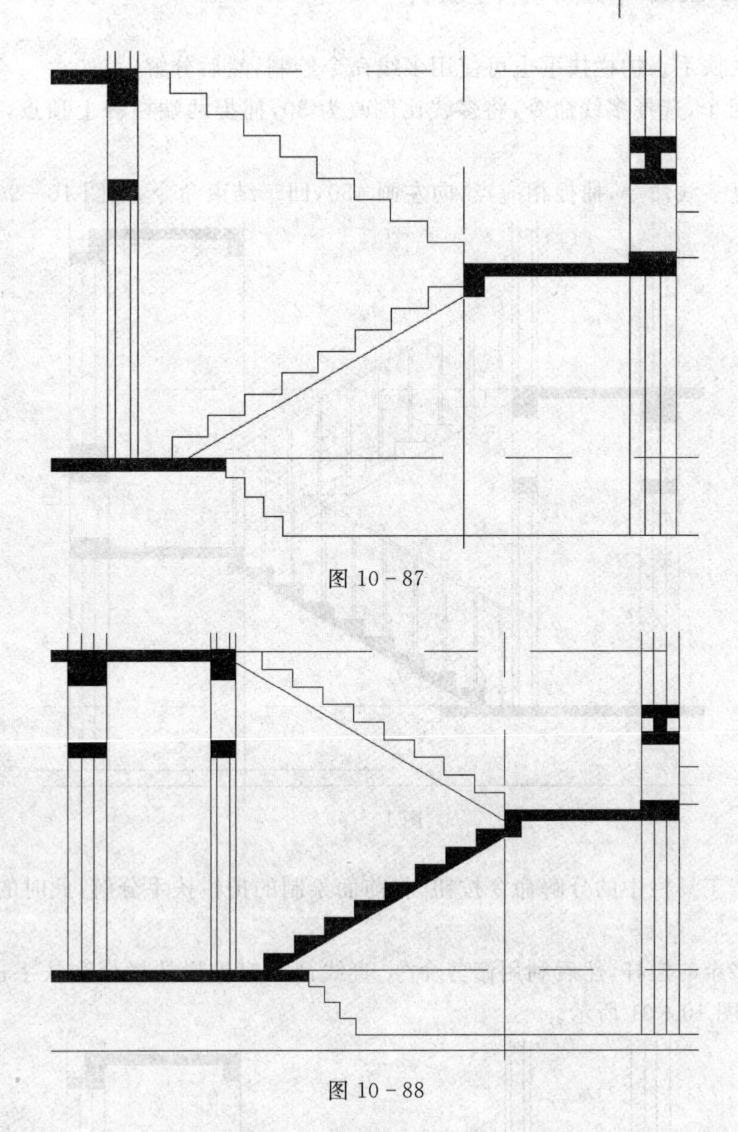

图 10-87

图 10-88

的栏杆绘制出来。

输入 ML 回车，选择多线命令，将当前多线样式修改为 STANDARD，将多线比例改为 15，当前设置：对正 = 无，比例 = 15.00，样式 = STANDARD，捕捉第一梯段第一踏步的中点，向上画 900，回车结束命令，如图 10-89 所示。

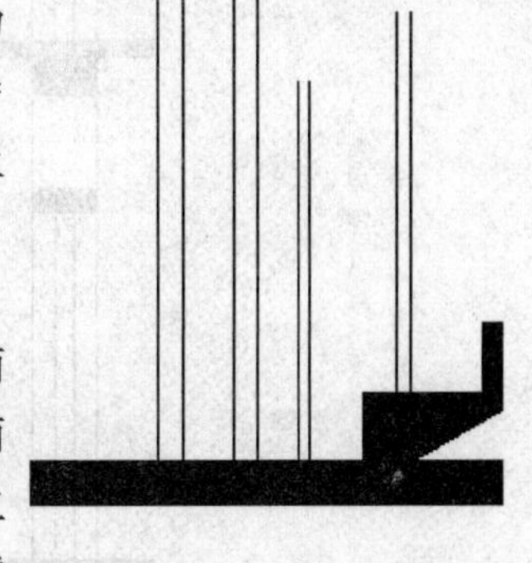

图 10-89

单击“修改”工具栏中的分解命令按钮，将前面画的多线分解。

单击“修改”工具栏中的复制命令按钮，选择以上分解出来的两条直线，作为源对象，捕捉第一梯段第一踏步的中点作为基点，将两线段向左下方复制到地坪上，移动@－290，－165，然后，捕捉第二踏步中点，捕捉第三踏步中点……依此类推，直至绘制完成底层楼梯所有踏步上的栏杆。

以相对坐标@2540，1495 在底层楼梯休息平台上复制一栏杆，以相对坐标@－300，3000 在二层地面上复制一栏杆，回车结束复制命令。

②绘制护栏扶手。护栏扶手也可使用多线命令绘制，然后分解。

输入 ML 回车，选择多线命令，将多线比例改为 30，捕捉两端栏杆上顶点，向右画 150，回车结束命令。

空格键重复多线命令，捕捉相应点，向左画 450，回车结束命令，如图 10－90 所示。

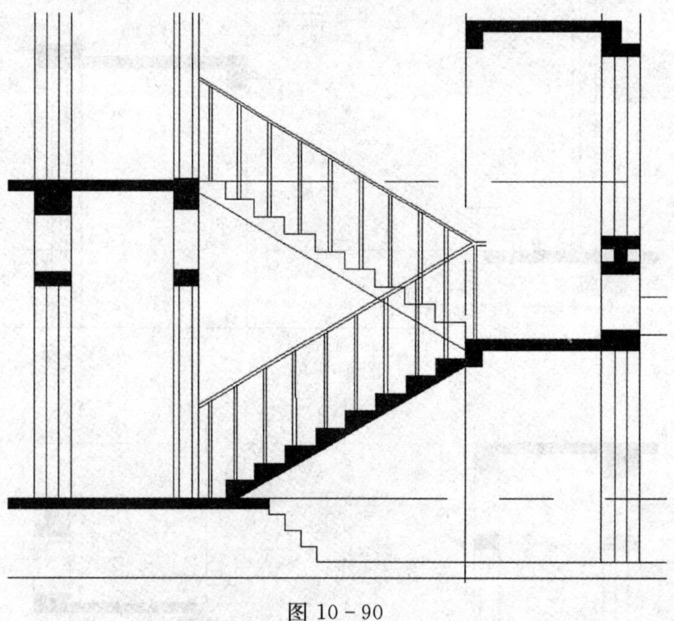

图 10－90

单击“修改”工具栏中的分解命令按钮，将前面绘制的护栏扶手分解，此时的底层楼梯如图 10－90 所示。

③删除掉多余的栏杆，然后利用修剪命令、直线命令对护栏的栏杆和扶手进行修改，完成护栏的绘制，如图 10－91 所示。

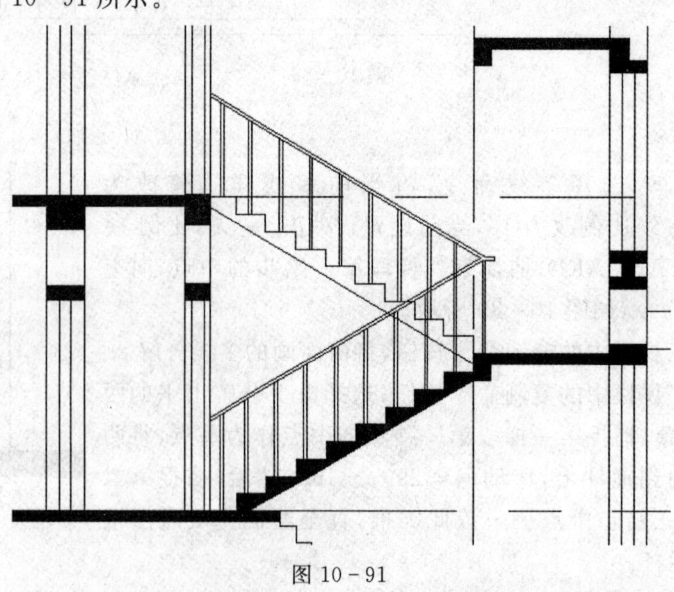

图 10－91

2. 绘制二层楼梯

(1)绘制二层楼梯。二层楼梯的绘制方法与底层楼梯的绘制方法完全相同,在此不再赘述。

但必须注意,二层第一梯段的踏步宽为 290、高为 159;第二梯段的踏步宽为 290、高为 157.79,第二梯段最后一个踏步高为 157.76。绘制完成二层楼梯后的楼梯剖面图如图 10－92 所示。

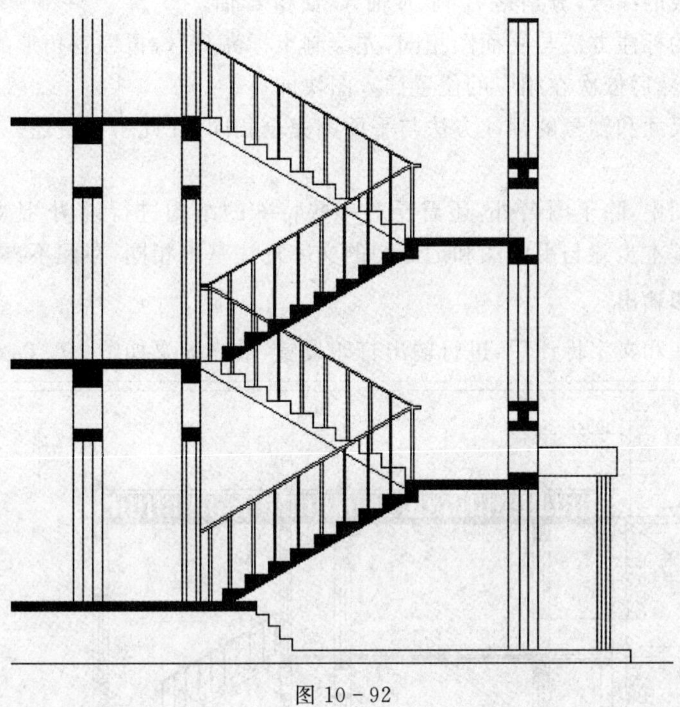

图 10－92

(2)利用修剪、删除和延伸等命令对复制出的楼梯进行修改。最终剖面图效果如图10－93 所示。

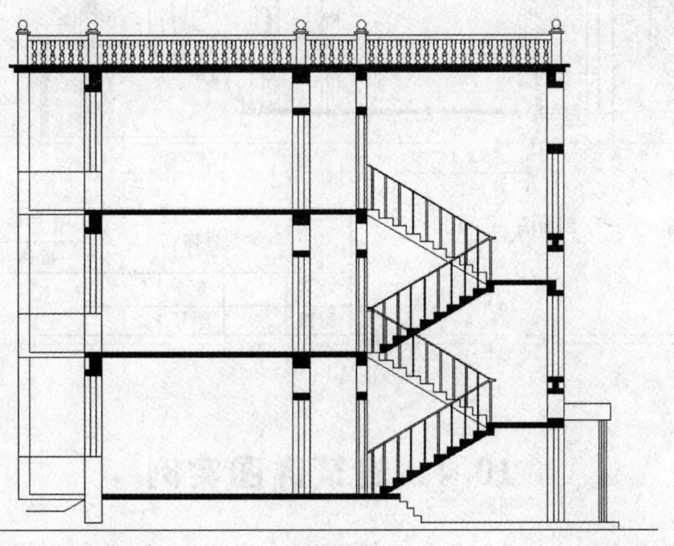

图 10－93

10.3.7 剖面图标注

1. 尺寸标注

在剖面图中，应该标出被剖切部分的必要尺寸，包括竖直方向剖切部位的尺寸和标高。外墙需要标注门窗洞口的高度尺寸以及相应位置的标高。

在建筑剖面图中，还需要标注出轴线符号，以表明剖面图所在的范围，本节的剖面图需要要标注出 4 条轴线的编号，分别是 A 轴、B 轴、C 轴和 E 轴。

剖面图标高的标注方法与立面图相同，先绘制出标高符号，再以三角形的顶点作为插入基点，保存成图块。然后依次在相应的位置插入图块即可。

剖面图局部尺寸和轴号的标注方法与平面图完全相同，在此不再赘述。

2. 文字注释

在建筑剖面图中，除了图名外，还需要对一些特殊的结构进行说明，比如详图索引、坡度等。文字注释的基本步骤与平面图和剖面图的文字标注基本相同，在此不再赘述。

10.3.8 打印输出

完成尺寸标注和文字标注后，进行输出打印设置，最终效果如图 10－94 所示。

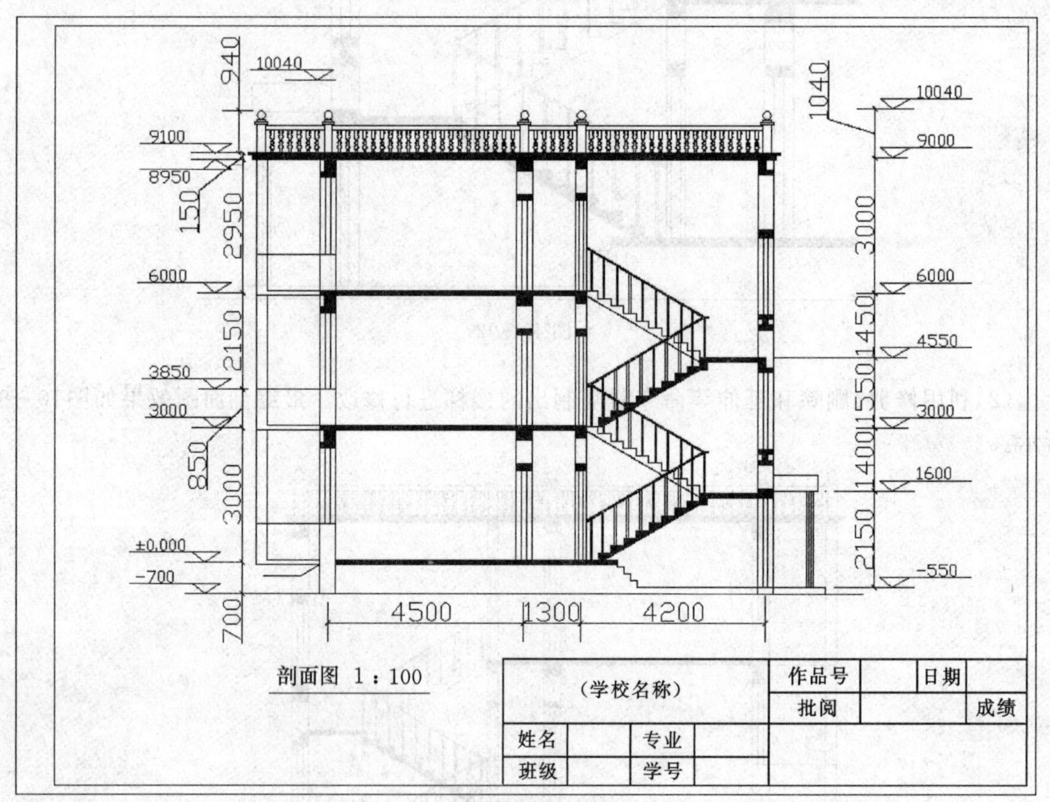

图 10－94

10.4 建筑详图实例

建筑详图是为了表达建筑节点及构配件的形状、材料、尺寸、做法等，用较大的比例画出的图形，常被称为大样图。

10.4.1 绘制详图的基本常识

1.详图通常采用的比例

详图是用较大比例绘出的建筑局部的构造图样，可详细地表达建筑局部的形状、层次、尺寸、材料和做法等，是建筑施工、工程预算的重要依据。因此，建筑详图的比例也由大到小各不相同，一般采用 1∶1、1∶2、1∶5、1∶10、1∶15、1∶20、1∶25 、1∶30 、1∶50 等。

2. 详图索引标志及详图标志

(1)详图索引标志。详图索引标志是由 Φ10mm 的细实线圆和细实线的水平直径组成。上半圆中的阿拉伯数字表示该详图的编号，下半圆的短划线表示被索引的详图同在一张图纸内，而阿拉伯字表示详图所在的图纸编号。详图为标准图，应在索引符号水平直径的延长线上加注该标准图册的编号，此时，下半圆的数字表示标准图册的页码，上半圆表示该详图的编号，如图 10－95 所示。

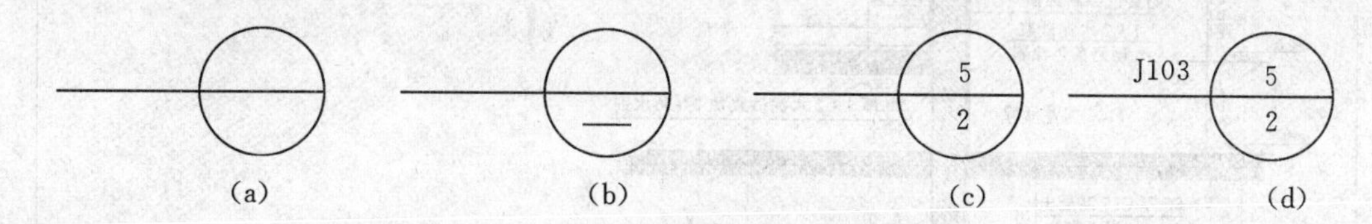

图 10－95

索引符号用于索引剖视详图，剖切位置绘制剖切位置线，用引出线引出索引符号，引出线一侧为投射方向，其他规定同前，如图 10－96 所示。

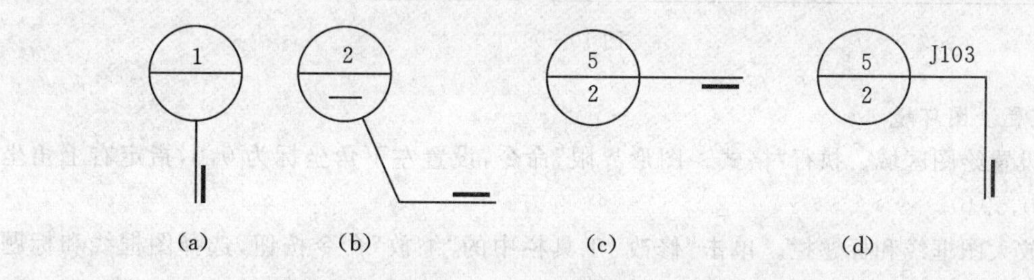

图 10－96

(2)详图标志。详图标志(详图符号)表示详图的位置和编号。圆的直径为 Φ14mm，用粗实线绘制。图 10－97 表示详图与被索引的图样同在一张图纸内，5(阿拉伯字)代表详图的编号。图 10－98 表示详图与被索引的图样不在同一张纸内，用细实线在详图符号内画一水平直径，上半圆中注明详图编号 5 ，在下半圆中注明被索引的图纸的编号 3 。

图 10－97　　图 10－98

10.4.2 外墙身详图绘制

本节以节选部分墙体详图绘制，如图 10－99 所示的墙体详图为例，介绍建筑墙体详图的绘制方法。

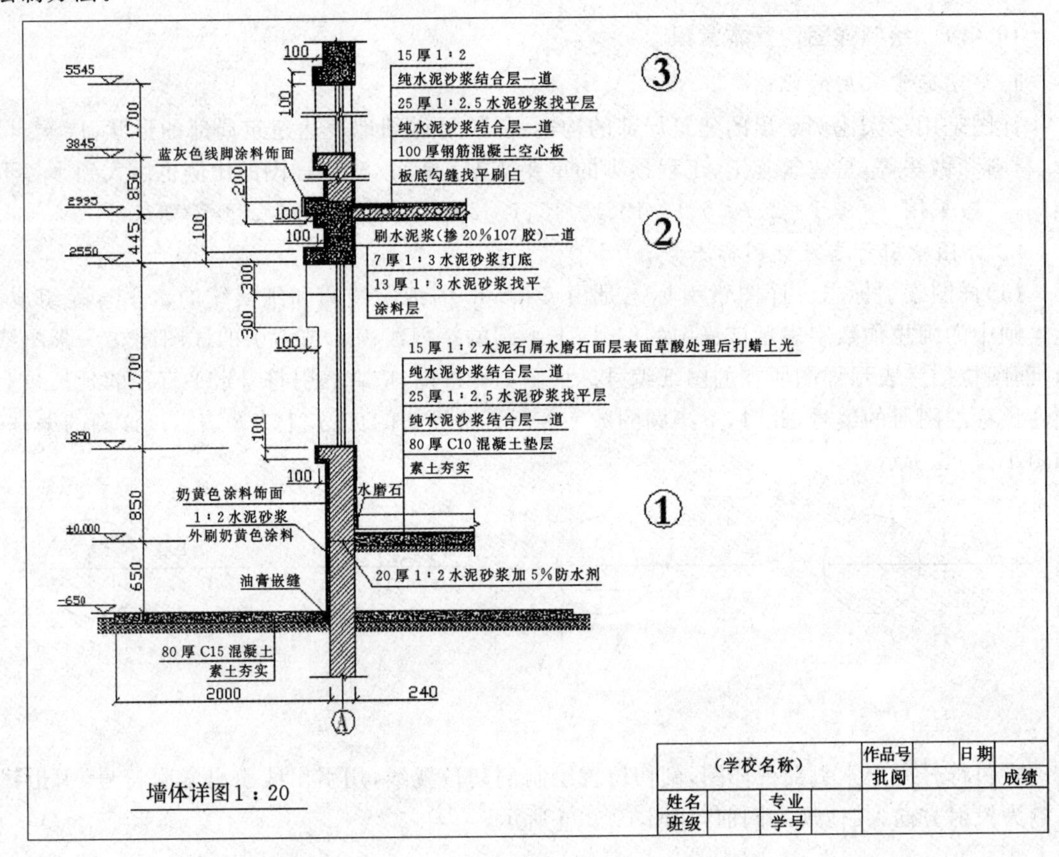

图 10-99

1. 设置绘图环境

(1)设置绘图区域。执行“格式＞图形界限”命令，设置左下角坐标为 0,0，指定右上角坐标为 9400,5940。

(2)放大图框线和标题栏。单击“修改”工具栏中的“缩放”命令按钮，选择图框线和标题栏，指定 0,0 点为基点，指定比例因子为 20。

注意：本例中采用 1∶1 的比例作图，而按 1∶20 的比例出图，所以设置的绘图范围宽 9400，长 5940。对应的图框线和标题栏需放大 20 倍。

(3)显示全部作图区域。在“标准”工具栏上的窗口“缩放”按钮上按住鼠标左键，单击下拉列表中的全部缩放命令按钮，显示全部作图区域。

(4)设置图层。根据绘制要求，设置绘制不同线条的图层，并且在“图层特性管理器”对话框中设置相应线、填充图层，并设置它们的颜色或线宽。

(5)设置线型比例。在命令行输入线型比例命令 LTS 并回车，将全局比例因子设置为 20。

注意：在扩大了图形界限的情况下，为使点、线能正常显示，须将全局比例因子按比例放大。

(6)设置文字样式和标注样式。

①根据要求设置文字样式。“汉字”样式采用“仿宋_GB2312”字体，宽度比例设为 0.9；

“数字”样式采用“Simplex.shx”字体，宽度比例设为0.9，用于书写数字及特殊字符。

②执行“格式>标注样式”命令，弹出“标注样式管理器”对话框，新建“建筑”标注样式，将“调整”选项卡中“标注特征比例”中的“使用全局比例”修改为20，然后单击“确定”按钮，返回“标注样式管理器”对话框，单击“关闭”按钮，完成标注样式的设置。

(7)完成设置并保存文件。利用“图层”工具栏中的图层列表框，关闭“标题栏”层，然后单击“标准”工具栏中的保存命令按钮，打开“图形另存为”对话框。输入文件名称，单击“图形另存为”对话框中的“保存”命令按钮保存文件。

至此，绘图环境的设置基本完成。

2.绘制墙体的结构层次

利用直线、椭圆工具，按照墙体尺寸要求，绘制墙体结构层次。(步骤参照教材前面所述内容)

3.填充剖切图案

(1)将“填充”层设置为当前层。

(2)单击“绘图”工具栏中的图案填充命令按钮，弹出“图案填充和渐变色”对话框。

(3)单击“添加:拾取点”按钮，退出“图案填充和渐变色”对话框，返回到绘图界面，通过在填充边界的内部单击，选中所有需填充斜线的区域，空格键又弹出“图案填充和渐变色”对话框。

(4)选择图案名为“LINE”，设置角度为45°，比例为15，如图10-100所示。

图10-100

(5)单击"确定"按钮,完成斜线的填充。

(6)空格键重复图案填充命令,重复第(3)、(4)步,选择需填充砂和石子图案的部分,选择图案为"AR-CONC",设置角度为0°,比例为1,再重复第(5)步,完成砖墙和混凝土结构层的填充,如图10-101所示。

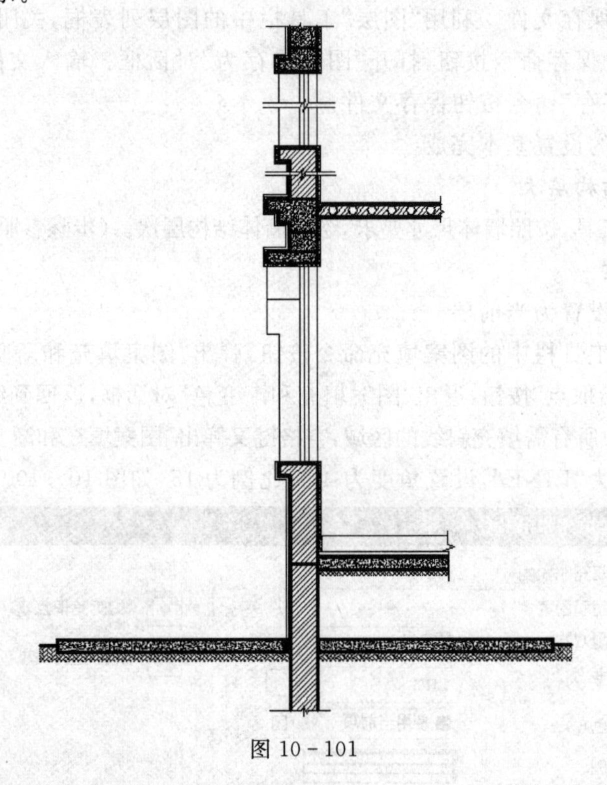

图 10-101

4. 节点详图标注

(1)绘制并标注出轴线位置。

①设置"标注"层为当前层,打开正交方式。

②单击"绘图"工具栏中的直线命令按钮,捕捉到墙体垂直中间位置,向下画一直线,然后将其线型改为"CENTER2"。

③画一个直径为150的圆,在里面绘制单行文本,标注轴号A,然后利用捕捉象限点和端点方式将其移动到直线的下端,如图10-102所示。

(2)尺寸标注。

①设置"尺寸标注"层为当前层。

②在工具栏上的任意位置单击鼠标右键,选择"标注",显示"标注"工具栏。

③利用"标注"工具栏中的线性标注和连续标注命令按钮,为图形进行尺寸标注,并适当进行修改,结果如图10-103所示。

(3)文字标注。

①设置"文字"层为当前层。

②单击"绘图"工具栏中的多行文字命令按钮,设置多行文字区域后,在"文字格式"对话框中输入说明文字,文字样式为"汉字",大小为50,输入表示墙体材料层次的文字。

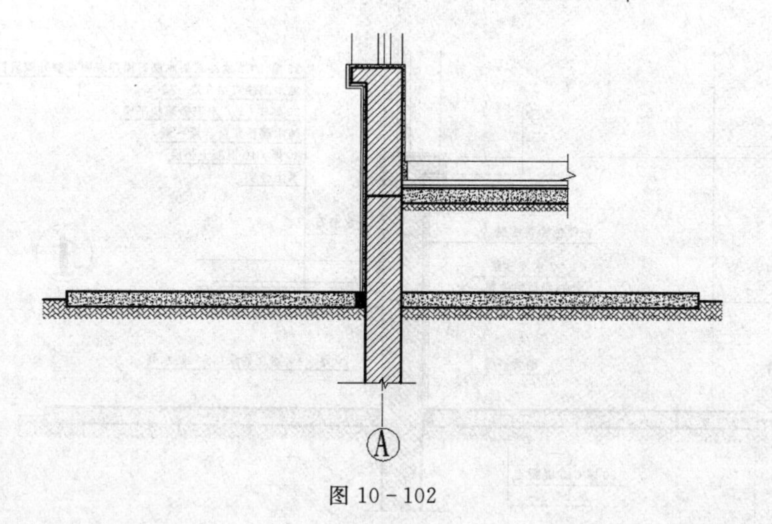

图 10-102

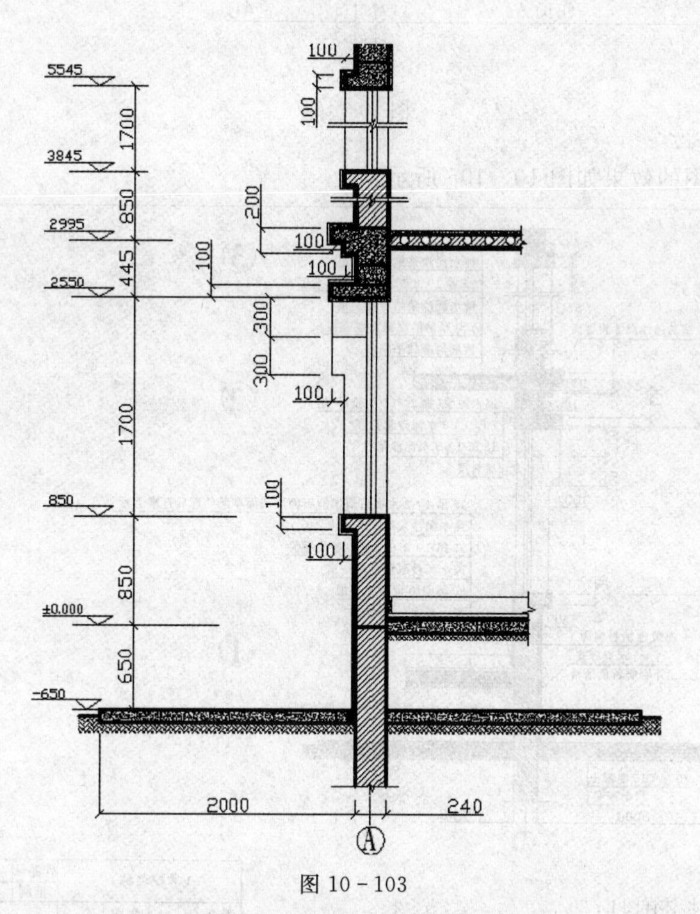

图 10-103

③单击“修改”工具栏中的移动命令按钮，将多行文本移动到合适的位置。

④打开正交功能，单击“绘图”工具栏中的直线命令按钮，在详图相应的位置绘制水平直线和折线。

⑤运用偏移等修改命令，进行最后的调整，并标示详图部分编号，如图 10-104 所示。

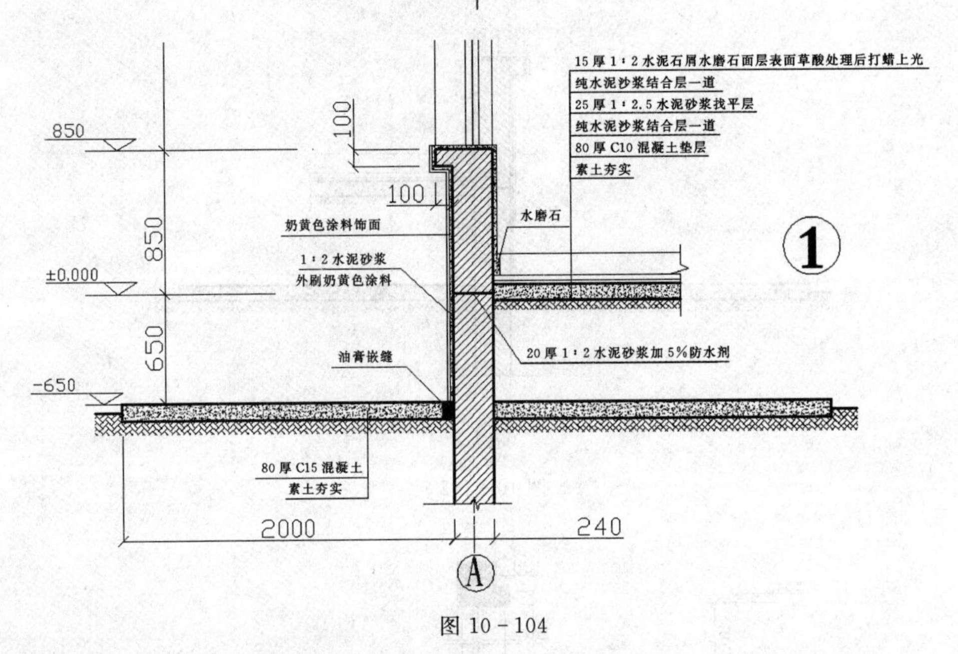

图 10-104

⑥最后完成图的效果如图 10-105 所示。

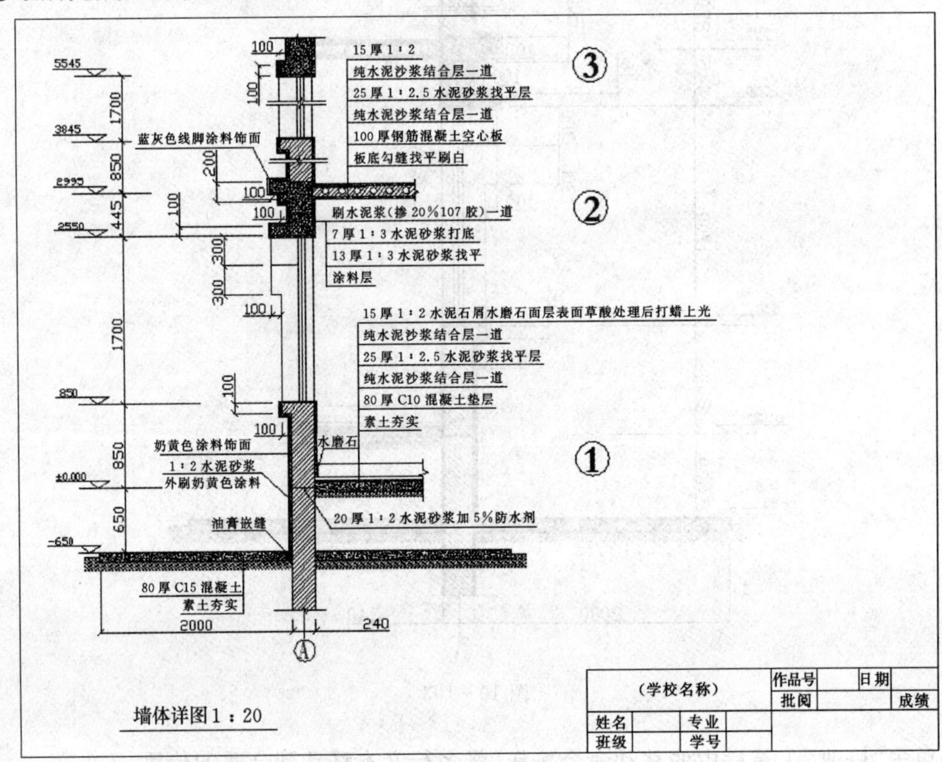

图 10-105

第11章　别墅室内设计图绘制

一张室内设计图并不能完全涵盖以上列举的所有图形内容。一般来说,室内设计图是指一整套与室内设计相关的图样的集合,包括室内平面图、室内立面图、室内地坪图、顶棚图、电气系统图和节点大样图等。这些图样分别表达室内设计某一方面的情况和数据,只有将它们组合起来,才能得到完整、详尽的室内设计资料。本章将以别墅作为实例,依次介绍几种常用的室内设计图的绘制方法。

11.1　客厅平面图的绘制

客厅平面图的主要绘制思路大致为:首先利用已绘制的首层平面图生成客厅平面图轮廓,然后在客厅平面中添加各种家具图形;最后对所绘制的客厅平面图进行尺寸标注,如有必要,还要添加室内方向索引符号进行方向标识。下面按照这个思路绘制别墅的平面图,如图11-1所示。

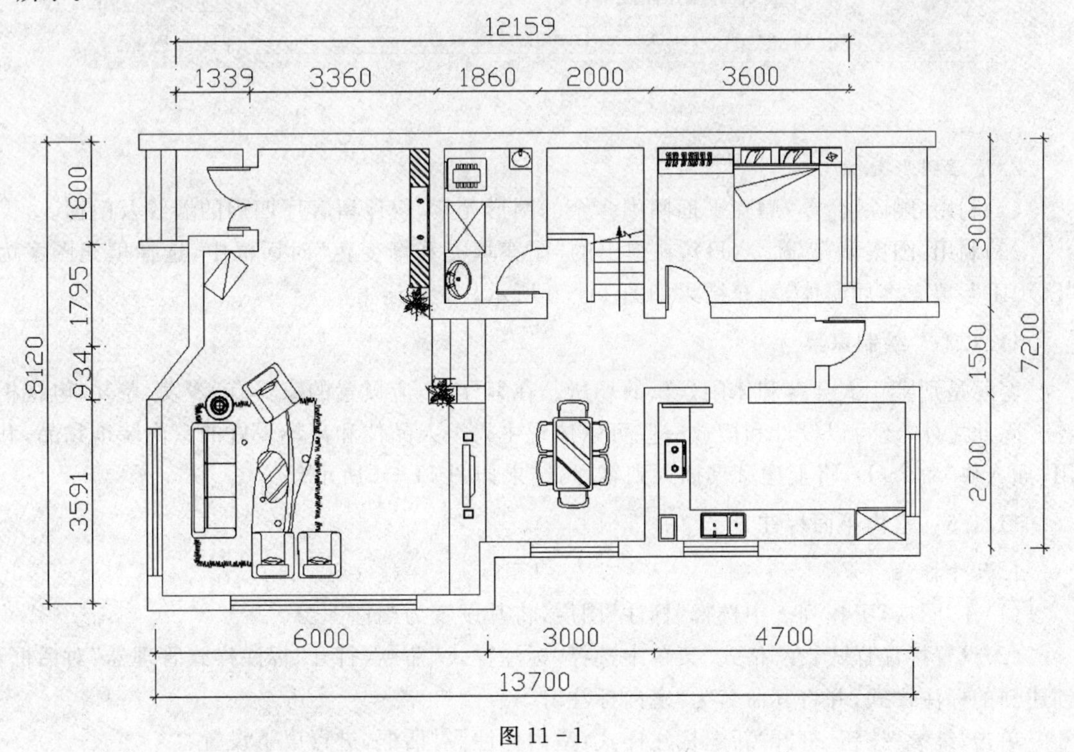

图11-1

11.1.1 设置绘图环境

1.创建图形文件

打开“别墅首层平面图.dwg”文件,在“文件”菜单中选择“另存为”命令,打开“图形另存为”对话框。在“文件名”下拉列表框中输入新的图形文件名称为“客厅平面图.dwg”,如图11-2所示。单击“保存”按钮,建立图形文件。

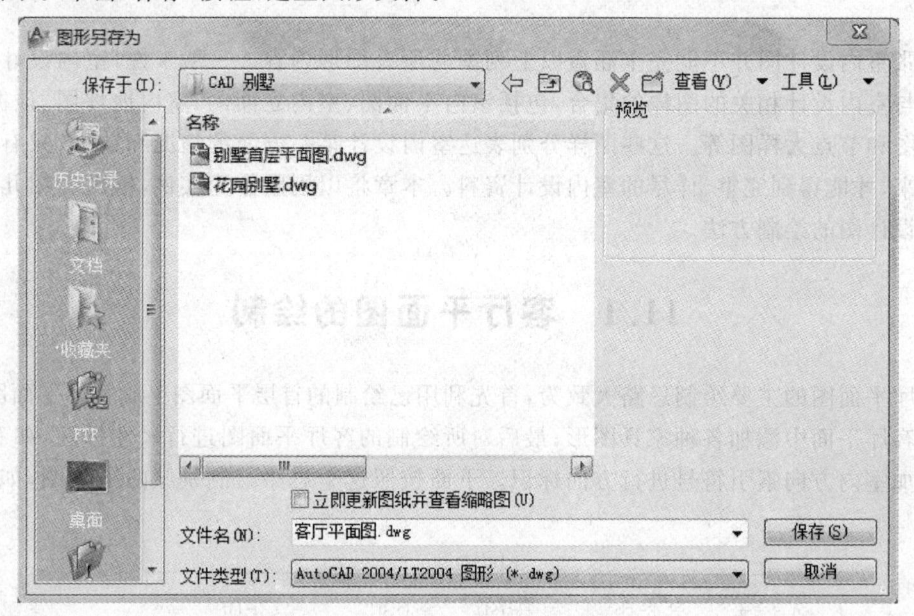

图 11-2

2.清理图形元素

(1)利用“删除”命令,删除平面图中多余的图形元素,仅保留客厅四周的墙线及门窗。

(2)利用“图案填充”命令(H),在弹出的“图案填充和渐变色”对话框中,选择填充图案为“SOLID”,填充客厅墙体,填充结果如图11-3所示。

11.1.2 绘制家具

客厅是别墅主人会客和休闲娱乐的场所。在客厅中,应设置的家具有:沙发、茶几、电视柜等。除此之外,还可以设计和摆放一些可以体现主人个人品位和兴趣爱好的室内装饰物品,利用“插入块”命令(I),将上述家具插入到客厅,结果如图11-4所示。

11.1.3 室内平面标注

1.尺寸标注

(1)在“图层”下拉列表中选择“标注”图层,将其设置为当前图层。

(2)设置标注样式:在“格式”菜单中选择“标注样式”命令,打开“标注样式管理器”对话框,创建新的标注样式,并将其命名为“室内标注”。

单击“继续”按钮,打开“新建标注样式:室内标注”对话框,进行以下设置:

选择“符号和箭头”选项卡,在“箭头”选项组中的“第一项”和“第二个”下拉列表中均选择“建筑标记”,在“引线”下拉列表中选择“点”,在“箭头大小”微调框中输入50;选择“文字”选项卡,在“文字外观”选项组中的“文字高度”微调框中输入150。

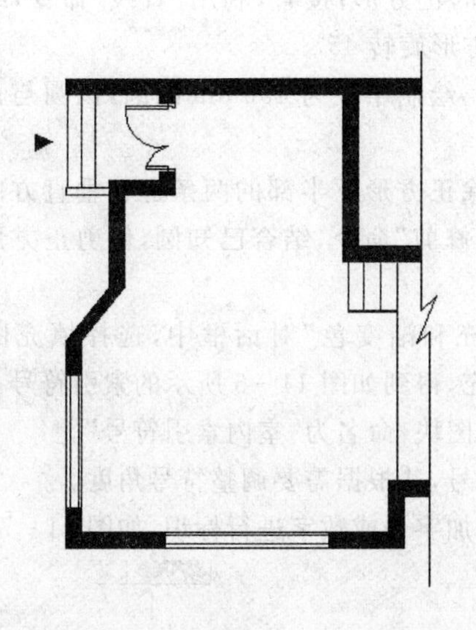

图 11-3

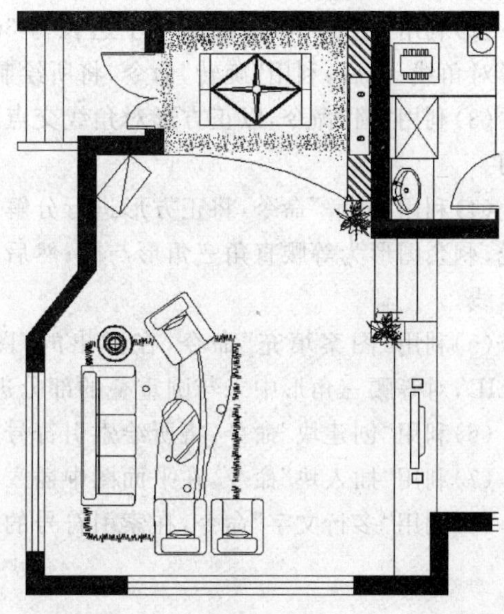

图 11-4

完成设置后，将新建的"室内标注"设为当前标注样式。

(3)在"标注"下拉菜单中选择"线性标注"命令，对客厅平面中的墙体尺寸、门窗位置和主要家具的平面尺寸进行标注。

标注结果如图 11-5 所示。

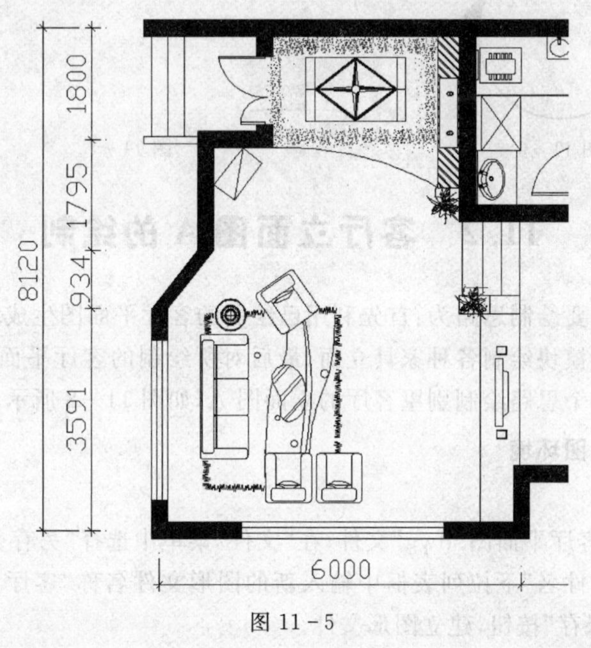

图 11-5

2. 方向索引

在绘制一组室内设计图样时，为了统一室内方向标识，通常要在平面图中添加方向索引符号。

(1)在"图层"下拉列表中选择"标注"图层，将其设置为当前图层。

(2)利用“矩形”命令,绘制一个边长为 300mm 的正方形;接着,利用“直线”命令,绘制正方形对角线;然后,利用“旋转”命令,将所绘制的正方形旋转 45°。

(3)利用“圆”命令,以正方形对角线交点为圆心,绘制半径为 150mm 的圆,该圆与正方形内切。

(4)利用“分解”命令,将正方形进行分解,并删除正方形下半部的两条边和垂直方向的对角线,剩余图形为等腰直角三角形与圆;然后,利用“修剪”命令,结合已知圆,修剪正方形水平对角线。

(5)利用“图案填充”命令,在弹出的“图案填充和渐变色”对话框中,选择填充图案为 SOLID,对等腰三角形中未与圆重叠的部分进行填充,得到如图 11-6 所示的索引符号。

(6)利用“创建块”命令,将所绘索引符号定义为图块,命名为“室内索引符号”。

(7)利用“插入块”命令,在平面图中插入索引符号,并根据需要调整符号角度。

(8)利用“多行文字”命令,在索引符号的圆内添加字母或数字进行标识,如图 11-7 所示。

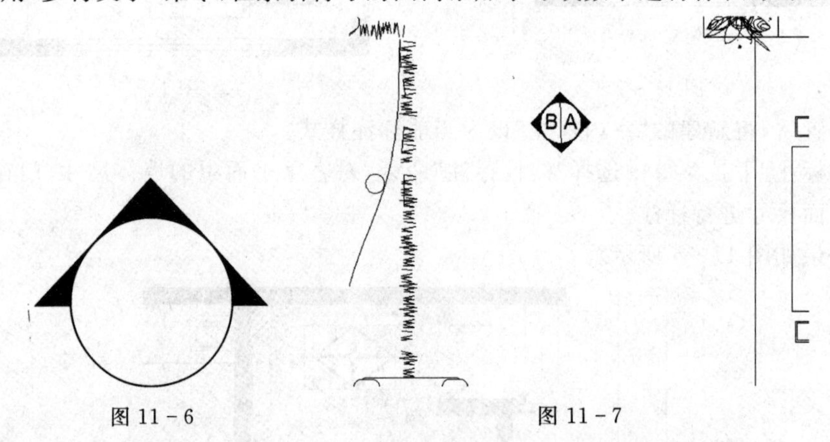

图 11-6　　图 11-7

11.2　客厅立面图 A 的绘制

客厅立面图的主要绘制思路为:首先利用已绘制的客厅平面图生成墙体和楼板剖立面,然后利用图库中的图形模块绘制各种家具立面;最后对所绘制的客厅平面图进行尺寸标注和文字说明。下面按照这个思路绘制别墅客厅的立面图 A,如图 11-8 所示。

11.2.1　设置绘图环境

1. 创建图形文件

打开已绘制的“客厅平面图.dwg”文件,在“文件”菜单中选择“另存为”命令,打开“图形另存为”对话框。在“文件名”下拉列表框中输入新的图形文件名称“客厅立面图 A.dwg”,如图 11-9 所示。单击“保存”按钮,建立图形文件。

2. 清理图形文件

将文件中除客厅 A 立面以外的部分删除,并调整方向,标注相应的尺寸,为立面图的绘制做准备,结果如图 11-10 所示。

11.2.2　绘制地面、楼板与墙体

在室内立面图中,被剖切的墙线和楼板线都用粗实线表示。

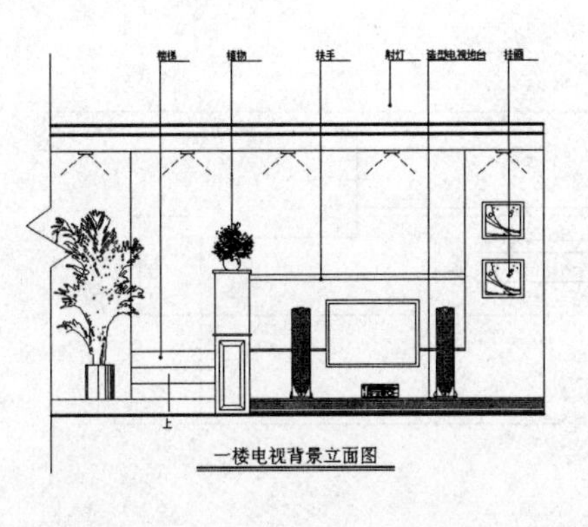

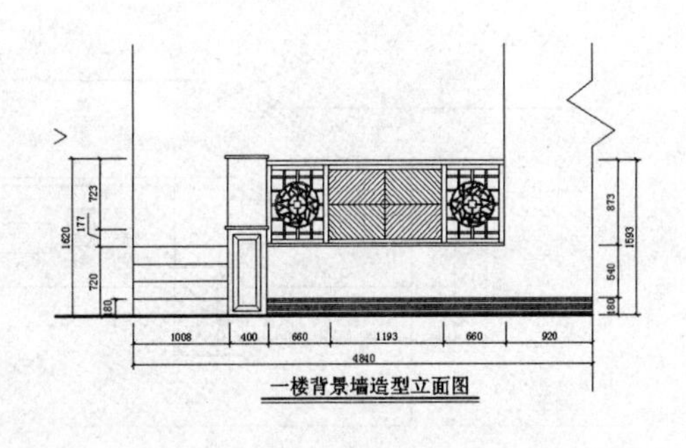

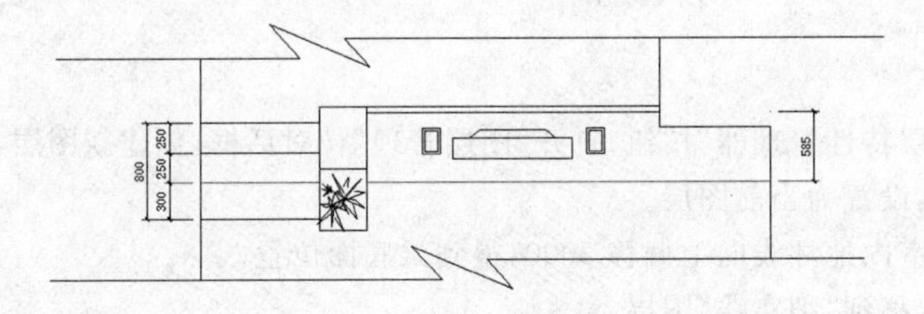

图 11-8

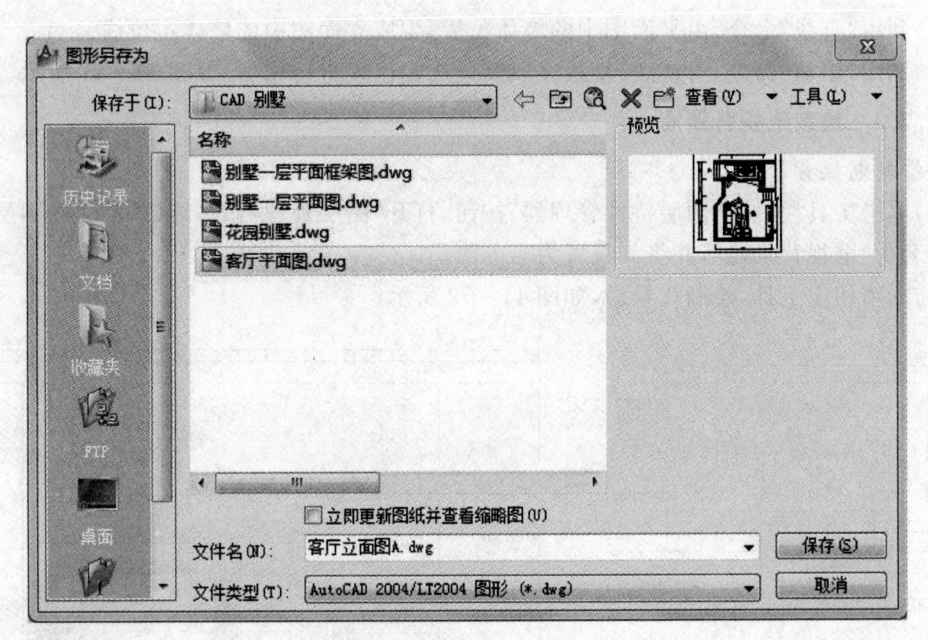

图 11-9

1. 绘制室内地坪

(1)单击工具栏中的“图层特性管理器”按钮,打开“图层管理器”对话框,创建新图层,将新图层命名为“粗实线”,设置该图层线宽为 0.30,并将其设置为当前图层。

(2)利用“直线”命令,在平面图上方绘制长度为 4000 的室内地坪线,其标高为±0.000。

2. 绘制楼板线和梁线

(1)利用“偏移”命令,将室内地坪线连续向上偏移两次,偏移量依次为 3200 和 100,得到

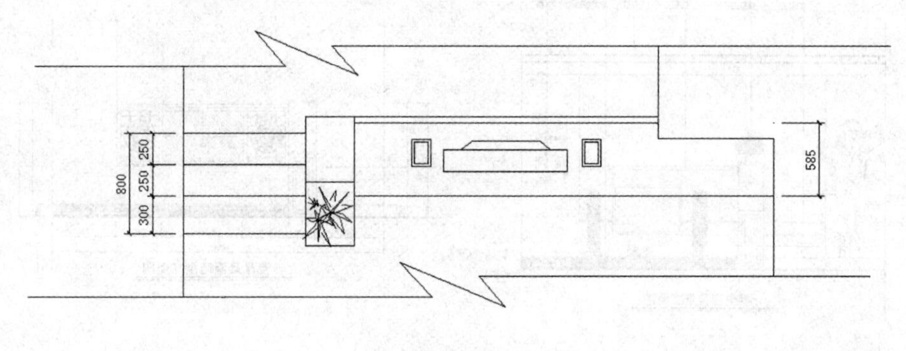

图 11－10

楼板定位线。

(2)单击工具栏中的“图层特性管理器”按钮,打开“图层管理器”对话框,创建新图层,将新图层命名为“细实线”,并将其设置为当前图层。

(3)利用“偏移”命令,将室内地坪线向上偏移 3000,得到梁底面位置。

(4)将所绘梁底定位线转移到“细实线”图层。

3. 绘制墙体

(1)利用“直线”命令,由平面图中的墙体位置,生成立面图中的墙体定位线。

(2)利用“修剪”命令,对墙线、楼板线以及梁底定位线进行修剪,如图 11－11 所示。

11.2.3　绘制电视背景墙

1. 绘制电视背景墙

(1)单击工具栏中的“图层特性管理器”按钮,打开“图层管理器”对话框,创建新图层,将新图层命名为“电视背景墙”,并将其设置为当前图层。

(2)利用相应工具,绘制背景墙,如图 11－12 所示。

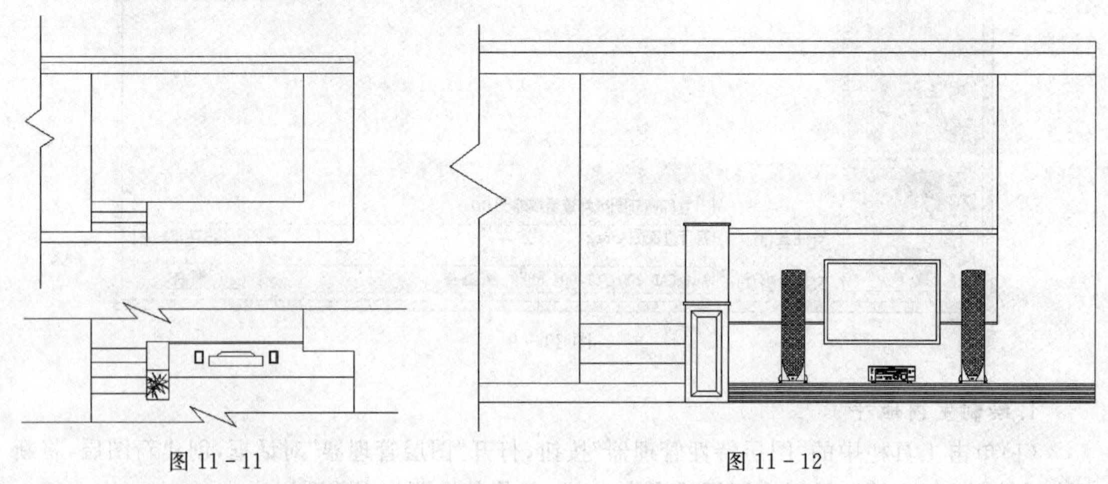

图 11－11　　图 11－12

2. 绘制装饰画及植物摆件

(1)单击“文件”工具栏中的“打开”按钮,选择 CAD 立面图库文件并将其打开。

(2)找到相符的装饰挂画及植物摆件,并进行复制,如图 11－13。

返回“客厅立面图”的绘图界面,将复制的图形模块粘贴到立面图右侧空白区域,结果如图

11-14所示。

3.绘制筒灯

(1)单击“文件”工具栏中的“打开”按钮,选择CAD立面图库文件并将其打开。

(2)在“灯具和电器”中,选择“筒灯立面”,如图11-15所示;选中该图形后,单击鼠标右键,在快捷菜单中点击“带基点复制”命令,点取筒灯图形上端顶点作为基点。

(3)返回“客厅立面图”的绘图界面,将复制的“筒灯立面”模块,粘贴到文化墙中梁的下方,如图11-16所示。

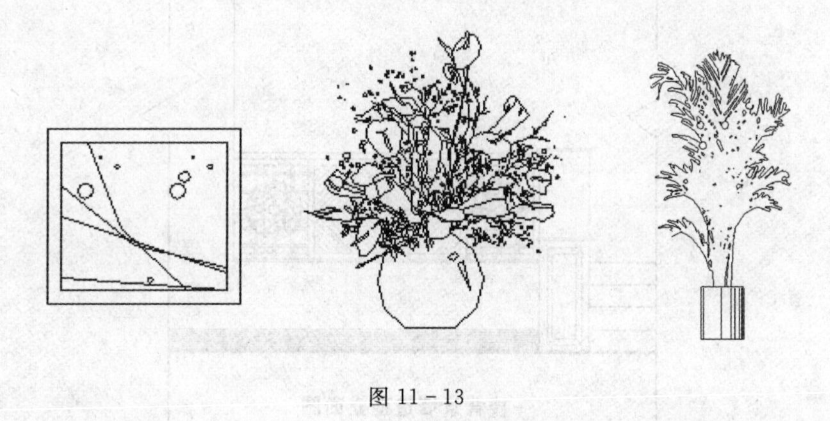

图11-13

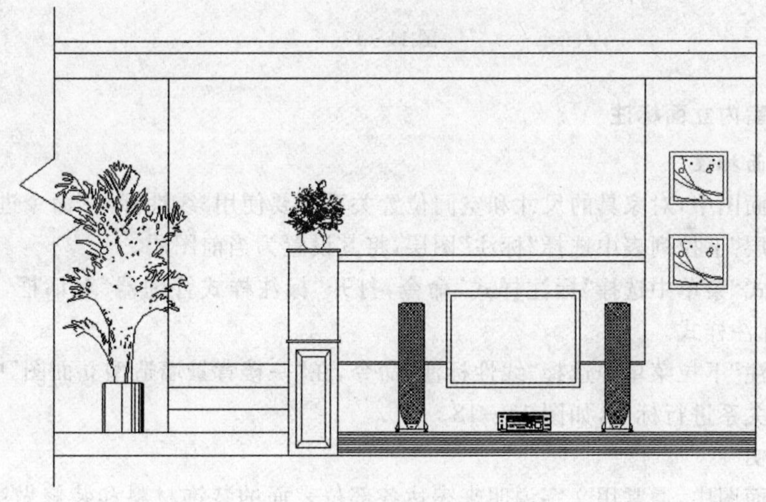

图11-14

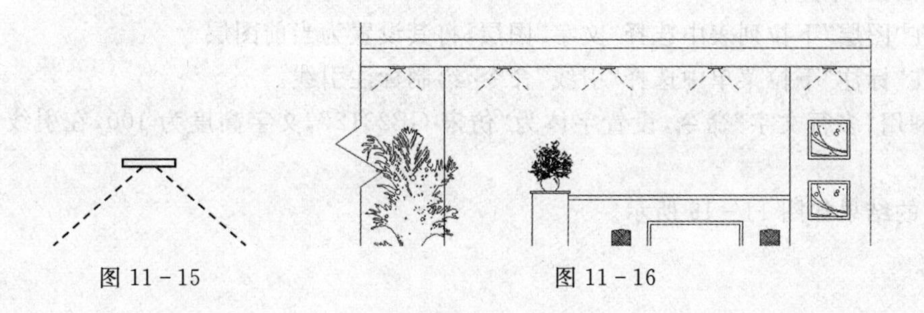

图11-15　　图11-16

11.2.4 绘制文化墙

1. 绘制筒灯

(1) 利用“复制”命令，将刚才绘制的电视背景墙向上复制一份，删除掉多余的电器及装饰品。

(2) 利用相应工具，绘制文化墙造型，如图 11－17 所示。

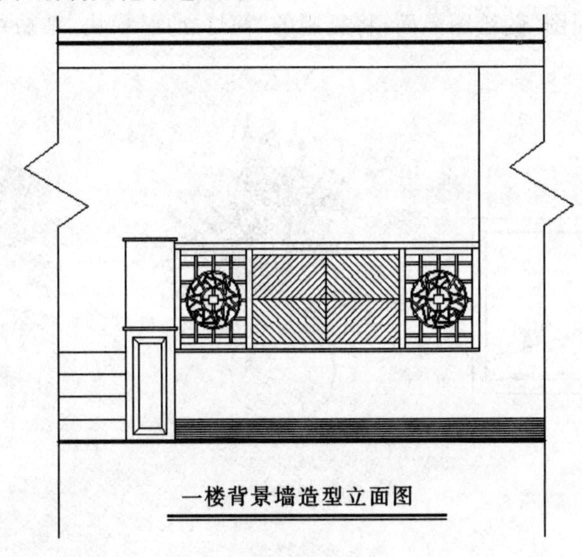

图 11－17

11.2.5 室内立面标注

1. 室内立面标注

在室内立面图中，对家具的尺寸和空间位置关系都要使用“线性标注”命令进行标注。

(1)在“图层”下拉列表中选择“标注”图层，将其设置为当前图层。

(2)在“格式”菜单中选择“标注样式”命令，打开“标注样式管理器”对话框，选择“室内标注”作为当前标注样式。

(3)在“标注”下拉菜单中选择“线性标注”命令，在“一楼背景墙造型立面图”中对家具的尺寸和空间位置关系进行标注，如图 11－18。

2. 文字说明

在室内立面图中，通常用文字说明来表达各部位表面的装饰材料和装修做法(在“一楼电视背景立面图”中进行)。

(1)在“图层”下拉列表中选择“文字”图层，将其设置为当前图层。

(2)在“标注”下拉菜单中选择“引线”命令，绘制标注引线。

(3)利用“多行文字”命令，设置字体为“仿宋 GB2312”，文字高度为 100，在引线一端添加文字说明。

标注的结果如图 11－19 所示。

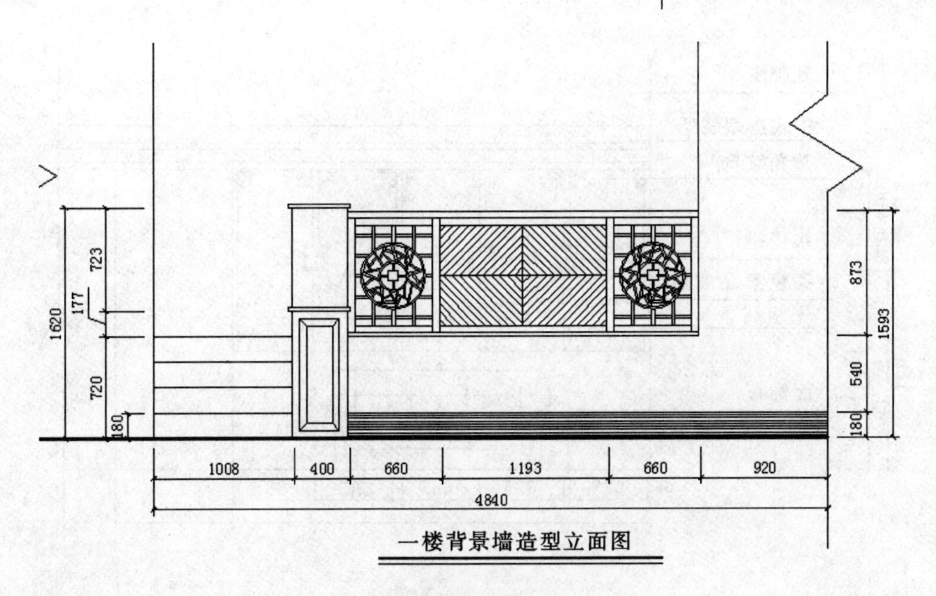

图 11-18

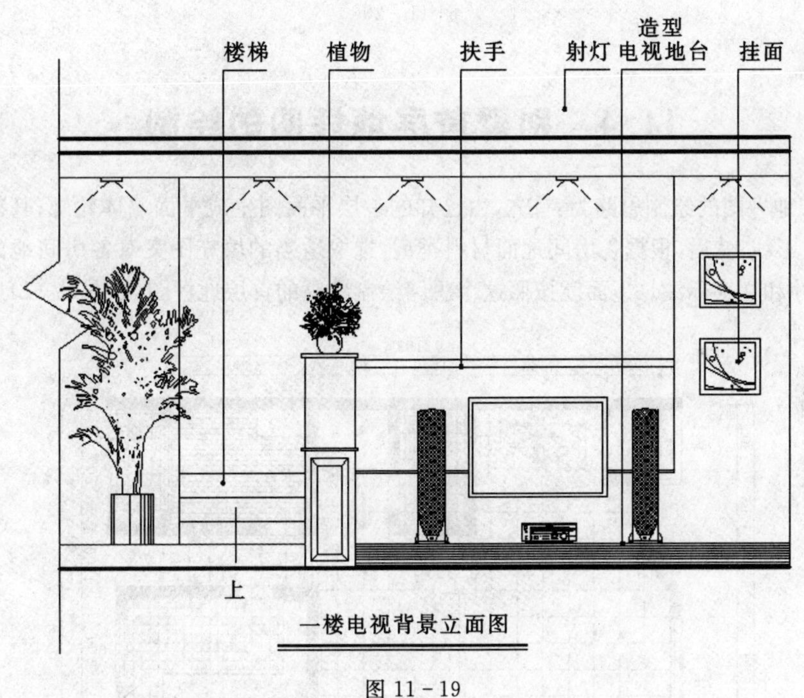

图 11-19

11.3 客厅立面图 B 的绘制

客厅立面图 B 的主要绘制思路为:首先利用已绘制的客厅平面图生成墙体和楼板,然后利用图库中的图形模块绘制各种家具和墙面装饰,最后对所绘制的客厅立面图进行尺寸标注和文字说明。按照绘制别墅客厅立面图 A 的方法同样绘制沙发,如图 11-20 所示。

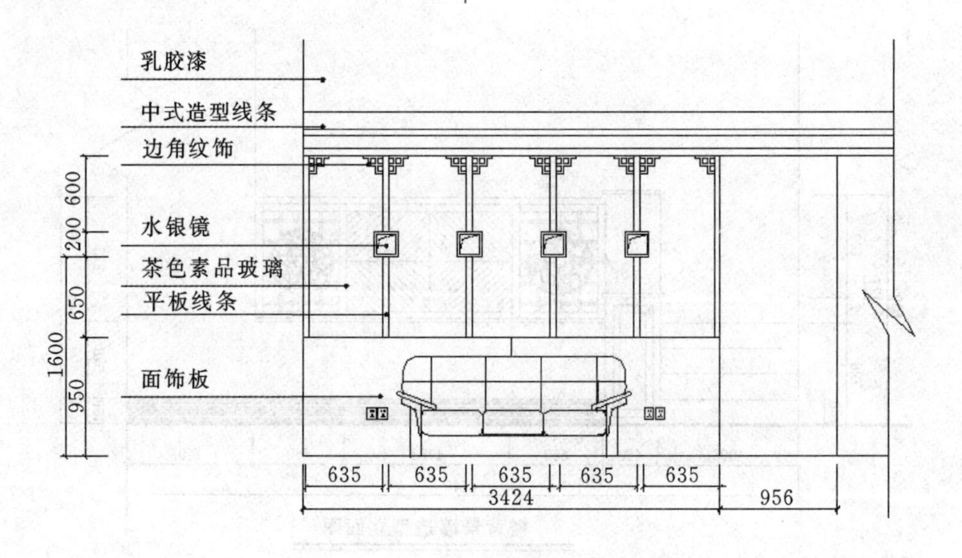

一楼客厅沙发背景施工图

图 11－20

11.4 别墅首层地坪图的绘制

别墅首层地坪图的绘制思路为：首先，由已知的首层平面图生成平面墙体轮廓；其次，各门窗洞口位置绘制投影线；然后，根据各房间地面材料类型，选取适当的填充图案对各房间地面进行填充；最后，添加尺寸和文字标注。下面就按照这个思路绘制别墅的首层地坪图，如图11－21所示。

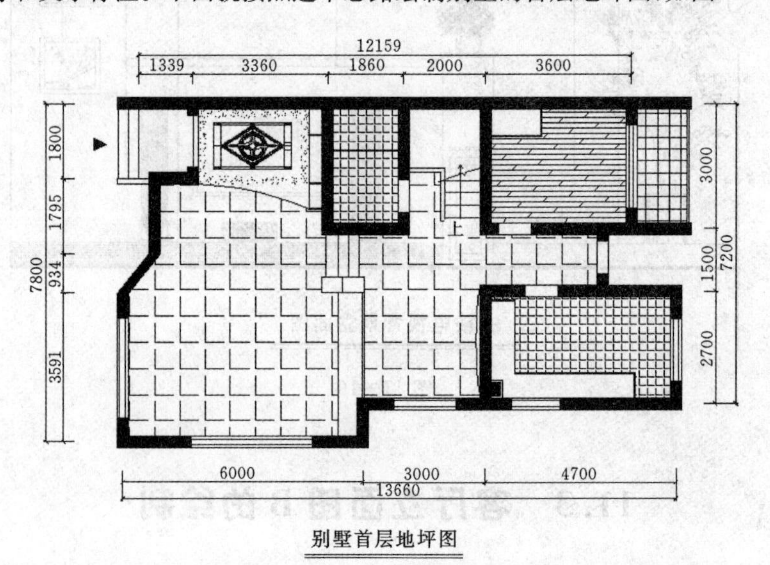

别墅首层地坪图

图 11－21

11.4.1 设置绘图环境

1. 创建图形文件

打开已绘制的“别墅首层平面图. dwg”文件，在“文件”菜单中选择“另存为”命令，打开“图形另存为”对话框。在“文件名”下拉列表框中输入新的图形名

称为“别墅首层地坪图. dwg”，如图 11－22 所示。单击“保存”按钮，建立图形文件。

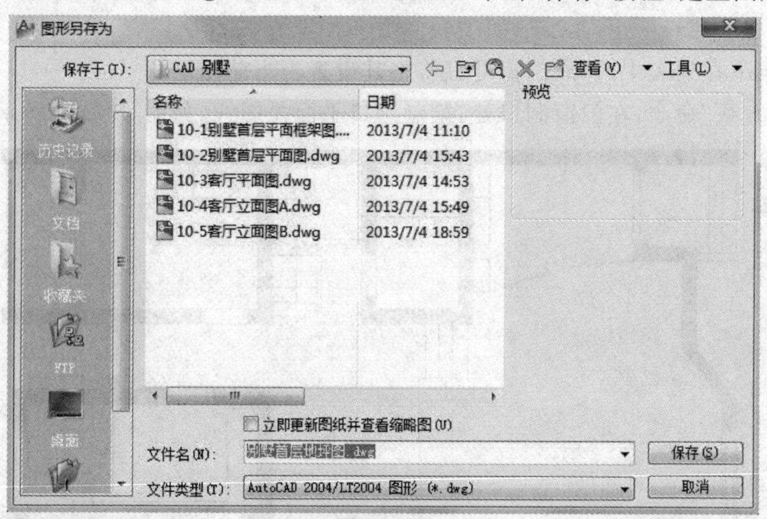

图 11－22

2. 清理图形元素

(1)利用“删除”命令，删除首层平面图中所有的家具和门窗图形。

(2)选择“文件>图形实用工具>清理”命令，清理无用的图形元素。清理后，所得平面图形如图 11－23 所示。

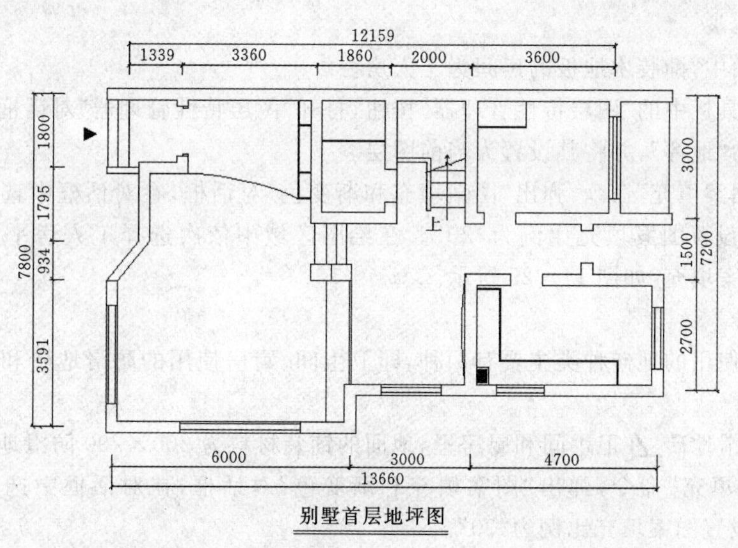

图 11－23

11.4.2 补充平面元素

1. 填充平面墙体

(1)在“图层”下拉列表中选择“墙体”图层，将其设置为当前图层。

(2)利用“图案填充”命令，弹出“图案填充和渐变色”对话框，在对话框中选择填充图案为“SOLID”，在绘图区域中拾取墙体内部点，选择墙体作为填充对象进行填充。

2. 绘制门窗投影线

(1)在图层下拉列表中选择“门窗”图层，将其设置为当前图层。

(2)利用“直线”命令，在门窗洞口处，绘制洞口平面投影线，如图 11－24 所示。

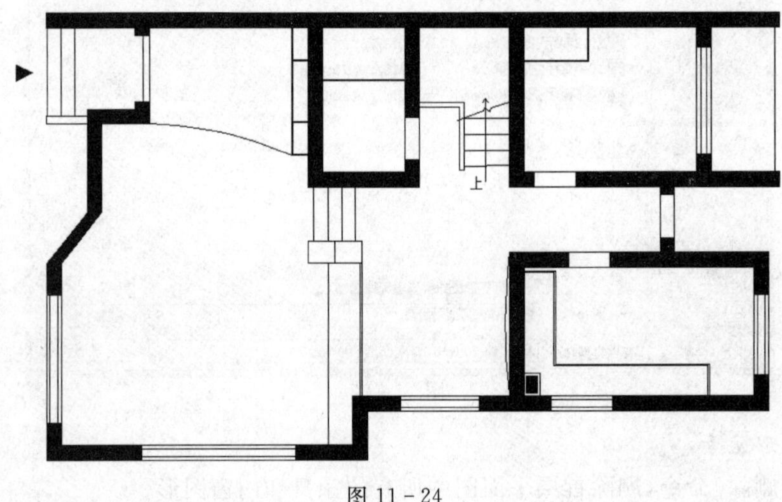

图 11－24

11.4.3 绘制地板

1. 绘制木地板

在首层平面中，铺装木地板的房间为工人房。

(1)单击工具栏中的“图层特性管理器”按钮，打开“图层特性管理器”对话框，创建新图层，将新图层命名为“地坪”，并将其设置为当前图层。

(2)利用“图案填充”命令，弹出“图案填充和渐变色”对话框，在对话框中选择填充图案为“DOLMIT”，并设置图案填充比例为“20”。在绘图区域中依次选择工人房平面作为填充对象，进行地板图案填充，如图 11－25 所示。

2. 绘制地砖

在本例中，使用的地砖种类主要有两种，即卫生间、厨房使用的防滑地砖和阳台地面使用普通地砖。

(1)绘制防滑地砖：在卫生间和厨房里，地面的铺装材料为 200×200 防滑地砖。

利用“图案填充”命令，弹出“图案填充和渐变色”对话框，在对话框中选择填充图案为“ANGEL”，并设置图案填充比例为“30”。

在绘图区域中依次选择卫生间和厨房平面作为填充对象，进行防滑地砖图案的填充。图 11－26 所示为卫生间地板绘制效果。

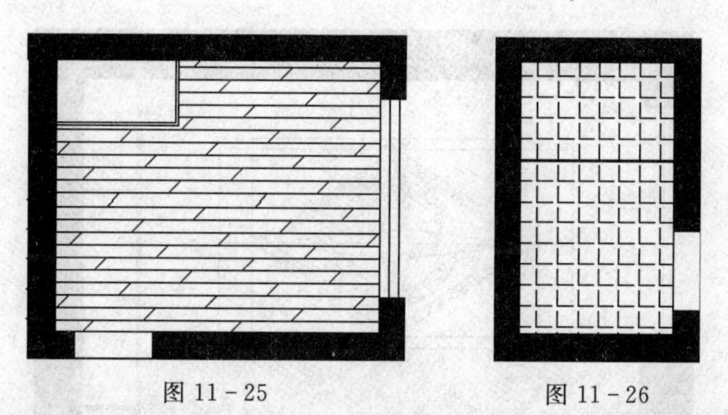

图 11-25　　　　图 11-26

(2)绘制普通地砖:在别墅的阳台处,地面铺装材料为300×300普通地砖。

利用“图案填充”命令,弹出“图案填充和渐变色”对话框,在对话框中选择填充图案为“NET”,并设置图案填充比例为“90”;在绘图区域中选择阳台平面作为填充对象,进行普通地砖图案的填充。图11-27所示为阳台地板绘制效果。

3.绘制大理石地面

通常客厅和餐厅的地面材料可以有很多种选择,如普通地砖、耐磨木地板等。在本例中,设计者选择在客厅、餐厅和走廊地面铺装浅色大理石材料,光亮、易清洁而且耐磨损。地面铺装材料为600×600大理石。

利用“图案填充”命令,弹出“图案填充和渐变色”对话框,在对话框中选择填充图案为“ANGEL”,并设置图案填充比例为“90”。

在绘图区域中依次选择客厅、餐厅和走廊平面作为填充对象,进行大理石地面图案的填充。图11-28所示为客厅地板绘制效果。

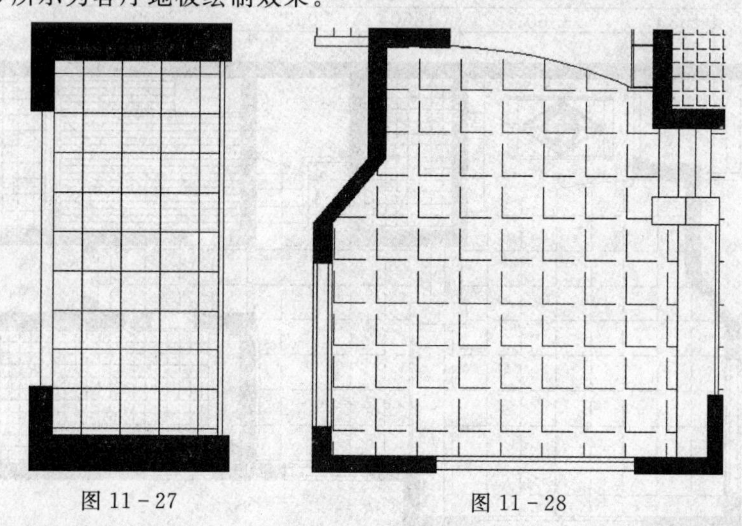

图 11-27　　　　图 11-28

4.绘制入口大理石拼花

本例中别墅入口材料采用的是大理石拼花。

单击“文件”工具栏中的“打开”按钮,选择AutoCAD平面图库文件并将其打开,找到相符的地面拼花图案,并进行复制和美化处理,如图11-29。

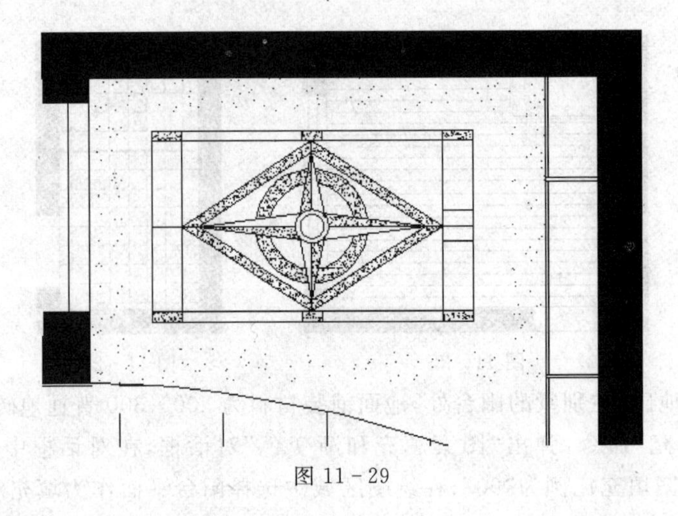

图 11-29

11.4.4 尺寸标注与文字说明

1.尺寸标注

图中尺寸标注的内容及要求与平面图基本相同。由于本图是基于已有首层平面图基础上绘制生成的,因此,本图中的尺寸标注可以直接沿用首层平面图的标注结果。

2.文字说明

根据需要添加适当的文字说明,标明该房间地面的铺装材料和做法。最终效果如图 11-30 所示。

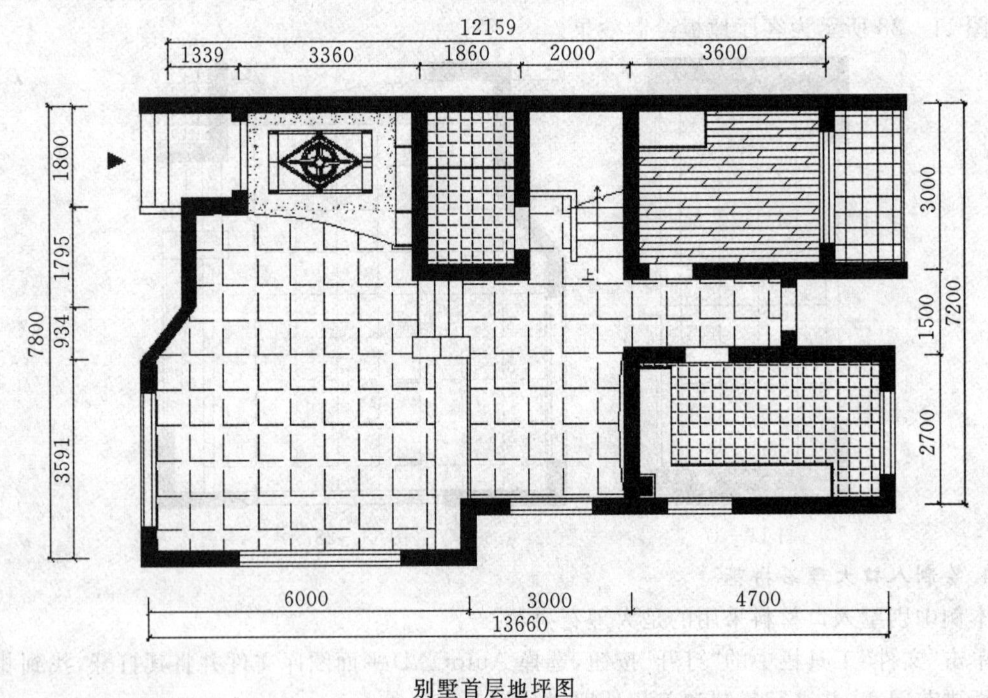

图 11-30

11.5 别墅首层天花布置图的绘制

别墅首层天花布置图的主要绘制思路为：首先，清理首层平面图，留下墙体轮廓，并在各门窗洞口位置绘制投影线；然后，绘制吊顶并根据各房间选用的照明方式绘制灯具；最后进行文字说明和尺寸标注。下面按照这个思路绘制别墅首层顶棚平面图，如图 11－31 所示。

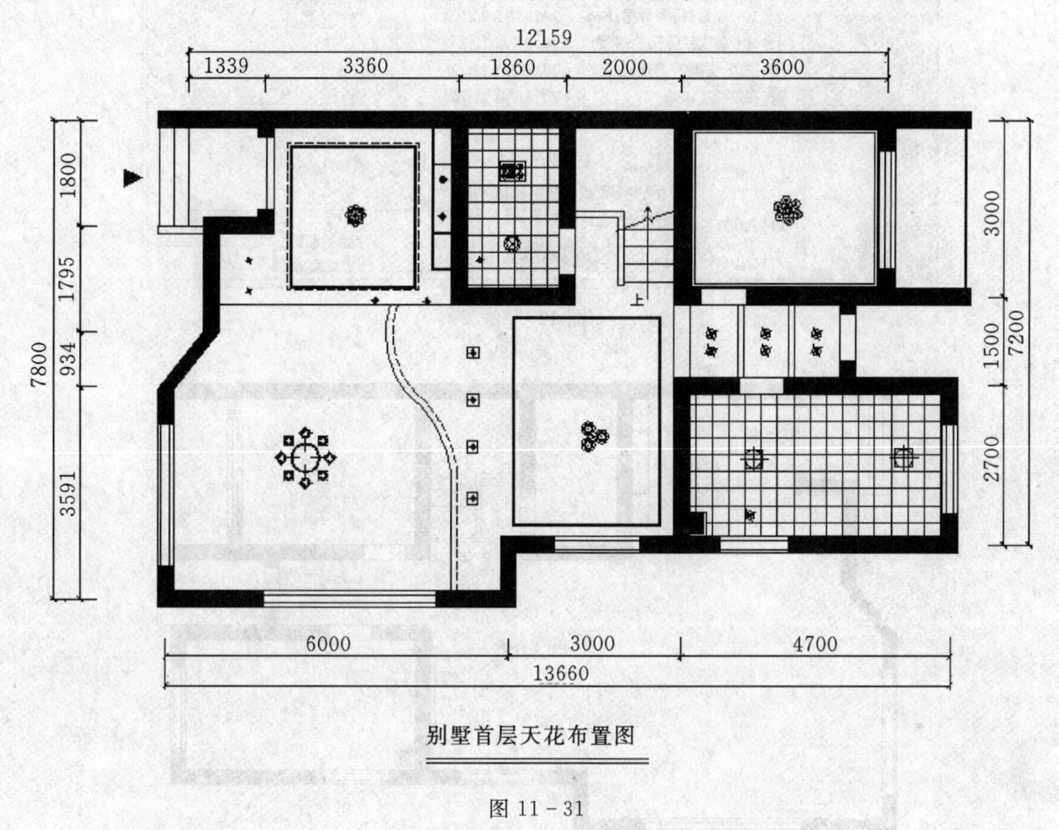

图 11－31

11.5.1 设置绘图环境

1.创建图形文件

打开已绘制的“别墅首层地坪图. dwg”文件，在“文件”菜单中选择“另存为”命令，打开“图形另存为”对话框。在“文件名”下拉列表框中输入新的图形文件名称为“别墅首层天花布置图. dwg”，如图 11－32 所示。单击“保存”按钮，建立图形文件。

2.清理图形元素

(1)单击工具栏中的“图层特性管理器”按钮，打开“图层管理器”对话框，关闭“标注”图层。

(2)利用“删除”命令，删除地坪图中的地板图形以及所有文字。

(3)选择“文件>绘图实用程序>清理”命令，清理无用的图层和其他图形元素。清理后，所得平面图形如图 11－33 所示。

11.5.2 绘制吊顶

在别墅首层平面中，有 3 处作吊顶设计，即卫生间、厨房和客厅。其中，卫生间和厨房是出

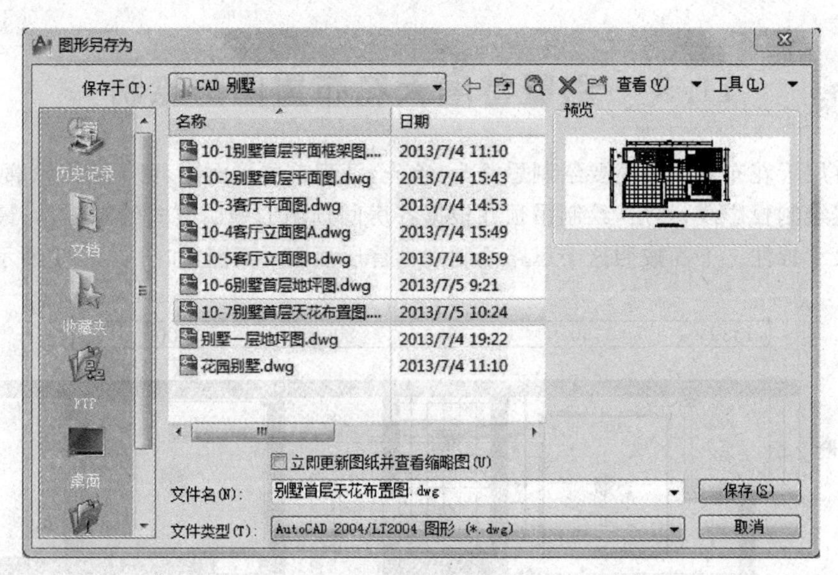

图 11-32

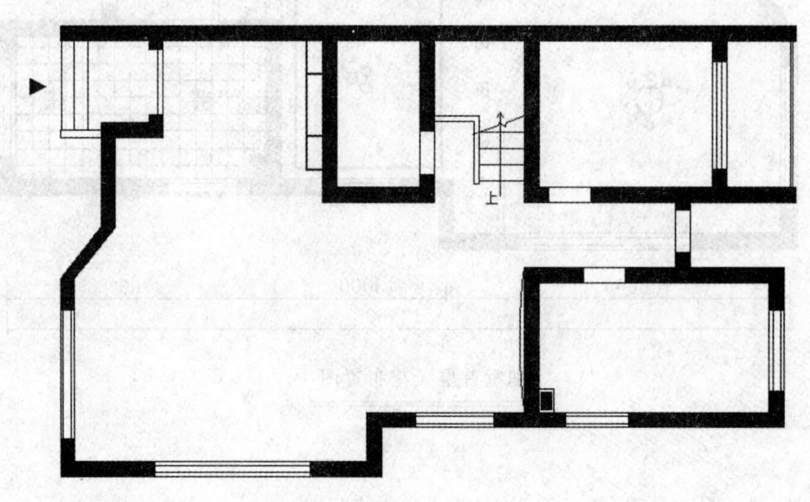

图 11-33

于防水或防油烟的需要，安装铝扣板吊顶；在客厅上方局部设计石膏板吊顶，既美观大方又为各种装饰性灯具的设置和安装提供了方便。

1. 绘制卫生间、厨房吊顶

基于卫生间和厨房使用过程中的防水或防油烟要求，在卫生间和厨房顶部均安装铝扣板吊顶，材料尺寸为300×300。

(1)单击工具栏中的“图层特性管理器”按钮，打开“图层管理器”对话框，创建新图层，将新图层命名为“吊顶”，并将其设置为当前图层。

(2)利用“图案填充”命令，弹出“图案填充和渐变色”对话框，在对话框中选择填充图案为“NET”，并设置图案填充比例为“90”。

在绘图区域中选择卫生间和厨房天花平面作为填充对象，进行图案填充，如图 11-34 所示。

2.绘制首层其他房间吊顶

(1)客厅吊顶的方式为周边式,不同于前面介绍的卫生间和厨房所采用的完全式吊顶。客厅吊顶的重点部位在东面电视墙的上方。

(2)利用“样条曲线”命令,以客厅南面墙线为基准线,绘制样条曲线。

(3)利用“偏移”命令,将刚刚绘制的样条曲线向东面偏移 120,效果如图 11-35 示。

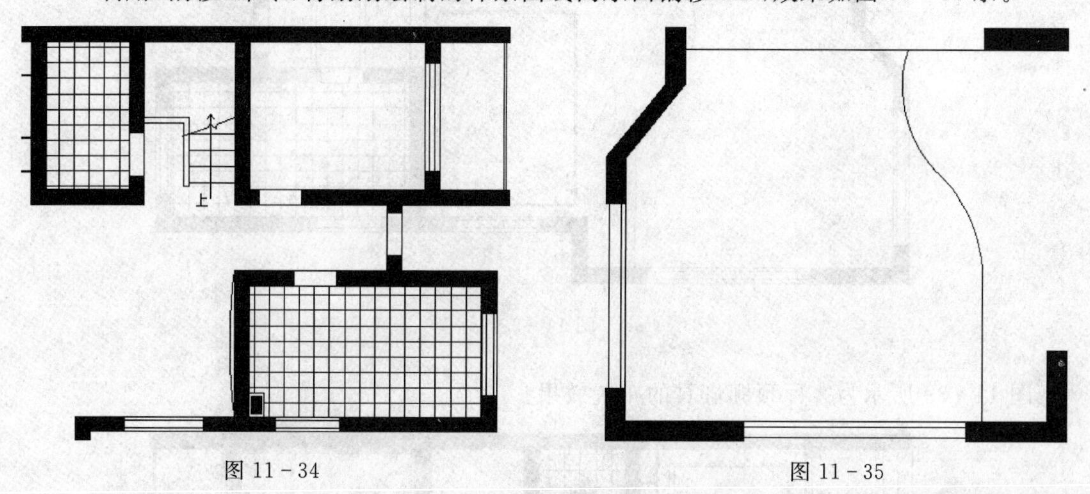

图 11-34　　图 11-35

(4)入口吊顶,利用“偏移”命令,将入口四面顶线均向内偏移 300,得到较乱的线条,如图 11-36 所示。

(5)接着利用“倒角”命令,输入“D”即距离,输入“0”—回车—输入“0”(如果默认为 0 可直接回车),分别选择要修剪的一个角的两条线,用此方法修剪四角,最终效果如图 11-37 所示。

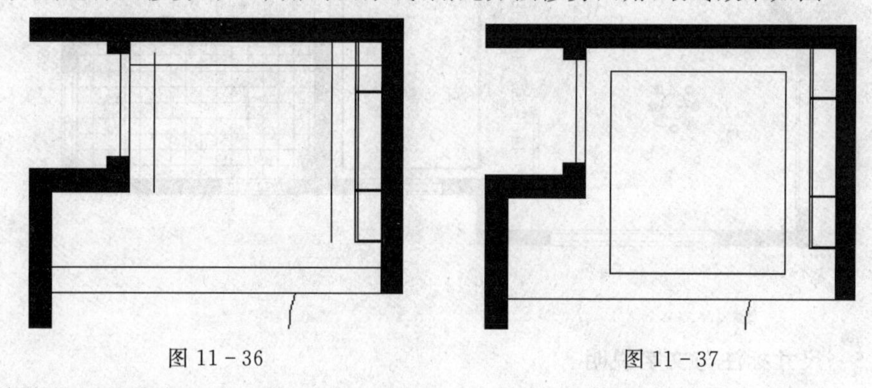

图 11-36　　图 11-37

(6)将修剪好的线条再向内偏移 20,再利用“倒角”命令修剪四角。

(7)用此方法将其他吊顶绘制完毕,效果如图 11-38。

11.5.3 绘制灯具

不同种类的灯具由于材料和形状的差异,其平面图形也大有不同。在本别墅实例中,灯具种类主要包括:工艺吊灯、吸顶灯、筒灯、射灯、壁灯和灯带等。在 AutoCAD 2012 图纸中,并不需要详细描绘出各种灯具的具体式样,一般情况下,每种灯具都是从灯具平面图库中复制来的。

根据各房间或空间的功能,选择适合的灯具图例并根据需要缩放比例,然后将其放置于天花图中的相应位置。

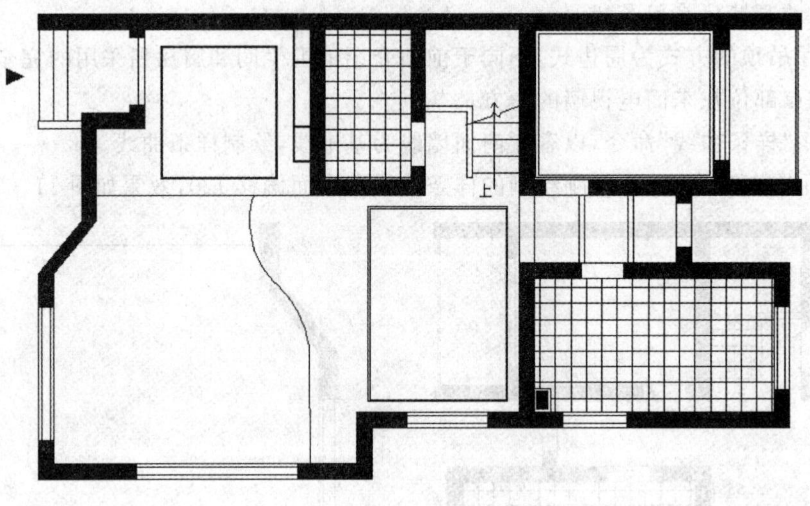

图 11-38

图 11-39 所示为客厅顶棚灯具的布置效果。

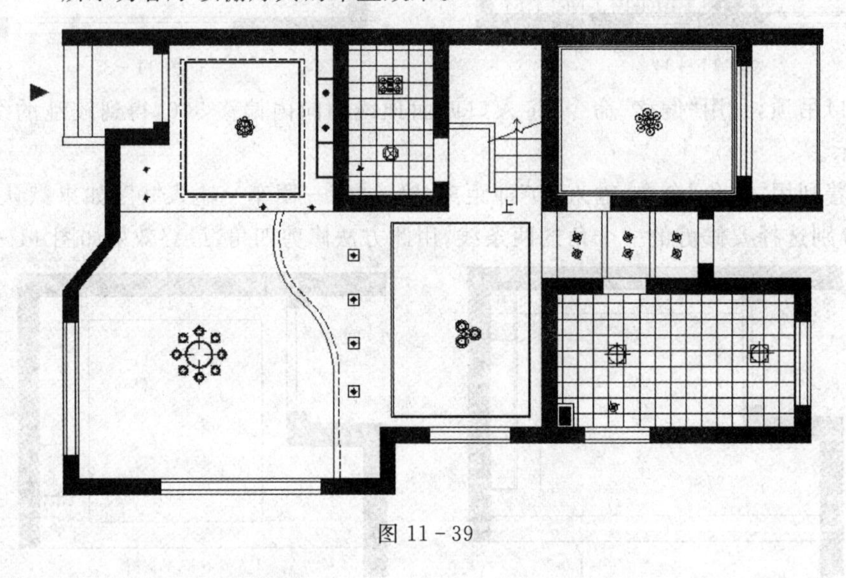

图 11-39

11.5.5 尺寸标注与文字说明

1. 尺寸标注

在天花布置图中,可根据需要,标注灯具和吊项的尺寸以及它们的水平位置。

2. 文字说明

在天花布置图中,根据需要,可将各房间的天花材料做法和灯具的类型通过文字说明来表达。

第 12 章　酒店室内设计图绘制

本章将详细讲述如图 12－1 所示酒店的室内装饰设计思路及其相关装饰图的绘制方法与技巧，包括：餐厅各个建筑空间平面图中的墙体、门窗、文字尺寸等图形绘制和标注；餐厅建筑装修平面图中的前厅、餐厅、包间等的装修设计和餐桌布局方法；厨房、操作间、储藏间等装修布局方法；冷库、点心等餐厅房间装修设计要点；餐厅大小包间的天花板和地面造型设计方法及其他功能房间吊顶与地面设计方法等。

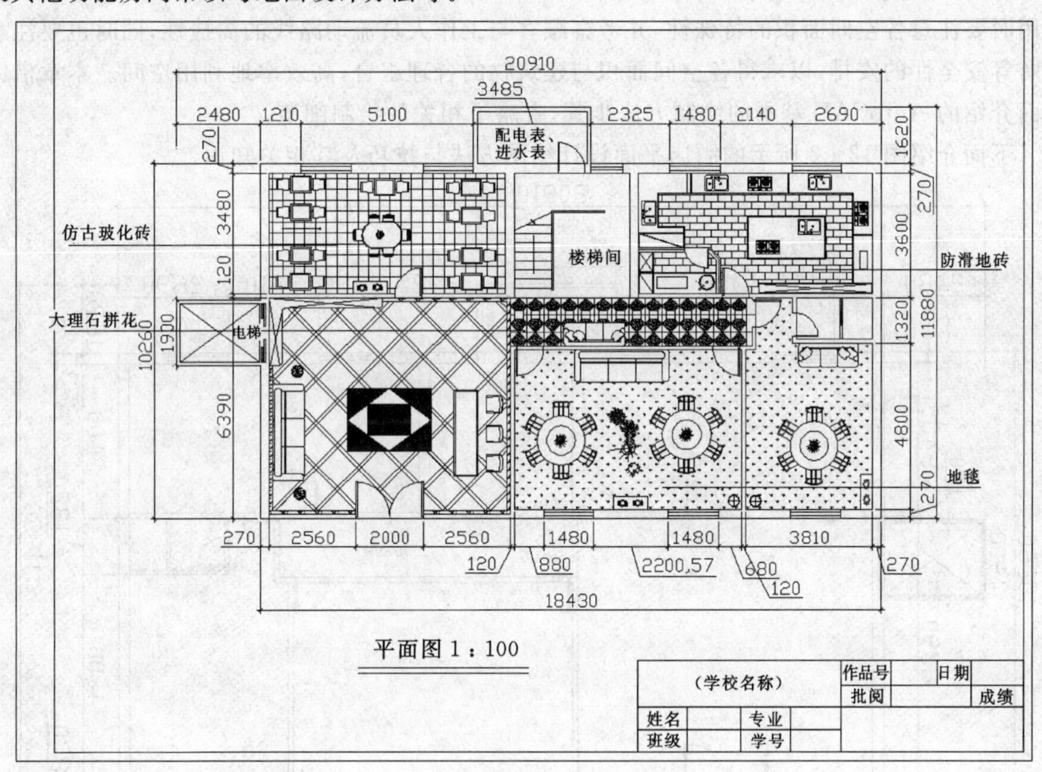

图 12－1

12.1　酒店平面图绘制

酒店内部设计首先由其面积决定。由于现代都市人口密集，寸土寸金，因此须对空间作有效的利用。从生意上着眼，第一件应考虑的事就是每一位顾客可以利用的空间。酒店的总体布局是通过交通空间、使用空间、工作空间等要素的完美组织所共同创造的一个整体。作为一个整体，酒店的空间设计首先必须合乎接待顾客和方便顾客用餐这一基本要求，同时还要追求更高的审美和艺术价值。原则上说，酒店的总体平面布局是不可能有一种放诸四海而皆准的真理的，但是它确实也有不少规律可循，并能根据这些规律，创造相当可靠的平面布局效果。与住宅建筑平面图绘制方法类似，同样是先建立各个功能房间的开间和进深轴线，然后按轴线位置绘制建筑柱子以及各个功能房间墙体及相应的门窗洞口的平面造型，最后绘制冷库等空间的平面图形，同时标注相应的尺寸和文字说明。

酒店的厅内场地太挤、太宽均不好，应以顾客来酒店的数量来决定其面积大小。秩序是酒店平面设计的一个重要因素。由于酒店空间有限，所以许多建材与设备，均应作经济有序的组合，以显示出形式之美。所谓形式美，就是全体与部分的和谐。简单的平面配置富于统一的理念，但容易因单调而失败；复杂的平面配置富于变化的趣味，但却容易松散。配置得当时，添一份则多，减一份嫌少，移去一部分则有失去和谐之感。因此，设计时还是要运用适度的规律把握秩序的精华，这样才能求取完整而又灵活的平面效果。在设计酒店空间时，由于备用所需空间大小各异，其组合运用亦各不相同，必须考虑各种空间的适度性及各空间组织的合理性。在运用时要注意各空间面积的特殊性，并考察顾客与工作人员流动路线的简捷性，同时也要注意消防等安全性的安排，以求得各空间面积与建筑物的合理组合，高效率地利用空间。本章借助前面介绍的 AutoCAD 基本的绘制方法步骤，省略了相关的绘制细节。

下面介绍图 12－2 所示的酒店平面设计绘图方法与技巧及其相关知识。

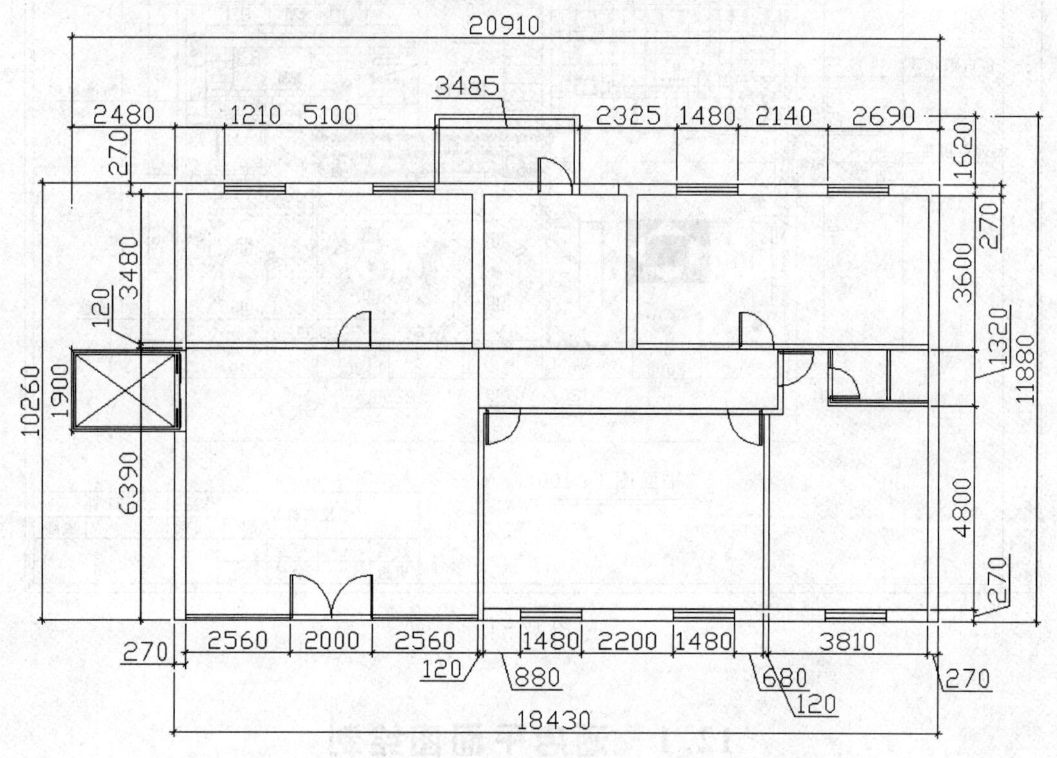

图 12－2

12.1.1 设置绘图环境

1. 设置绘图区域

执行“格式>图形界限”命令，设置左下角坐标为0,0，指定右上角坐标为42000,29700。

2. 放大图框线和标题栏

单击“修改”工具栏中的“缩放”命令按钮，选择图框线和标题栏，指定0,0点为基点，指定比例因子为100。

3. 显示全部作图区域

在“标准”工具栏上的窗口缩放按钮上按住鼠标左键，单击下拉列表中的“全部缩放”命令按钮，显示全部作图区域。

4. 修改标题栏中的文本

(1)在标题栏上双击鼠标左键，弹出“增强属性编辑器”对话框。

(2)在“增强属性编辑器”的“属性”选项卡下的列表框中顺序单击各属性，在下面的“值”文本框中依次输入相应的文本。

(3)单击“确定”按钮，完成标题栏文本的编辑。

5. 新建图层

单击“图层”工具栏中的图层管理器按钮，弹出“图层特性管理器”对话框，单击新建按钮，新建相应的图层，并输入相应的名称。对不同的图层设置不同的颜色，并设置线型和线宽。

6. 设置线型比例

在命令行输入线型比例命令LTS并回车，将全局比例因子设置为100。

7. 设置文字样式和标注样式

(1)“汉字”样式采用“仿宋_GB2312”字体，宽度比例设为1，用于书写汉字；“数字”样式采用“Simplex. shx”字体，宽度比例设为1，用于书写数字及特殊字符。

(2)执行“格式>标注样式”命令，弹出“标注样式管理器”对话框，选择“standard”标注样式，然后单击“修改”命令按钮，弹出“修改标注样式”对话框，将“调整”选项卡中“标注特征比例”中的“使用全局比例”修改为100。然后单击“确定”按钮，退出“修改标注样式”对话框，再单击“标注样式管理器”对话框中的“关闭”按钮，退出“标注样式管理器”对话框，完成标注样式的设置。

8. 完成设置并保存文件

利用“图层”工具栏中的图层列表框，关闭“标题栏”层，然后单击“标准”工具栏中的“保存”命令按钮，打开“图形另存为”对话框。输入文件名称“酒店平面图”，单击“图形另存为”对话框中的“保存”命令按钮保存文件。

12.1.2 酒店建筑墙体绘制

下面绘制酒店各个空间平面的建筑墙体和柱子轮廓。

(1)利用“直线”命令，绘制两条水平和垂直方向的直线，作为酒店建筑的平面柱线，如图12-3所示。

(2)将轴线线型改变为点划线线型，如图12-4所示。

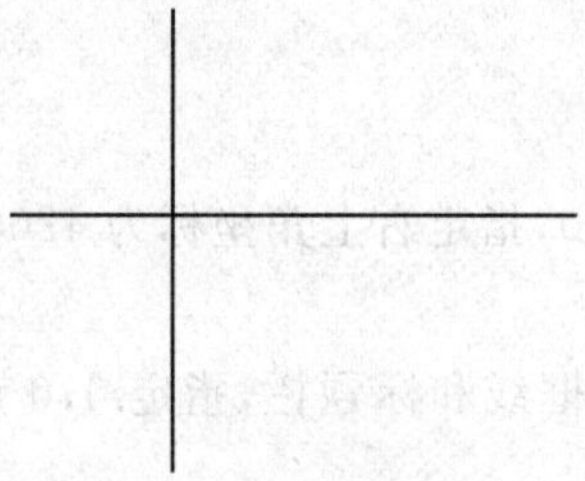

图 12－3 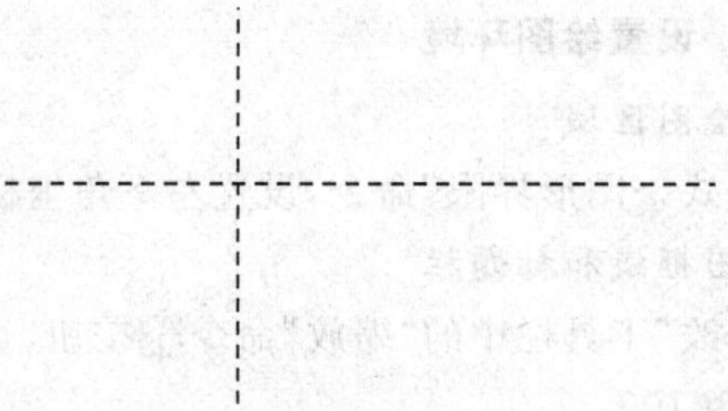　　　　　　　　　　图 12－4

(3)利用“偏移”命令，按照酒店柱网尺寸大小(即进深与开间)，通过偏移生成平面柱网，如图 12－5 所示。

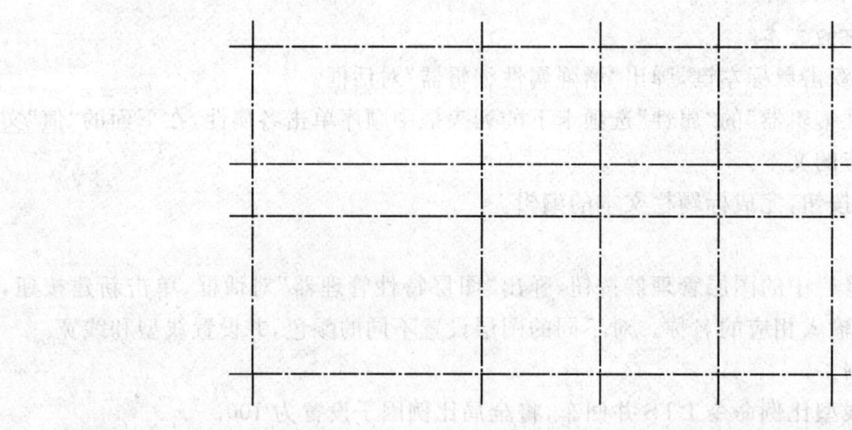

图 12－5

(4)利用“线性标注”命令，标注酒店的平面轴线网的尺寸，如图 12－6 所示。

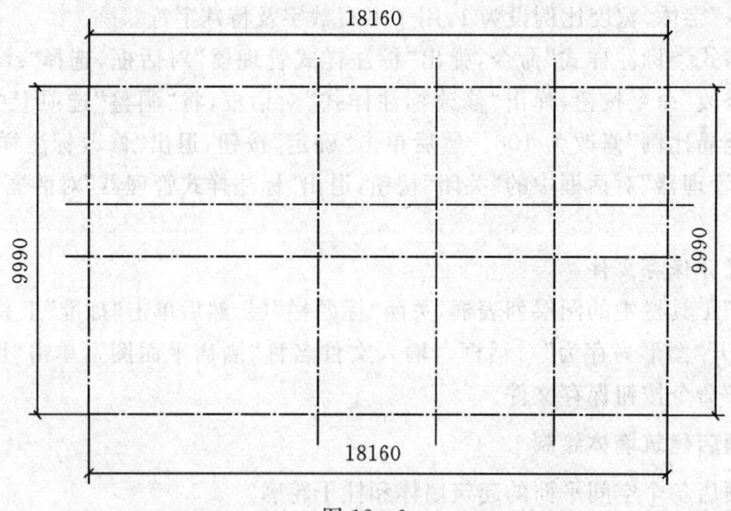

图 12－6

(5)利用“线性标注”命令，标注各个方向轴线的尺寸标注，如图 12－7 所示。

(6)利用“正多边形”命令，绘制边长为 900 的正方形，创建酒店正方形柱子外轮廓，如图 12－8 所示。

(7)利用“图案填充”命令，设置填充图案为 SOLID，将钢筋混凝土柱子填充为黑色实体，

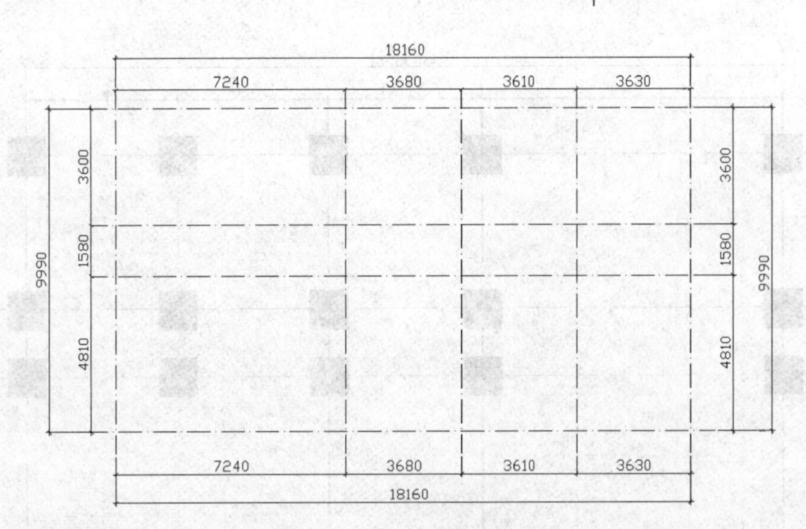

图 12-7

如图 12-9 所示。

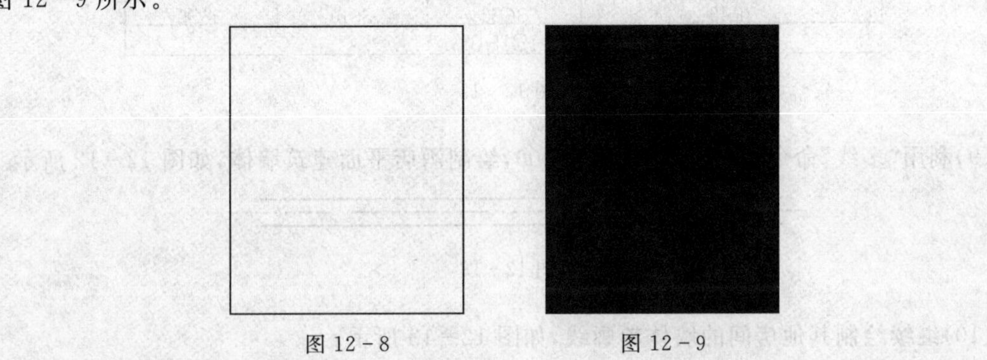

图 12-8　　图 12-9

(8)利用"复制"命令,复制柱子到各轴线节点,如图 12-10 所示。最后柱网和柱子的布局绘制完成,如图 12-11 所示。

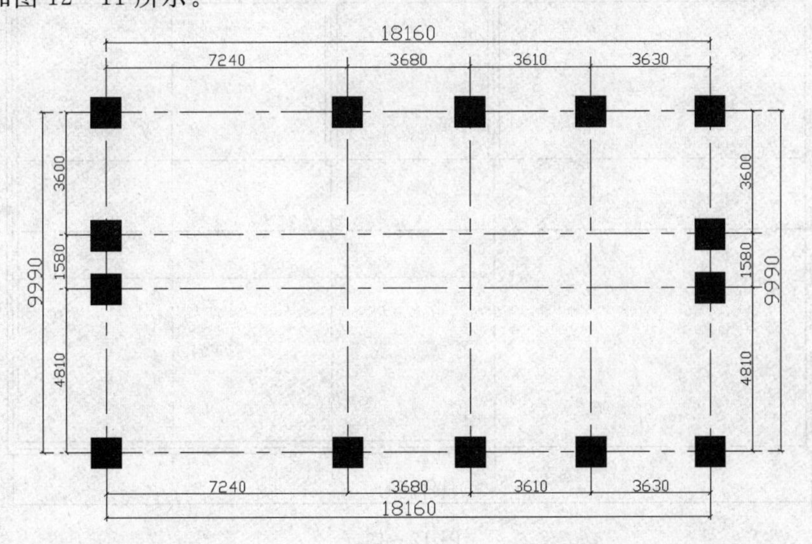

图 12-10

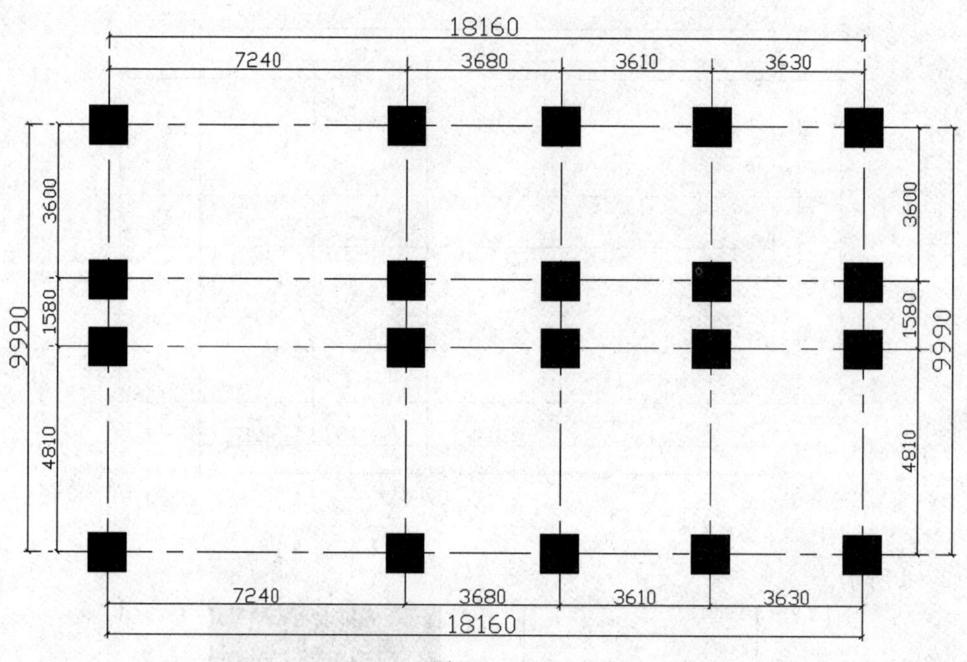

图 12-11

(9)利用"多线"命令,设置多线比例为 200,绘制酒店平面建筑墙体,如图 12-12 所示。

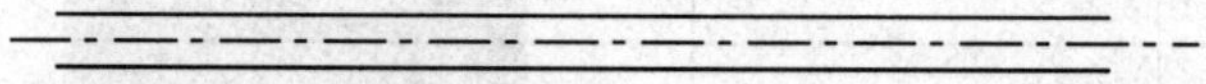

图 12-12

(10)继续绘制其他房间的墙体轮廓线,如图 12-13 所示。

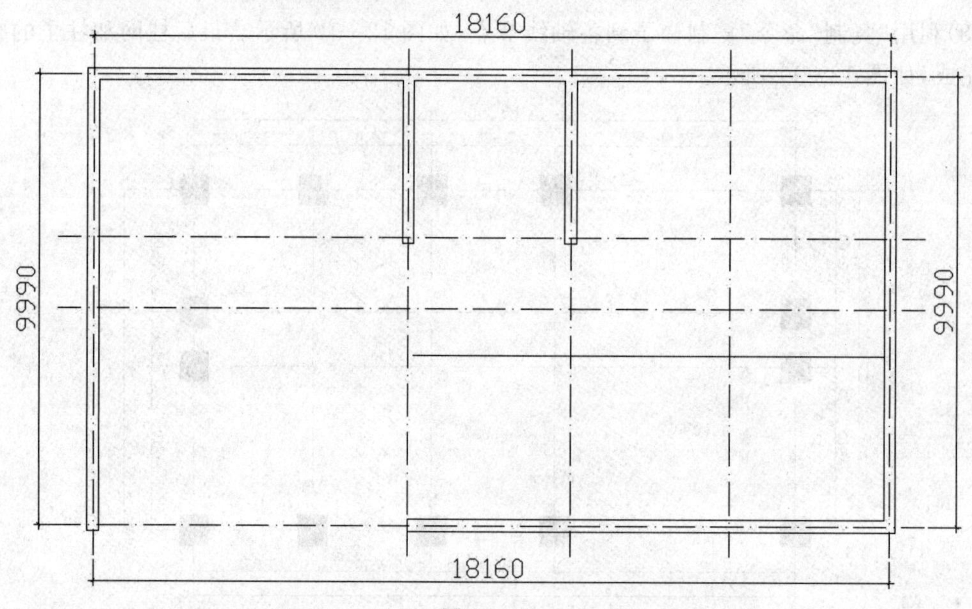

图 12-13

(11)利用“多线”命令，设置多线的位置为居中对正位置，对正类型为无，比例为 100，绘制酒店内部房间的隔墙薄墙体，如图 12-14 所示。

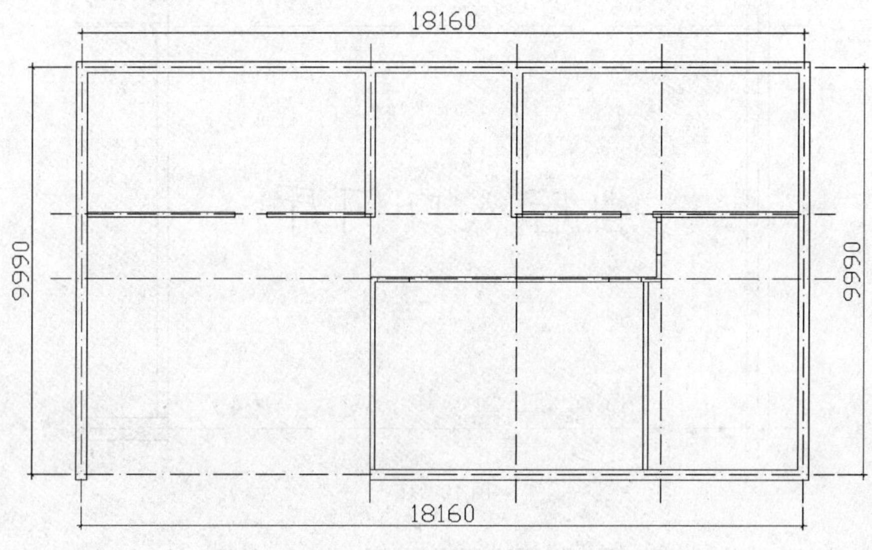

图 12-14

(12)利用“线性标注”命令，标注隔墙位置尺寸，如图 12-15 所示。

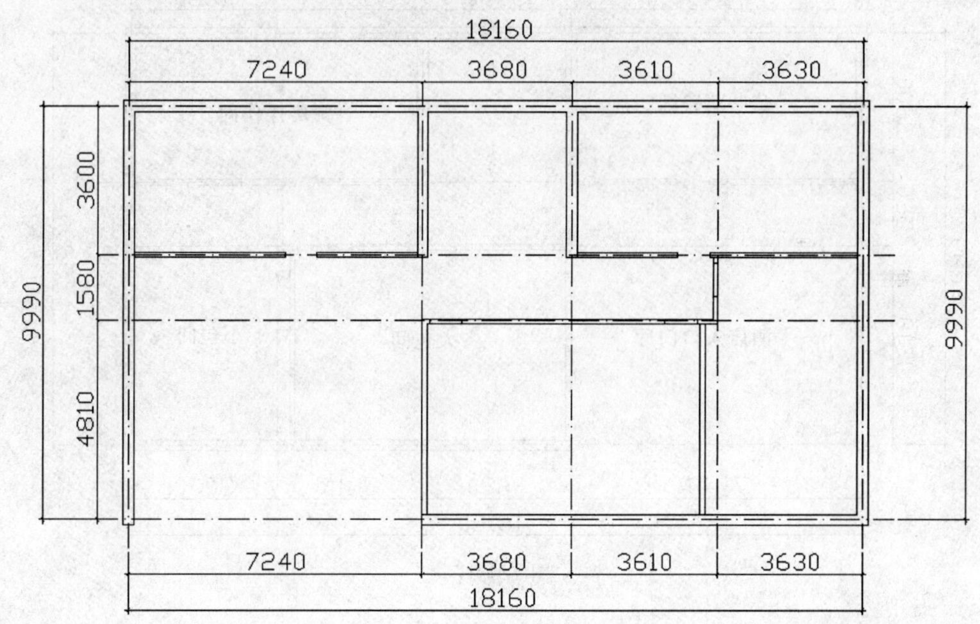

图 12-15

(13)利用"单行文字"命令,对房间功能标注说明文字,字高为 500,旋转角度 0,如图 12－16所示。

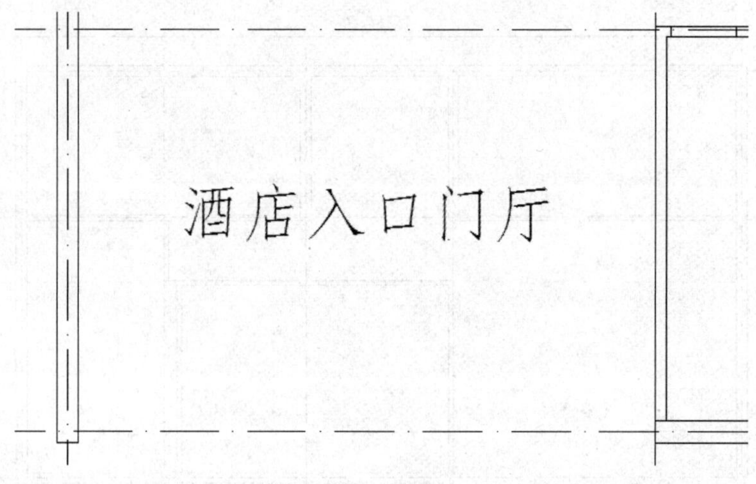

图 12－16

(14)完成酒店建筑墙体平面绘制,保存图形,如图 12－17 所示。

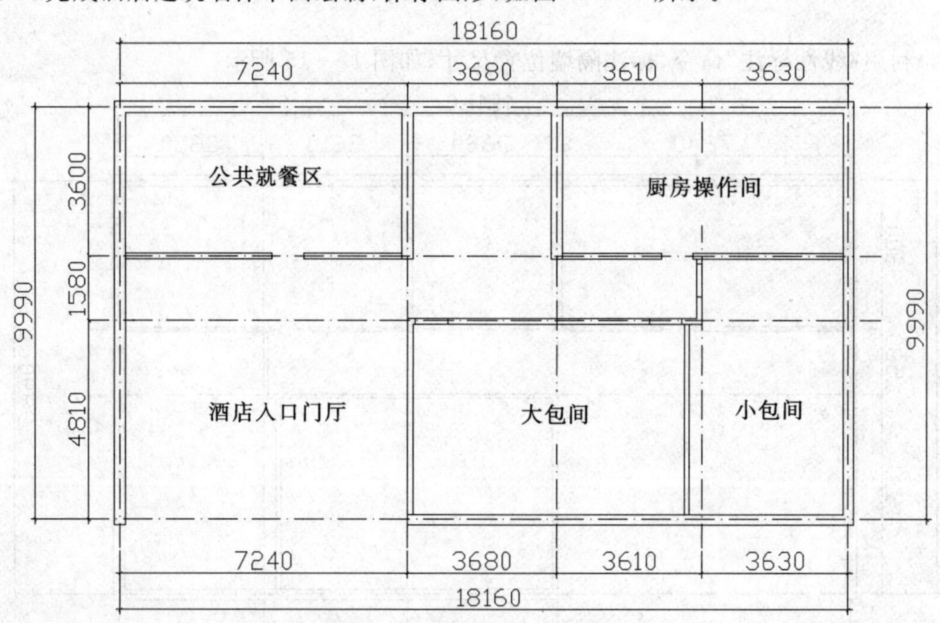

图 12－17

12.1.3 酒店室内门窗绘制

在绘制好酒店各个墙体的基础上，我们再来绘制相应房间的门窗造型。

(1)利用"直线"命令，绘制前台入口大门门洞的边线，再利用"偏移"命令，将边线向下偏移2000，结果如图 12－18 所示。

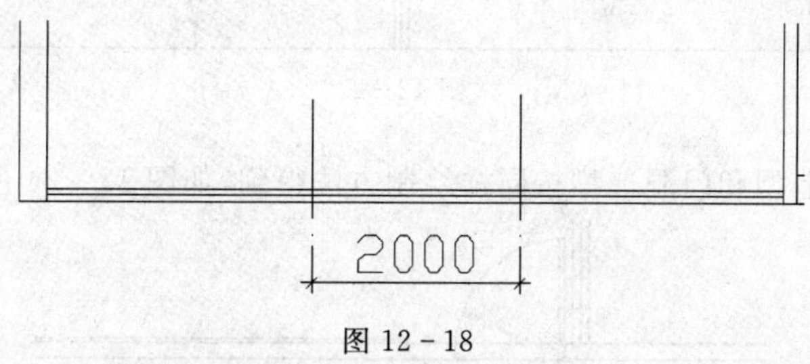

图 12－18

(2)利用"修剪"命令，将多余的线段进行剪切，得到如图 12－19 所示的门洞。

图 12－19

(3)利用"矩形"和"直线"命令，创建入口其中一扇门的门扇造型，如图 12－20 所示。

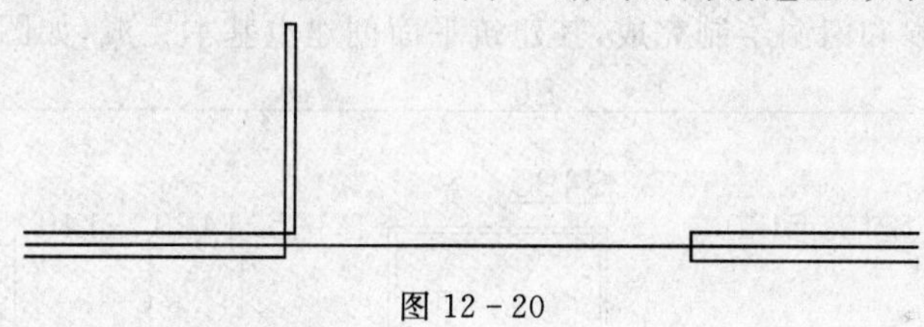

图 12－20

(4)利用"圆弧"命令，勾画门扇弧线造型，如图 12－21 所示。

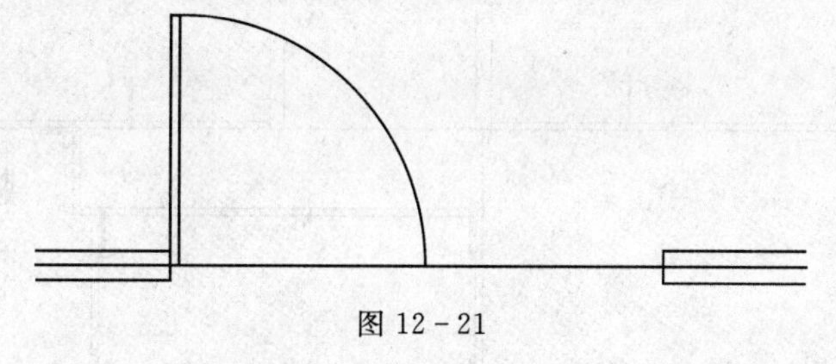

图 12－21

(5)利用"镜像"命令，将上步绘制的一扇门通过镜像得到双扇门，如图 12－22 所示。

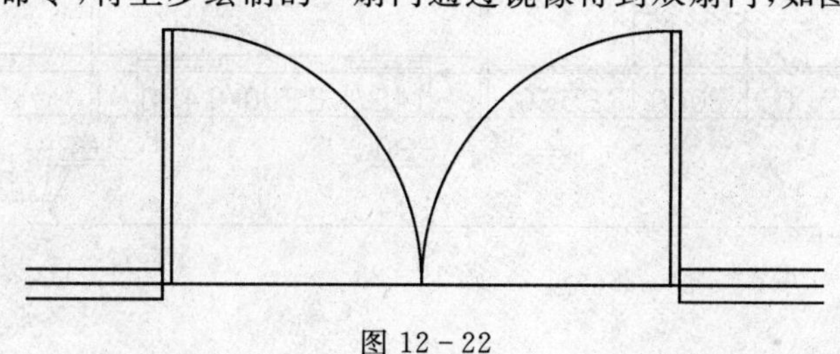

图 12－22

(6)利用“复制”命令，将双扇门进行复制，得到两扇双扇门造型，如图 12－23 所示。

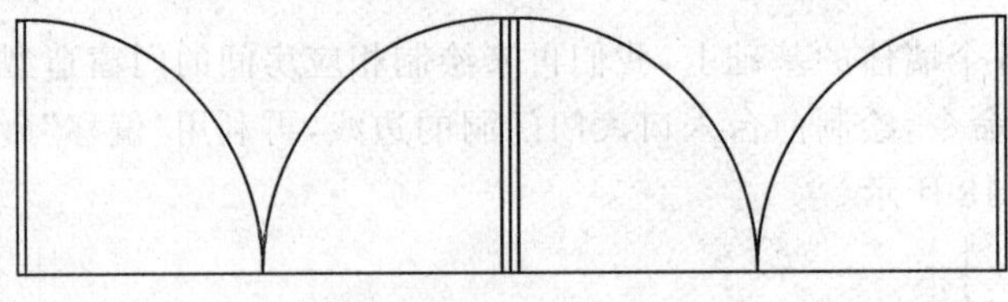

图 12－23

(7)其他单扇门造型和门洞造型按同样绘制方法得到，如图 12－24 所示。

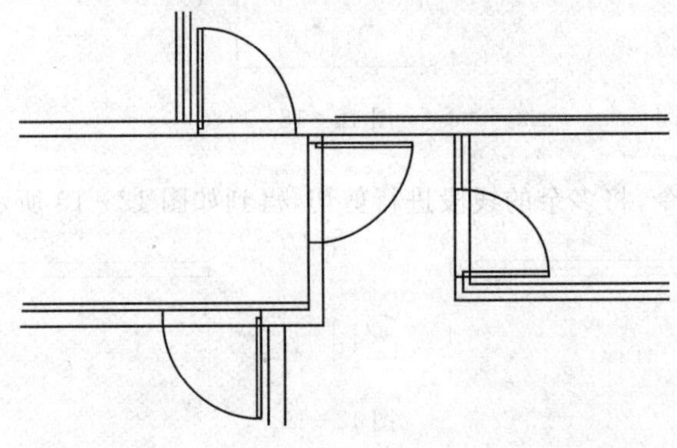

图 12－24

(8)酒店平面门扇和门洞绘制完成，其建筑平面创建也基本完成，如图 12－25 所示。

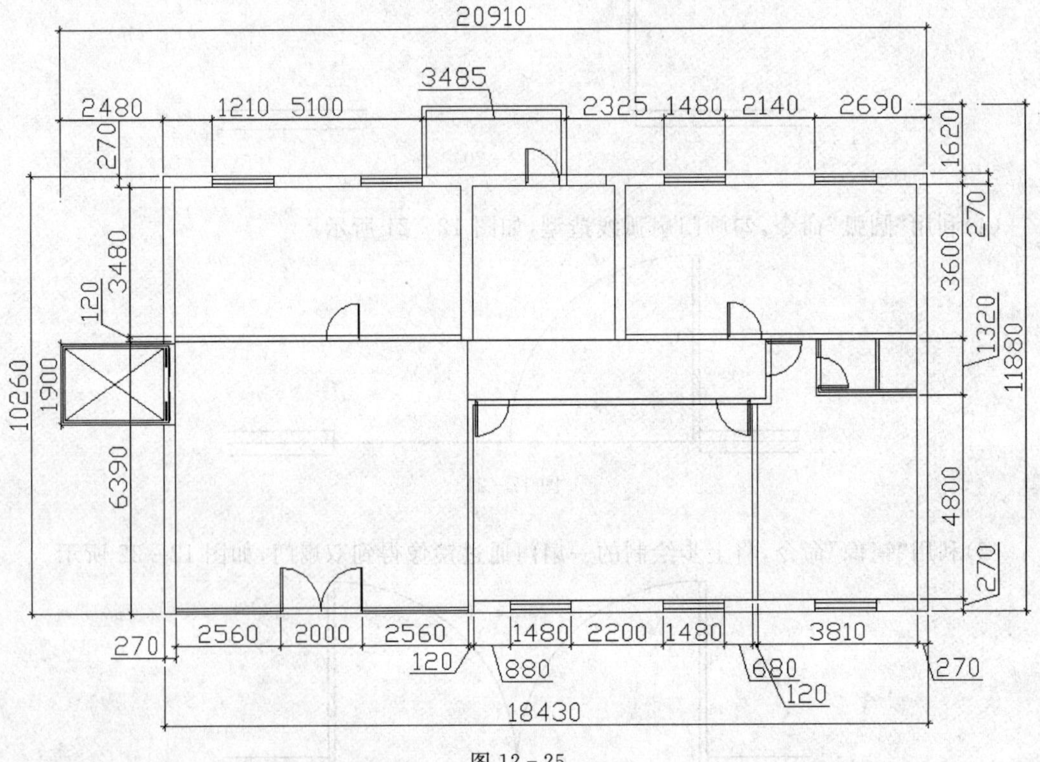

图 12－25

12.2 酒店装修图绘制

酒店的装修包括方方面面，因为酒店服务的对象包括社会各阶层人士，一般以广大工薪阶层为主，所以，酒店的装修从表至里，既要有文化品位，能突出自身经营的主题，又要符合大众化。有些经营者在装修酒店前，总想将酒店设计得更加豪华、更加现代，希望能在激烈的商海竞争中受到消费者的欢迎，但结果往往事与愿违。在装修过程中，如果不根据酒店的具体情况，因时因地地灵活掌握装修的内容和档次，过分强调豪华，忽视了文化品位和大众化的构思，就不会收到好的效果。

装修酒店各有特色，总的一个共同点就是大众化的装修，雅俗共赏。除了要具有菜品丰富、菜量较大、经济实惠、上菜迅速等特点外，装修风格也要朴实大方，不事张扬，这样才能为百姓所乐于接受。总的来说，酒店装修需要注意以下三方面要点：

(1)色彩的搭配。酒店的色彩配搭一般是从空间感的角度来考虑的。色彩的使用上，宜采用暖色系，因为从色彩心理学上来讲，暖色有利于促进食欲。

(2)装修的风格。酒店的风格在一定程度上是由餐具和餐桌等决定的，所以在装修前期，就应确定好餐桌、餐椅的风格。其中最容易冲突的是色彩、天花造型和墙面装饰品。

(3)家具选择。餐桌的选择需要注意与空间大小配合，小空间配大餐桌或者大空间配小餐桌都是不合适的。餐桌与餐椅一般是配套的，也可分开选购，但需注意人体工程学方面的问题，如椅面到桌面的高度差以 30cm 左右为宜，过高或过低都会影响正常姿势；椅子的靠背应感觉舒适等。餐桌布宜以布料为主，目前市场上也有多种选择。使用塑料餐布的，在放置热物时，应放置必要的厚垫，特别是玻璃桌，有可能引起不必要的受热开裂。

下面介绍图 12-26 所示的酒店装饰平面的设计绘图方法与技巧及其相关知识。

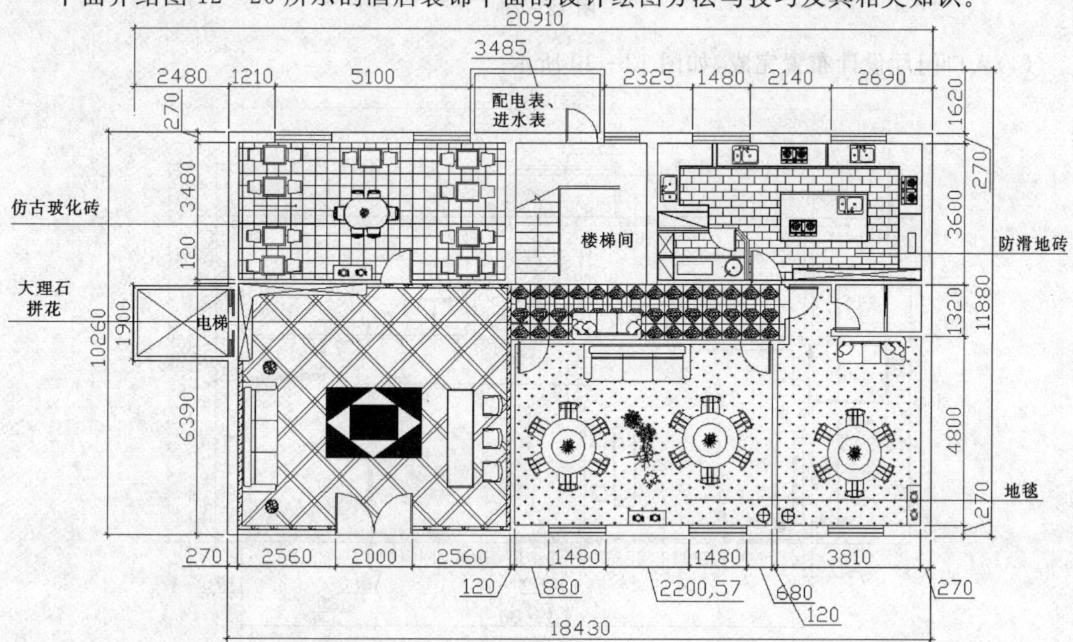

图 12-26

12.2.1 酒店入口门厅平面布置

下面我们先布置酒店入口门厅平面。

(1)利用“直线”命令,在酒店入口门厅空间平面后绘制一个展示柜轮廓,如图 12 - 27 所示。

(2)利用“插入块”和“复制”命令,插入服务台和椅子造型,如图 12 - 28 所示。

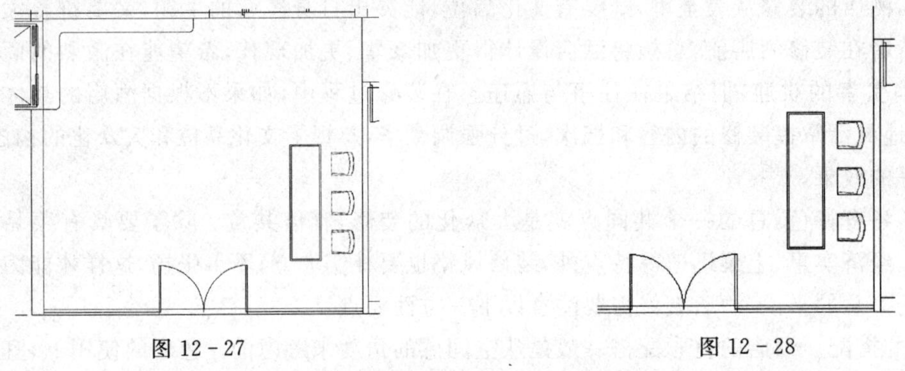

图 12 - 27　　　　图 12 - 28

(3)利用“插入块”命令,在另外一端布置沙发和花草,如图 12 - 29 所示。

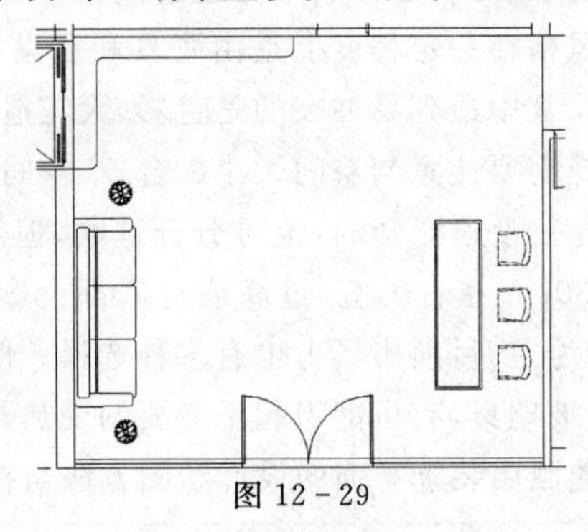

图 12 - 29

(4)入口门厅设计布置完成,如图 12 - 30 所示。

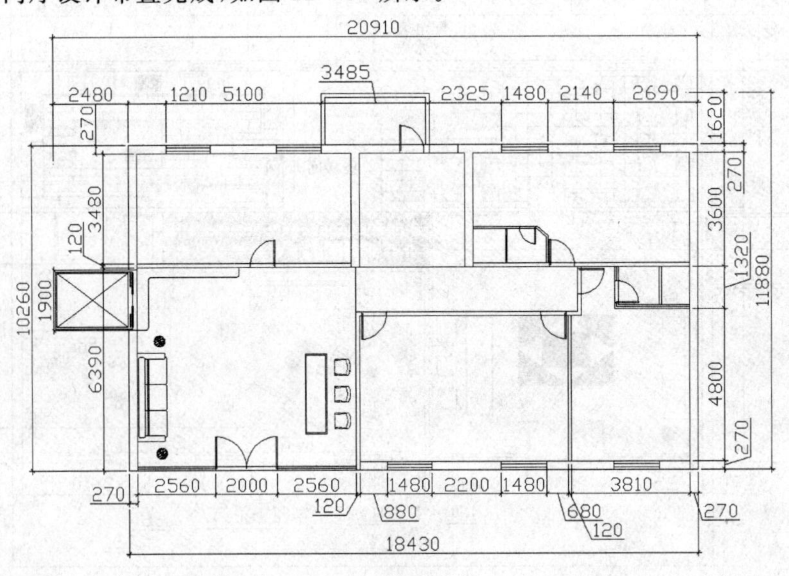

图 12 - 30

12.2.2 包间和就餐区等房间平面装饰设计

酒店一般有多间大小不同的包间，还有开敞的公共就餐区等各种功能的房间和空间平面。

(1)利用“插入块”命令，从入口门厅进入的通道休息区处布置沙发造型，如图 12－31 所示。

(2)利用“插入块”和“复制”命令，在大包间布置两个大餐桌造型，如图 12－32 所示。

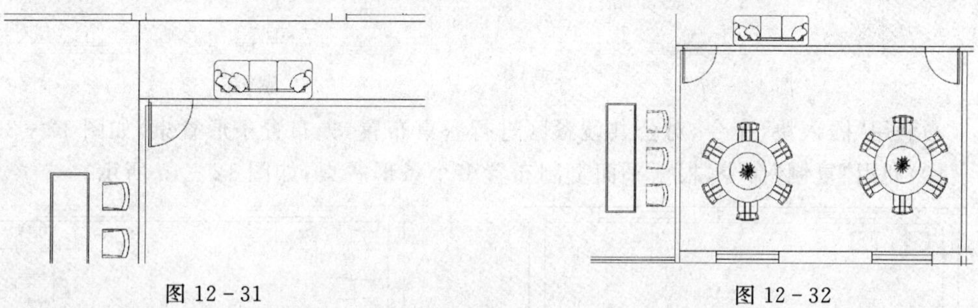

图 12－31　　图 12－32

(3)利用“插入块”和“复制”命令，布置大包间沙发，如图 12－33 所示。

(4)利用“矩形”命令，在包间墙体中间位置绘制一个宽为 1070、高为 360 的小餐具桌子，如图 12－34 所示。

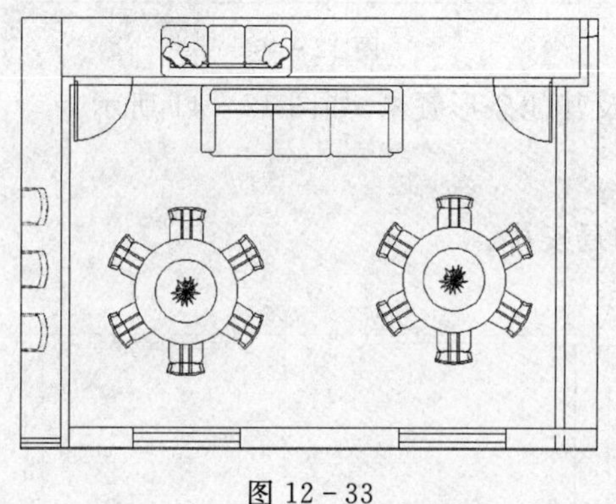

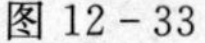

图 12－33

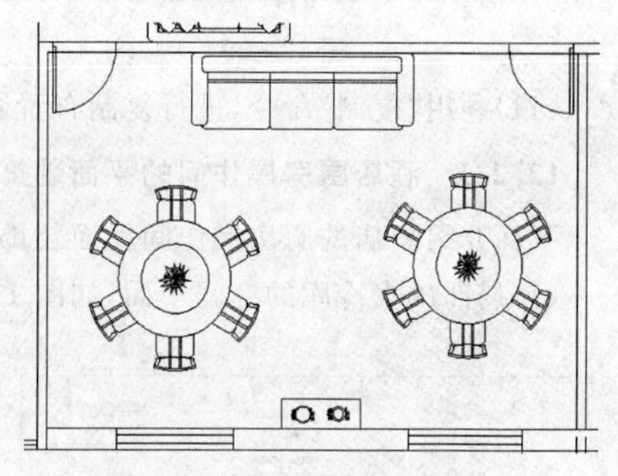

图 12－34

(5)利用“圆”命令，分别绘制直径为 420、400、75、20 的圆形包间衣帽架造型，如图 12－35 所示。

(6)利用“直线”命令，绘制包间衣帽支架造型，如图 12－36 所示。

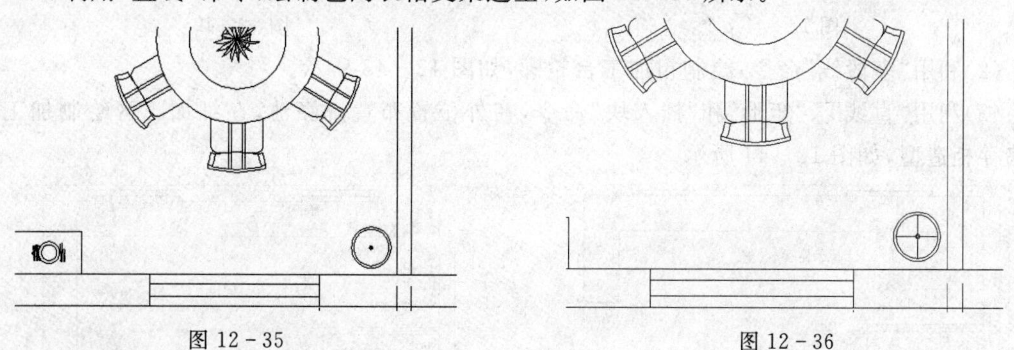

图 12－35　　图 12－36

(7)利用“插入块”和“复制”命令，在中间位置布置花草作为空间软分割，完成大包间装饰平面设计，如图 12－37 所示。

(8)按大包间的平面设计方法，对中型和小型包间进行布置，如图 12－38 所示。

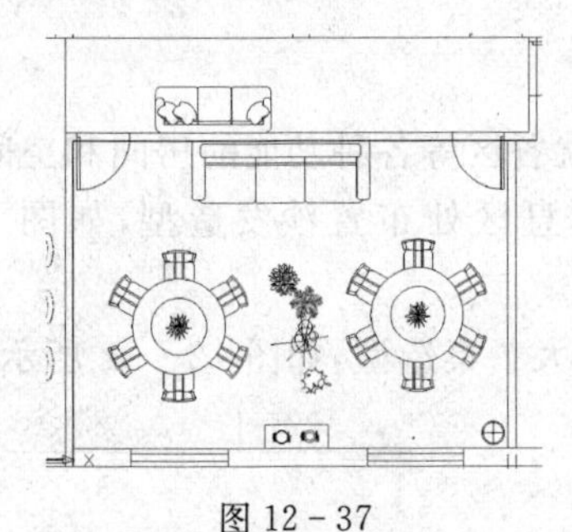

图 12-37

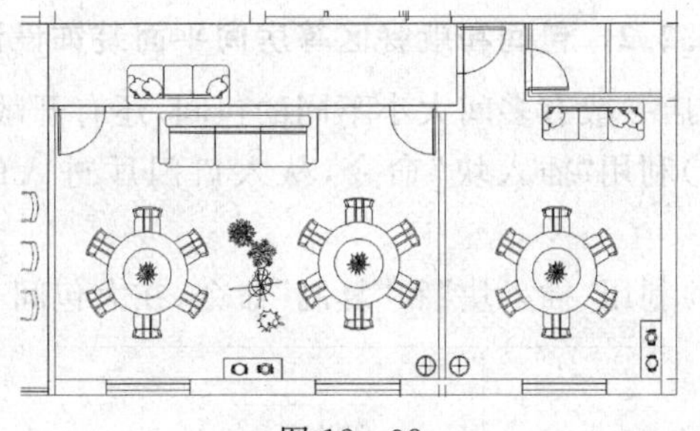

图 12-38

(9)利用“插入块”命令,对公共就餐区进行餐桌布置,先布置条形餐桌,如图 12-39 所示。

(10)利用“复制”命令,根据平面复制布置多个条形餐桌,如图 12-40 所示。

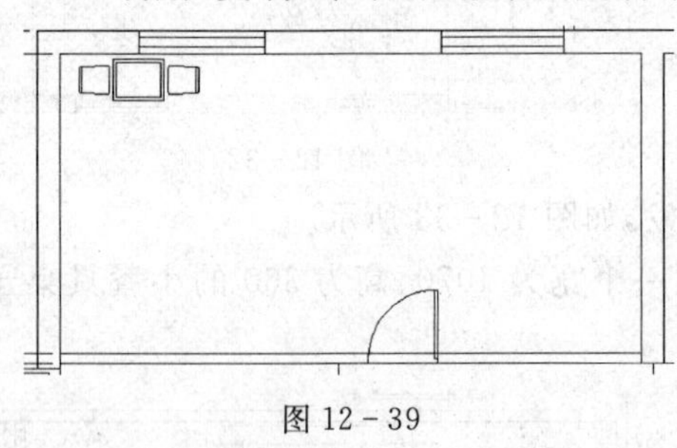

图 12-39

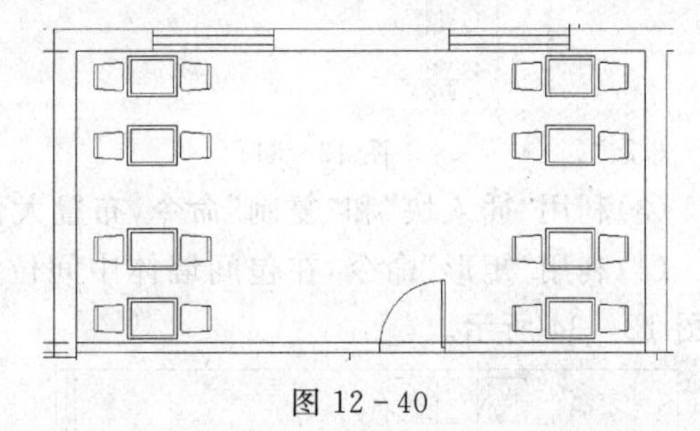

图 12-40

(11)利用“复制”命令,进行复制布置圆形餐桌及其他条形餐桌,如图 12-41 所示。

12.2.3 酒店厨房操作间的平面装饰设计

下面介绍酒店的厨房操作间平面装饰设计和布局安排。

(1)局部放大冷库的空间平面,如图 12-42 所示。

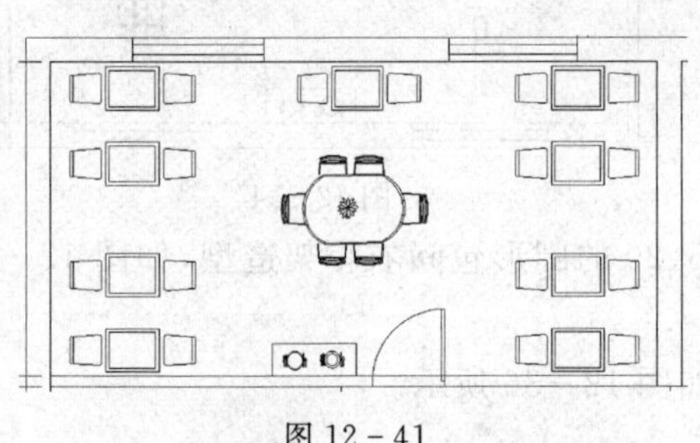

图 12-41

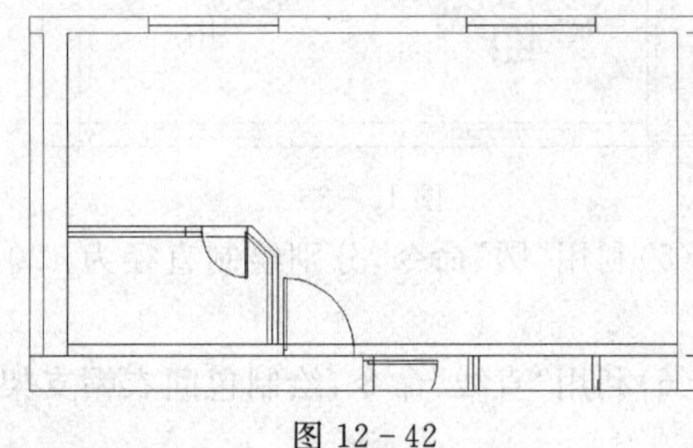

图 12-42

(2)利用“多段线”命令,绘制粗加工台轮廓,如图 12-43 所示。

(3)利用“直线”、“矩形”和“插入块”命令,在外位置布置洗涤池,在细加工区绘制加工台和储存柜造型,如图 12-44 所示。

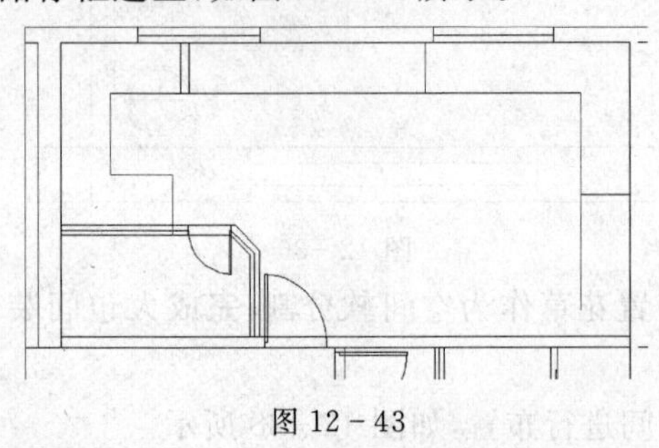

图 12-43

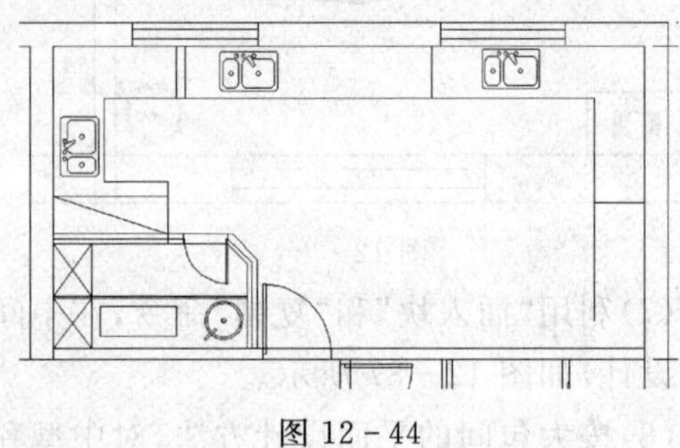

图 12-44

(4)利用“矩形”、“直线”和“插入块”命令，在冷库拼盘区域勾画操作台和储存柜造型，并在灶台上插入相应的燃气灶，如图 12－45 所示。

(5)利用“多段线”和“偏移”命令，在中部平面位置绘制厨旁操作台，如图 12－46 所示。

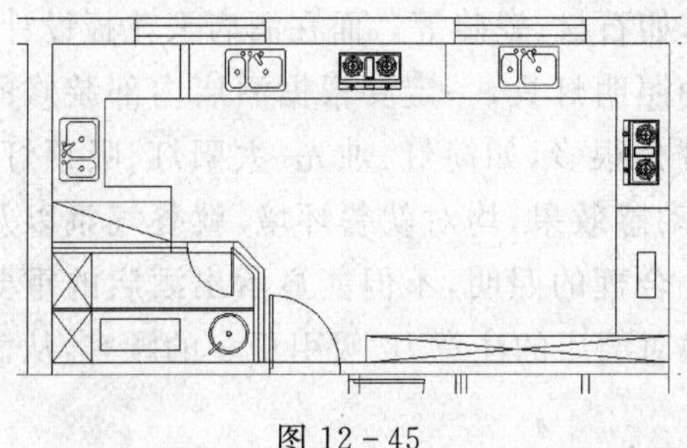

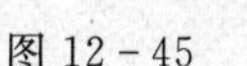

图 12－45

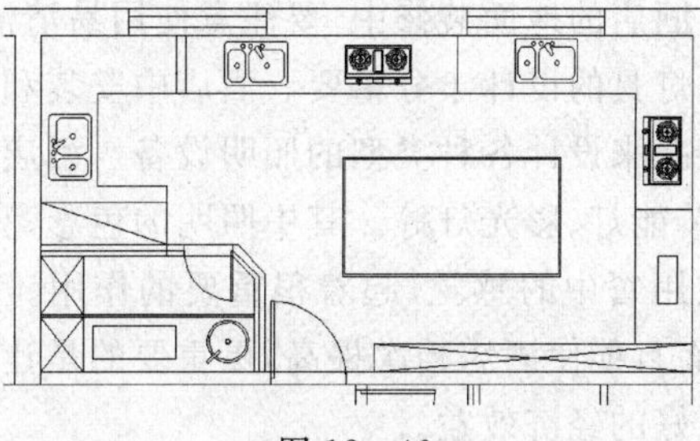

图 12－46

(6)利用“插入块”命令，在中部操作台上相应位置布置厨房洗涤池和燃气灶造型，如图 12－47所示。

(7)完成厨房区域的设计与布置，如图 12－48 所示。

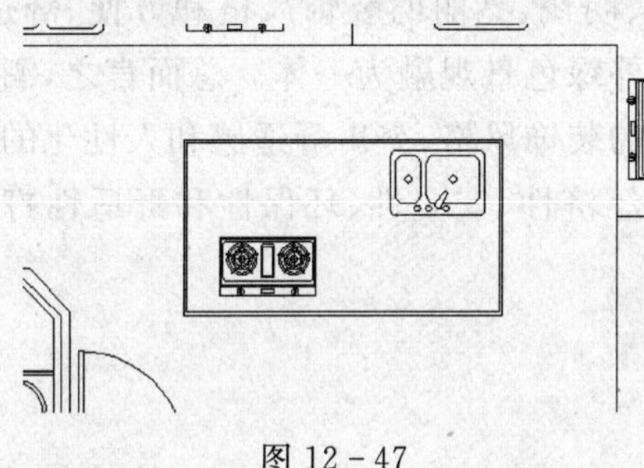

图 12－47

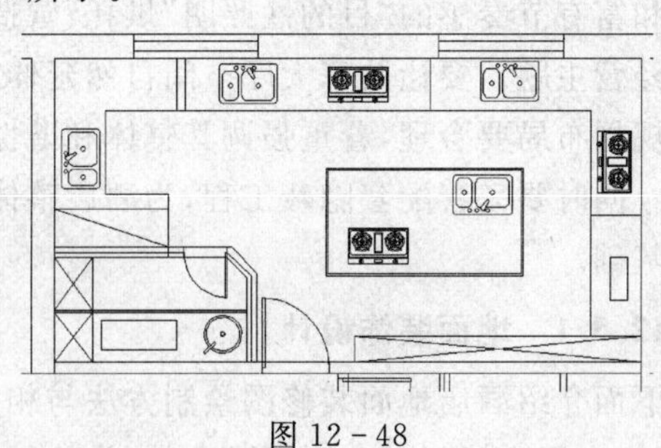

图 12－48

(8)酒店的平面装饰设计绘制完成，缩放视图观察，保存图形，如图 12－49 所示。

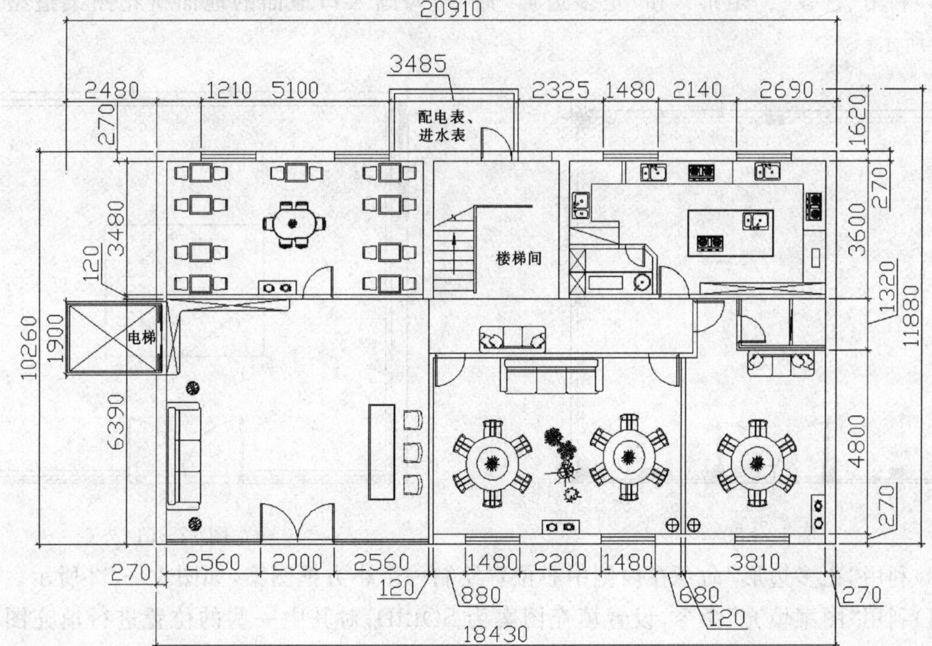

图 12－49

12.3 酒店地面和天花板等平面图绘制

酒店的地面装修中，要注意使用易清洁的材料，如石材、瓷砖等。而在酒店天花板设计中，照明灯具的设计十分重要。酒店中安装和设计各种照明灯具，一定要根据酒店内部装修的具体情况来设计各种类型的照明设备。酒店的照明种类很多，如筒灯、烛光、太阳灯、吸顶灯、射灯、节能灯、彩光灯等。其中照明的色彩、亮度以及动感效果，均对就餐环境、就餐气氛以及顾客在用餐中的感觉，起着很重要的作用。酒店室外合理的照明，不但能显示出酒店的重要标志，而且能使酒店档次提高，更重要的是让顾客增强对酒店的注意力，吸引更多的顾客，从而创造更好的经济效益。

现代酒店越来越注重运用适应时代潮流的装饰设计新理念，突出酒店经营的主体性和个性，满足客人在快节奏的社会中追求完善舒适的心理需求。因此酒店装饰设计要体现“完美舒适即是豪华”这一新理念，一改传统的繁琐复杂的设计手法，通过巧妙的几何造型、主体色彩的运用和富有节奏感的“目的性照明”烘托，营造出简洁、明快、亮丽的装饰风格和方便、舒适、快捷的经营主题。要让共享大厅空间自然延伸，并与室外绿色景观融为一体。总而言之，酒店的室内规划布局要合理，着重强调其整体和谐性和独特的装饰风格，突出舒适感和人性化的设计理念。同时要完善配套隐蔽工程，为酒店整体经营的经济性、安全性、环保性和舒适性打下良好的基础。

12.3.1 地面装饰设计

下面介绍酒店地面装修图绘制方法与相关技巧。

(1)利用“多段线”和“偏移”命令，先绘制酒店入口门厅的地面，如图 12－50 所示。

(2)利用“直线”、“矩形” 和“正多边形”命令，勾画入口地面的地面拼花图案造型，如图 12－51所示

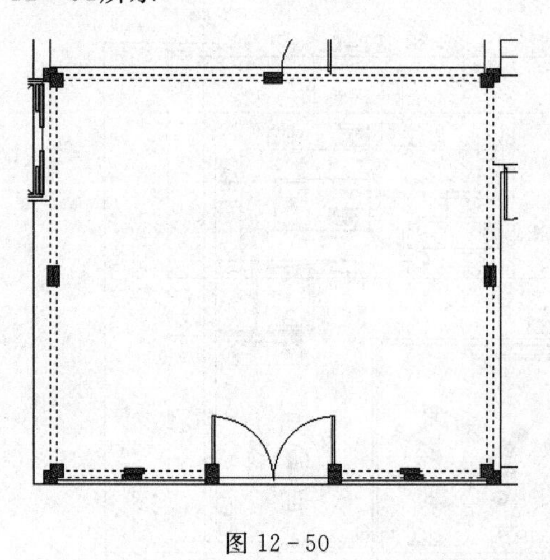

图 12－50

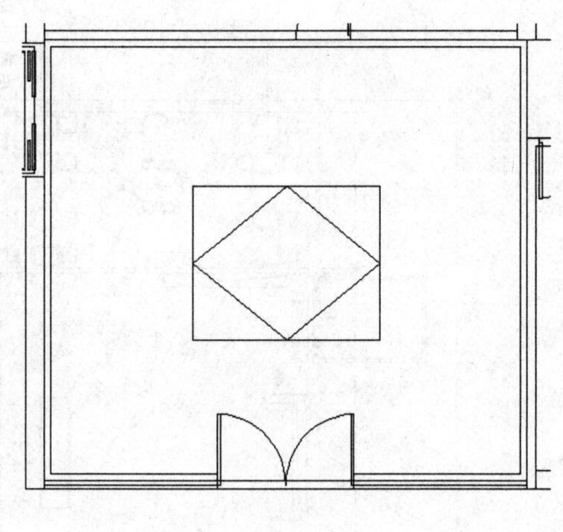

图 12－51

(3)利用“正多边形”命令在内侧中心位置绘制一个小方框图案，如图 12－52 所示。

(4)利用“图案填充”命令，设置填充图案为 SOLID，对其中一些的位置进行填充图案，如图 12－53 所示。

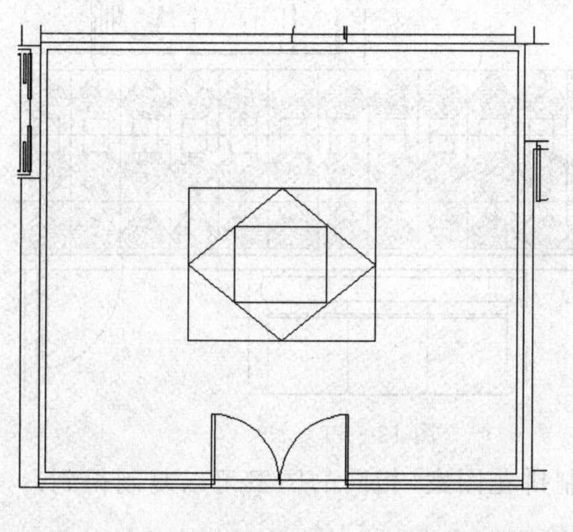

图 12－52

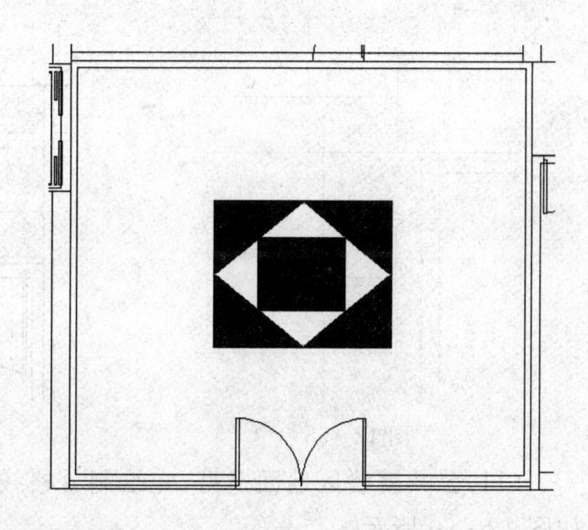

图 12－53

(5)利用“直线”和“偏移”命令，在酒店公共就餐区的走道，创建水平和竖直方向分格线，如图 12－54 所示。

(6)利用“正多边形”命令，绘制菱形小方框图形，如图 12－55 所示。

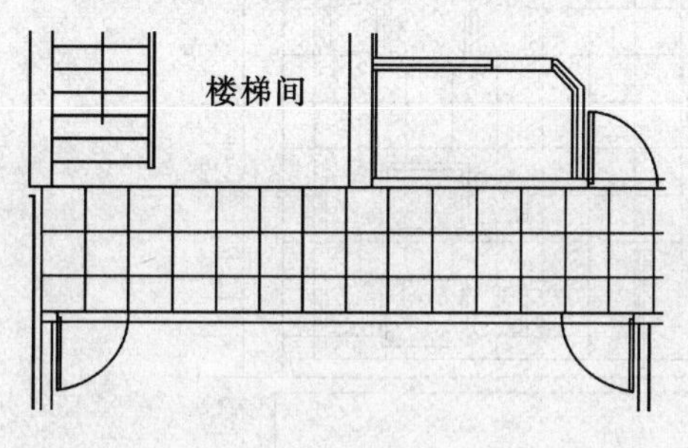

图 12－54

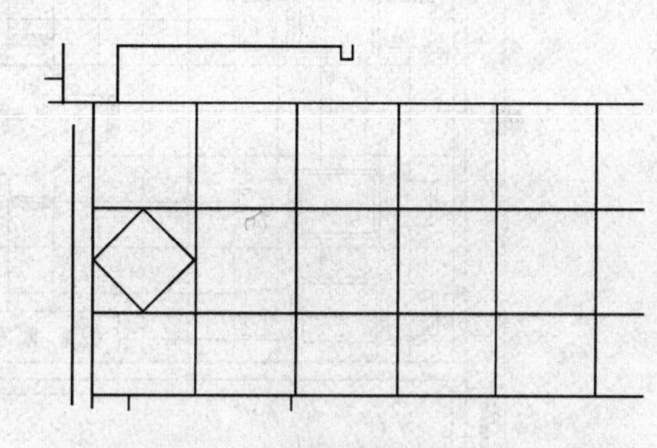

图 12－55

(7)利用“矩形”和“镜像”命令，在菱形小方框下绘制窄矩形，并镜像菱形小方框，如图 12－56 所示。

(8)利用“复制”和“修剪”命令，复制造型，并剪切矩形和菱形内的线条，如图 12－57 所示。

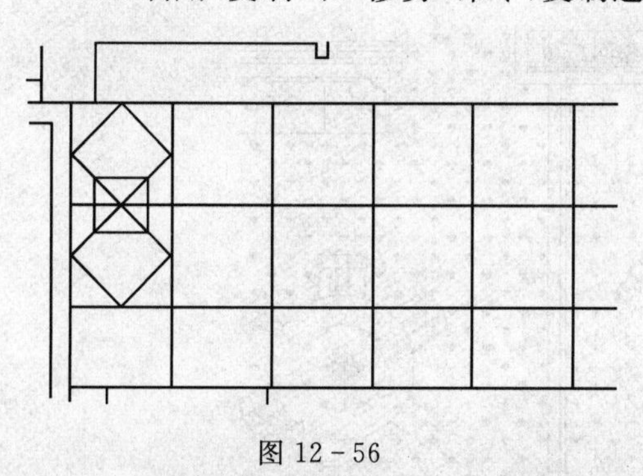

图 12－56

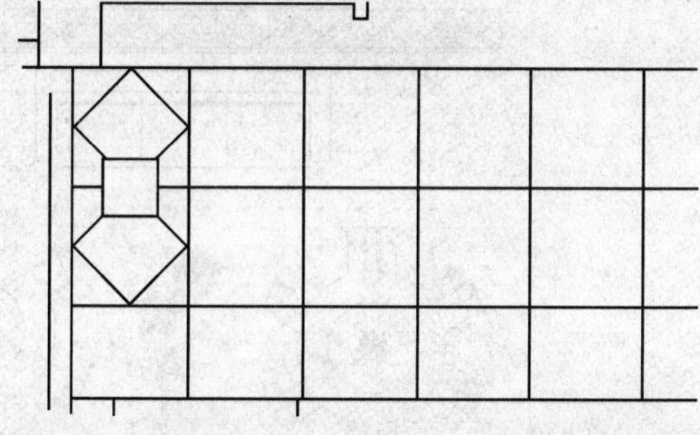

图 12－57

(9)利用“图案填充”命令，设置填充图案为 AR-SAND，通过图案填充得到不同造型材质，如图 12－58 所示。

(10)利用“复制”命令，进行造型复制，得到走道地面装修造型，如图 12－59 所示。

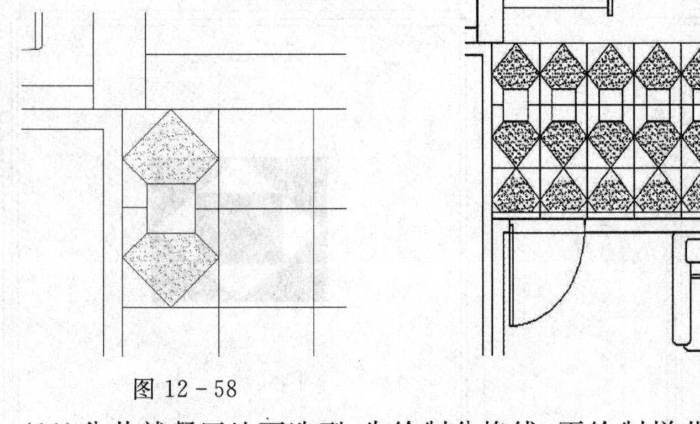

图 12－58　　　　图 12－59

(11)公共就餐区地面造型,先绘制分格线,再绘制拼花图案(相同的图案可以复制得到),如图 12－60 所示。

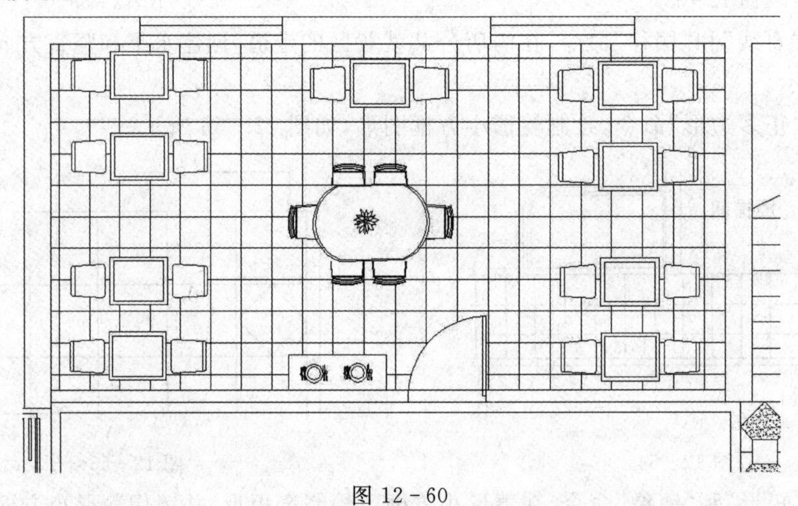

图 12－60

(12)利用"图案填充"命令,设置填充图案为 GROSS,各个包间内铺设地毯地面,如图 12－61所示。

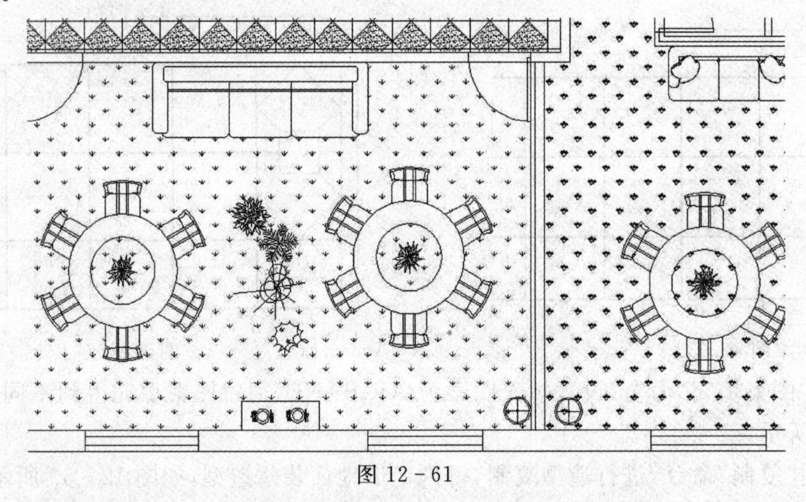

图 12－61

(13)利用"图案填充"命令,设置填充图案为 AR-B816,走道、各个厨房操作间的地面铺设地砖地面，如图12-62所示。

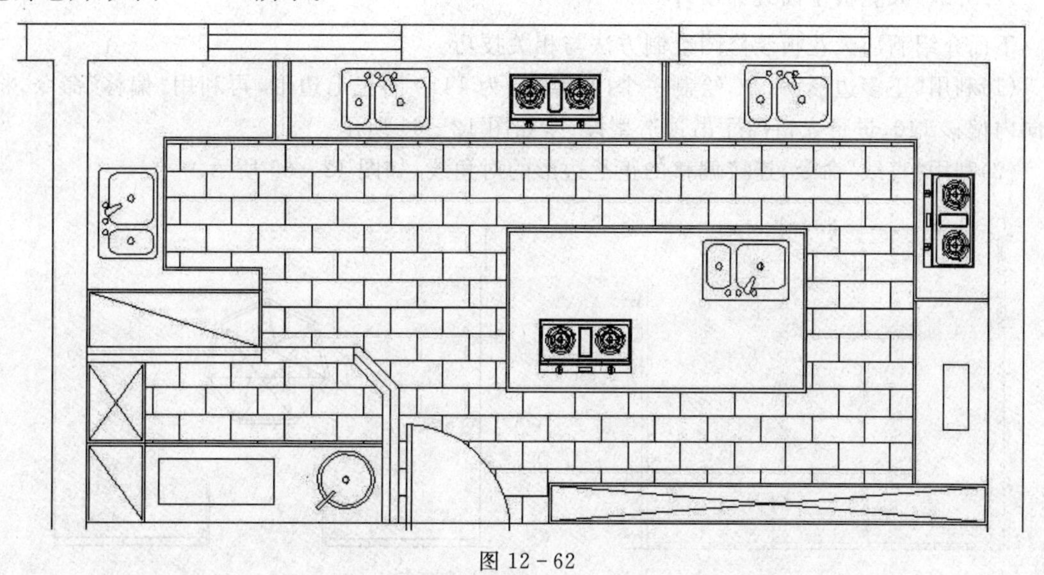

图12-62

(14)利用“单行文字”命令，完成地面装修材料的绘制，如图12-63所示。

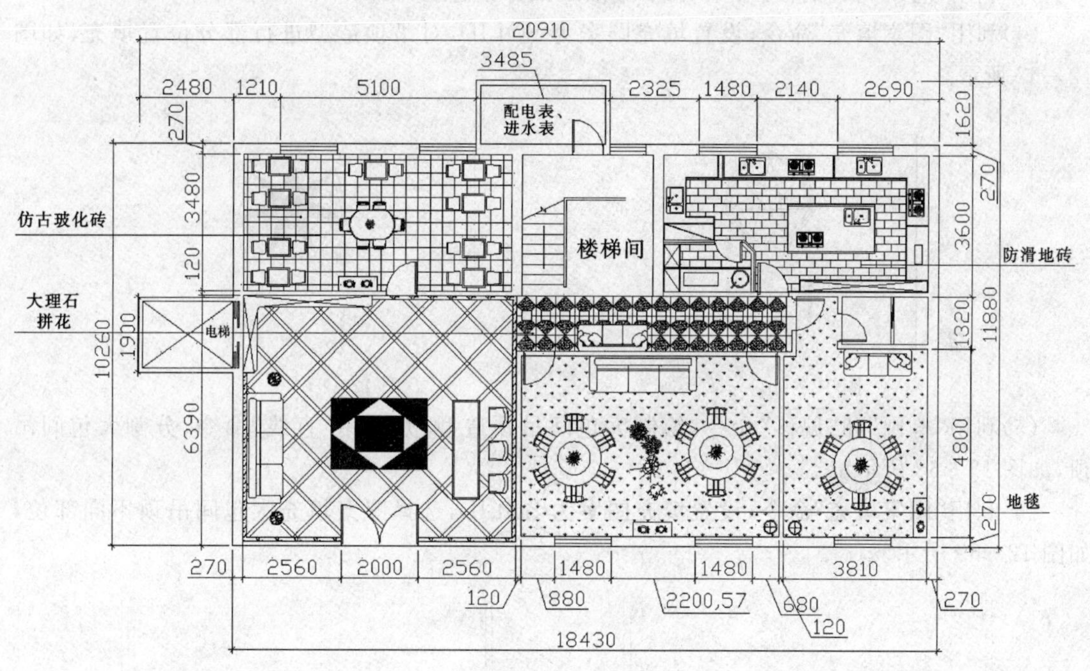

图12-63

12.3.2 天花板平面装饰设计

下面介绍酒店天花板装修图绘制方法与相关技巧。

(1)利用“正多边形”命令，绘制一个内接半径为 1410 的正七边形，再利用“偏移”命令，将其向内偏移 140，进行入口门厅吊顶造型设计，如图 12 - 64 所示。

(2)利用“直线”命令，连接偏移的正七边形的对角线，如图 12 - 65 所示。

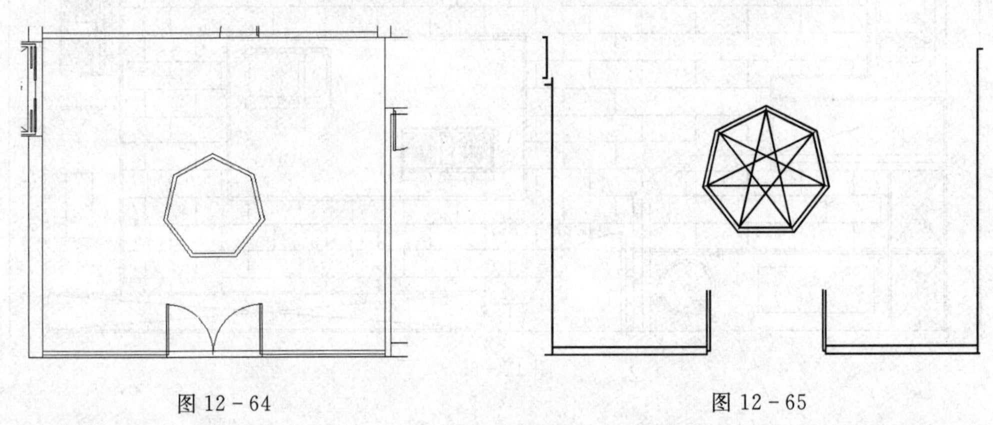

图 12 - 64　　图 12 - 65

(3)利用“直线”和“偏移”命令，在多边形外圈分割造型，如图 12 - 66 所示。

(4)利用“图案填充”命令，设置填充图案为 SOLID，对吊顶造型进行部分位置填充，如图 12 - 67 所示。

图 12 - 66　　图 12 - 67

(5)利用“椭圆”和“偏移”命令，绘制大包间吊顶造型，并利用“直线”命令，分割大包间吊顶，如图 12 - 68 所示。

(6)利用“图案填充”命令，设置填充图案为 SOLID，选择图案填充大包间吊顶不同部位，如图 12 - 69 所示。

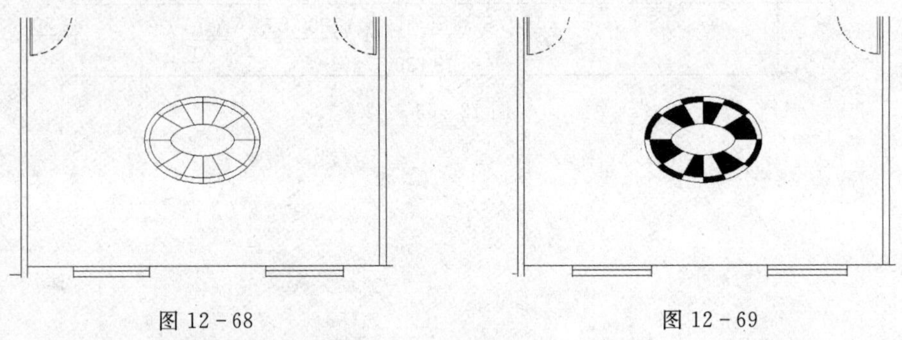

图 12 - 68　　图 12 - 69

(7)利用“直线”和“偏移”命令，分割小包间吊顶造型，如图 12 - 70 所示。

(8)利用“多段线”和“偏移”命令,进一步分割小包间吊顶内侧造型,如图 12-71 所示。

图 12-70

图 12-71

(9)利用“图案填充”命令,设置填充图案为 SOLID,选择图案填充小包间吊顶不同部位造型,如图 12-72 所示。

(10)利用“圆”命令,绘制直径为 3020 和 2755 的同心圆,分割中型包间的吊顶造型,如图 12-73 所示。

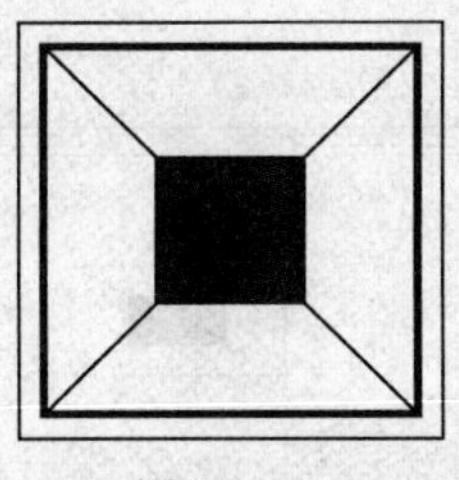

图 12-72

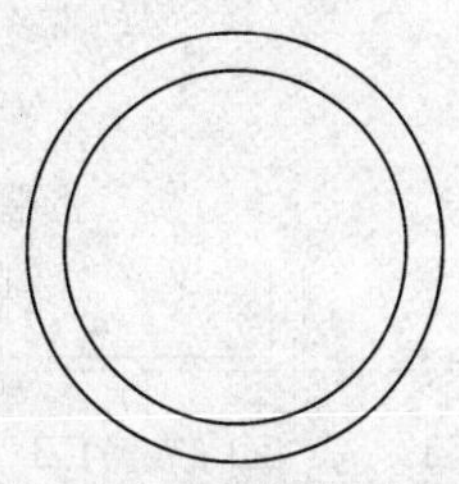

图 12-73

(11)利用“矩形”命令,绘制宽为 4620、高为 365 的矩形,进一步勾画中包间吊顶造型,如图 12-74 所示。

(12)利用“矩形”命令,在另外对应位置勾画相同的包间吊顶造型,如图 12-75 所示。

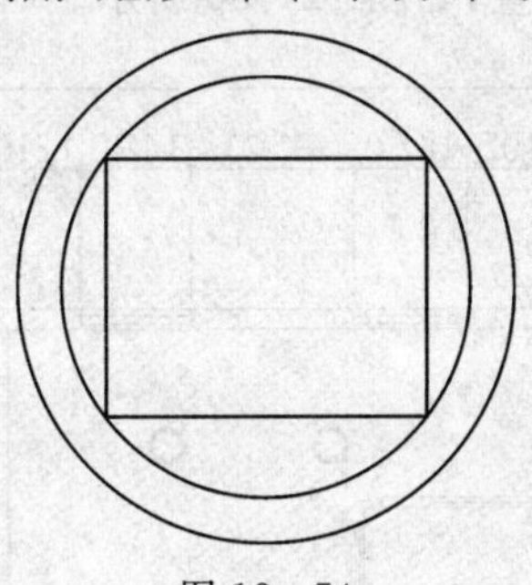

图 12-74

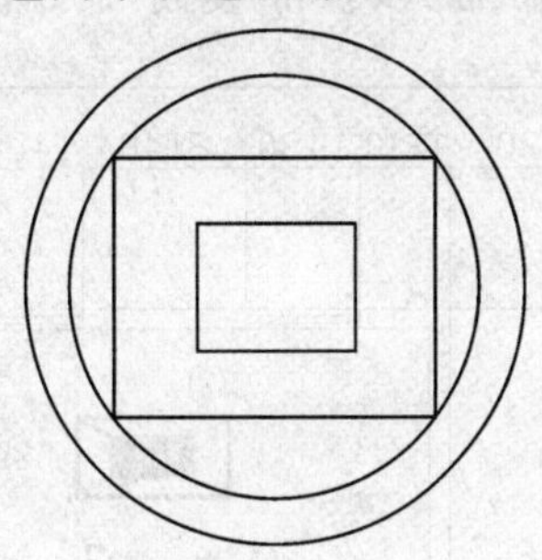

图 12-75

(13)利用“图案填充”命令,设置填充图案为 SOLID,选择图案填充中包间吊顶不同部位造型,如图 12-76 所示。

图 12-76

(14)包间吊顶造型绘制完成,如图 12-77 所示。

(15)利用“矩形”和“复制”命令,公共就餐区走道吊顶造型设计,如图 12-78 所示。

(16)利用“多段线”、“偏移”和“图案填充”命令,公共就餐区的大吊顶造型绘制,如图12-79所示。

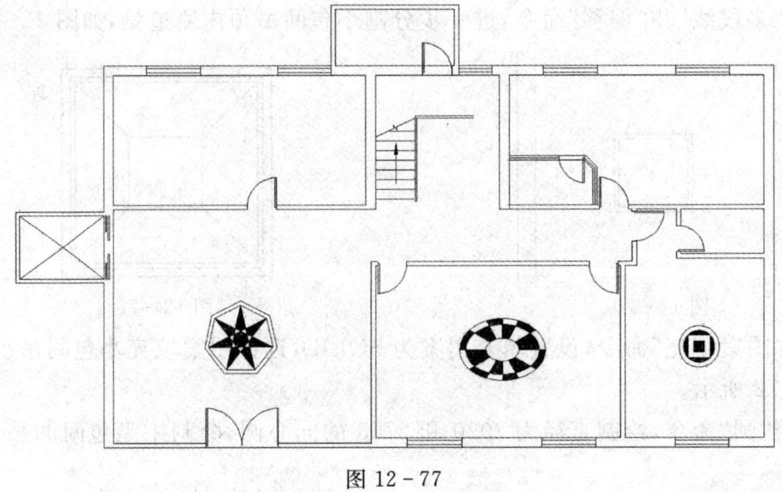

图 12－77

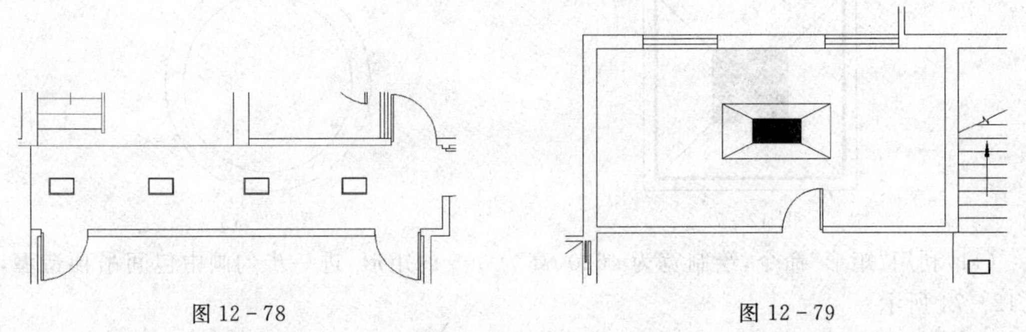

图 12－78　　　　　　　　　　图 12－79

(17)利用“插入块”和“复制”命令，完成吊顶造型灯布置，如图 12－80 所示。

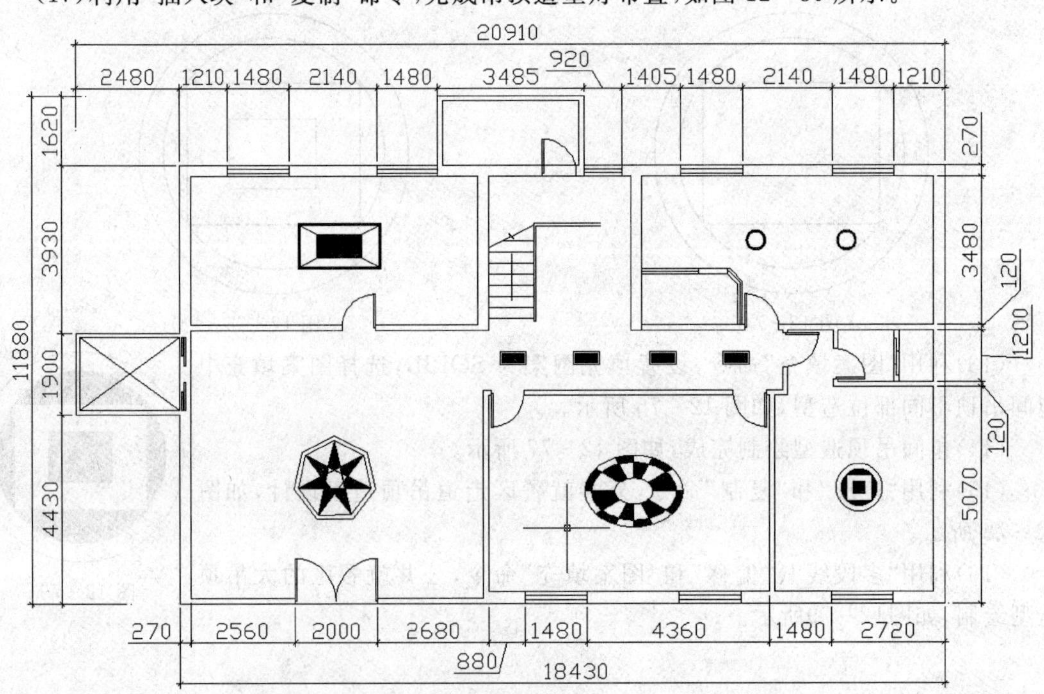

图 12－80

(18)完成酒店吊顶图绘制。根据需要使用直线、折线引出标注线,标注相应的说明文字,在此从略,结果如图12-81所示。

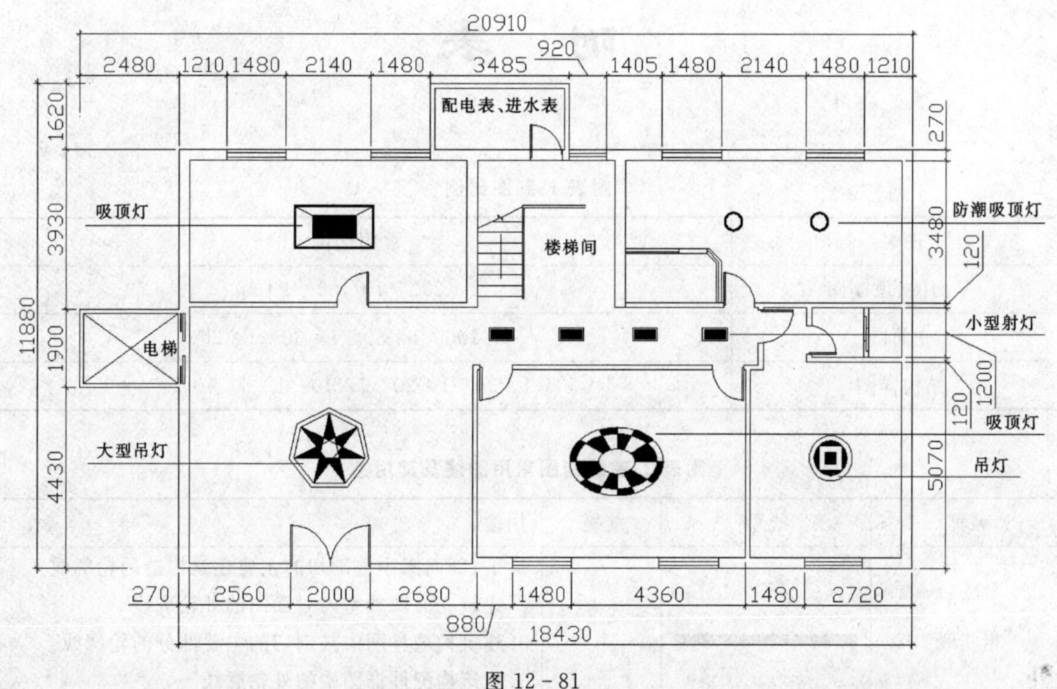

图12-81

附　表

附表1:制图比例

图名	常用比例
平面图、顶棚图	1∶200　1∶100　1∶50
立面图	1∶100　1∶50　1∶30　1∶20
结构详图	1∶50　1∶30　1∶20　1∶10　1∶5　1∶2　1∶1

附表2:建筑制图常用图线及其用途

名称	线型	线宽	用途
粗实线		b	1.平、剖面图中被剖切的主要建筑构造的轮廓线 2.建筑立面图或室内立面图的外轮廓线 3.建筑构造详图中被剖切的主要部分的轮廓线 4.建筑构配件详图中的外轮廓线 5.平、立剖面图的剖切符号
中实线		0.5b	1.平、剖面图中被剖切的次要建筑构造的轮廓线 2.平、立剖面图中建筑构配件的轮廓线 3.建筑构造详图及构配件详图中一般轮廓线
细实线		0.25b	小于0.5b的图形、尺寸线、尺寸界限、图例线、索引符号、标高符号、详图材料做法和引出线等
中虚线		0.5b	1.建筑构造详图及构配件不可见的轮廓线 2.平面图中的起重机(吊车)轮廓线 3.拟扩建的建筑物轮廓线
细虚线		0.25b	图例线,小于0.5b的不可见轮廓线
粗单点长划线		b	起重机(吊车)轨道线
细单点长划线		0.25b	中心线、对称线、定位轴线
折断线		0.25b	不需画全的断开界线
波浪线		0.25b	不需画全的断开界线、构造层次的断开界线

注:1.b=1磅

2.地平线的线宽可以用1.4b

附表 3:常用材料图例

名称	图例	备注
自然土壤		包括各种自然土壤
夯实土壤		
砂、灰土		靠近轮廓线绘制较密的点
砂砾石、碎砖三合土		
石材		应注明大理石或花岗岩及光洁度
毛石		应注明石料块面大小及品种
普通砖		包括实心砖、多孔砖、砌块等砌体。断面较窄不易绘出图例线时,可涂红
新砌普通砖		包括实心砖、多孔砖、砌块等砌体。断面较窄不易绘出图例线时,可涂红
轻质砌块砖		非承中砌砖体
耐火砖		包括耐酸砖等砌体
轻钢龙骨纸面石膏板隔墙		
饰面砖		包括铺地砖、马赛克、陶瓷锦砖、人造大理石等
焦渣、矿渣		包括与水泥、石灰等混合而成的材料
混凝土		能承重的混凝土及钢筋混凝土,包括各种强度等级、骨料、添加剂的混凝土
钢筋混凝土		在剖面图上画出钢筋时,不画出图例线;断面图形小,不易画出图例线时,可涂黑
多孔材料		包括水泥珍珠岩、沥青珍珠岩、泡沫混凝土、非承重混凝土、软木、蛭石制品等

续附表 3

名称	图例	备注
纤维材料	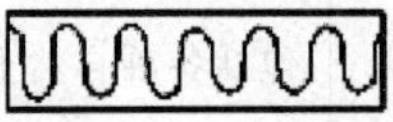	包括矿棉、岩棉、玻璃棉、麻丝、木丝板、纤维板等
泡沫塑料材料	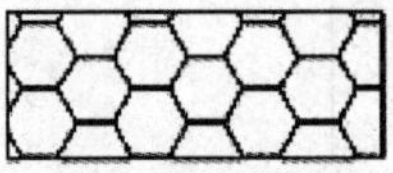	包括聚苯乙烯、聚乙烯、聚氨酯等多孔聚合物类材料
松散材料	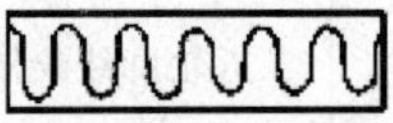	应注明材料名称
密度板	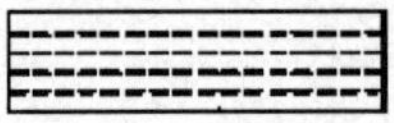	应注明厚度

附表 4:灯光照明图例

名称	图例	名称	图例
艺术吊顶		格栅射灯	
吸顶灯		300×1200 日光灯	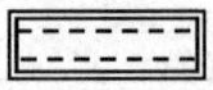
射墙灯		600×600 日光灯	
冷光筒灯		暗灯槽	
暖光筒灯		壁灯	
射灯		水下灯	
导轨射灯	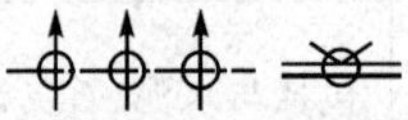	踏步灯	

附表 5:定位轴线编号和标高符号

符号	说明	符号	说明
 2/2	在 2 号轴线之后附加的第二根轴线	 1/A	在 A 轴线之后附加的第一根轴线
 1/OA	在 A 轴线之前附加的第一根轴线	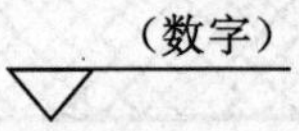 (数字)	楼地面平面图上的标高符号

续附表 5

符号	说明	符号	说明
(数字) (数字)	用于左边标注		通用详图的轴线,只画圆圈不注编号
1 3	详图中用于两根轴线	(数字) (数字)	用于右边标注
1 ～ 18	详图中用于两根以上多根连续轴线	(数字) (数字) (数字) (7.000) 3.500	用于多层标注
(数字) 45° 45°	立面图、平面图上的标高符号	(数字)	用于特殊情况标注

附表 6:总平面图例

图例	名称	图例	名称
	新设计的建筑物,右上角以点表示层数		散装材料、露天堆场
	原有的建筑物		其他材料露天堆场或露天作业场
	计划扩建的建筑物		露天桥式吊车
	要拆除的建筑物		龙门吊车
	地下建筑物或构建物		烟囱
	砖、混凝土、或金属材料围墙		计划的道路
	镀锌铁丝网、篱笆等围墙		公路桥 铁路桥
154.20	室内地平标高		护坡

续附表 6

图例	名称	图例	名称
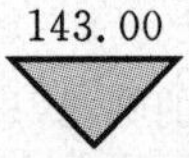 143.00	室外整平标高	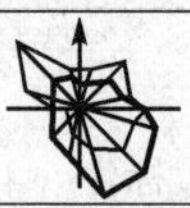	风向频率玫瑰图
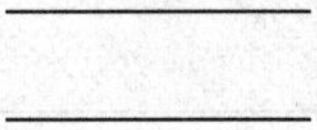	原有的道路		指北针

附表 7:建筑图例

图例	名称	图例	名称
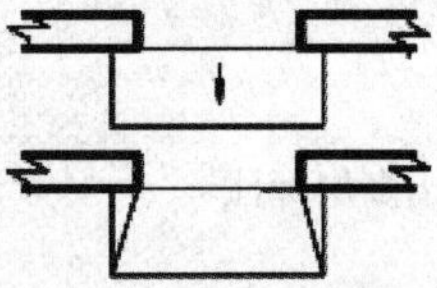	入口坡道	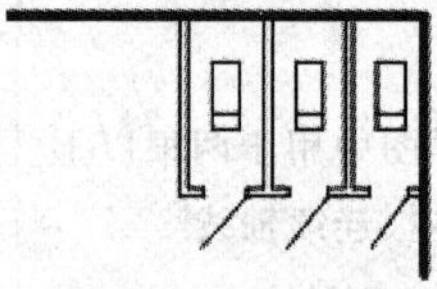	厕所间
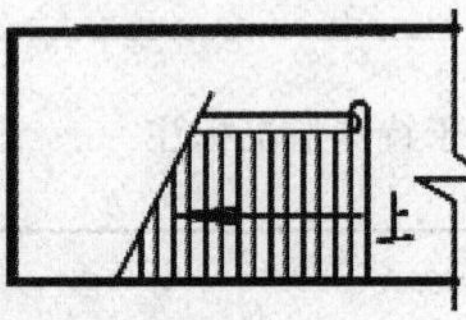 上	底层楼梯	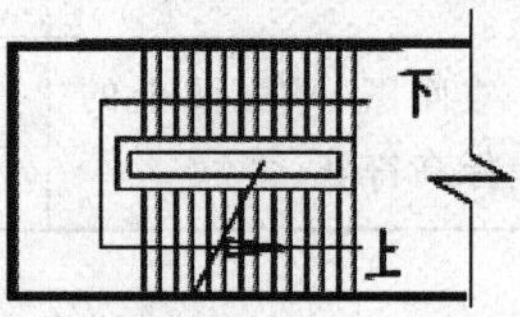 下 上	中间层楼梯
 下	顶层楼梯	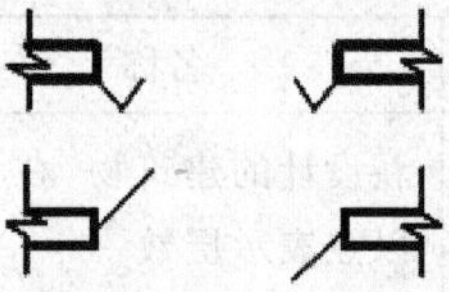	对开折门 双扇双面弹簧门
	淋浴小间		高窗
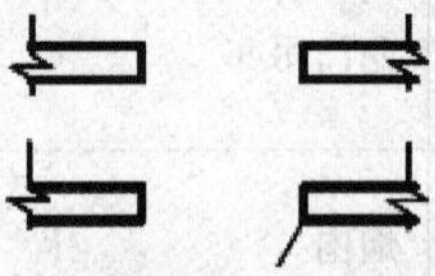	空门洞单扇门	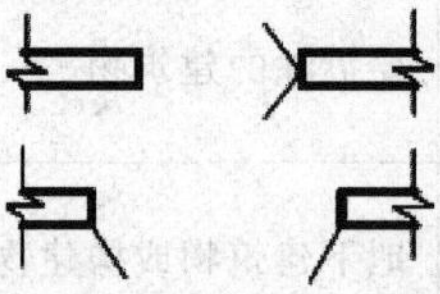	单扇双面弹簧门 双扇门
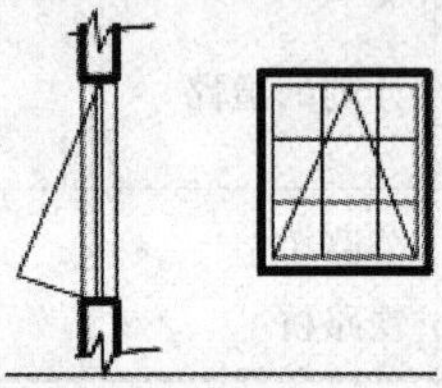	单层外开上悬窗	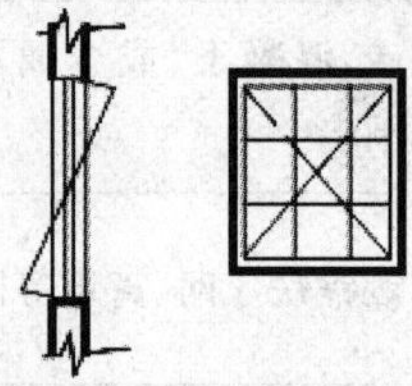	单层中悬窗

续附表 7

图例	名称	图例	名称
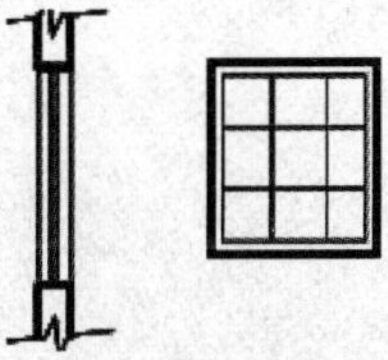	单层固定窗	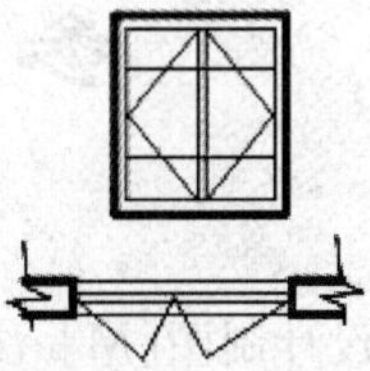	单层外开平开窗
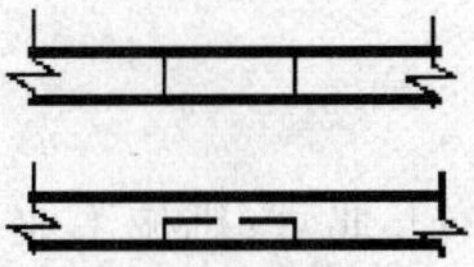	墙上预留洞口 墙上预留槽	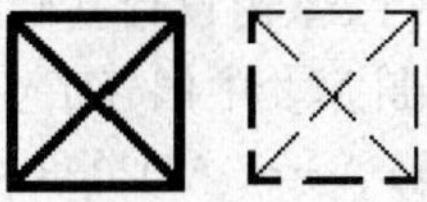	检查孔 地面检查孔 吊顶检查孔

附表 8:详图索引符号

符号	说明
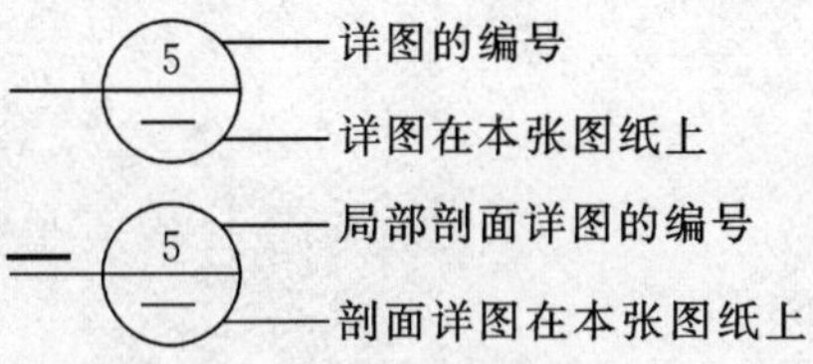 5/— 详图的编号；详图在本张图纸上 5/— 局部剖面详图的编号；剖面详图在本张图纸上	细实线绘制,圆直径应为 10mm 详图在本张图纸上
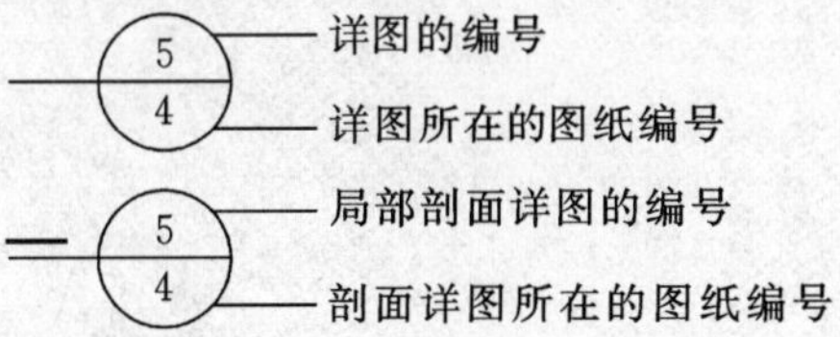 5/4 详图的编号；详图所在的图纸编号 5/4 局部剖面详图的编号；剖面详图所在的图纸编号	详图不在本张图纸上
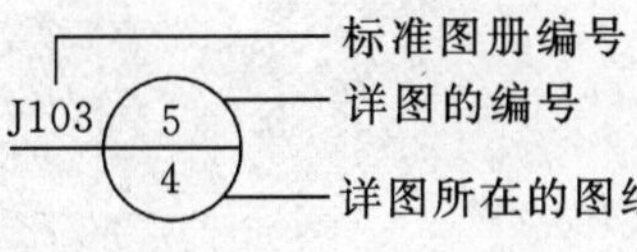 J103 5/4 标准图册编号；详图的编号；详图所在的图纸编号	标准详图
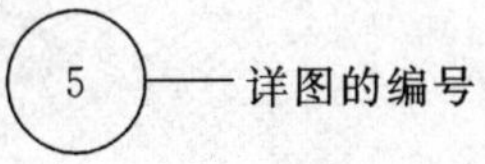 5 详图的编号	粗实线绘制,圆直径应为 14mm 被索引的在本张图纸上
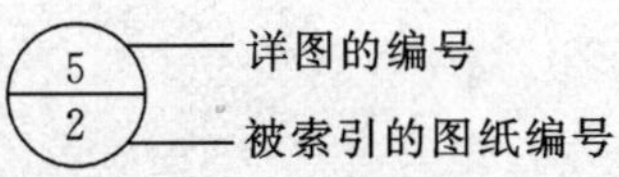 5/2 详图的编号；被索引的图纸编号	被索引的不在本张图纸上

参考文献

[1] 孙元山、李立君. 室内设计制图[M]. 沈阳:辽宁美术出版社.

[2] 胡虹. 室内设计制图与透视表现教程[M]. 重庆:西南师范大学出版社.

[3] 李梦玲、王佩环、朱广宇. 室内设计基础[M]. 武汉:湖北美术出版社.

[4] 张芷岷. 建筑设计基础[M]. 中国轻工业出版社.

[5] 胡仁喜、刘昌丽、熊慧. AutoCAD2008 中文版室内设计实例教程[M]. 北京:机械工业出版社.

[6] 张绮曼、郑曙旸. 室内设计资料集[M]. 北京:中国建筑工业出版社.

高职高专“十二五”艺术设计类专业系列规划教材

> 基础类

(1) 设计概论
(2) 设计简史
(3) 设计素描
(4) 设计色彩
(5) 设计速写
(6) 设计构成
(7) 摄影(摄像)基础
(8) 创意思维训练
(9) 设计市场营销

> 设计类

(1) 展示设计
(2) 产品设计
(3) 家具设计
(4) 照明设计
(5) 陈设设计
(6) 室内设计
(7) 景观设计
(8) 动画设计
(9) 标志设计
(10) 图案设计
(11) 字体设计
(12) 包装设计
(13) 广告设计
(14) 版式设计
(15) 招贴设计
(16) 书籍设计
(17) CI 设计

> 技法类

(1) 室内效果图手绘表现技法
(2) 设计制图
(3) 产品设计手绘表现技法
(4) 网页制作
(5) 多媒体技术与应用
(6) 广告设计创意表现
(7) 产品设计材料与工艺
(8) 服装设计材料与工艺
(9) POP 手绘表现技法
(10) 包装形态设计
(11) 商业插画表现技法

> 技能类

(1) 计算机辅助平面设计
(2) AutoCAD 2012 中文版室内设计
(3) 服装设计 CAD
(4) 3D 效果图绘制
(5) 计算机辅助设计(Coreldraw)
(6) 室内设计工程概预算
(7) 模型制作
(8) Flash 动画设计制作
(9) 动画剪辑原画设计与制作
(10) 动画制作场景设计与制作
(11) 计算机辅助设计 illustrator
(12) 计算机辅助设计 indesign
(13) 网页设计

欢迎各位老师联系投稿!

联系人:李逢国
手机:15029259886　办公电话:029－82664840
电子邮件:lifeng198066@126.com　1905020073@qq.com
QQ:1905020073 (加为好友时请注明“教材编写”等字样)

图书在版编目(CIP)数据

AutoCAD 2012 中文版室内设计/凡鸿，吕芳主编.—西安：西安交通大学出版社，2013.12(2018.8 重印)
ISBN 978-7-5605-5871-4

Ⅰ.①A… Ⅱ.①凡…②吕… Ⅲ.①室内装饰设计-计算机-辅助设计-AutoCAD 软件 Ⅳ.①TU238-39

中国版本图书馆 CIP 数据核字(2013)第 292083 号

书　　名 AutoCAD 2012 中文版室内设计
主　　编 凡　鸿　吕　芳
责任编辑 李逢国

出版发行 西安交通大学出版社
(西安市兴庆南路 10 号　邮政编码 710049)
网　　址 http://www.xjtupress.com
电　　话 (029)82668357　82667874(发行中心)
(029)82668315(总编办)
传　　真 (029)82668280
印　　刷 陕西宝石兰印务有限责任公司

开　　本 787mm×1092mm　1/16　**印张** 17.625　**字数** 423 千字
版次印次 2014 年 2 月第 1 版　2018 年 8 月第 2 次印刷
书　　号 ISBN 978-7-5605-5871-4
定　　价 34.80 元

读者购书、书店添货，如发现印装质量问题，请与本社发行中心联系、调换。
订购热线：(029)82665248　(029)82665249
投稿热线：(029)82668133
读者信箱：xj_rwjg@126.com